中　外　物　理　学　精　品　书　系

本书出版得到“国家出版基金”资助

国家出版基金项目
NATIONAL PUBLICATION FOUNDATION

中 外 物 理 学 精 品 书 系

前 沿 系 列 · 6

岩石力学与岩石工程的稳定性

殷有泉 著

北京大学出版社
PEKING UNIVERSITY PRESS

图书在版编目(CIP)数据

岩石力学与岩石工程的稳定性/殷有泉著. —北京:北京大学出版社,2011.3
(中外物理学精品书系)
ISBN 978-7-301-17362-6

Ⅰ.①岩… Ⅱ.①殷… Ⅲ.①岩石力学-高等学校-教材 ②岩石工程-稳定性-高等学校-教材 Ⅳ.①TU45

中国版本图书馆 CIP 数据核字(2010)第 116247 号

书　　　名:岩石力学与岩石工程的稳定性
著作责任者:殷有泉　著
责 任 编 辑:王剑飞
标 准 书 号:ISBN 978-7-301-17362-6/O·0817
出 版 发 行:北京大学出版社
地　　　址:北京市海淀区成府路 205 号　100871
网　　　址:http://www.pup.cn
电　　　话:邮购部 62752015　发行部 62750672　理科编辑部 62765014
出版部 62754962
电 子 邮 箱:zpup@pup.pku.edu.cn
印　刷　者:北京中科印刷有限公司
经　销　者:新华书店
730 毫米×980 毫米　16 开本　16.25 印张　302 千字
2011 年 3 月第 1 版　2011 年 3 月第 1 次印刷
定　　　价:40.00 元

《中外物理学精品书系》
编 委 会

主　任： 王恩哥

副主任： 夏建白

编　委：（按姓氏笔画排序，标 * 号者为执行编委）

王力军　王孝群　王　牧　王鼎盛　石　兢
田光善　冯世平　邢定钰　朱邦芬　朱　星
向　涛　刘　川*　许宁生　许京军　张　酣*
张富春　陈志坚*　林海青　欧阳钟灿　周月梅*
郑春开*　赵光达　聂玉昕　徐仁新*　郭　卫*
资　剑　龚旗煌　崔　田　阎守胜　谢心澄
解士杰　解思深　潘建伟

秘　书： 陈小红

序　言

物理学是研究物质、能量以及它们之间相互作用的科学。她不仅是化学、生命、材料、信息、能源和环境等相关学科的基础，同时还是许多新兴学科和交叉学科的前沿。在科技发展日新月异和国际竞争日趋激烈的今天，物理学不仅囿于基础科学和技术应用研究的范畴，而且在社会发展与人类进步的历史进程中发挥着越来越关键的作用。

我们欣喜地看到，改革开放三十多年来，随着中国政治、经济、教育、文化等领域各项事业的持续稳定发展，我国物理学取得了跨越式的进步，做出了很多为世界瞩目的研究成果。今日的中国物理正在经历一个历史上少有的黄金时代。

在我国物理学科快速发展的背景下，近年来物理学相关书籍也呈现百花齐放的良好态势，在知识传承、学术交流、人才培养等方面发挥着无可替代的作用。从另一方面看，尽管国内各出版社相继推出了一些质量很高的物理教材和图书，但系统总结物理学各门类知识和发展，深入浅出地介绍其与现代科学技术之间的渊源，并针对不同层次的读者提供有价值的教材和研究参考，仍是我国科学传播与出版界面临的一个极富挑战性的课题。

为有力推动我国物理学研究、加快相关学科的建设与发展，特别是展现近年来中国物理学者的研究水平和成果，北京大学出版社在国家出版基金的支持下推出了《中外物理学精品书系》，试图对以上难题进行大胆的尝试和探索。该书系编委会集结了数十位来自内地和香港顶尖高校及科研院所的知名专家学者。他们都是目前该领域十分活跃的专家，确保了整套丛书的权威性和前瞻性。

这套书系内容丰富，涵盖面广，可读性强，其中既有对我国传统物理学发展的梳理和总结，也有对正在蓬勃发展的物理学前沿的全面展示；既引进和介绍了世界物理学研究的发展动态，也面向国际主流领域传播中国物理的优秀专著。可以说，《中外物理学精品书系》力图完整呈现近现代世界和中国物理科学发展的全貌,是一部目前国内为数不多的兼具学术价值和阅读乐趣的经典物理丛书。

《中外物理学精品书系》另一个突出特点是,在把西方物理的精华要义"请进来"的同时,也将我国近现代物理的优秀成果"送出去"。物理学科在世界范围内的重要性不言而喻,引进和翻译世界物理的经典著作和前沿动态,可以满足当前国内物理教学和科研工作的迫切需求。另一方面,改革开放几十年来,我国的物理学研究取得了长足发展,一大批具有较高学术价值的著作相继问世。这套丛书首次将一些中国物理学者的优秀论著以英文版的形式直接推向国际相关研究的主流领域,使世界对中国物理学的过去和现状有更多的深入了解,不仅充分展示出中国物理学研究和积累的"硬实力",也向世界主动传播我国科技文化领域不断创新的"软实力",对全面提升中国科学、教育和文化领域的国际形象起到重要的促进作用。

值得一提的是,《中外物理学精品书系》还对中国近现代物理学科的经典著作进行了全面收录。20 世纪以来,中国物理界诞生了很多经典作品,但当时大都分散出版,如今很多代表性的作品已经淹没在浩瀚的图书海洋中,读者们对这些论著也都是"只闻其声,未见其真"。该书系的编者们在这方面下了很大工夫,对中国物理学科不同时期、不同分支的经典著作进行了系统的整理和收录。这项工作具有非常重要的学术意义和社会价值,不仅可以很好地保护和传承我国物理学的经典文献,充分发挥其应有的传世育人的作用,更能使广大物理学人和青年学子切身体会我国物理学研究的发展脉络和优良传统,真正领悟到老一辈科学家严谨求实、追求卓越、博大精深的治学之美。

温家宝总理在 2006 年中国科学技术大会上指出,"加强基础研究是提升国家创新能力、积累智力资本的重要途径,是我国跻身世界科技强国的必要条件"。中国的发展在于创新,而基础研究正是一切创新的根本和源泉。我相信,这套《中外物理学精品书系》的出版,不仅可以使所有热爱和研究物理学的人们从中获取思维的启迪、智力的挑战和阅读的乐趣,也将进一步推动其他相关基础科学更好更快地发展,为我国今后的科技创新和社会进步做出应有的贡献。

《中外物理学精品书系》编委会 主任

中国科学院院士,北京大学教授

王恩哥

2010 年 5 月于燕园

内容简介

本书系统地阐述了用力学意义上的稳定性概念和方法去研究和计算岩石力学与岩石工程中稳定性的问题，从理论上和应用上使岩石力学与岩石工程的稳定性分析提高到一个新的水平．全书30万字，共5章．第一章是稳定性理论的基础知识；第二章介绍岩石力学中稳定性的简单例子，它们都可用解析方法求解；第三章讲述工程材料本构矩阵及其正定性；第四章介绍如何用有限元方法计算岩石工程的稳定性问题，处理复杂条件下岩体结构的稳定性；第五章介绍在重力坝的承载能力、石油钻井的井壁坍塌、采煤工作面底板透水以及断层地震等几个实际课题中关于稳定性的研究成果．

本书可作为力学、土木、水电、采矿、能源、地下工程等专业研究生的教学或参考书，也可供相关专业的研究工作者和工程技术人员参考．

前　言

岩石材料和混凝土材料通称为岩石类材料，岩石工程和混凝土工程通称为岩石工程. 在岩石工程由正常运行到失效和破坏的全过程中，变形从缓慢进行（准静态）到急剧发展，是一个渐变到突变（突然破坏）的过程. 工程的失效和破坏往往具有突发性和雪崩性. 工程师们凭借直觉，认为这些情况属于稳定性问题. 他们将边坡的滑坡称为边坡稳定性；巷道冒顶称为地下工程岩体稳定性；重力坝修建在复杂地基上，在水的推力作用沿坝和基岩接触面滑动破坏，称为重力坝抗滑稳定性；拱坝的坍塌称为坝肩稳定性；竖井开挖和石油钻井过程的井壁塌落称为井壁稳定性，等等.

迄今为止，这些岩石工程稳定性问题都没有按力学上的稳定性概念和方法处理. 工程师们通常采用的方法是刚体极限平衡法，即将滑动体（受力体）看做是不变形的刚体，对可能的滑动面（软弱结构面）采用各种抗剪强度指标（内摩擦系数，黏聚力）使其达到最小值，并判断滑动体是否滑动，以确定工程的安全系数（或过载系数）. 这种方法显然是一种强度分析的方法，而不是稳定性分析的方法.

长期以来，对岩石力学中的稳定性分析采用强度方法而不是力学意义的稳定性方法是有其历史原因和技术原因的. 最主要的原因是对岩石材料本构性质缺少全面的认知. 在历史上长期使用控制载荷的试验机，这种试验机的刚度较小（相对岩石试件刚度而言）. 在试件达到峰值强度以后，试验机头部的弹性移动强加给试件很大的附加应变，该应变可能比破坏开始时试件总应变还要大很多，其结果使试件以突然的猛烈的方式破坏. 也就是说，在实验过程中，大量的弹性能储存在机体内，尽管关闭了试验机，但由于机体弹性能的释放，使试验机的加载头以极快的速度移动，从而造成试件突然而猛烈的破坏，无法测量峰值后的应力应变曲线，于是，将岩石材料简单地看做脆性材料.

从 20 世纪 60 年代以来，人们通过各种途径提高试验机的刚度，对岩石和混凝土试件的应力-应变全过程曲线进行了研究. 根据岩石单轴压缩实验的结果，岩石的强度是随着微裂缝的扩展而降低的，岩石微破裂的传播是一个稳态过程，并不像过去一般认为的那样，脆性材料的破坏一定是一个迅速的过程. 而且岩石试件在最终破坏时的残余变形可以很大，这就是说它的延伸率很大，以往的用延伸率小来定义脆性材料对岩石材料显然是不合适的. 20 世纪 70 年代初期，电液伺服控制刚性试验机的出现，对认识岩石类介质固有的本构性质，推动岩石力学的发展，起到了不可估量的作用,给岩石力学稳定性分析提供了实验技术上的保障.

伺服控制刚性试验机的出现对岩石类材料自身的本构性质的认知,特别是对峰值应力后本构性质的认识起到了重要的作用,促进了岩石塑性力学的发展.塑性材料本构方程的应变空间表述是20世纪最后20年中塑性力学的一项重要成果.应变空间表述的本构方程不仅适用了峰值前的稳定变形阶段,也适用于峰值后的不稳定变形阶段.它使采用塑性力学方法研究岩石力学问题成为可能,为岩石力学稳定性问题的分析提供了理论基础.再加上在金属结构稳定性分析的一些成熟的方法(例如算法等)可以借鉴,因而完全有条件用力学上稳定性概念和方法分析岩石力学中的稳定性问题.

1976年唐山地震后,北京大学王仁院士和他的助手们开始用稳定性的概念和方法研究地震的机制,模拟华北地区地震迁移规律,预测华北地区未来地震的可能性,取得了一系列重要成果.后来本书作者及其合作者用稳定性概念和方法计算了水厂铁矿的边坡问题,研究了盐池河磷矿山体滑崩的机制.为了将工程上使用的刚体极限平衡方法和稳定性概念结合起来,本书作者(1990)采用了具有软化的不稳定特征的节理元来模拟地块之间的接触面,计算块间的不稳定滑动.孙恭尧等人(2001)在龙滩碾压混凝土重力坝承载能力研究中,同时采用强度分析方法和稳定性分析方法给出失稳前临界状态的判别准则.采用结构稳定性理论得到的安全系数小于用传统的强度方法得到的安全系数,这说明稳定性分析方法具有实用价值.

岩石工程和自然现象中众多稳定性问题,如滑坡、地震、井壁塌落、煤矿底板透水等等,都发生在三维固体结构中,它们属于连续介质力学范围.岩石材料在小变形条件下将呈现应变软化等强度丧失的现象,而这种强度丧失可导致结构失稳破坏.平衡方程可以在变形前列出,这实际上是一种材料非线性问题.对岩石工程或岩石力学中的这些稳定性问题开展细致的力学研究较晚,目前的进展尚不尽如人意,但它们的前景十分广阔.

作者将岩石力学与岩石工程稳定性的力学理论和方法加以总结和系统化,编撰了本书,希望它能起到一个抛砖引玉的作用,即期望引起岩石力学界广大专家学者对稳定性理论和方法的关注.本书的主要内容可从目录中看到,全书共5章.第一章对弹性系统稳定性作了简单的介绍,这是为岩土工程专业读者撰写的入门知识,对这部分内容比较熟悉的读者可以跳过这一章.第二章介绍岩石力学中的简单例题,它们可以用解析方法求解,读者可以从中了解到岩石力学稳定性问题的特点和研究方法.第三章介绍工程材料的本构矩阵及其正定性,这部分内容是岩石工程稳定性分析的不可缺少的力学基础.第四章介绍有限元表述,用以研究复杂情况的岩石力学和岩石工程的稳定性问题.第五章给出各种类型的工程实例.本书仅涉及岩石工程的平衡稳定性问题.平衡稳定性是稳定性理论的最基本的内容,也是最重要的内容.当然,在岩石力学和岩石工程稳定性分析中,也会遇到大变形问题和动态问题,然而这些方面在岩石工程稳定性研究中目前几乎还是空白.

本书可作为岩石力学与岩石工程相关专业的研究生教材,也可作为相关领域年轻学者和工程师的参考书.年轻人后生可畏,他们力学基础较好并勇于创新,将是岩石工程稳定性理论研究和工程实践的主力军,与前辈相比,他们将作出更大的贡献.

在本书撰写过程中,得到了邸元副教授、姚再兴副教授、李平恩博士、陈朝伟博士、邹灵战博士和钱华山博士的帮助,在此表示感谢.

由于作者水平所限,本书难免存在缺点和错误,敬请读者不吝指正.

殷有泉

2009 年 3 月于北京大学

目　录

第一章　弹性系统平衡稳定性简介

举世公认，**弹性稳定性**理论是从 Euler 在 1774 年发表关于所谓“弹性曲线”(elastica)的研究开始的. 它从非线性的梁弯曲方程出发研究了直杆在轴力作用下屈曲和屈曲后变形的全过程. 该文不但是弹性稳定问题的第一篇文章，也是弹性不稳定问题的第一篇文章，在线性弹性理论建立之前，它揭示了非线性弹性力学问题解的非唯一性. 在将近一个半世纪之后 Poincare 才提出的所谓“分岔的平衡问题”.

Euler 的解是一个解析解，这是非线性的弹性不稳定问题中少有的解析解之一. 可能是由于非线性问题的数学困难，自 Euler 之后的两个世纪中，固体力学界所解决大量的结构屈曲问题都是线性化了的弹性稳定问题. 直到 20 世纪 30 年代，人们发现圆柱壳临界载荷的实验结果和线性理论所预测的不符，才开始转向用非线性理论来讨论屈曲和屈曲后问题. 这期间 Karman 和钱学森发表了关于扁球壳和圆柱壳屈曲的非线性解法的系列论文. 这些论文重新开始了对结构屈曲问题的非线性分析工作. 有了非线性分析，才开始有“屈曲后”和“**不稳定**”等新概念.

若用现代分岔理论的语言表述上述研究结构的非线性失稳形态，则 Euler 研究的是**分岔点失稳**，Karman、钱学森研究的是**极值点失稳**. 它们正是失稳的两种基本形态(朱兆祥，1993).

为了说明结构稳定性的本质，同时避开复杂的数学，我们在本章介绍的弹性系统仅仅是力学上的模型. 这些模型是比较简单的，但所得到的结果，可以从本质上反映某些工程实际的弹性系统稳定性的特征.

§1-1　浅桁架的平衡稳定性，极值点失稳

本节介绍的例子是两个长度相同的弹性直杆由铰点连接而成的**浅桁架**. 如图 1-1-1 所示，左右两铰固定不动，其间距为 $2b$，两杆与水平方向成 α_0 角，中间铰点(后文也称节点)的初始高度为 h. 所谓浅桁架，是指 $\alpha_0 \ll 1$ 或 $h \ll b$.

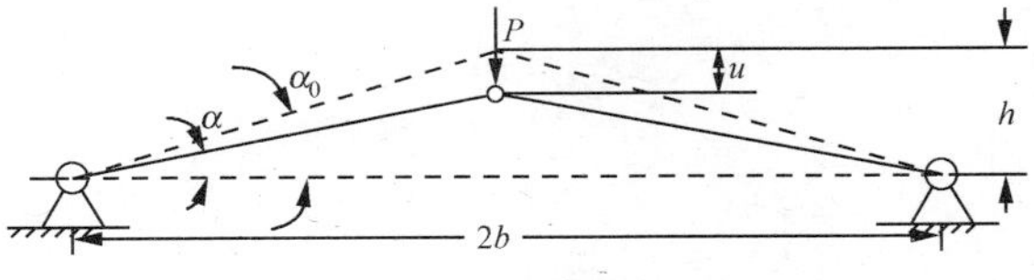

图 1-1-1　浅桁架

由于在中间铰点上作用垂直力 P，杆被压而缩短了，它们的倾角减小了，变为 $\alpha,\alpha<\alpha_0$. 我们考虑到 $\alpha_0\ll 1$，则有 $\sin\alpha=\alpha,\cos\alpha=1-\frac{\alpha^2}{2}$. 初始状态杆长 $l_0=\frac{b}{\cos\alpha_0}=b\left(1+\frac{\alpha_0^2}{2}\right)$，在力 P 作用下杆长为 $l=\frac{b}{\cos\alpha}=b\left(1+\frac{\alpha^2}{2}\right)$. 因此，杆缩短了 $\Delta l=b(\alpha_0^2-\alpha^2)/2$，其应变 $\varepsilon=(\alpha_0^2-\alpha^2)/2$. 根据静力平衡方程求出每根杆的轴力 $N=P/2\alpha$，按 **Hooke 定律** $N=EA\varepsilon$，所以

$$\frac{P}{2\alpha}=\frac{1}{2}EA(\alpha_0^2-\alpha^2),$$

即得

$$P=EA\alpha(\alpha_0^2-\alpha^2), \tag{1-1-1}$$

其中：E 和 A 分别是材料的 **Young 模量**和杆的横截面面积.

为了讨论方便，我们将式(1-1-1)中的变量 α 用节点位移 u 表示. 我们取左右两铰的中点为坐标原点，坐标轴的方向垂直向下. 于是中间节点的初始坐标为 $x_0=-h$，而节点位移为

$$u=x-x_0=l\sin\alpha+h=l_0\alpha+h.$$

从上式可解出

$$\alpha=(u-h)/l_0,$$
$$\alpha-\alpha_0=u/l_0,$$
$$\alpha+\alpha_0=(u-2h)/l_0,$$

于是式(1-1-1)可改写为

$$P=\frac{EA}{l_0^3}u(u-h)(u-2h). \tag{1-1-2}$$

我们研究 P 随 u 的变化情况. 从式(1-1-2)可看出，当 $u=0,u=h$ 或 $u=2h$ 时都有 $P=0$. 开始时 $P=0$，随着力 P 的增加，位移 u 增加，而后 P 又降低，在 $u=h$ 时 $P=0$，因此从某个瞬时起，随位移继续增大，力已不是增大而是减小. 为了弄清何时发生过这种情况，可计算导数 $\mathrm{d}P/\mathrm{d}u$，并令它等于零，得到方程

$$3u^2-6hu+2h^2=0,$$

于是，对应于力 P 的极值 P_{cr}，位移 u 的临界值为 $u_{\mathrm{cr}}=\left(1\pm\frac{1}{\sqrt{3}}\right)h$. 当 u 达到临界值 $u_{\mathrm{cr}}=\left(1-\frac{1}{\sqrt{3}}\right)h$ 时，力达到极大值，并等于

$$P_{\mathrm{cr}}=\frac{2}{3\sqrt{3}}\left(\frac{EAh^3}{l_0^3}\right). \tag{1-1-3}$$

当 $u=\left(1+\frac{1}{\sqrt{3}}\right)h$ 时力取同样值，但符号相反. 力随 u 变化的曲线如图 1-1-2 所示.

在曲线上，每个点的坐标值(u,P)代表一个平衡状态，其中P为控制变量（载荷），u为状态变量（响应）．这条曲线称为**平衡路径**．

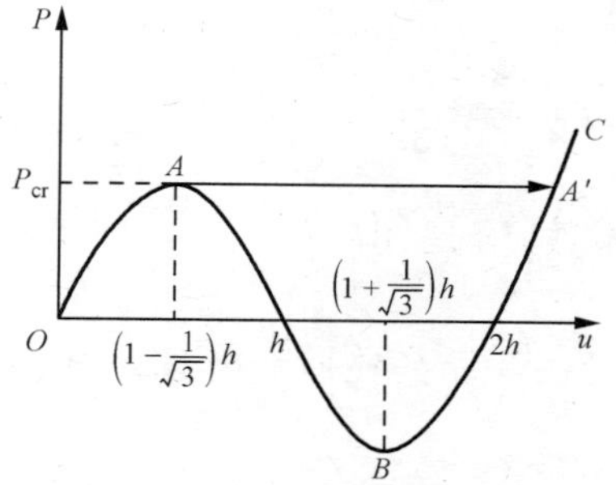

图 1-1-2　浅桁架的平衡路径曲线

力学系统平衡稳定性的概念是针对每一个平衡状态而言的．我们考察一个给定的平衡状态，当它受一小扰动后，系统是回复到它原来的状态还是趋向于离开它原来的状态，前者称为平衡是稳定的，后者称为平衡是不稳定的．换言之，固体结构的稳定性是指它在扰动下保持其构形（形态）的能力．

检查一个平衡状态的稳定性，广泛使用的技术是**线性稳定性分析**，对平衡状态施加小扰动以获得动态解（也称为摄动解）．由于是小扰动，因此动态方程是线性的，即采用的是线性化模型．如果动态解是不断增长的，则为失稳，原平衡状态是不稳定的，否则原平衡状态是稳定的（Belytschko T，Liu WK，2000）．

对于本节的浅桁架问题，平衡状态(u,P)满足静力学平衡方程(1-1-2)，它可改写为

$$\frac{EA}{l_0^3}u(u-h)(u-2h)-P=0. \tag{1-1-4}$$

为考察某个平衡状态(u_*,P_*)，设**摄动解**为

$$u(t)=u_*+\tilde{u}(t), \tag{1-1-5}$$

其中：$\tilde{u}(t)$是对平衡解u_*的**小扰动**．为将惯性效应增加到系统中，对于平衡状态的扰动，我们可写出下述运动方程

$$m\frac{\mathrm{d}^2u}{\mathrm{d}t^2}+\frac{EA}{l_0^3}u(u-h)(u-2h)-P=0, \tag{1-1-6}$$

其中：m是中间节点的等效质量．将式(1-1-5)代入式(1-1-6)，给出

$$m\frac{\mathrm{d}^2\tilde{u}}{\mathrm{d}t^2}+\frac{EA}{l_0^3}(u_*+\tilde{u})(u_*+\tilde{u}-h)(u_*+\tilde{u}-2h)-P=0.$$

展开上述方程，并舍去关于$\tilde{u}$的高阶项，得到摄动解的运动方程为

$$m\frac{\mathrm{d}^2\tilde{u}}{\mathrm{d}t^2}+\frac{EA}{l_0^3}\Big[u_*(u_*-h)(u_*-2h)$$

$$+(3u_*^2-6hu_*+2h^2)\tilde{u}\Big]-P=0.$$

由于 u_* 是平衡状态[见式(1-1-2)]，载荷 P 抵消了上式括号中的第一项，因此摄动方程为

$$m\frac{\mathrm{d}^2\tilde{u}}{\mathrm{d}t^2}+\frac{EA}{l_0^3}(3u_*^2-6hu_*+2h^2)\tilde{u}=0. \tag{1-1-7}$$

不难验证上式中 $\tilde{u}$ 项的系数，恰是 $(\mathrm{d}P/\mathrm{d}u)_{u=u_*}$，即平衡路径曲线在 $u=u_*$ 处的斜率.

方程(1-1-7)是一个关于 $\tilde{u}(t)$ 的线性常微分方程. 此类方程的解为指数形式，因此我们设解的形式为

$$\tilde{u}(t)=a\mathrm{e}^{\mu t}, \tag{1-1-8}$$

式中：a 是一个小参数. 将式(1-1-8)代入式(1-1-7)中，得

$$\begin{aligned}\mu^2&=-\frac{EA}{ml_0^3}(3u_*^2-6hu_*+2h^2)\\&=-3\frac{EA}{ml_0^3}\left[u_*-\left(1-\frac{1}{\sqrt{3}}\right)h\right]\left[u_*-\left(1+\frac{1}{\sqrt{3}}\right)h\right].\end{aligned}$$

如果 $\left(1-\frac{1}{\sqrt{3}}\right)h<u_*<\left(1+\frac{1}{\sqrt{3}}\right)h$[此时在 $(u_*,P(u_*))$ 点的平衡曲线斜率为负]，则 μ^2 为正数，因而参数 μ 是正实数，于是摄动解(1-1-5)将是增长的. 这对应于图 1-1-2 中的 AB 分支，因而 AB 分支上的平衡状态是不稳定的. 如果 $u_*<\left(1-\frac{1}{\sqrt{3}}\right)h$ 或 $u_*>\left(1+\frac{1}{\sqrt{3}}\right)h$[在此时在 $(u_*,P(u_*))$ 点的平衡曲线斜率为正]，则 μ^2 是负数，系数 μ 是虚数，因此摄动解是具有常数幅值 a 的调和函数，因而平衡点是稳定的. 它们分别对应于图 1-1-2 中的 OA 和 BC 分支.

从图 1-1-2 中看出，浅桁架的行为展示了两个**力的转向点**(或称临界点)，也即点 A 和 B. 在每个转向点两侧，分支曲线的斜率改变符号. 斜率为正的平衡点是稳定的，斜率为负的平衡点是不稳定的，斜率为零的点即为转向点(临界点). 通过转向点，桁架的稳定性发生了变化. 通过转向点 A，由稳定平衡分支过渡到不稳定平衡分支，称为失稳. 由于在 A 点力 P 取极值，这种类型失稳称为极值点(型)失稳. A 点对应的载荷记为 P_{cr}，称为临界载荷；相应的位移记为 u_{cr}，称为临界形态.

当载荷 P 达到 P_{cr} 时，浅桁架的形态 u_{cr} 是不稳定的，随着位移的增大(小的扰动)，为保持浅桁架的平衡，必须在每一瞬间减少力 P. 如果在转向点 A 力 P 保持常数，那么在扰动下将发生位移突跳，平衡状态将瞬时地达到新的位置 A'，A' 位于 BC 分支上，因而新的位置 A' 的平衡显然是稳定的.

对于**保守系统**（载荷有势的弹性系统），还可用**能量方法**研究平衡稳定性. 如果用 U 表示变形能，W 表示外力势能，则系统总势能为

$$\Pi = U + W.$$

对于平衡状态，总是有一次变分为零：

$$\delta\Pi = \frac{\partial\Pi}{\partial u}\delta u = 0,$$

即总势能是极值. 当系统总势能 Π 的二次变分

$$\delta^2\Pi = \delta(\delta\Pi) = \frac{\partial^2\Pi}{\partial u\partial u}(\delta u)^2$$

为正值，Π 取极小值，表示平衡是稳定的；相反，$\delta^2\Pi$ 为负值时，Π 取极大值，则表示平衡是不稳定的.

对于本节的浅桁架情况，杆的应变

$$\varepsilon = \frac{1}{2}(\alpha_0^2 - \alpha^2) = \frac{1}{2l_0^2}u(u-2h),$$

因而变形能为 $U=2\times\frac{1}{2}EA\varepsilon^2 l_0=\frac{EA}{4l_0^3}u^2(u-2h)^2$，外力势能为 $W=-Pu$，因而总势能为

$$\Pi = \frac{EA}{4l_0^3}u^2(u-2h)^2 - Pu.$$

由于桁架是平衡的，它的一次变分为

$$\delta\Pi = \frac{\partial\Pi}{\partial u}\delta u = \left[\frac{EA}{l_0^3}u(u-h)(u-2h) - P\right]\delta u = 0.$$

由于 δu 的任意性，上式左端方括号内等于零，与平衡方程(1-1-2)等价. 总势能的二次变分为

$$\begin{aligned}\delta^2\Pi &= \frac{\partial^2\Pi}{\partial u^2}(\delta u)^2 = \left[\frac{EA}{l_0^3}(3u^2-6hu+2h^2)\right](\delta u)^2 \\ &= \left\{\frac{3EA}{l_0^3}\left[u-\left(1-\frac{1}{\sqrt{3}}\right)h\right]\left[u-\left(1+\frac{1}{\sqrt{3}}\right)h\right]\right\}(\delta u)^2.\end{aligned}$$

不难看出，在平衡路径的 AB 分支，$\delta^2\Pi<0$，因此平衡是不稳定的，而在 OA 和 BC 分支，$\delta^2\Pi>0$，平衡是稳定的. 这些结论与前面用摄动分析得出的结果相比，稳定性条件是一致的. 总之，平衡分支 OA 和 BC 是稳定的，而 AB 分支是不稳定的.

关于在临界点（转向点）A 处，由于其二次变分 $\delta^2\Pi=0$，判断该点的稳定性需用三次变分

$$\delta^3\Pi = \frac{\partial^3\Pi}{\partial u^3}(\delta u)^3 = \left[\frac{6EA}{l_0^3}(u-h)\right](\delta u)^3.$$

在 $u=u_{cr}=\left(1-\frac{1}{\sqrt{3}}\right)h$ 情况，$\delta^3\Pi\Big|_{u=u_{cr}}=-\frac{2\sqrt{3}EA}{l_0^3}h(\delta u)^3$，因而存在一种扰动（例如

取 $\delta u>0$)，使三次变分 $\delta^3 \Pi<0$，因而 A 点平衡是不稳定的. 如果浅桁架从 O 点开始增加载荷，沿着平衡路径达到 A 点，由于系统在点 A 不稳定将直接跳跃到 A' 点. 显然，若不外加约束条件以减少载荷 P，系统是永远不会达到 AB 分支的. 这种**位移突跳**是以力作为控制变量的必然结果.

§1-2 弹性压杆的平衡稳定性，分岔点失稳

受轴向压力作用的弹性直杆，简称**弹性压杆**，如图 1-2-1(a)所示. 从材料力学(殷有泉，励争，邓成光，2006)可知，在轴力 P(力的作用点通过截面的形心)作用下，直杆总是存在一个简单压缩的变形状态，这时

$$u(x)=-\frac{Px}{EA}, \quad v(x)=0, \tag{1-2-1}$$

式中：u 为杆轴的轴向位移，v 为横向位移(挠度)，A 为横截面面积，E 为材料的 Young 模量. 另一方面，直杆在轴力 P 作用下也可能出现弯曲变形状态，如图 1-2-1(b)所示. 在弯曲变形状态的平衡方程和边界条件是

$$EI\kappa+Pv=0, \tag{1-2-2}$$

$$v(0)=v(l)=0, \tag{1-2-3}$$

式中：κ 是杆轴线的曲率，I 是杆截面的惯性矩，l 是杆长. 式(1-2-2)是由细长杆弯曲变形的平截面假定导出的. 曲率 κ 的一般表达式有如下形式

$$\kappa=\frac{\dfrac{\mathrm{d}^2 v}{\mathrm{d}x^2}}{\left[1+\left(\dfrac{\mathrm{d}v}{\mathrm{d}x}\right)^2\right]^{3/2}}, \tag{1-2-4}$$

因而式(1-2-2)是一个非线性微分方程.

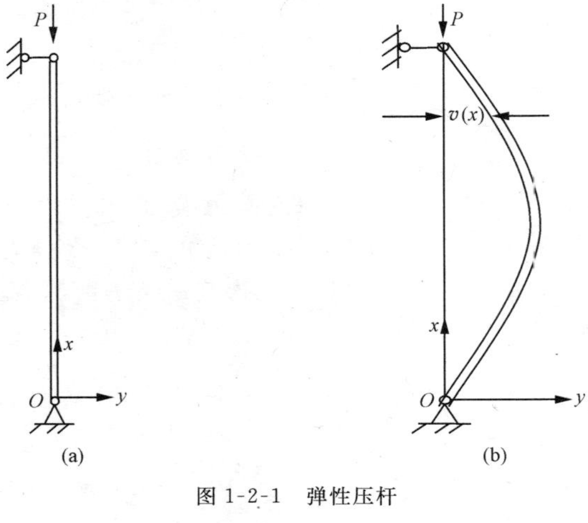

图 1-2-1 弹性压杆

如果与杆长 l 相比,挠度 v 是很小的,那么 $(\mathrm{d}v/\mathrm{d}x)^2 \ll 1$,$\kappa=\mathrm{d}^2v/\mathrm{d}x^2$,式(1-2-2)可线性化为

$$EIv'' + Pv = 0. \tag{1-2-5}$$

上式的通解是

$$v(x) = A\sin kx + B\cos kx,$$

式中

$$k = \left(\frac{P}{EI}\right)^{1/2}. \tag{1-2-6}$$

由边界条件(1-2-3)得 $B=0$,$A\sin kl=0$. 其中 A 不能为 0,否则 $v(x)=0$,因而有 $\sin kl=0$,即 $kl=n\pi$,最后由式(1-2-6)得

$$P_n = \frac{n^2\pi^2 EI}{l^2}. \tag{1-2-7}$$

P_n 是产生弯曲变形的轴力,称为临界力,n 的取值为自然数,P_n 是一个序列. 对应于这些力的弯曲变形是

$$v_n(x) = A\sin\frac{n\pi}{l}x, \tag{1-2-8}$$

它们称为屈曲形式或失稳形式. 最小的临界力($n=1$)最有实际意义,它称做 Euler 临界力和 Euler 临界载荷

$$P_{\mathrm{E}} = \frac{\pi^2 EI}{l^2}. \tag{1-2-9}$$

相应的屈曲形式为

$$v(x) = A\sin\frac{\pi}{l}x. \tag{1-2-10}$$

上面用线性化的方程(1-2-5)和特征值方法导出了临界载荷 P_{E} 和相应的屈曲形式(1-2-10). 我们把这种研究稳定性的方法称为 Euler 方法. 对于更复杂的弹性系统的稳定性问题来说,此方法是普遍适用的.

设 $\delta=v\left(\frac{l}{2}\right)$,代表杆的挠度,将 P-δ 的关系绘于图 1-2-2 中,P-δ 曲线称为平衡路径曲线. 当 $P<P_{\mathrm{E}}$ 时,杆有唯一的解,$\delta=0$,直杆的简单压缩平衡状态是稳定的. 当 $P=P_{\mathrm{E}}$,δ 可以是任意值,这时出现一种随意的平衡状态,解的唯一性被破坏了,我们说在临界点$(0,P_{\mathrm{E}})$,简单压缩状态不再是稳定的了. 而在 $P>P_{\mathrm{E}}$ 时,则只有一个不稳定解 $\delta=0$.

在临界状态挠度取任意值实际上是不可能的(事实上 $|v|<l/2$),挠度取任意值是由于对弯曲方程采用线性化近似的结果. 因此,用 Euler 方法所得的结果仅仅是预言了在 $P=P_{\mathrm{E}}$ 时产生危险,而不能用于估计这种危险性的实际程度. 我们在建立线性化方程(1-2-5)时,某些悖谬现象被默许了. 当我们写出弯矩 $M=-Pv$

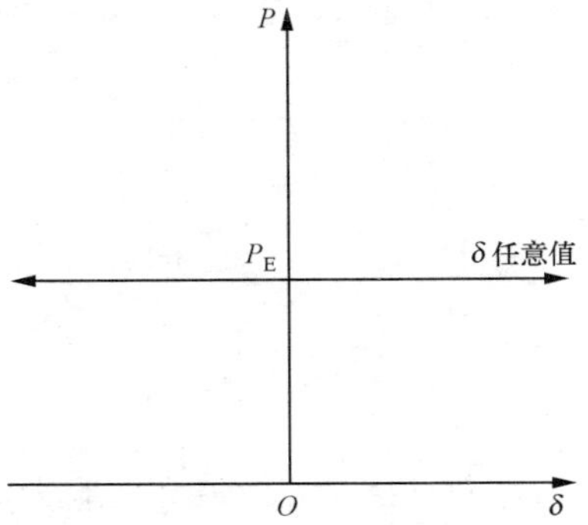

图 1-2-2 压杆平衡路径曲线

时，是在弯曲变形后列出了静力方程；而设 $\kappa=v''$ 时对位移和变形关系又进行了线性化. 由于这些做法的明显不一致性，所得的结果必然是含糊不清的. 方程(1-2-5)和(1-2-3)关于 $v(x)$ 是线性的，我们不得不对线性方程求解，然而问题在本质上却是非线性的，临界力是作为超越方程 $\sin kl=0$ 的根来求出的. 因此为了更仔细地研究压杆的力学性质，必须进行大变形分析，即稳定性的大范围分析.

取 s 为弯曲时曲线的弧长坐标，θ 是弯曲曲线在 s 点的切线与 x 轴的夹角，如图 1-2-3 所示. 这时 θ 可看做 s 的函数.

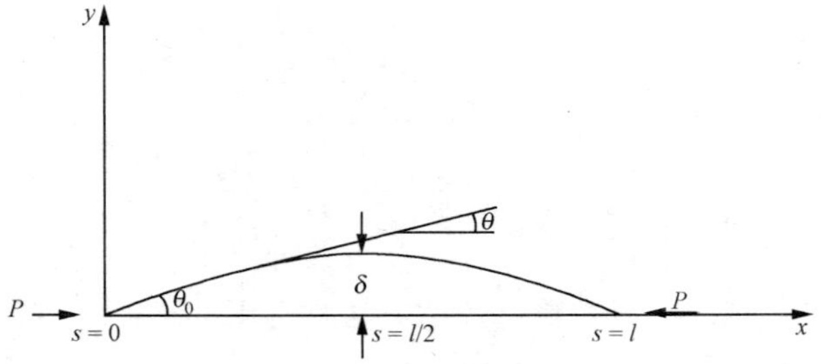

图 1-2-3 压杆的大变形分析

曲率 κ 的精确表达式为 $\mathrm{d}\theta/\mathrm{d}s$，受压杆杆轴的微分方程(1-2-2)现在为

$$EI\frac{\mathrm{d}\theta}{\mathrm{d}s}+Pv=0. \tag{1-2-11}$$

由于$\frac{\mathrm{d}v}{\mathrm{d}s}=\frac{\mathrm{d}y}{\mathrm{d}s}=\sin\theta$，因此杆的运动微分方程为

$$\frac{\mathrm{d}^2\theta}{\mathrm{d}s^2}+k^2\sin\theta=0. \tag{1-2-12}$$

这是一个非线性的微分方程，其中 k 的定义见式(1-2-6).

将方程(1-2-12)用通常的积分方法求解，将它写为

$$\frac{1}{2}\frac{\mathrm{d}}{\mathrm{d}\theta}\left(\frac{\mathrm{d}\theta}{\mathrm{d}s}\right)^2=-k^2\sin\theta.$$

分离变量并积分得

$$\left(\frac{\mathrm{d}\theta}{\mathrm{d}s}\right)^2=2k^2(\cos\theta-\cos\theta_0).$$

这里我们应用了边界条件：在 $s=0$ 时，$\kappa=\dfrac{\mathrm{d}\theta}{\mathrm{d}s}=0$，$\theta=\theta_0$. 利用半角公式

$$\cos\theta=1-2\sin^2\frac{\theta}{2},$$

前式为

$$\left(\frac{\mathrm{d}\theta}{\mathrm{d}s}\right)^2=4k^2\left(\sin^2\frac{\theta_0}{2}-\sin^2\frac{\theta}{2}\right), \tag{1-2-13}$$

作变量代换

$$\sin\frac{\theta}{2}=\sin\frac{\theta_0}{2}\cdot\sin\varphi \tag{1-2-14}$$

(这个变换总是成立的,因为有 $\theta\leqslant\theta_0$)微分式(1-2-14),即得

$$\cos\frac{\theta}{2}\mathrm{d}\left(\frac{\theta}{2}\right)=\sin\frac{\theta_0}{2}\cos\varphi\,\mathrm{d}\varphi.$$

将式(1-2-13)改换为新变量 φ,分离变量后,得

$$\mathrm{d}s=\frac{\mathrm{d}\varphi}{\mp\sqrt{1-\sin^2\frac{\theta_0}{2}\sin^2\varphi}}\frac{1}{k}. \tag{1-2-15}$$

设

$$\sin\frac{\theta_0}{2}=m, \tag{1-2-16}$$

并注意到在 $s=0$ 处 $\theta=\theta_0$,从而 $\varphi=\pi/2$. 将式(1-2-15)左端从零到 s,右端从 $\pi/2$ 到 φ 积分,得

$$s=-\frac{1}{k}\int_{\pi/2}^{\varphi}\frac{\mathrm{d}\varphi}{\sqrt{1-m^2\sin^2\varphi}},$$

在式中选取负号是为了使 $s>0$. 这是第一类椭圆积分,其数值可由数学用表上查到. 如果采用椭圆积分的一般形式

$$F(m)=\int_0^{\pi/2}\frac{\mathrm{d}\varphi}{\sqrt{1-m^2\sin^2\varphi}},$$

$$F(\varphi,m)=\int_0^{\varphi}\frac{\mathrm{d}\varphi}{\sqrt{1-m^2\sin^2\varphi}},$$

那么得到

$$ks=-F(\varphi,m)+F(m).$$

在 $s=l/2$ 处，由于对称性，$\theta=0$，因而 $\varphi=0$. 于是，得

$$F(m)=\frac{kl}{2}. \tag{1-2-17}$$

由这个方程可确定与杆端切线倾角有关的参数.

现在从等式

$$\frac{\mathrm{d}x}{\mathrm{d}s}=\cos\theta,\quad \frac{\mathrm{d}y}{\mathrm{d}s}=\sin\theta$$

出发，即可求出杆挠曲轴上点的坐标 x 和 y，利用式(1-2-14)和(1-2-15)将变量转换为独立变量 φ，我们得

$$\mathrm{d}x=\cos\theta\mathrm{d}s=-\frac{1}{k}\left(2\sqrt{1-m^2\sin^2\varphi}-\frac{1}{\sqrt{1-m^2\sin^2\varphi}}\right)\mathrm{d}\varphi,$$

$$\mathrm{d}y=\sin\theta\mathrm{d}s=-\frac{2m}{k}\sin\varphi\mathrm{d}\varphi.$$

将以上两式积分，并注意到在 $\varphi=\pi/2$ 时，$x=y=0$，得到挠曲轴的参数方程

$$\begin{aligned}x&=\frac{1}{k}\{2[E(m)-E(\varphi,m)]-[F(m)-F(\varphi,m)]\},\\ y&=\frac{2m}{k}\cos\varphi,\end{aligned} \tag{1-2-18}$$

式中

$$E(\varphi,m)=\int_0^{\varphi}\sqrt{1-m^2\sin^2\varphi}\,\mathrm{d}\varphi,$$

$$E(m)=\int_0^{\pi/2}\sqrt{1-m^2\sin^2\varphi}\,\mathrm{d}\varphi.$$

它们是第二类椭圆积分.

现在回过头来研究方程(1-2-17). 当 $m=0$ 时，$F(0)=\frac{\pi}{2}$，$F(m)$是严格的单调上升函数，因而 $F(m)\geqslant\frac{\pi}{2}$，即$\frac{kl}{2}\geqslant\frac{\pi}{2}$. 因此，当 $kl<\pi$，即 $P<\pi^2EI/l^2$ 时，这个方程无解；唯一可能的平衡形态就是直线形式. 但是，如果

$$P=P_{\mathrm{E}}=\pi^2EI/l^2,$$

则 $kl=\pi$，这时对应的是 Euler 临界力.

当 $P>P_{\mathrm{E}}$ 时，曲线的平衡形态是能够存在的. 每一个 P 值按方程(1-2-17)完全确定地对应一个 m 值，从而也对应一个 θ_0 值，也就是对应一个确定的挠曲线，即由式(1-2-18)给出的 Euler 弹性线. 随着载荷 P 的增大，挠度的增大是很快的.

由(1-2-18)的第二式，取 $s=\frac{l}{2}$，$\varphi=0$，并记 $\delta=y\left(\frac{l}{2}\right)=v\left(\frac{l}{2}\right)$，考虑到式(1-2-17)得

$$\frac{\delta}{l}=\frac{m}{F(m)},\quad \frac{P}{P_{\mathrm{E}}}=\frac{4}{\pi^2}[F(m)]^2. \tag{1-2-19}$$

这时可按参数方程(1-2-19)画出平衡路径曲线，如图 1-2-4 所示. 现在可以看出，与线性理论不同，当 $P=P_E$ 时并不是一个随意平衡位置. 平衡路径曲线将在此处分为三个分支. 这种出现分支的点叫做分岔点. 当 $P<P_E$ 时，平衡路径是一段纵坐标轴，即 $v=0$. 当 $P>P_E$ 时，平衡路径或保持为直线，或者为曲线. 为适应这两种可能的平衡状态，产生了分岔，同一个力 P 的值对应于两个可能的平衡状态(点 A 或点 B)，至于哪个平衡状态(直线的还是挠曲的)是稳定的，这个问题依然是个悬案. 为解决这个问题，首先，假设直杆处于其中的一个形态(A 或 B)，并且由某种原因使杆偏离这个形态. 其次，研究杆的运动，查明它是返回到出发的形态，还是相反地离开那个形态.

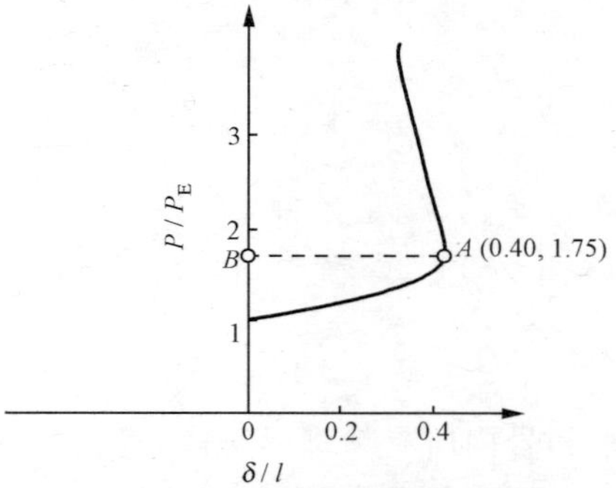

图 1-2-4 压杆大范围分析的平衡路径曲线

平衡稳定性问题从根本上来说，应该在动力学提法下加以研究，但对保守系统也可用能量方法处理. 稳定平衡状态下的系统的总势能取极小值，因而对平衡形态的任何偏离都应该使系统的总势能增加. 现在设微小扰动 $v(x)$ 就是对直线平衡形态的偏离，这时压力 P 对端部轴向位移 $\bar{u}=u(l)$ 做了功，计算位移 $\bar{u}$ 的公式为

$$\bar{u} = \frac{1}{2}\int_0^l (v')^2\,\mathrm{d}x, \tag{1-2-20}$$

杆的弯曲变形能是

$$\Delta U = \frac{1}{2EI}\int_0^l (v'')^2\,\mathrm{d}x. \tag{1-2-21}$$

因此，由于小扰动引起的杆总势能 Π 的变化是

$$\Delta\Pi = \Delta U - P\bar{u}. \tag{1-2-22}$$

如果 $\Delta\Pi>0$，杆的直线平衡状态是稳定的；如果 $\Delta\Pi<0$，杆是不稳定的. 其实，为了得到这个结论，还可采用更简单的说明：如果 $P\bar{u}>\Delta U$，力 P 所做之功大于杆内所储存的弹性能，多余的功必转化为动能，杆产生运动，继续挠曲，随着挠度的增大，多余的功也增大，因而挠度加速地发展. 为了检查稳定性条件，需要给出扰动的形式，例如可设

$$v(x) = a\sin\frac{\pi x}{l}, \tag{1-2-23}$$

经过简单计算，我们得

$$\Delta\Pi = \frac{\pi^2 a^2}{4l}(P_{\mathrm{E}} - P). \tag{1-2-24}$$

显然，当 $P<P_{\mathrm{E}}$ 时，$\Delta\Pi>0$，也就是说，杆的直线形式的平衡是稳定的；当 $P>P_{\mathrm{E}}$ 时，杆的直线形态永远是不稳定的.

严格地说，上面的讨论仅能确定正弦扰动下杆的直线形态的稳定性问题. 现在产生的问题是能不能找到另外的某种扰动，当压力 $P<P_{\mathrm{E}}$ 时，在该扰动下杆是不稳定的？回答是否定的. 为了要证实 P_{E} 确实是最小临界力，我们设想有一个任意的扰动

$$v(x) = \sum_{k=1}^{\infty} a_k \sin\frac{k\pi x}{l}. \tag{1-2-25}$$

从数学分析的相应定理可以确信，满足条件 $v(0)=v(l)=0$ 且一阶和二阶可导的任意函数都可表述为式(1-2-25)形式. 考虑到三角函数的正交性，我们得到

$$\Delta\Pi = \frac{\pi^2}{4l}\sum_{s=1}^{\infty} a_s^2 (P_s - P).$$

如果 $P<P_1=P_{\mathrm{E}}$，那么求和号内所有项都是正的，对任意的 a_s，也就是对任意扰动 $v(x)$，$\Delta\Pi>0$，杆的直线形态平衡是稳定的；如果 $P>P_{\mathrm{E}}$，那么我们总可选择某种扰动使 $\Delta\Pi<0$，所以杆的直线形态平衡是不稳定的.

这样，对于图 1-2-4 的分岔点的 3 个分支，$P>P_{\mathrm{E}}$ 时 $\delta=0$ 的分支上平衡是不稳定的，而在另外 2 个分支上平衡是稳定的. 例如，处于点 B 的直线形态平衡，在扰动下，要跑到点 A 的稳定的挠曲的平衡形态. 在分岔点，分岔是向上的，称之为正分岔. 在一般情况下，正分岔的分岔点的平衡是稳定的(这与线性理论的结论不同). 我们这里的压杆就属于这种情况，在 $P=P_{\mathrm{E}}$ 时，直线平衡形态是稳定的.

最后还要说明的是，在第一节浅桁架的平衡路径曲线中(图 1-1-2)，变量是载荷 P 和载荷作用点的位移 u，由于 P 和 u 是一对在能量上共轭的量，平衡路径曲线的斜率在物理上代表在该平衡状态下系统的切线刚度. 在本节，压杆的平衡路径曲线的变量是轴力 P 和杆之中点的挠度 δ，P 和 δ 不是能量共轭的一对量，因而曲线斜率没有明确的力学含义. 不过，P-δ 曲线仍可定性研究压杆的稳定性问题，而且曲线容易绘制，分岔点和 3 个分支的显示简单明了.

§1-3　带有弹性支承的刚性杆的平衡稳定性

本节用两个更简单的例子(殷有泉，邓成光，1992)说明分岔点失稳和极值点

失稳.

本节的第一个例子是一个长为 l 的绝对刚性直杆下端以铰接方式固定在地面上,同时用一个刚度为 k 的转动弹簧支持杆在竖直位置上的平衡,杆的上端作用以垂直的力 P,如图 1-3-1 所示,我们研究该系统的平衡稳定性.

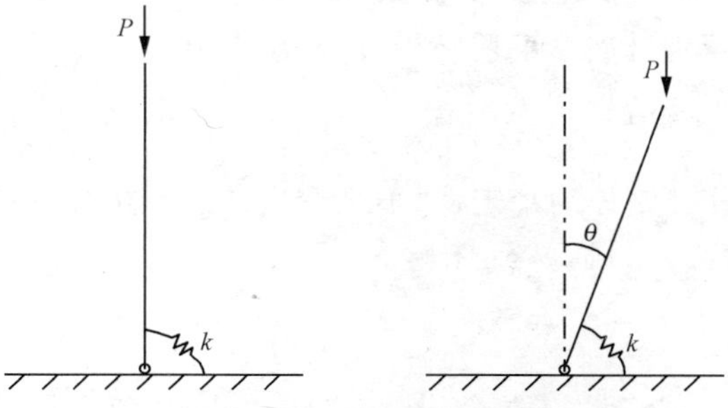

图 1-3-1 转动弹簧支撑的刚性杆

当杆相对竖直方向偏转一个角度 θ 时,下端的转动弹簧给杆一个正比于偏转角的恢复力矩 $M=k\theta$. 由于在杆上端作用一垂直力 P,杆保持倾斜状态是可能的,关于铰点的力矩平衡方程是

$$k\theta - Pl\sin\theta = 0. \tag{1-3-1}$$

平衡路径方程为

$$P = \frac{k}{l}\,\frac{\theta}{\sin\theta}. \tag{1-3-2}$$

我们注意到 $\theta/\sin\theta \geqslant 1$,并且仅当 $\theta=0$ 时取等号. 因而,仅当 $P>P_A=k/l$ 时,才有可能达到偏离于竖直方向杆的平衡位置. 在图 1-3-2 中画出了 P 随 θ 变化的曲线 AB,它是系统的一支平衡路径. 由于初始状态结构在几何上的对称性,$\theta=0(0\leqslant P<\infty)$ 是另一支平衡路径. 两支平衡路径在点 A[坐标为$(0,P_A)$]相交.

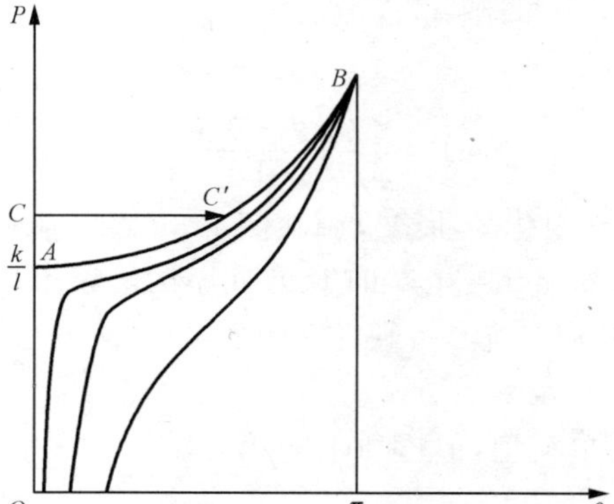

图 1-3-2 平衡路径曲线

由于这个系统是保守系统,可用能量方法研究它的平衡稳定性. 不难写出系统的总势能

$$\Pi = U + W = \frac{1}{2}k\theta^2 - Pl(1-\cos\theta).$$

由一次变分 $\delta\Pi=0$,可得到系统的平衡路径(1-3-1)或(1-3-2). 显然,$\theta=0$ 是一个平衡路径,式(1-3-2)是另一个平衡路径. 由二次变分

$$\delta^2\Pi = \frac{\partial^2\Pi}{\partial\theta^2}(\delta\theta)^2 = (k - Pl\cos\theta)(\delta\theta)^2$$

的正负号可判断各分支路径的稳定性. 不难看出,在 $\theta=0$ 时,平衡路径为 OP 轴,A 点是临界点,相应的载荷为临界载荷

$$P_{cr} = P_A = \frac{k}{l}.$$

在 $\theta=0$ 轴上,平衡路径有两个分支:在 OA 分支,$P<P_A=k/l$,$\delta^2\Pi=(k-Pl)(\delta\theta)^2>0$,平衡是稳定的;在 A 点以上的 $\theta=0$ 轴为另一分支,其上 $\delta^2\Pi<0$,平衡是不稳定的. 因而 A 点是从稳定分支过渡到不稳定分支的临界点. 第三个分支是 AB 部分,$P=k\theta/l\sin\theta$,且 $P>k/l$,因为 $\theta<\tan\theta$,总有 $\delta^2\Pi=k\left(1-\dfrac{\theta}{\tan\theta}\right)(\delta\theta)^2>0$,因而 AB 分支的平衡总是稳定的. 图中 A 点是平衡路径三个分支的汇交点,简称分岔点. 这种在分岔点上发生失稳的现象称做分岔点(型)失稳. 由于在分岔点以上的 $\theta=0$ 分支路径是不稳定的,例如在 C 点,在扰动下可突跳到稳定分支 AB 上的 C' 点.

在分岔点 A,$\delta^2\Pi=0$,它的稳定性要用更高次变分检验. 由于 $\delta^3\Pi=0$,$\delta^4\Pi>0$,因而在分岔点 A 处系统的平衡是稳定的. 这里的分岔是向上的,称为正分岔. 一般来说,在正分岔情形分岔点处的平衡是稳定的.

现在来研究,杆不受力且其相对竖直方向有倾角 θ_0 的情况(θ_0 相当于初缺陷). 只要设力矩 M 正比于角$(\theta-\theta_0)$,前面所有的讨论都有效,现在代替式(1-3-2)的是

$$P = \frac{k}{l}\left(\frac{\theta-\theta_0}{\sin\theta}\right).$$

对于不同的 θ_0 值,P 随 θ 变化的曲线也画在图 1-3-2 中. 能够发现,在 $P=P_A=k/l$ 时这些曲线在特性上没有多大变化,可以验证这些曲线上各点的平衡状态都是稳定的,因而考虑具有初始倾角(初缺陷)杆的稳定性问题,一般来说没有多大意义.

上例虽然是一个简单模型,但性质上与第二节介绍的弹性压杆的稳定性问题极为相似.

本节的第二个例子讨论的是与上例完全相同的绝对刚性杆,但不是下端有一

个转动弹簧，而是在杆的上端有一个正比于杆端水平位移 u 的水平反力 $R=ku$. 实际上，杆的上端可视为受一可垂直滑动的弹性支承作用，如图 1-3-3 所示. 现在研究该系统的平衡稳定性.

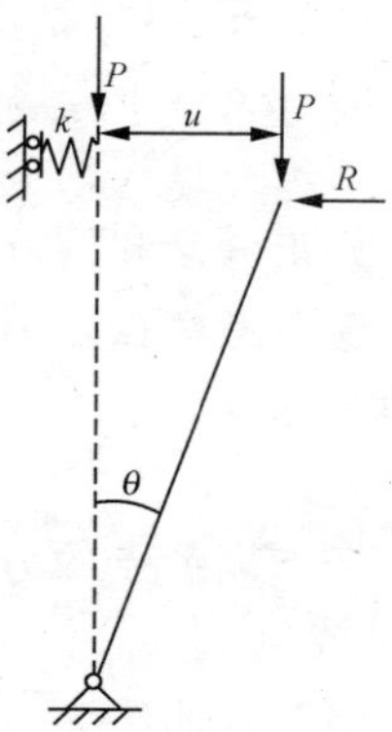

图 1-3-3　滑动弹性支撑的刚性杆

因为 $u=l\sin\theta$，相对下端铰点的力矩平衡条件为

$$Pl\sin\theta = kl^2\sin\theta\cos\theta$$

或

$$P = kl\cos\theta, \qquad (1\text{-}3\text{-}3)$$

P 随 θ 变化的路径为图 1-3-4 中曲线 AB. 式(1-3-3)代表平衡路径的一个分支，显然在纵轴上 OA 和 A 以上部分 AP 是另外两个分支，这 3 个分支交汇于点 A，点 $A(0,kl)$ 为临界点或分岔点. 为用能量方法检查 3 个分支的稳定性，可写出系统的总势能为

$$\Pi = \frac{1}{2}k(l\sin\theta)^2 - Pl(1-\cos\theta),$$

其二次变分为

$$\delta^2\Pi = \frac{\partial^2\Pi}{\partial\theta^2}(\delta\theta)^2 = [kl^2\cos2\theta - Pl\cos\theta](\delta\theta)^2.$$

沿 $\theta=0$ 的路径上，$P_A=kl$ 时 $\delta^2\Pi=0$，即 $A(0,kl)$ 为临界点；在 OA 分支上，$P<kl$，有 $\delta^2\Pi>0$，平衡是稳定的，在 AP 分支(即沿 $\theta=0$ 轴 A 点以上部分)，$P>kl$，有 $\delta^2\Pi<0$，平衡是不稳定的；在 AB 分支部分 $\delta^2\Pi=-kl^2\sin^2\theta(\delta\theta)^2<0$(当 $\theta\neq0$)，系统是不稳定的. 本例中 3 个分支中仅有一支是稳定的，另外两支是不稳定的. 与前例所反映的系统稳定特征是完全不同的. 在达到临界点后，随 θ 增大，为保持杆的平衡，每一瞬时力必须减少；如果力保持常数，那么将发生突跳，杆瞬时地转过 180°，而达到的新位置，显然新位置是稳定的.

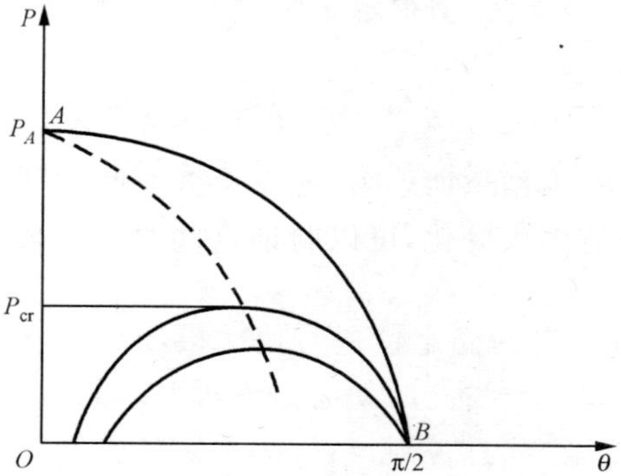

图 1-3-4　平衡路径曲线

在临界点(分岔点)A处,容易验证$\delta^3\Pi=0,\delta^4\Pi<0$,因而在分岔点的平衡是不稳定的.这里,平衡路径在$A$点所显示的分岔现象称为倒分岔.对于具有倒分岔行为的系统一旦达到了临界载荷,结构将丧失承载能力.因而在工程设计中需要小心地区分正分岔和倒分岔.

现在考察在未加载荷状态,杆与竖直方向有一倾斜角θ_0(初缺陷)的情况,这时杆的上端反力

$$R=kl(\sin\theta-\sin\theta_0).$$

相对于下端铰点的力矩平衡条件为

$$Pl\sin\theta=kl^2(\sin\theta-\sin\theta_0)\cos\theta,$$

则平衡路径曲线为

$$P=kl\left(1-\frac{\sin\theta_0}{\sin\theta}\right)\cos\theta. \tag{1-3-4}$$

图1-3-4代表在不同θ_0值时平衡路径曲线.式(1-3-4)右端的关于θ的函数,当$\sin\theta=(\sin\theta_0)^{1/3}$时有极大值,因此,对应于给定的初始倾角,压力的极大值或临界值不难由下式给出

$$P_{\mathrm{cr}}=kl(1-\sin^{2/3}\theta_0)^{3/2}.$$

对有初始倾角θ_0的杆的情况,系统的失稳不再是分岔型失稳,而是极值点型失稳.在临界点处,如果不减少载荷,会发生突跳,位移会立刻变化到最终值.

§1-4 讨论和小结

本章利用简单的浅桁架、弹性压杆和具有弹性支承的刚杆等简单结构介绍了弹性系统平衡稳定性的概念和研究方法.使用简单模型不仅是为了数学上简单,而且在物理上它们也反映了某些实际弹性结构的稳定性态.例如,浅桁架反映了受均匀压力的扁拱和扁球壳的性态;下端有转动弹簧的刚杆则反映了轴压下弹性直杆的性态.通过本章的几个简单模型揭示了弹性系统平衡稳定性的基本概念和常用的分析方法:

(1) 弹性系统平衡的稳定性是指系统在外界扰动下保持构形(形态)的能力.对系统的某个平衡状态,在受到扰动后,如果系统能回复到它原来的状态,则称系统的平衡状态是稳定的;如果趋向于离开它原来的状态,则称系统的平衡状态是不稳定的.

(2) 考查一个平衡状态的稳定性通常使用摄动方法和能量方法.摄动方法是给系统一个小扰动,得到一个线性的动力学方程并求解.如果摄动解随时间增长,则系统的平衡状态是不稳定的;否则,系统的平衡状态是稳定的.对于保守系统还可采用能量方法,用Π表示系统的总势能,其二阶变分$\delta^2\Pi>0$,系统的平衡是稳定

的；$\delta^2\Pi<0$，系统的平衡是不稳定的；$\delta^2\Pi=0$ 对应的平衡状态，其稳定性要根据总势能的三阶变分或更高阶变分来识别.

(3) 在稳定性分析中通常使用平衡路径形象地表述平衡状态的演化过程. 平衡路径上的每一个点代表一个平衡状态. 整个平衡路径由几个分支组成：在稳定的分支上各点代表的平衡状态是稳定的；在不稳定的分支上，各点的平衡状态是不稳定的. 如果用 P 和 u 分别代表系统的广义力和广义位移，并设 P 是控制变量，u 是状态变量，那么在稳定分支上有 $\delta P\delta u>0$，在不稳定分支上有 $\delta P\delta u<0$.

(4) 稳定分支和不稳定分支的交汇点是临界点，在该点 $\delta P\delta u=0$，该点对应于平衡稳定性的临界状态. 该点处的广义力 P_{cr} 称为临界力，它确定了一个结构的承载能力和保持整体性的能力. 在临界点(u_{cr},P_{cr})，结构在扰动下失去稳定性，简称失稳. 临界点有两种基本类型：极值点和分岔点，它们分别对应于极值点型失稳和分岔点型失稳.

弹性系统的平衡稳定性分析(详见有关专著，例如武际可，苏先樾，1994)，主要讨论杆系和板壳一类固体结构，在学科上它们属于材料力学和结构力学. 结构材料的本构关系通常是线性的，也即是应力和应变呈线性关系，或者广义力(例如力矩)和广义位移(例如转角)呈线性关系. 但需要在变形之后建立平衡条件. 因此，弹性系统平衡稳定性问题是**几何非线性**问题. 这些情况与本书后文讨论的岩石和混凝土结构稳定性不同，那里是三维块体结构，属于连续介质力学范畴. 岩石混凝土材料的应力-应变曲线在峰值后下降，强度的部分丧失或完全丧失导致结构失稳. 而且，通常可用小变形方法分析，因而岩石和混凝土工程的平衡稳定性属于**材料非线性**问题.

本书后文将把弹性系统平衡稳定性的概念和研究方法推广到岩石和混凝土工程平衡稳定性分析中去.

本章内容是为岩土工程专业的读者撰写的，因为他们在专业学习阶段可能没有接触过这些内容，而这些知识又是读懂本书不可缺少的. 力学专业出身的读者可以跳过本章，直接从第二章读起.

第二章　岩石力学平衡稳定性问题简例

长期以来将岩石和混凝土材料看做是**脆性材料**，在峰值应力后材料突然破裂，而且无明显的残余变形. 后来发现这是试验机刚度不够而产生的现象. 从上个世纪60年代以来，人们通过各种途径提高试验机的刚度，随后又研制出了电液伺服控制的**刚性试验机**，并在这种试验机上对岩石和混凝土试件的**应力-应变全过程曲线**(或称**全应力-应变曲线**)进行了研究. 根据单轴压缩实验的结果，岩石和混凝土的强度在峰值后随损伤(微裂缝)的扩展而降低，其过程是一个稳态过程，而材料最终破坏时残余(塑性)变形可以很大，简单地将它们看做脆性材料显然是不合适的. 按宏观的**唯象学理论**，将这种**残余变形**看做**塑性变形**，从而建立了岩石混凝土材料的弹塑性本构理论.

由于本章介绍的都是简单问题，从位移场看，均为一维问题. 为了求得解析解，本构曲线也做了很大的简化. 在岩石工程方面的例子中采用了川本眺万(1981)的**三线性模型**，这种模型仅包含弹性模量、峰值强度、残余强度，以及峰值后应力-应变曲线下降阶段的坡度(切线模量)等数据，这些数据应是拟合材料实验曲线来取得的. 在地震不稳定分析中使用了稍为复杂一些的**负指数模型**和 **Gauss 型模型**，这些模型中的参数，应该用现场观测资料拟合得到.

§2-1　自由端受力矩作用的混凝土悬臂梁

一个混凝土**悬臂梁**的几何形状如图 2-1-1 所示，梁长为 l，矩形截面的高为 h，宽为 b，在自由端($x=l$)作用以外力矩 M.

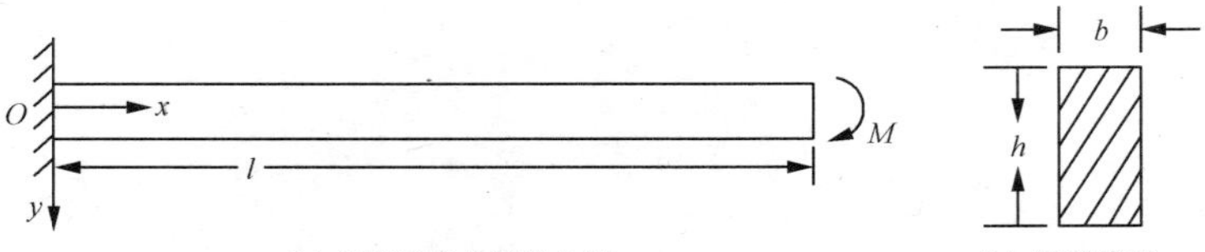

(a) M表示自由端外力矩　　(b) 矩形截面

图 2-1-1　混凝土悬臂梁

混凝土材料特性可简化为如下的三种类型. 第一种类型是完全弹性，即拉伸和压缩均为线性弹性，而且弹性模量相同(即拉压同性材料)，如图 2-1-2(a)所示. 这时本构方程为

$$\sigma = E\varepsilon,\quad -\infty < \varepsilon < +\infty, \tag{2-1-1}$$

式中：E 是 Young 模量，也称为弹性模量，第二种类型是弹性-**理想塑性**，即拉伸是弹性-理想塑性，压缩是纯弹性的，如图 2-1-2(b)所示. 由于混凝土的抗压强度远大于抗拉强度，有理由将压缩变形假定为弹性反应. 这是一种拉压不同性材料模型，本构方程是

$$\sigma=\begin{cases}E\varepsilon, & \text{当} -\infty<\varepsilon<\varepsilon_s,\\ \sigma_s, & \text{当} \varepsilon>\varepsilon_s,\end{cases}\tag{2-1-2}$$

式中：σ_s 是拉伸强度或拉伸屈服应力，ε_s 是初始屈服时的拉伸应变，$\varepsilon_s=\sigma_s/E$. 第三种类型是弹性-**软化塑性**，即拉伸是弹性-软化塑性的，压缩是弹性的，如图 2-1-2(c)所示. 这也是一种拉压不同性材料模型，同时可以反映混凝土的应变软化特性. 它的本构方程是

$$\sigma=\begin{cases}E\varepsilon, & \text{当} -\infty<\varepsilon\leqslant\varepsilon_s,\\ \sigma_s-E_t(\varepsilon-\varepsilon_s), & \text{当} \varepsilon_s<\varepsilon\leqslant\varepsilon_r,\\ 0, & \text{当} \varepsilon_r<\varepsilon<+\infty,\end{cases}\tag{2-1-3}$$

式中：σ_s 是**峰值强度**，ε_s 是峰值强度对应的应变，而 ε_r 是强度刚刚达到零值的应变，即零残余强度阶段的起点. E_t 是曲线下降段的坡度. 这里取 E_t 为正值，而这时的切线模量应是 $E_T=-E_t$. 也即 E_t 是 E_T 的绝对值（今后请注意 E_t 和 E_T 的区别）. ε_s 和 ε_r 是两个材料参数，为方便起见，设应变比

$$\frac{\varepsilon_r}{\varepsilon_s}=\alpha^2\geqslant 1,\tag{2-1-4}$$

因此 α^2 也可以看做是材料参数，并且有

$$\frac{E_t}{E}=\frac{\varepsilon_s}{\varepsilon_r-\varepsilon_s}=\frac{1}{\alpha^2-1}\geqslant 0.\tag{2-1-5}$$

在 $\varepsilon_r\to\infty$ 或 $\alpha^2\to\infty$ 时，$E_t\to 0$，相当于理想塑性. 上面三种类型的本构曲线如图 2-1-2 所示.

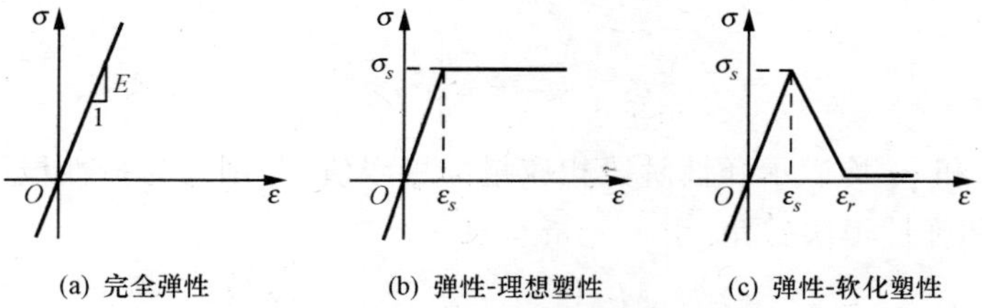

(a) 完全弹性　(b) 弹性-理想塑性　(c) 弹性-软化塑性

图 2-1-2　三种类型的本构关系

由于轴向合力为零，中性轴上轴向应变为零，轴向应力也为零. 设 κ 是中性轴变形后的曲率，y 是由中性轴算起的坐标（坐标原点总是取在中性轴上），由**平截面假设**（见殷有泉等，2006），截面上应变分布为

$$\varepsilon(y) = \kappa y, \tag{2-1-6}$$

这表明梁纤维的相对伸长是坐标 y 的线性函数. 由于本问题梁轴各点处的曲率相同(相当于纯弯曲梁),梁自由端转角

$$\varphi = \kappa l, \tag{2-1-7}$$

由平衡条件,可计算梁截面的弯矩(数值上它与端面外力矩 M 相等),即

$$M = \int_A \sigma y \, \mathrm{d}A, \tag{2-1-8}$$

式中: A 为梁的横截面面积. 下面仅讨论第二和第三种材料模型.

1. 弹性-理想塑性情况

(1) 弹性变形阶段(截面顶部应变 $\tilde{\varepsilon} \leqslant \varepsilon_s$)

这时梁变形的中性轴与截面形心轴一致,截面内弯矩(或端部外力矩)

$$M = \int_A \sigma y \, \mathrm{d}A = \int_A E\kappa y^2 \, \mathrm{d}A = EI\kappa, \tag{2-1-9}$$

其中: I 是惯性矩在矩形截面(图 2-1-1)情况

$$I = \int_A y^2 \, \mathrm{d}A = \frac{bh^3}{12},$$

由(2-1-7)式,外力矩 M 和端部转角 φ 之间关系为

$$M = \frac{EI}{l}\varphi. \tag{2-1-10}$$

当截面顶部应变 $\tilde{\varepsilon} = \varepsilon_s$ 时,截面顶部和底部($y = \pm h/2$)的应力为 $\sigma = \pm \sigma_s$,这时外力矩,曲率和自由端转角分别为

$$\begin{aligned} M &= M_e = \frac{bh^2}{6}\sigma_s, \\ \kappa &= \kappa_e = \frac{2\varepsilon_s}{h}, \\ \varphi &= \varphi_e = \frac{2\varepsilon_s l}{h}, \end{aligned} \tag{2-1-11}$$

式中: M_e, κ_e 和 φ_e 均表示弹性阶段相应量的极限值,分别称为弹性极限外力矩,弹性极限曲率和弹性极限转角. 引入无量纲量①

$$\overline{M} = \frac{M}{M_e}, \quad \overline{\kappa} = \frac{\kappa}{\kappa_e}, \quad \overline{\varphi} = \frac{\varphi}{\varphi_e}, \tag{2-1-12}$$

则外力矩和转角的关系(2-1-10)可表示为

$$\overline{M} = \overline{\varphi}, \quad \overline{\kappa} = \overline{\varphi}, \quad 当\ \overline{\varphi} < 1. \tag{2-1-13}$$

---

① 按国家标准,应称为量纲一的量.

在弹性极限状态下，

$$\overline{M}=1,\quad \bar{\kappa}=1,\quad 当\ \bar{\varphi}=1. \tag{2-1-14}$$

采用这种无量纲表述既简洁又具有一般性.

（2）理想塑性变形阶段($\tilde{\varepsilon}>\varepsilon_s$)

进入塑性变形阶段后，塑性区仅发生在截面的受拉伸部分，这时，中性轴离开形心轴向下移动，设中性轴到截面顶部距离为 nh，塑性区范围为 ζh，n 和 ζ 是两个无量纲参数，分别表示中性轴的位置和塑性区的范围，如图 2-1-3 所示. 参数 ζ 表征塑性区的大小，随着外力矩的增大，塑性区总是扩展的，因而 ζ 是单调增加的参数，实际上可以将它看做是一种内变量. 下文将所有变量都表示为 ζ 的函数.

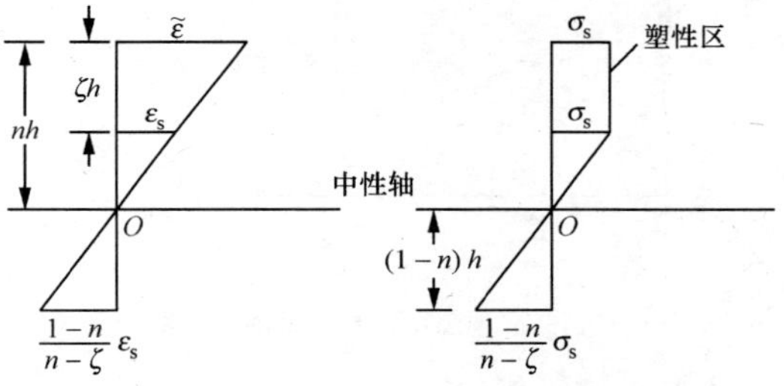

图 2-1-3 随塑性区扩展截面应变分布和应力分布

由轴力 N 等于零，轴向平衡方程为

$$N=\zeta h\sigma_s+\frac{1}{2}(n-\zeta)h\sigma_s-\frac{1}{2}(1-n)h\,\frac{1-n}{n-\zeta}\sigma_s=0,$$

从而可确定中性轴位置

$$n=\frac{1}{2}(1+\zeta^2). \tag{2-1-15}$$

知道了中性轴位置，可计算出力矩

$$M(\zeta)=h^2\sigma_s\left[\zeta\left(n-\frac{1}{2}\zeta\right)+\frac{1}{3}(n-\zeta)^2+\frac{1}{3}\,\frac{(1-n)^3}{n-\zeta}\right].$$

将式(2-1-15)代入上式，并考虑式(2-1-12)，得

$$\overline{M}(\zeta)=\frac{M}{M_e}=1+\frac{1}{2}\zeta+\frac{3}{2}\zeta^2(1-\zeta). \tag{2-1-16}$$

由几何关系[平截面假定，见式(2-1-6)]

$$\varepsilon_s=\kappa(n-\zeta)h,$$

则得

$$\bar{\kappa}=\frac{\kappa}{\kappa_e}=\frac{\dfrac{\varepsilon_s}{(n-\zeta)h}}{\dfrac{2\varepsilon_s}{h}}=\frac{1}{2(n-\zeta)},$$

最后得

$$\bar{\varphi}(\zeta)=\frac{1}{2(n-\zeta)}=\frac{1}{(1-\zeta)^2}. \tag{2-1-17}$$

式(2-1-16)和(2-1-17)给出了外力矩 $\overline{M}$ 和自由端转角 $\bar{\varphi}$ 的参数方程，从中消去变量 ζ 得到 $\overline{M}$-$\bar{\varphi}$ 曲线，这条曲线叫做平衡路径曲线，上面的每一个点代表一个平衡状态，如图 2-1-4 所示.

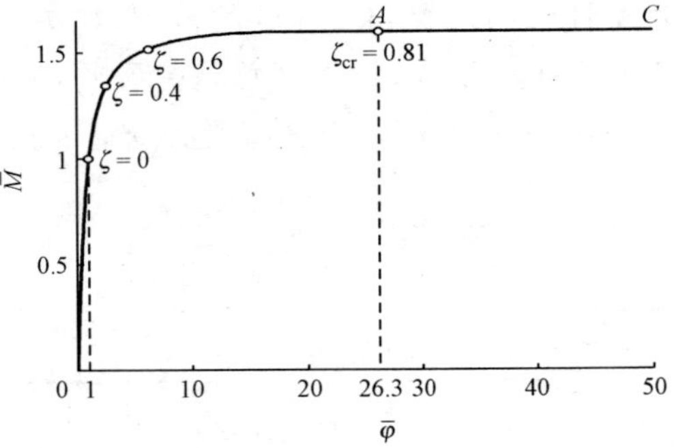

图 2-1-4　弹性-理想塑性材料梁的平衡路径曲线

从图 2-1-4 可见，随着塑性区发展，即内变量参数 ζ 不断增加，$\overline{M}$ 不断增加，在 $\zeta=\zeta_{cr}=0.81$ 时达到最大值 $\overline{M}_{cr}=1.59$，相应的转角为 $\bar{\varphi}_{cr}=26.3$. 此后随 ζ 增加，$\overline{M}$ 下降，在 $\zeta\to1$ 时，即塑性区贯穿整个截面时，$\overline{M}=1.5$，$\bar{\varphi}\to\infty$，此时为最终的断裂破坏. 在 $\zeta_{cr}=0.81$ 时，$\overline{M}_{cr}$ 是平衡路径曲线外力矩的极大值，是 $\overline{M}$ 的一个转向点，此时达到了临界载荷 $\overline{M}_{cr}$，这时梁是不稳定的. 随着 $\bar{\varphi}$ 增加，要保持梁的平衡，以后的每一瞬时的外力矩必须减少. 如果外力矩保持不变，那么将发生突然加快的变形，自由端转角瞬时地达到很大，参数 ζ 从 0.81 迅速地达到 1，致使梁的完全破坏. 点 $A(\bar{\varphi}_{cr},\overline{M}_{cr})$ 是平衡曲线从稳定分支 OA 到不稳定分支 AC 的临界点. 这种失稳形式称为极值点型失稳. 外力矩 $\overline{M}_{cr}$ 称为临界载荷，也称梁的承载能力. 上述分析能够深刻揭示混凝土结构塑性区由稳态扩展过渡到非稳态扩展的现象.

2. 弹性-软化塑性情况

由于软化塑性材料(图 2-1-2)在峰值后除软化阶段还有残余的零强度的“理想”阶段. 因而悬臂梁的变形分为 3 个阶段：弹性阶段，软化塑性阶段(塑性变形的第一阶段)和出现零残余应力后的塑性阶段(塑性变形的第二阶段). 采用平截面假设，梁的整个变形过程中截面上的应变分布和应力分布如表 2-1-1 所示.

表 2-1-1 弹性-软化塑性材料变形过程中的应变和应力分布

阶段序号	(1)	(2)	(3)	(4)	(5)
截面顶部应变 $\tilde{\varepsilon}$	$\tilde{\varepsilon}<\varepsilon_s$	$\tilde{\varepsilon}=\varepsilon_s$	$\varepsilon_s<\tilde{\varepsilon}<\varepsilon_r$	$\tilde{\varepsilon}=\varepsilon_r$	$\tilde{\varepsilon}>\varepsilon_r$
应变分布（平面假设）	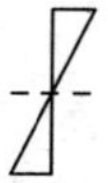	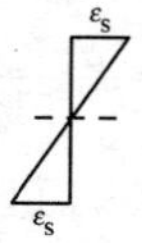	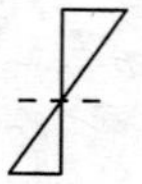	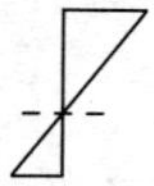	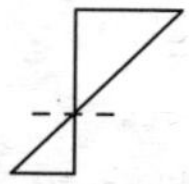
应力分布（由本构关系）			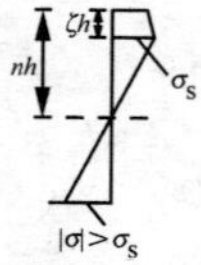	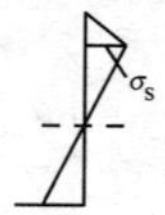	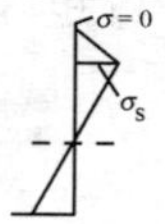
中性轴距顶部：nh	中性轴过形心 $n=0.5$		中性轴下移 $n>0.5$	中性轴继续下移	中性轴继续下移
塑性区距顶部：ζh	$\zeta=0$		$\zeta>0$	塑性区扩大	塑性区继续扩大

(1) 弹性阶段（截面顶部应变 $\tilde{\varepsilon}<\varepsilon_s$）

引用无量纲变量(2-1-12)之后，外力矩和转角的关系为式(2-1-13)，即

$$\overline{M}=\overline{\varphi},\quad \overline{\kappa}=\overline{\varphi},\quad 当\ \overline{\varphi}<1;$$

(2) 初始屈服（$\tilde{\varepsilon}=\varepsilon_s$）

$$\overline{M}=1,\quad \overline{\varphi}=1,\quad \overline{\kappa}=1.$$

(3) 塑性变形第一阶段（$\varepsilon_s<\tilde{\varepsilon}<\varepsilon_r$）

仍设中性轴到截面顶边距离为 nh，塑性区范围为 ζh，应变分布与应力分布如图 2-1-5 所示.

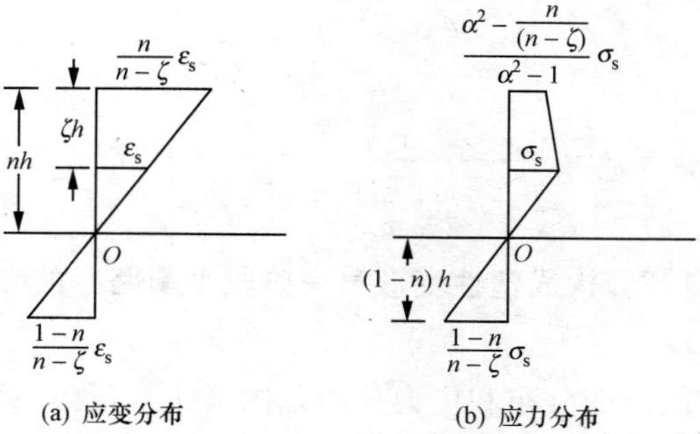

(a) 应变分布 (b) 应力分布

图 2-1-5 塑性变形第一阶段的应变和应力分布

中性轴参数 n 的大小可由截面上正应力的合力为零，即 $N=0$ 确定

$$N=\frac{1}{2}\left(1+\frac{\alpha^2-\dfrac{n}{n-\zeta}}{\alpha^2-1}\right)\zeta bh\sigma_s+\frac{1}{2}(n-\zeta)bh\sigma_s-\frac{1}{2}\frac{(1-n)^3bh\sigma_s}{n-\zeta}=0,$$

因而

$$n=\frac{1}{2}\left(1+\frac{\alpha^2}{\alpha^2-1}\zeta^2\right). \tag{2-1-18}$$

中性轴的位置与参数 α^2[见式(2-1-4)]有关，而且随塑性区的扩大(ζ 的增大)而下移. 弯矩(或外力矩)是截面上正应力相对中性轴弯矩之和

$$\begin{aligned}M(\zeta)=&\left\{\frac{\alpha^2-\dfrac{n}{n-\zeta}}{\alpha^2-1}\zeta\left(\frac{\zeta}{2}+(n-\zeta)\right)+\frac{1}{2}\left(1-\frac{\alpha^2-\dfrac{n}{n-\zeta}}{\alpha^2-1}\right)\zeta\right.\\&\cdot\left[\frac{1}{3}\zeta+(n-\zeta)\right]+\frac{1}{2}(n-\zeta)\cdot\frac{2}{3}(n-\zeta)\\&\left.+\frac{1}{2}\frac{1-n}{n-\zeta}(1-n)\cdot\frac{2}{3}(1-n)\right\}h^2b\sigma_s.\end{aligned}$$

将 n 的表达式(2-1-18)代入上式，得

$$\overline{M}(\zeta)=\frac{1-\dfrac{\alpha^2}{\alpha^2-1}(3-2\zeta)\zeta^2}{1-2\zeta+\dfrac{\alpha^2}{\alpha^2-1}\zeta^2},\quad 0<\zeta\leqslant\zeta_r. \tag{2-1-19}$$

由几何分析

$$\kappa=\frac{\varepsilon_s}{(n-\zeta)h}=\frac{\kappa_e}{2(n-\zeta)},$$

$$\bar{\kappa}=\frac{1}{2(n-\zeta)},$$

将 n 值代入，得

$$\bar{\varphi}=\bar{\kappa}=\frac{1}{1-2\zeta+\dfrac{\alpha^2}{\alpha^2-1}\zeta^2},\quad 0<\zeta\leqslant\zeta_r, \tag{2-1-20}$$

由式(2-1-19)和(2-1-20)构成塑性变形第一阶段平衡路径的参数方程.

(4) 确定 ε_r 值($\tilde{\varepsilon}=\varepsilon_r$)

当 $\tilde{\varepsilon}=\varepsilon_r$ 时截面的应变分布和应力分布如图 2-1-6 所示. 此时梁截面顶部应力 $\tilde{\sigma}=0$，中性轴位置为 n_rh，由

$$N=\frac{1}{2}n_rbh\sigma_r-\frac{1}{2}\frac{1-n_r}{n_r-\zeta_r}bh\sigma_s=0$$

得

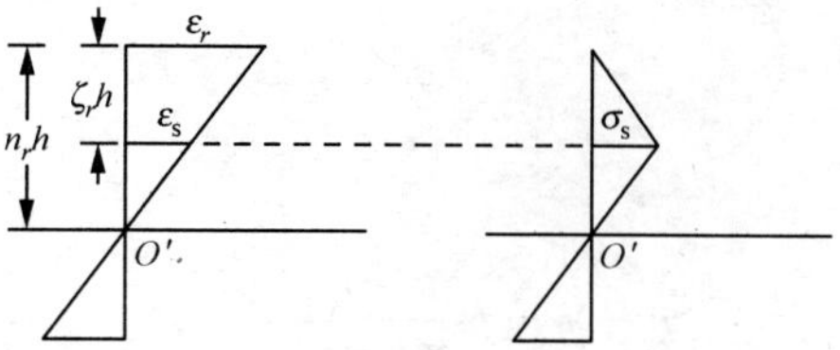

(a) 应变分布　　(b) 应力分布

图 2-1-6　塑性变形第一阶段末的应变和应力分布

$$n_r = \frac{1}{2-\zeta_r}. \tag{2-1-21}$$

由几何关系有

$$\varepsilon_s = \kappa(n_r - \zeta_r)h, \quad \varepsilon_r = \kappa n_r h.$$

将两式消去 κ,得

$$\frac{n_r}{n_r - \zeta_r} = \alpha^2. \tag{2-1-22}$$

由式(2-1-21)和(2-1-22)解出

$$\zeta_r = \frac{\alpha - 1}{\alpha} < 1, \quad n_r = \frac{\alpha}{\alpha + 1} < 1. \tag{2-1-23}$$

将 ζ_r 和 n_r 代入式(2-1-19)和(2-1-20)式,得

$$\overline{M}(\zeta_r) = 1,$$

$$\overline{\varphi}(\zeta_r) = \frac{1}{2}\alpha(1+\alpha).$$

对于不同的 α^2 值,$\overline{M}(\zeta_r)$均等于单位值.

(5) 进入塑性变形的第二阶段($\tilde{\varepsilon} > \varepsilon_r$)

为表述零应力区,引入新参数 η,ηh 为零应力的塑性区大小,如图 2-1-7 所示.

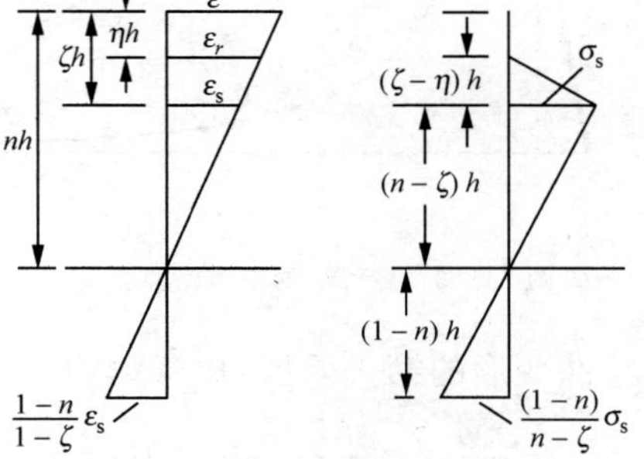

(a) 应变分布　　(b) 应力分布

图 2-1-7　塑性变形第二阶段的应变和应力分布

由几何关系，得

$$\alpha^2 = \frac{n-\eta}{n-\zeta}.$$

又由 $N=0$，得

$$n-\eta-\frac{(1-n)^2}{n-\zeta}=0.$$

从前两式可解出

$$\eta = 1-(1-\zeta)\alpha, \quad n=\frac{\alpha\zeta+1}{\alpha+1}. \tag{2-1-24}$$

最后，得

$$\begin{aligned} \overline{M}(\zeta) &= \alpha^2(1-\zeta)^2, \\ \overline{\varphi}(\zeta) &= \frac{\alpha+1}{2(1-\zeta)} \quad (\zeta_r \leqslant \zeta < 1). \end{aligned} \tag{2-1-25}$$

由于 $\zeta_r=(\alpha-1)/\alpha$，$\overline{M}(\zeta_r)=1$，$\overline{\varphi}(\zeta_r)=\frac{1}{2}(1+\alpha)\alpha$；当 $\zeta\to 1$ 时，$\overline{M}(\zeta)\to 0$，$\overline{\varphi}(\zeta)\to\infty$，因而 $\overline{M}(\zeta)$ 在区间(1,0]内变化，$\overline{\varphi}(\zeta)$ 在区间 $\left[\frac{1}{2}(1+\alpha)\alpha,\infty\right)$ 内变化.

弹性阶段的平衡路径由式(2-1-13)给出，塑性变形第一阶段平衡路径由式(2-1-19)和(2-1-20)给出，塑性变形第二阶段平衡路径由式(2-1-25)给出. 这样就得出全过程的平衡路径，对取不同的 α^2 值的平衡路径曲线如图 2-1-8 所示.

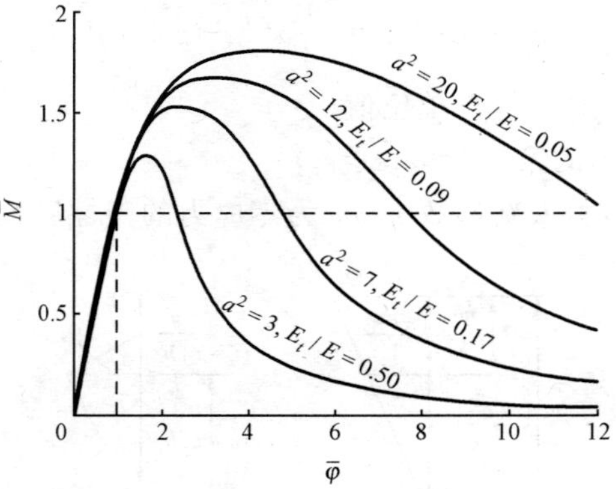

图 2-1-8 悬臂梁的平衡路径曲线

曲线的峰值发生在塑性变形的第一阶段，由式(2-1-19)和(2-1-20)，令

$$\frac{\partial \overline{M}}{\partial \overline{\varphi}} = \frac{\partial \overline{M}}{\partial \xi}\Big/\frac{\partial \overline{\varphi}}{\partial \xi} = 0,$$

确定参数 ζ_{cr}，从而确定峰值力矩 $\overline{M}_{cr}$ 和相应的转角 $\overline{\varphi}_{cr}$. 内变量参数(塑性区尺度参数)达到 ζ_{cr} 时，悬臂梁处于不稳定状态. 在扰动下，$\overline{\varphi}$ 迅速增大，$\overline{M}$ 迅速降至为零. 这

种失稳形式称为极值点失稳. $\overline{M}_{cr}$为稳定性问题的临界载荷,也即梁的承载能力. $\bar{\varphi}_{cr}$为失稳时的转角,相当于失稳形式.

从图 2-1-8 可看出,随着 α^2 的增大,或 $E_t/E=\dfrac{1}{\alpha^2-1}$的减小,稳定性的临界载荷 $\overline{M}_{cr}$是不断增大的. E_t/E 代表无量纲化的峰值后应力曲线坡度. 这个坡度越大,材料越脆;越小越不脆;当 $E_t/E=0$ 时为理想塑性情况,表现为较大韧性. 因而可定义 E_t/E 为材料的"**脆度**". 这样,材料脆度越大,稳定性临界载荷(承载能力)越小.

§2-2 受均布内压的厚壁圆筒

受内压的**厚壁筒**是工程中常见的结构物. 弹性和理想弹塑性模型的厚壁筒问题都有解析解(见王仁,黄文彬,黄筑平,1992),而软化塑性模型的解析解将在本节给出.

设厚壁筒的内半径为 a,外半径为 b,在内壁受均布压力 p 的作用. 由于筒体很长,可简化为平面应变问题. 采用柱坐标(r,θ,z),非零位移分量为 u,非零应变分量为 $\varepsilon_r,\varepsilon_\theta$,非零应力分量为 σ_r,σ_θ 和 σ_z,它们都只是半径 r 的函数. 应力分量满足平衡方程

$$\frac{\mathrm{d}\sigma_r}{\mathrm{d}r}+\frac{\sigma_r-\sigma_\theta}{r}=0. \tag{2-2-1}$$

位移和应变分量满足几何关系

$$\varepsilon_r=\frac{\mathrm{d}u}{\mathrm{d}r},\quad \varepsilon_\theta=\frac{u}{r}. \tag{2-2-2}$$

此外,还需补充本构关系和相应的边界条件

$$\sigma_r=\begin{cases}-p, & 当\ r=a,\\ 0, & 当\ r=b.\end{cases} \tag{2-2-3}$$

1. 完全弹性材料

弹性模型的本构关系是 Hooke 定律,在平面应变情况下它是

$$\begin{aligned}\varepsilon_r&=\frac{1}{E}[\sigma_r-\nu(\sigma_\theta+\sigma_z)],\\ \varepsilon_\theta&=\frac{1}{E}[\sigma_\theta-\nu(\sigma_z+\sigma_r)],\\ \varepsilon_z&=\frac{1}{E}[\sigma_z-\nu(\sigma_r+\sigma_\theta)]=0,\end{aligned} \tag{2-2-4}$$

式中: E 是 Young 模量,ν 是 Poisson 比. 式(2-2-1),式(2-2-2)和式(2-2-4)共 6 个方程,含 6 个未知函数 $u,\varepsilon_r,\varepsilon_\theta,\sigma_r,\sigma_\theta$ 和 σ_z,构成封闭的方程组,在边界条件(2-2-3)下

可以求得解答.其中的应力分量 σ_r 和 σ_θ 为

$$\begin{aligned}\sigma_r &= \left(\frac{a^2}{b^2-a^2}\right)\left(1-\frac{b^2}{r^2}\right)p \leqslant 0,\\ \sigma_\theta &= \left(\frac{a^2}{b^2-a^2}\right)\left(1+\frac{b^2}{r^2}\right)p > 0,\end{aligned} \tag{2-2-5}$$

而径向位移 u 为

$$u = \left(\frac{a^2}{b^2-a^2}\right)\left(\frac{1+\nu}{E}\right)\left[(1-2\nu)r+\frac{b^2}{r}\right]p. \tag{2-2-6}$$

由式(2-2-5)可见,径向应力 σ_r 在 $r=b$ 处取零值,它是最大值(在 $a\leqslant r<b$,均为负值).周向应力 σ_θ 在 $r=b$ 处取值 $\sigma_\theta=\dfrac{2a^2}{b^2-a^2}p$,它是最小值.可以论证,当 $0\leqslant\sigma_z\leqslant\dfrac{2a^2}{b^2-a^2}p$ 或 $0\leqslant T\leqslant 2\pi a^2 p$(其中 T 是厚壁筒的轴向力)时,σ_z 将是中间主应力.这时 **Tresca 屈服准则**为

$$\sigma_\theta - \sigma_r = \sigma_s, \tag{2-2-7}$$

式中:σ_s 是拉伸屈服应力.将式(2-2-5)代入上式,得

$$\frac{2a^2}{b^2-a^2}p = \sigma_s,$$

从而可求得内壁首先进入塑性状态时内压 p 值

$$p = p_e = \frac{\sigma_s}{2}\left(1-\frac{a^2}{b^2}\right), \tag{2-2-8}$$

式中:p_e 称为弹性极限压力或称为弹性临界压力.厚壁筒的弹性解(2-2-5)和(2-2-6)的适用条件为

$$p \leqslant p_e \quad 或 \quad p/p_e \leqslant 1. \tag{2-2-9}$$

为讨论平衡稳定性,可考虑平衡路径曲线.在式(2-2-6)中令 $r=a$,得内壁位移和内壁压力之间的关系为

$$u(a) = \frac{a^2}{b^2-a^2}\,\frac{1+\nu}{E}\left[(1-2\nu)+\frac{b^2}{a^2}\right]ap.$$

引用无量纲变量

$$\bar{u} = \frac{2Eu(a)}{(1+\nu)a\sigma_s}, \quad \bar{p} = \frac{p}{p_e} = \frac{2b^2 p}{\sigma_s(b^2-a^2)}. \tag{2-2-10}$$

上式可改写为

$$\bar{u} = \left[1+(1-2\nu)\frac{a^2}{b^2}\right]\bar{p}. \tag{2-2-11}$$

式(2-2-11)为弹性厚壁圆筒的平衡路径曲线.由于 $\bar{u}$ 和 $\bar{p}$ 之间是线性关系,只要 $p\leqslant p_e$,每个平衡状态都是稳定的平衡状态.

2. 弹性-理想塑性材料

当厚壁筒的内壁压力逐渐增大到 $p=p_e$ 时，内壁 $r=a$ 处出现屈服；而当 $p>p_e$ 时，塑性区从内半径 $r=a$ 处向外扩张．设塑性区的外边界为 $r=c$，下面分别对塑性区 $a\leqslant r\leqslant c$ 和弹性区 $c\leqslant r\leqslant b$ 进行讨论．

首先考虑塑性区 $a\leqslant r\leqslant c$．设 σ_z 为中间主应力(可以在求出解答后予以验证)，采用 Tresca 屈服准则(2-2-7)，这时可将平衡方程(2-2-1)写为

$$\frac{\mathrm{d}\sigma_r}{\mathrm{d}r}=\frac{\sigma_s}{r}.$$

将上式积分，并利用边界条件(2-2-3)，求得

$$\left.\begin{aligned}\sigma_r&=-p+\sigma_s\ln\frac{r}{a},\\ \sigma_\theta&=-p+\sigma_s\left(1+\ln\frac{r}{a}\right).\end{aligned}\right\}\quad(a\leqslant r\leqslant c)\tag{2-2-12}$$

由于在上面求解应力分量 σ_r 和 σ_θ 时只用到了屈服准则和平衡方程，并未用到几何关系，故对理想塑性区求解应力而言，问题是静定的．

其次考虑弹性区 $c\leqslant r\leqslant b$．如果将内层塑性区对外层弹性区的压应力 $\sigma_r|_{r=c}$(简记为 p_c)看做是作用于内半径为 c 外半径为 b 的弹性圆筒上的内壁压力，则可利用前面完全弹性材料模型分析得到的式(2-2-5)和(2-2-6)，而得到相应的解．这时只要将上述公式中的 a 改为 c，p 改为 p_c 即可．实际上，在 p_c 作用下外层弹性筒的内边界 $r=c$ 处可认为就是**弹性极限压力**，利用式(2-2-8)，将式中 a 改写为 c，即得该压力

$$p_c=\frac{\sigma_s}{2}\left(1-\frac{c^2}{b^2}\right).\tag{2-2-13}$$

最后得到弹性区($c\leqslant r\leqslant b$)的应力和位移表达式为

$$\left.\begin{aligned}\sigma_r&=\frac{\sigma_s c^2}{2b^2}\left(1-\frac{b^2}{r^2}\right),\\ \sigma_\theta&=\frac{\sigma_s c^2}{2b^2}\left(1+\frac{b^2}{r^2}\right),\\ u&=\frac{(1+\nu)\sigma_s}{2E}\left(\frac{c^2}{b^2}\right)\left[(1-2\nu)r+\frac{b^2}{r}\right].\end{aligned}\right\}\quad(c\leqslant r\leqslant b)\tag{2-2-14}$$

根据弹性区和塑性区的正应力 σ_r 在交界 $r=c$ 处的连续性，由式(2-2-14)和(2-2-12)计算出的应力分量 σ_r 应该相等，由此求得 c 和 p 之间所满足的关系式为

$$p=\frac{\sigma_s}{2}\left(2\ln\frac{c}{a}+1-\frac{c^2}{b^2}\right).\tag{2-2-15}$$

从上式可看出，随厚壁筒内压 p 的增加，塑性区不断向外扩展(c 增大)；而当 $c=b$ 时，塑性区扩展到整个圆筒，此时内压 p 已不能再增加，就得到**塑性极限压力**，或称

承载能力 p_s

$$p_s = \sigma_s \ln \frac{b}{a}. \tag{2-2-16}$$

从上式可见,塑性极限压力 p_s 随筒壁厚的增加而增大.

最后来计算塑性区的位移 u. 由于采用的是 Tresca 屈服准则和正交流动法则,塑性的体应变为零,材料的体积变形是以弹性规律变化的,因而有

$$\begin{aligned}\varepsilon_r + \varepsilon_\theta + \varepsilon_z = \frac{\mathrm{d}u}{\mathrm{d}r} + \frac{u}{r} &= \left(\frac{1-2\nu}{E}\right)(\sigma_r + \sigma_\theta + \sigma_z) \\ &= \left(\frac{1-2\nu}{E}\right)[(1+\nu)(\sigma_r + \sigma_\theta)],\end{aligned}$$

或

$$\frac{1}{r}\frac{\mathrm{d}}{\mathrm{d}r}(ru) = \frac{(1-2\nu)(1+\nu)}{E}(\sigma_r + \sigma_\theta). \tag{2-2-17}$$

将式(2-2-12)代入上式并积分,得

$$\begin{aligned}u &= \frac{(1-2\nu)(1+\nu)\sigma_s}{E}\left(r\ln\frac{r}{a} - \frac{pr}{\sigma_s}\right) + \frac{A}{r} \\ &= \frac{(1-2\nu)(1+\nu)\sigma_s r}{E}\left(\ln\frac{r}{a} - \ln\frac{c}{a} - \frac{1}{2} + \frac{c^2}{2b^2}\right) + \frac{A}{r}.\end{aligned} \tag{2-2-18}$$

上式的第二等式是利用了式(2-2-15),而式中 A 为积分常数,它需由 $r=c$ 处的位移连续性条件来确定. 而弹性区 $c \leqslant r \leqslant b$ 内的位移 u 已在式(2-2-14)中给出,故由 $r=c$ 处的位移连续性要求,可得

$$A = \frac{(1-\nu^2)\sigma_s c^2}{E}. \tag{2-2-19}$$

为讨论弹性-理想塑性厚壁筒的平衡稳定性,需要给出平衡路径的表达式,也就是随外载荷(内压 p)增加内壁位移变化的曲线. 在式(2-2-18)中令 $r=a$,可得筒内壁位移为

$$u(a) = \frac{(1-2\nu)(1+\nu)}{E}\sigma_s\left[\frac{ac^2}{2b^2} - a\ln\frac{a}{c} - \frac{a}{2}\right] + \frac{(1-\nu^2)\sigma_s c^2}{aE}. \tag{2-2-20}$$

上式也是厚壁筒内壁($r=a$)的位移随塑性区外半径 c 变化的公式. 类似地,式(2-2-15)是内壁压力随塑性区外半径 c 变化的公式. 采用式(2-2-10)定义的无量纲变量,式(2-2-20)和(2-2-15)可改写为

$$\begin{aligned}\bar{u} &= (1-2\nu)\left(\frac{c^2}{b^2} - 2\ln\frac{a}{c} - 1\right) + 2(1-\nu)\left(\frac{c^2}{a^2}\right), \\ \bar{p} &= \frac{2b^2}{b^2-a^2}\left(\ln\frac{c}{a} + \frac{b^2-c^2}{2b^2}\right),\end{aligned} \tag{2-2-21}$$

以上两式是以 c 为参数的方程,从中消去 c,便得到平衡曲线 $\bar{p}=\bar{p}(\bar{u})$.

我们引入更有物理含义的参数 ζ

$$\zeta=\frac{c-a}{a}. \tag{2-2-22}$$

显然它是塑性区径向厚度与筒的内径之比，它表征塑性区的尺度. 在弹性变形阶段，$p\leqslant p_e$，$\zeta=0$. 随着内压 p 进一步增加，ζ 不断增大. 而当 c 达到 b 时，ζ 达到最大值

$$\zeta_M=\frac{b-a}{a}.$$

因而 ζ 的取值范围是从 0 到 ζ_M，ζ 可以看做是一种塑性内变量. 不难看出 $c/a=1+\zeta$，$b/a=1+\zeta_M$，因而用内变量 ζ 表示的方程(2-2-21)为

$$\begin{aligned}\bar{u}&=(1-2\nu)\left[\left(\frac{1+\zeta}{1+\zeta_M}\right)^2-2\ln(1+\zeta)-1\right]+2(1-\nu)(1+\zeta)^2,\\ \bar{p}&=\frac{(1+\zeta_M)^2}{(1+\zeta_M)^2-1}\left[2\ln(1+\zeta)+1-\frac{(1+\zeta)^2}{(1+\zeta_M)^2}\right]\quad(\zeta\geqslant 0).\end{aligned} \tag{2-2-23}$$

如果 $\zeta=0$，可从上式求得 $\bar{p}=1$，$\bar{u}=(1-2\nu)\dfrac{a^2}{b^2}+1$，因此方程(2-2-23)是与弹性阶段($\bar{p}<1$)的方程(2-2-11)相衔接的.

设厚壁筒外径与内径之比为 $b/a=3$，材料 Poisson 比 $\nu=0.25$，厚壁筒平衡路径曲线可由式(2-2-11)和(2-2-23)给出

$$\bar{u}=1.06\,\bar{p}\qquad(0\leqslant\bar{p}\leqslant 1,\zeta=0),$$

$$\left.\begin{aligned}\bar{u}&=1.56(1+\zeta)^2-\ln(1+\zeta)-0.5,\\ \bar{p}&=\frac{9}{8}\left[2\ln(1+\zeta)+1-\frac{1}{9}(1+\zeta)^2\right]\end{aligned}\right\}\quad(\bar{p}\geqslant 1,0\leqslant\zeta\leqslant 2).$$

平衡曲线如图 2-2-1 所示，曲线是单调上升的. 这表明所有的平衡状态都是稳定的. 当 $\zeta=\zeta_M=2$ 时，塑性区贯穿整个壁厚，厚壁筒达到极限承载能力. 此时 $\bar{p}=2.48$，$\bar{u}=12.44$. 由式(2-2-10)，内壁的径向位移 $u(a)/a=7.78\sigma_s/E$，还是属于小变形范围. 理想弹塑性厚壁筒的破坏不是失稳破坏，而是塑性区贯穿筒壁，属于强度破坏.

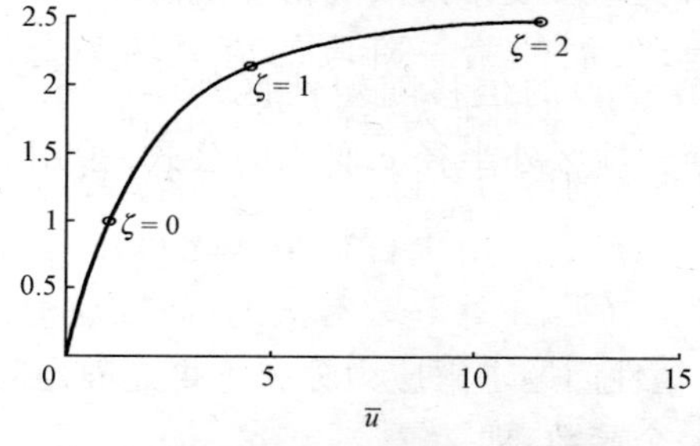

图 2-2-1 弹性-理想塑性厚壁筒的平衡路径曲线

3. 弹性-软化塑性材料

简化的弹性-软化塑性材料的应力-应变曲线如图 2-2-2 所示，应力达到峰值 σ_s 后，随变形的发展，曲线呈下降走势. 下降段的坡度（$d\sigma/d\varepsilon$ 或 $d\tau/d\gamma$）为负值. 本节将坡度的数值（绝对值）记为 E_t 或 G_t，即 $E_t=|E_T|$ 或 $G_t=|G_T|$，在变形达到 ε_0 或 γ_0 后，曲线又呈水平走向，其幅值 σ_0 或 τ_0 为残余强度.

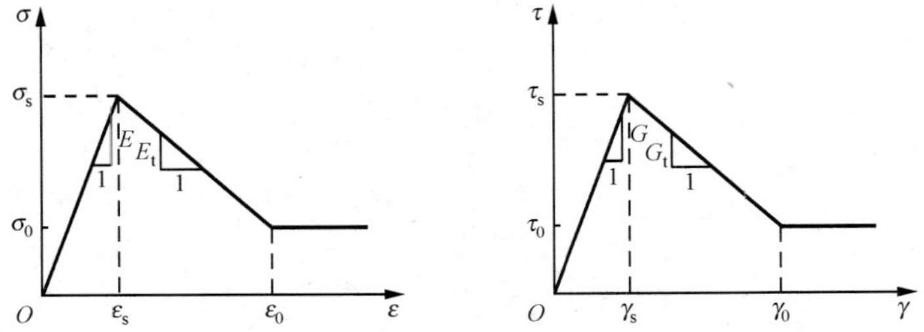

(a) 拉伸本构曲线　　(b) 剪切本构曲线

图 2-2-2　弹性-软化塑性材料的本构关系

内压 p 从零开始，直到达到 p_e 之前，厚壁筒应力场和变形场都是弹性的，它们的解由式(2-2-5)和(2-2-6)给出. 当内压达到 p_e 时，厚壁筒内壁 $r=a$ 开始出现塑性变形. 随着变形进一步发展，靠近内壁出现一个塑性区，而在塑性区之外则是弹性区. 弹性区和塑性区的交界仍用 $r=c$ 表示，由于这里的材料是软化塑性的，塑性区称为软化塑性区. 在塑性区的外边界 $r=c$ 处是刚刚屈服的，它们的屈服应力保持为峰值应力 σ_s；在塑性区的内部（$a\leqslant r<c$），屈服应力因应变软化已小于峰值应力 σ_s. 随软化塑性区不断扩展，直到塑性区的内边界 $r=a$ 处的屈服应力达到残余屈服应力 σ_0. 这时软化塑性区的范围为 $a\leqslant r\leqslant c$. 随着变形的进一步发展，圆筒内壁处的屈服应力保持在残余屈服应力 σ_0 的水平，不再发生变化. 这时整个塑性区仍在扩展，但在软化塑性区之后存在一个"理想"的残余屈服应力 σ_0 的塑性区. 为了叙述方便，我们将仅有软化塑性区的情况称为塑性变形发展的第一阶段，而将出现残余理想塑性区之后称为塑性变形发展的第二阶段.

现在讨论塑性变形发展的第一阶段的应力场和变形场. 首先考虑弹性区（$b\geqslant r\geqslant c$），由于在 $r=c$ 处恰是刚进入塑性，作用在弹性区边界 $r=c$ 的法向应力 p_c 由式(2-2-13)给出，弹性区的应力和位移由式(2-2-14)给出.

其次考虑塑性区（$a\leqslant r\leqslant c$），由于材料是软化塑性的，在塑性区内屈服应力是变化的，其大小是与应变 ε（见图 2-2-2）有关的，屈服应力随空间坐标 r 的变化规律事先未知，因而软化塑性问题求解应力分布不再是静定问题. 我们假设软化塑性区内屈服应力是 r 的一个函数，即

$$\sigma_s(r) = f(r)\sigma_s, \tag{2-2-24}$$

这个函数或 $f(r)$ 是待定的. 在 $r=c$, $f(c)=1$, 在 $r=a$, $f(a)=m$, 其中 $0\leqslant m\leqslant 1$. 这时 Tresca 屈服准则可表示为

$$\sigma_\theta - \sigma_r = f(r)\sigma_s. \tag{2-2-25}$$

将上式代入平衡方程(2-2-1),得

$$\frac{\mathrm{d}\sigma_r}{\mathrm{d}r} = \frac{f(r)}{r}\sigma_s.$$

利用厚壁筒内壁($r=a$)的边界条件 $\sigma_r(a)=-p$,对上式积分,得

$$\sigma_r(r) = \sigma_s\int_a^r \frac{f(r)}{r}\mathrm{d}r - p. \tag{2-2-26}$$

再由式(2-2-25),得

$$\sigma_\theta(r) = \sigma_s\left[\int_a^r \frac{f(r)}{r}\mathrm{d}r + f(r)\right] - p, \tag{2-2-27}$$

$$\sigma_r(r) + \sigma_\theta(r) = \sigma_s\left[2\int_a^r \frac{f(r)}{r}\mathrm{d}r + f(r)\right] - 2p. \tag{2-2-28}$$

在 $r=c$ 两侧的应力 $\sigma_r(c^+)$ 和 $\sigma_r(c^-)$ 可分别用式(2-2-14)和(2-2-26)给出

$$\sigma_r(c^+) = \frac{\sigma_s c^2}{2b^2}\left(1-\frac{b^2}{c^2}\right) = \frac{\sigma_s}{2}\left(\frac{c^2-b^2}{b^2}\right),$$

$$\sigma_r(c^-) = \sigma_s\int_a^r \frac{f(r)}{r}\mathrm{d}r - p,$$

由于应力的连续条件 $\sigma_r(c^+)=\sigma_r(c^-)$,可得

$$p = \frac{\sigma_s}{2}\left(2\int_a^r \frac{f(r)}{r}\mathrm{d}r + 1 - \frac{c^2}{b^2}\right). \tag{2-2-29}$$

下面讨论软化塑性区 $a\leqslant r\leqslant c$ 的位移场并确定待定函数 $f(r)$ 的具体表达式. 在软化塑性区,式(2-2-17)仍然成立,将式(2-2-28)代入,得方程

$$\frac{1}{r}\frac{\mathrm{d}}{\mathrm{d}r}(ru) = \frac{(1-2\nu)(1+\nu)\sigma_s}{E}\left[2\int_a^r \frac{f(r)}{r}\mathrm{d}r + f(r)\right] - \frac{2(1-2\nu)(1+\nu)p}{E}.$$

由上式可得塑性区位移为

$$u(r) = \frac{(1-2\nu)(1+\nu)\sigma_s}{E}\left[\frac{2}{r}\int_a^r\left(r\int_a^r \frac{f(r)}{r}\mathrm{d}r\right)\mathrm{d}r + \frac{1}{r}\int_a^r r\frac{f(r)}{r}\mathrm{d}r - \frac{p}{\sigma_s}r\right] + \frac{A}{r}. \tag{2-2-30}$$

利用几何关系(2-2-2),可由上式导出应变 ε_r 和 ε_θ 的表达式,进而得到塑性区最大剪应变 γ 的表达式

$$\gamma(r) = \varepsilon_\theta - \varepsilon_r = \frac{(1-2\nu)(1+\nu)}{E}\sigma_s[F(r)-f(r)] + \frac{2A}{r^2}, \tag{2-2-31}$$

式中

$$F(r)=\frac{4}{r^2}\int_a^r r\int_a^r \frac{f(r)}{r}\mathrm{d}r\mathrm{d}r+\frac{2}{r^2}\int_a^r rf(r)\mathrm{d}r-2\int_a^r \frac{f(r)}{r}\mathrm{d}r. \qquad (2\text{-}2\text{-}32)$$

不难直接验证，函数 $F(r)$满足如下方程

$$r\frac{\mathrm{d}}{\mathrm{d}r}F(r)+2F(r)=0. \qquad (2\text{-}2\text{-}33)$$

利用$\frac{1+\nu}{E}=\frac{1}{2G}$，$\sigma_s=2\tau_s$，$\tau_s=G\gamma_s$，式(2-3-31)可改写为更简洁的形式

$$\gamma(r)=(1-2\nu)\gamma_s[F(r)-f(r)]+\frac{2A}{r^2}. \qquad (2\text{-}2\text{-}34)$$

由于所采用 Tresca 屈服准则是最大剪应力的准则，在剪切的全应力-应变曲线(图 2-2-2)上讨论强度随剪应变 γ 的变化才有意义. 在峰值强度后的下降阶段显然有

$$\tau_s-\tau_s(r)=-G_t[\gamma_s-\gamma(r)], \qquad (2\text{-}2\text{-}35)$$

式中：G_t 是下降坡度，是切线模量的绝对值，即 $G_t=|G_T|$，由于$\tau_s=G\gamma_s$，$\tau_s(r)=f(r)G\gamma_s$，利用式(2-2-34)，上式可写为

$$1-f(r)=-\frac{G_t}{G}\left\{1-(1-2\nu)[F(r)-f(r)]-\frac{2A}{\gamma_s r^2}\right\}.$$

将上式两端微商，得

$$-\frac{\mathrm{d}}{\mathrm{d}r}f(r)=-\frac{G_t}{G}\left[-(1-2\nu)\left(\frac{\mathrm{d}F}{\mathrm{d}r}-\frac{\mathrm{d}f(r)}{\mathrm{d}r}\right)+\frac{4A}{\gamma_s r^3}\right].$$

利用式(2-2-34)，可计算出

$$1-f(r)-\frac{r}{2}\frac{\mathrm{d}f(r)}{\mathrm{d}r}=-\frac{G_t}{G}\left[-1-(1-2\nu)f(r)\right.$$
$$\left.-(1-2\nu)\frac{r}{2}\frac{\mathrm{d}f(r)}{\mathrm{d}r}\right],$$

函数 $F(r)$和常数 A 在推导过程中被消去了，上式可进一步简化为

$$r\frac{\mathrm{d}f(r)}{\mathrm{d}r}+2f(r)=2n, \qquad (2\text{-}2\text{-}36)$$

$$n=\frac{1+G_t/G}{1-(1-2\nu)G_t/G}\geqslant 1. \qquad (2\text{-}2\text{-}37)$$

上式定义的 n，可称为厚壁筒的“脆度”. 利用边界条件 $f(a)=m$，方程(2-2-36)的解为

$$f(r)=n-\frac{(n-m)a^2}{r^2}. \qquad (2\text{-}2\text{-}38)$$

利用条件 $f(c)=1$，得

$$\frac{c^2}{a^2}=\frac{n-m}{n-1},$$

$$\zeta=\left(\frac{n-m}{n-1}\right)^{1/2}-1\geqslant 0\qquad (m\geqslant m_0), \tag{2-2-39}$$

$$n-m=(n-1)(1+\zeta)^2,$$

于是式(2-2-38)还可写成如下形式

$$f(r)=n-\frac{(n-1)(1+\zeta)^2a^2}{r^2}. \tag{2-2-40}$$

从上面讨论看出，厚壁筒的脆度 n 决定塑性区的尺度(用 ζ 表示)，同时也决定了塑性区的强度下降的规律[用 $f(r)$ 表示]，下降规律是负二次的，而不是线性的(徐秉业，刘信声，1995).

脆度 n 随 G_t/G 变化的曲线如图 2-2-3 所示. 从图上可看出 G_t/G 的取值范围是 $[0,1/(1-2\nu))$. 如果 $\nu=0.25$，则 G_t/G 取值范围是 $[0,2)$，n 的取值范围是 $[1,+\infty)$，不同的 n 值对应的本构曲线如图 2-2-4 所示. $n=1$ 对应于理想塑性情况，$n=\infty$ 对应于所允许的最大坡度 $G_t/G=1/(1-2\nu)\approx 2$. 在某些文献中，采用直接跌落的本构曲线($G_t/G=\infty$)看来是有问题的.

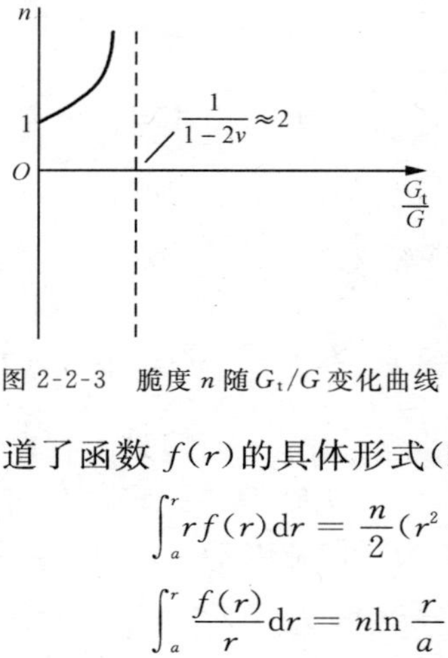

图 2-2-3 脆度 n 随 G_t/G 变化曲线

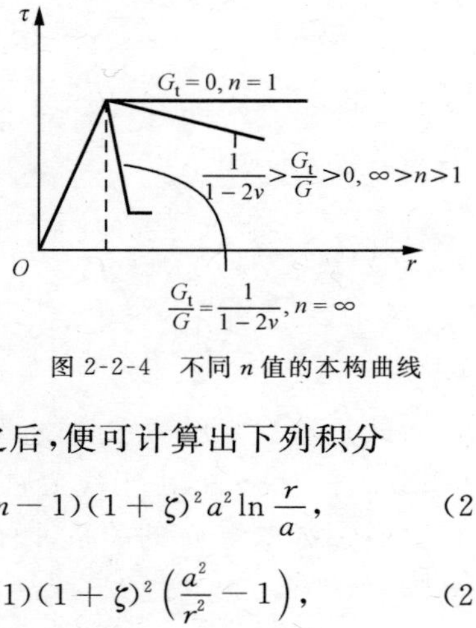

图 2-2-4 不同 n 值的本构曲线

知道了函数 $f(r)$ 的具体形式(2-2-40)之后，便可计算出下列积分

$$\int_a^r rf(r)\,\mathrm{d}r=\frac{n}{2}(r^2-a^2)-(n-1)(1+\zeta)^2a^2\ln\frac{r}{a}, \tag{2-2-41}$$

$$\int_a^r \frac{f(r)}{r}\mathrm{d}r=n\ln\frac{r}{a}+\frac{1}{2}(n-1)(1+\zeta)^2\left(\frac{a^2}{r^2}-1\right), \tag{2-2-42}$$

$$\begin{aligned}\int_a^r r\left(\int_a^r\frac{f(r)}{r}\mathrm{d}r\right)\mathrm{d}r&=n\left(\frac{r^2}{2}\ln\frac{r}{a}-\frac{r^2}{4}+\frac{a^2}{4}\right)\\&\quad+\frac{1}{2}(n-1)(1+\zeta)^2\left[a^2\ln\frac{r}{a}-\frac{1}{2}(r^2-a^2)\right].\end{aligned} \tag{2-2-43}$$

将上述公式代入式(2-2-26)，(2-2-27)和(2-2-30)，就得到软化塑性第一阶段塑性区厚壁筒的应力分布和位移分布. 式(2-2-30)中的常数 A，可由弹性区和塑性区交界 $r=c$ 处的位移连续条件确定. 由弹性区的位移公式(2-2-14)得

$$u(c^{+}) = \frac{(1+\nu)\sigma_s c}{2E}\left[(1-2\nu)\frac{c^2}{b^2}+1\right].$$

由塑性位移公式(2-2-30)，并考虑式(2-2-29)，经过冗长的推演，得

$$u(c^{-}) = \frac{(1-2\nu)(1+\nu)\sigma_s c}{2E}\left(\frac{c^2}{b^2}-1\right)+\frac{A}{c}.$$

由 $u(c^{+})=u(c^{-})$ 可确定

$$A = \frac{(1-\nu^2)\sigma_s c^2}{E} = \frac{(1-\nu^2)\sigma_s a^2}{E}(1+\zeta)^2, \tag{2-2-44}$$

这个常数值与理想弹塑性材料相应的积分常数[见式(2-2-19)]完全相同. 将(2-2-41)～(2-2-43)代入(2-2-26)，(2-2-27)和(2-2-29)，就得到塑性变形第一阶段塑性内应力分量的表达式

$$\sigma_r(r) = \sigma_s\left[n\ln\frac{r}{a}+\frac{1}{2}\left(\frac{a^2}{r^2}-1\right)(1+\zeta)^2\right]-p, \tag{2-2-45}$$

$$\sigma_\theta(r) = \sigma_s\left\{n\left(1+\ln\frac{r}{a}\right)+\frac{1}{2}\left[(3-2n)\frac{a^2}{r^2}-1\right](1+\zeta)^2\right\}-p, \tag{2-2-46}$$

$$p = \sigma_s\left\{\frac{1}{2}+n\ln(1+\zeta)+\frac{1}{2}(n-1)\left[1-(1+\zeta)^2\right] - \frac{1}{2}\frac{(1+\zeta)^2}{(1+\zeta_M)^2}\right\}. \tag{2-2-47}$$

同样，将式(2-2-41)，(2-2-43)和(2-2-44)代入式(2-2-30)，得塑性变形第一阶段塑性区径向位移的表达式

$$u(r) = \frac{(1-2\nu)(1+\nu)\sigma_s a^2}{Er}\left[\frac{1-\nu}{1-2\nu}(1+\zeta)^2+\frac{nr^2}{a^2}\ln\frac{r}{a} - \frac{1}{2}(n-1)(1+\zeta)^2\left(\frac{r^2}{a^2}-1\right)-\frac{p}{\sigma_s}\frac{r^2}{a^2}\right]. \tag{2-2-48}$$

以上各式是塑性变形第一阶段塑性区应力位移公式. 上面假设了在塑性区外边界 $r=a$ 处 $\tau_s(a)=m\tau_s$，由于残余屈服强度 $\tau_0=m_0\tau_s$，因而有 $m\geqslant m_0$. 式(2-2-39)给出了内变量参数 ζ 与 m 的关系，因而以上各式的适用范围是

$$0\leqslant\zeta\leqslant\zeta_{tr} \quad 或 \quad m_0\leqslant m\leqslant 1, \tag{2-2-49}$$

其中

$$\zeta_{tr} = \left(\frac{n-m_0}{n-1}\right)^{1/2}-1. \tag{2-2-50}$$

如果变形继续发展，即 $\zeta\geqslant\zeta_{tr}$，则进入塑性变形的第二阶段. 此时厚壁筒将分 3 个区域：

(1) 弹性区($b\geqslant r\geqslant c$)；

(2) 软化塑性区($c\geqslant r\geqslant c_1$)；

(3) 残余理想塑性区($c_1\geqslant r\geqslant a$).

这里，$r=c$ 仍表示弹性区与塑性区的交界，$r=c_1$ 是软化塑性区与残余理想塑性区的交界，如图 2-2-5 所示. 随着变形的持续发展，c 和 c_1 的值都不断增大，而软化区整体地向外移动.

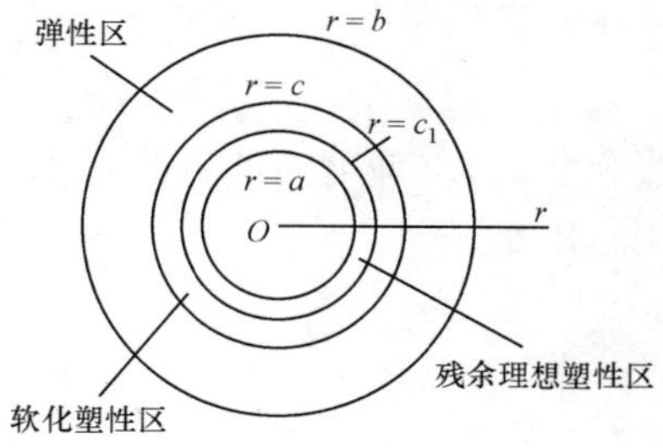

(a) 3个分区

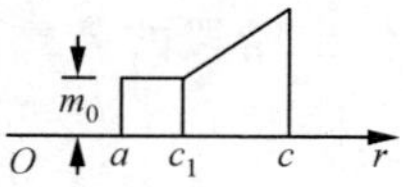

(b) 屈服应力参数$g(r)$

图 2-2-5 厚壁筒变形分区

只要设定塑性区内屈服应力 $\tau_s(r)=g(r)\tau_s$，完全可用前面的方法求解塑性变形的第二阶段的应力分布和位移分布. 只要用 $g(r)$代替 $f(r)$，前述各公式都成立. 这里不难设定，$g(r)$的形式为

$$g(r)=\begin{cases}m_0, & a\leqslant r\leqslant c_1,\\ f(r-c_1+a), & c_1\leqslant r\leqslant c,\end{cases} \tag{2-2-51}$$

式中

$$f(r-c_1+a)=n-\frac{(n-m_0)a^2}{(r-c_1+a)^2}. \tag{2-2-52}$$

经过冗繁的初等推演，可计算出积分

$$\int_a^r rg(r)\mathrm{d}r,\quad \int_a^r \frac{g(r)}{r}\mathrm{d}r,\quad \int_a^r r\left(\int_a^r \frac{g(r)}{r}\mathrm{d}r\right)\mathrm{d}r$$

的表达式，从而得到应力场和位移场

$$\sigma_r(r)=\sigma_s\int_a^r \frac{g(r)}{r}\mathrm{d}r-p, \tag{2-2-53}$$

$$\sigma_\theta(r)=\sigma_s\left[\int_a^r \frac{g(r)}{r}\mathrm{d}r+g(r)\right]-p, \tag{2-2-54}$$

$$p=\frac{\sigma_s}{2}\left(2\int_a^c \frac{g(r)}{r}\mathrm{d}r+1-\frac{c^2}{b^2}\right), \tag{2-2-55}$$

$$u(r)=\frac{(1-2\nu)(1+\nu)\sigma_s}{E}\left[\frac{2}{r}\int_a^r r\left(\int_a^r \frac{g(r)}{r}\mathrm{d}r\right)\mathrm{d}r+\frac{1}{r}\int_a^r rf(r)\mathrm{d}r-\frac{pr}{\sigma_s}\right]+\frac{A}{r}. \tag{2-2-56}$$

根据在 $r=c$ 处位移连续的条件 $u(c^-)=u(c^+)$，经过冗长的运算，可定出常数 A

$$A = \frac{(1-\nu^2)\sigma_s c^2}{E}. \tag{2-2-57}$$

此结果与前面式(2-2-44)和(2-2-19)相同.如果仍用 ζ 表示整个塑性区的径向尺度参数,即 $\zeta=\frac{c-a}{a}$,用 ζ_{tr} 表示软化塑性区的径向尺度参数 $\zeta_{tr}=\frac{c-c_1}{a}$,那么有

$$c = (1+\zeta)a, \quad c_1 = (1+\zeta-\zeta_{tr})a. \tag{2-2-58}$$

在式(2-2-53)~(2-2-57)写成显式表达式后,仍可用无量纲参数 ζ 和 ζ_{tr} 代替 c, c_1. 这些塑性变形第二阶段的公式的适用范围是

$$\zeta_{tr} \leqslant \zeta \leqslant \zeta_M, \tag{2-2-59}$$

式中

$$\zeta_{tr} = \left(\frac{n-m_0}{n-1}\right)^{1/2} - 1, \quad \zeta_M = \frac{b-a}{b}. \tag{2-2-60}$$

至此,我们在原则上给出了软化材料厚壁筒的所有的应力解和位移解.

在讨论软化材料厚壁筒的稳定性之前,我们具体地给出积分 $\int_a^r \frac{g(r)}{r}\mathrm{d}r$ 和式(2-2-55)的显式表达式,因为它们是后面讨论稳定性问题所需要的.按式(2-2-51),当 $a\leqslant r\leqslant c_1$ 时,

$$\int_a^r \frac{g(r)}{r}\mathrm{d}r = \int_a^r \frac{m_0}{r}\mathrm{d}r = m_0 \ln\frac{r}{a};$$

当 $c_1\leqslant r\leqslant c$ 时,

$$\begin{aligned}\int_a^r \frac{g(r)}{r}\mathrm{d}r &= \int_a^{c_1} \frac{m_0}{r}\mathrm{d}r + \int_{c_1}^r \left(\frac{n}{r} - \frac{(n-m_0)a^2}{r(r-c_1+a)^2}\right)\mathrm{d}r \\ &= m_0\ln\frac{c_1}{a} + n\ln\frac{r}{c_1} - (n-m_0)a^2 \\ &\quad \cdot\left[\frac{1}{(-c_1+a)(r-c_1+a)} - \frac{1}{(-c_1+a)a}\right. \\ &\quad \left. - \frac{1}{(-c_1+a)^2}\ln\frac{r-c_1+a}{r} + \frac{1}{(-c_1+a)^2}\ln\frac{a}{c_1}\right].\end{aligned}$$

考虑到式(2-2-58),可计算出定积分

$$\begin{aligned}\int_a^c \frac{g(r)}{r}\mathrm{d}r &= m_0\ln(1+\zeta-\zeta_{tr}) + n\ln\frac{1+\zeta}{1+\zeta-\zeta_{tr}} \\ &\quad + (n-m_0)\left[\frac{-\zeta_{tr}}{(\zeta-\zeta_{tr})(1+\zeta_{tr})}\right. \\ &\quad \left. + \frac{1}{(\zeta-\zeta_{tr})^2}\ln\frac{(1+\zeta_{tr})(1+\zeta-\zeta_{tr})}{1+\zeta}\right],\end{aligned}$$

于是,代入式(2-2-55),则

$$p = \frac{\sigma_s}{2}\Big(1 + 2m_0\ln(1+\zeta-\zeta_{tr}) + 2n\ln\frac{1+\zeta}{1+\zeta-\zeta_{tr}}$$

$$-\frac{(1+\zeta)^2}{(1+\zeta_M)^2}+2(n-m_0)\left[\frac{-\zeta_{tr}}{(\zeta-\bar{\zeta})(1+\zeta_{tr})}\right.$$

$$\left.+\frac{1}{(\zeta-\zeta_{tr})^2}\ln\frac{(1+\zeta_{tr})(1+\zeta-\zeta_{tr})}{1+\zeta}\right]\Bigg). \tag{2-2-61}$$

现在可以按厚壁筒变形的三个阶段依次写出内壁压力 p 和内壁位移 $u(a)$之间的关系,即平衡路径曲线.

在弹性变形阶段,$p<p_e$,内状态变量 $\zeta=0$,引用无量纲压力参数 $\bar{p}$ 和无量纲内壁位移参数 $\bar{u}$[见式(2-2-10)],有

$$\bar{u}=\left[1+(1-2\nu)\frac{a^2}{b^2}\right]\bar{p}.$$

为与后文的塑性变形阶段相比较,引入参数 ζ_M,上式为

$$\bar{u}=\left[1+\frac{1-2\nu}{(1+\zeta_M)^2}\right]\bar{p}. \tag{2-2-62}$$

上式表示的平衡路径是一条有正斜率的直线,因而在弹性变形阶段的平衡是稳定的.不难看出,弹性阶段最大的压力值和相应的位移值为

$$\bar{p}=1,\quad \bar{u}=1+\frac{1-2\nu}{(1+\zeta_M)^2}. \tag{2-2-63}$$

当 $\zeta>0$,将进入塑性变形第一阶段,这时的内壁压力表达式已由式(2-2-47)给出,将它稍加简化,并用无量纲参数表示,则为

$$\bar{p}=\frac{(1+\zeta_M)^2}{(1+\zeta_M)^2-1}\left[n+n\ln(1+\zeta)^2\right.$$

$$\left.-\left(n-1+\frac{1}{(1+\zeta_M)^2}\right)(1+\zeta)^2\right]. \tag{2-2-64}$$

厚壁筒内壁位移 $u(a)$可在式(2-2-48)中取 $r=a$,得到

$$u(a)=\frac{(1-2\nu)(1+\nu)\sigma_s a}{E}\left[\frac{1-\nu}{1-2\nu}(1+\zeta)^2-\frac{p}{\sigma_s}\right].$$

采用无量纲参数 $\bar{u}$ 和 $\bar{p}$,上式为

$$\bar{u}=2(1-\nu)(1+\zeta)^2-(1-2\nu)\left(1-\frac{1}{(1+\zeta_M)^2}\right)\bar{p}. \tag{2-2-65}$$

将式(2-2-64)代入(2-2-65),得到用 ζ 表示的 $\bar{u}$.这样,式(2-2-64)和(2-2-65)联立构成了塑性变形第一阶段的平衡路径曲线,它们是用含参变量 ζ 的参数方程形式给出的.这个方程的适用范围是

$$0\leqslant\zeta\leqslant\zeta_{tr},$$

式中 ζ_{tr}的定义已由式(2-2-50)给出,它表示软化塑性区的最大径向尺度(对应于 $m=m_0$).在式(2-2-64)和(2-2-65)中,令 $\zeta=0$,得

$$\bar{p}=1,\quad \bar{u}=1+\frac{1-2\nu}{(1+\zeta_M)^2}. \tag{2-2-66}$$

它们与式(2-2-63)取值相同,这表明塑性变形第一阶段的平衡路径与弹性阶段平衡路径是彼此衔接的.

当 $\zeta>\zeta_{tr}$,将进入塑性变形的第二阶段,这一阶段的压力 p 由式(2-2-61)给出,写成无量纲形式为

$$\begin{aligned}\overline{p}=&\frac{(1+\zeta_M)^2}{(1+\zeta_M)^2-1}\Big\{1+2m_0\ln(1+\zeta-\zeta_{tr})+2n\ln\frac{1+\zeta}{1+\zeta-\zeta_{tr}}\\&-\frac{(1+\zeta)^2}{(1+\zeta_M)^2}+2(n-m_0)\Big[\frac{-\zeta_{tr}}{(\zeta-\zeta_{tr})(1+\zeta_{tr})}\\&+\frac{1}{(\zeta-\zeta_{tr})^2}\ln\frac{(1+\zeta_{tr})(1+\zeta-\zeta_{tr})}{1+\zeta}\Big]\Big\}.\end{aligned}\tag{2-2-67}$$

利用式(2-2-56)和(2-2-57)可得到内壁位移 $u(a)$ 的表达式,而相应的无量纲位移 $\overline{u}$ 的表达式为

$$\overline{u}=2(1-\nu)(1+\zeta)^2-\Big[1-\frac{1}{(1+\zeta_M)^2}\Big](1-2\nu)\,\overline{p}.\tag{2-2-68}$$

上式与塑性变形第一阶段的表达式(2-2-65)在形式上完全相同,然而两式中 $\overline{p}$ 的含义却是不同的.式(2-2-67)和(2-2-68)联立,构成了塑性变形第二阶段的平衡路径曲线,该曲线的适用范围是

$$\zeta_{tr}\leqslant\zeta\leqslant\zeta_M,\tag{2-2-69}$$

式中 ζ_{tr} 和 ζ_M 的定义见式(2-2-60).我们注意到,当 $\zeta\to\zeta_{tr}$ 或 $\zeta-\zeta_{tr}\to0$ 时,利用 L'Hospital 法则,式(2-2-67)右端方括号内表达式趋于 $\frac{1}{2}\Big(\frac{1}{(1+\zeta_{tr})^2}-1\Big)$,而且

$$n-m_0=(n-1)(1+\zeta_{tr})^2,$$

这时式(2-2-67)取的值为

$$\begin{aligned}\overline{p}=&\frac{(1+\zeta_M)^2}{(1+\zeta_M)^2-1}\Big\{1+2n\ln(1+\zeta_{tr})\\&+(n-1)[1-(1+\zeta_{tr})]-\frac{(1+\zeta_{tr})^2}{(1+\zeta_M)^2}\Big\}\\=&\frac{(1+\zeta_M)^2}{(1+\zeta_M)^2-1}\Big\{n+n\ln(1+\zeta_{tr})^2\\&-\Big(n-1+\frac{1}{(1+\zeta_M)^2}\Big)(1+\zeta_{tr})^2\Big\},\end{aligned}$$

它与在式(2-2-64)中取 $\zeta=\zeta_{tr}$ 得到的值相同.这表明,上面给出的塑性变形第一阶段和第二阶段的平衡路径在 $\zeta=\zeta_{tr}$ 处满足连续性要求.

取厚壁筒的尺寸参数 $\zeta_M=2$(相当于 $b/a=3$),材料残余强度参数 $m_0=0$,Poisson 比 $\nu=0.25$.图 2-2-6 给出了对应于不同脆度参数 n 的平衡路径曲线,随着内壁位移 $\overline{u}$ 的增大,每支曲线都有一个压力 $\overline{p}$ 的转向点,即极值点.在极值点之前的平

衡路径状态是稳定的，在极值点之后各点代表的平衡状态是不稳定的. 这个极值点也称为临界点. 该点对应的压力称为临界压力或极限压力，记为$\overline{p}_{cr}$. 这就是说，当厚壁筒内壁压力 $\overline{p}$ 从零开始增加，达到临界压力$\overline{p}_{cr}$时，在外界扰动下突然失稳，塑性参数从 ζ_{cr}迅速增大到 ζ_M，厚壁筒的承载能力完全丧失. 现在我们认识到，软化塑性材料和理想塑性材料厚壁筒的破坏失效有不同的力学意义，前者属于失稳破坏，后者属于强度破坏.

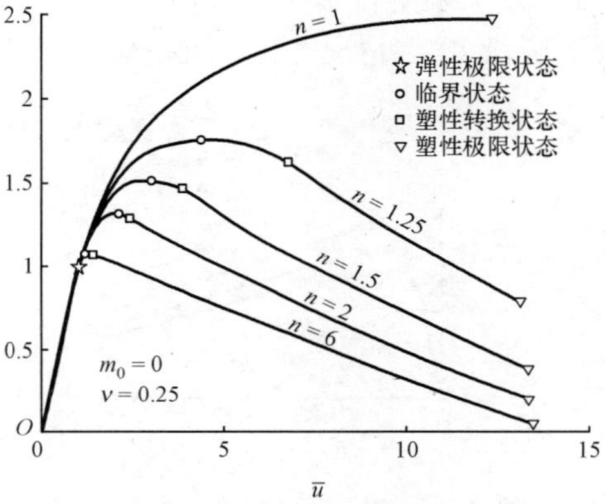

图 2-2-6　弹性-软化塑性厚壁筒的平衡路径曲线

图 2-2-6 的平衡路径曲线关键点数据在表 2-2-1 中列出. 可以看到，对于 $m_0=0$ 情况，**临界点**都发生在塑性变形第一阶段，随着脆度 n 的增大，临界力$\overline{p}_{cr}$和相应的塑性区尺度(用 ζ_{cr}表示)都不断减小.

表 2-2-1　平衡路径曲线关键点数据资料

参数 \ n	弹性极限状态			临界状态			塑性转换状态			塑性极限状态		
	ζ_e	$\overline{p}_e$	$\overline{u}_e$	ζ_{cr}	$\overline{p}_{cr}$	$\overline{u}_{cr}$	ζ_{tr}	$\overline{p}_{tr}$	$\overline{u}_{tr}$	ζ_M	$\overline{p}_M$	$\overline{u}_M$
1	0	1	1.056							2	2.471	12.4
1.25	0	1	1.056	0.861	1.746	4.413	1.236	1.637	6.779	2	0.777	13.2
1.5	0	1	1.056	0.567	1.515	3.005	0.732	1.478	3.848	2	0.384	13.3
2	0	1	1.056	0.342	1.323	2.114	0.414	1.309	2.423	2	0.192	13.4
6	0	1	1.056	0.084	1.082	1.278	0.095	1.080	1.323	2	0.038	13.5

对塑性变形第一阶段压力$\overline{p}$[见式(2-2-64)]求导数，并令其为零，可确定出

$$\zeta_{cr}=\left(\frac{n}{n-1+(1+\zeta_M)^{-2}}\right)^{1/2}-1, \tag{2-2-70}$$

从而得

$$\overline{p}_{cr}=\frac{(1+\zeta_M)^2}{(1+\zeta_M)^2-1}n\ln\frac{n}{n-1+(1+\zeta_M)^{-2}}. \tag{2-2-71}$$

对于 $m_0=0$ 情况，有

$$\zeta_{\mathrm{tr}}=\left(\frac{n}{n-1}\right)^{1/2}-1,$$

因而有 $\zeta_{\mathrm{cr}}\leqslant\zeta_{\mathrm{tr}}$，也即对 $m_0=0$ 情况，临界点总是发生在塑性变形第一阶段. 此外，由于$(1+\zeta_{\mathrm{M}})^2=b^2/a^2$，总有 $0<(1+\zeta_{\mathrm{M}})^2<1$，按式(2-2-71)，随 n 的增大，$\overline{p}_{\mathrm{cr}}$总是减小的；当 $n\to\infty$，$\overline{p}_{\mathrm{cr}}\to 1$. 对于 $m_0\neq 0$ 的情况，问题稍复杂一些：图 2-2-7，图 2-2-8 和图 2-2-9 分别给出了 $m_0=0.2$，$m_0=0.4$ 和 $m_0=0.6$ 的平衡路径曲线. 由此可见，仅在 m_0 较小的情况临界点才发生在塑性变形的第一阶段，而大多数情况，临界点发生在塑性变形的第二阶段. 详细情况在这里就不做过多的讨论了.

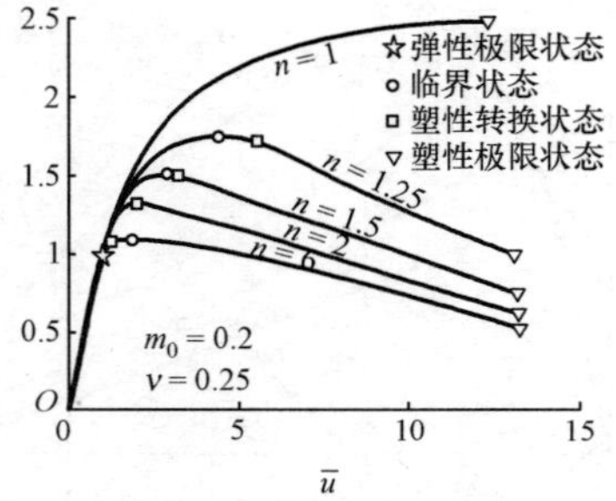

图 2-2-7 $m_0=0.2$ 情况的平衡路径曲线

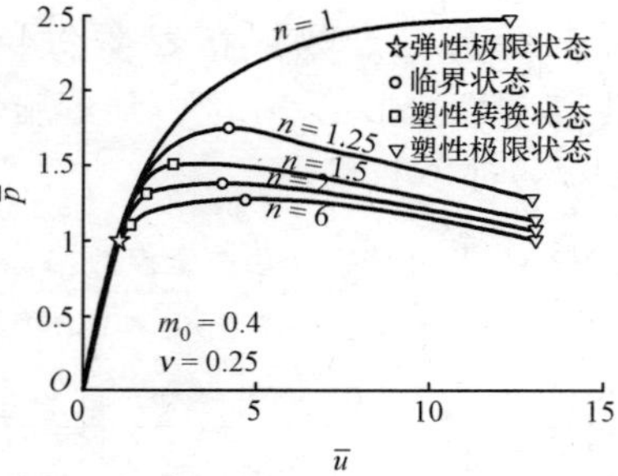

图 2-2-8 $m_0=0.4$ 情况的平衡路径曲线

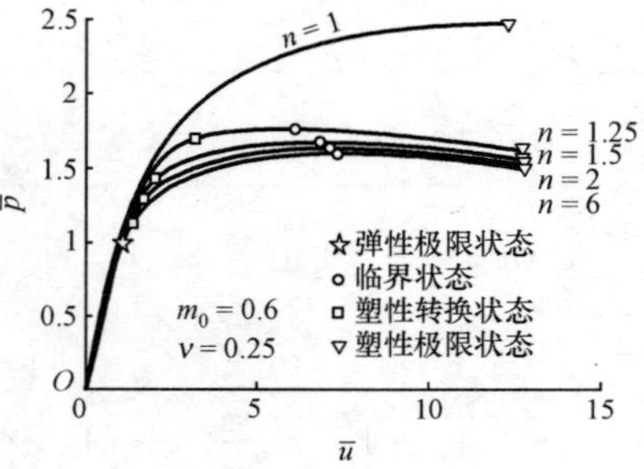

图 2-2-9 $m_0=0.6$ 情况的平衡路径曲线

§ 2-3　竖井开挖计算和井壁稳定性

一般情况下**竖井开挖**计算是一个三维问题，但在离地表较深的位置，其纵深方向的变形受到限制，如果不考虑地应力随纵深的变化(这种变化与应力本身相比是个小量)，问题可简化为平面应变问题. 在竖井是圆柱形状时，原场水平地应力又为等向应力，即水平最大主压应力 σ_H 和水平最小主压应力 σ_h 相等时，问题又可以简化为轴对称问题. 在上述条件下，竖井开挖产生的位移分量仅有径向分量 u 为非零分量，问题简化为一维问题(指位移). 场的非零变量还有径向应变 ε_r 和周向应变 ε_θ，以及 3 个应力分量 $\sigma_r,\sigma_\theta,\sigma_z$.

1. 竖井开挖计算

竖井开挖计算应采用初应力提法. 事前存在一个**初应力**(即地应力)**场**，在此初应力场是一个均匀的等向应力场，即 $\sigma_x^0=\sigma_y^0=\sigma_H$ 或者 $\sigma_r^0=\sigma_\theta^0=\sigma_H$[图 2-3-1(a)]. 开挖时需要计算开挖**附加场**，它包括位移 u'，应变 ε_r'，ε_θ' 和应力 σ_r'，σ_θ'，σ_z'[图 2-3-1(b)]. 上面用上标"0"表示初始场的量，用上标"′"表示附加场的量，而开挖过程或开挖过后的总的场变量[图 2-3-1(c)]为

$$\begin{aligned} &u = u', \\ &\varepsilon_r = \varepsilon_r', \quad \varepsilon_\theta = \varepsilon_\theta', \\ &\sigma_r = \sigma_r^0 + \sigma_r', \quad \sigma_\theta = \sigma_\theta^0 + \sigma_\theta', \quad \sigma_z = \sigma_z^0 + \sigma_z'. \end{aligned} \tag{2-3-1}$$

上式表明，初始场的变形取为 0，因为它们是漫长的地质历史期间发生的，现存已经看不到了.

在开挖的边界线上，开挖之前作用以应力 $q=-\sigma_H$(其中 σ_H 代表原场地应力的绝对值，而负号表示是受压力). 而开挖后，开挖线处为临空面，上面受力 $q=0$. 为描述开挖的中间过程，引用一个**载荷参数** λ，使开挖附加场井壁处边界条件为

$$q' = \lambda\sigma_H. \tag{2-3-2}$$

这样，参数 λ 从 0 到 1 变化，就可计算出整个开挖过程的附加场，从而能看到井壁应力被逐步解除的全过程. 在这过程中附加场的某个载荷参数 λ(在 0 和 1 之间)与对应的初应力提法的开挖计算步骤如图 2-3-1 所示.

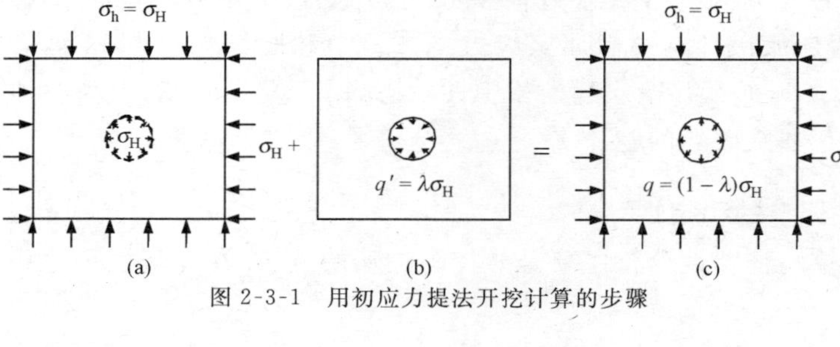

图 2-3-1　用初应力提法开挖计算的步骤

初始场(原场)的应力和位移分别为

$$\sigma_r^0 = \sigma_\theta^0 = -\sigma_H, \quad u^0 = 0. \tag{2-3-3}$$

在载荷参数为 λ 情况,利用弹性力学厚壁筒的解(2-2-5)和(2-2-6)并令外壁半径 $b \to \infty$ 可得到附加场的解

$$\sigma_r' = \frac{a^2}{r^2}(\lambda\sigma_H) > 0, \quad \sigma_\theta' = -\frac{a^2}{r^2}(\lambda\sigma_H) < 0, \quad u' = -\frac{1+\nu}{E}a^2\frac{\lambda\sigma_H}{r}, \tag{2-3-4}$$

式中: a 为竖井内半径, E 为弹性模量或 Young 模量, ν 为 Poisson 比. 开挖过程中的总场的解是

$$\sigma_r = \frac{a^2}{r^2}\lambda\sigma_H - \sigma_H < 0, \quad \sigma_\theta = -\frac{a^2}{r^2}\lambda\sigma_H - \sigma_H < 0, \quad u = -\frac{1+\nu}{E}a^2\frac{\lambda\sigma_H}{r}. \tag{2-3-5}$$

由上式可见,当 $r \to \infty$ 时,远场应力 $\sigma_r = \sigma_\theta = -\sigma_H$,远场位移 $u=0$,这表明竖井开挖不改变远场应力,也不产生远场位移,也就是说,开挖产生的扰动仅是局部的.

我们用最大剪应力屈服准则(Tresca 准则,第三强度理论)

$$\sigma_r - \sigma_\theta = \sigma_s = 2\tau_s \tag{2-3-6}$$

判断岩石介质破坏(其中 σ_s 和 τ_s 分别是单轴压缩和剪切屈服应力),这时有

$$\frac{2a^2}{r^2}\lambda\sigma_H = \sigma_s = 2\tau_s. \tag{2-3-7}$$

最先在井壁处($r=a$)屈服破坏,此时

$$\lambda = \lambda_e = \frac{\sigma_s}{2\sigma_H} = \tau_s/\sigma_H. \tag{2-3-8}$$

由上式定义的 λ_e 称做弹性极限载荷系数. 在开挖过程中,一旦 $\lambda=\lambda_e$,井壁开始屈服. 井壁是否屈服破坏与材料屈服应力 σ_s(或 τ_s)和原场地应力 σ_H 两者有关. 如果 $\tau_s > \sigma_H$,则 $\lambda_e > 1$,那么井壁永远处于弹性状态,而不发生破坏,因而在地层浅部(σ_H 较小),不存在井壁破坏问题.

2. 竖井开挖的稳定性

竖井开挖的弹塑性分析主要是开挖附加场的分析. 在弹塑性理论中,平衡方程

和屈服准则都是用总场应力表示的，如式(2-2-1)和(2-2-7)．但我们现在考察的初始地应力场是均匀的等向应力场

$$\sigma_r^0(r)=\sigma_\theta^0(r)=-\sigma_{\rm H},$$

于是用附加场应力表述的平衡方程和屈服准则与用总场应力表示的有相同的形式

$$\begin{aligned}&\frac{\mathrm{d}\sigma_r'}{\mathrm{d}r}+\frac{\sigma_r'-\sigma_\theta'}{r}=0,\\&\sigma_r'-\sigma_\theta'=\sigma_{\rm s}\quad\text{或}\quad\sigma_\theta'-\sigma_r'=-\sigma_{\rm s}.\end{aligned}\tag{2-3-9}$$

而附加场的边界条件为

$$\begin{aligned}&\sigma_r'(a)=\lambda\sigma_{\rm H},\\&\sigma_r'(\infty)=0,\end{aligned}\tag{2-3-10}$$

与前节厚壁筒问题相比较，竖井问题附加场的求解完全可以利用厚壁筒的结果，只要考虑到 $b/a\to\infty$，有

$$\frac{(1+\zeta_{\rm M})^2}{(1+\zeta_{\rm M})^2-1}\to1,\qquad\frac{1}{(1+\zeta_{\rm M})^2}\to0,$$

并且用 $\lambda\sigma_{\rm H}$ 代替 $-p$[对比式(2-3-2)和(2-2-3)]，用 $-\sigma_{\rm s}$ 代替 $\sigma_{\rm s}$[对比式(2-3-7)和(2-2-7)]即可．

(1) 地层岩石可简化为理想弹塑性材料的情况．

当附加场的载荷参数 $\lambda\leqslant\lambda_{\rm e}$ 时为弹性变形阶段，利用厚壁筒的应力和位移公式(2-2-5)和(2-2-6)并令$(a^2/b^2)\to0$，用 $\lambda\sigma_{\rm H}$ 代替 $(-p)$，则得竖井在弹性阶段的附加场的应力和位移表达式

$$\begin{aligned}&\sigma_r'=\frac{\lambda\sigma_{\rm H}}{r^2}a^2,\\&\sigma_\theta'=-\frac{\lambda\sigma_{\rm H}}{r^2}a^2,\\&u=-\left(\frac{1+\nu}{E}\right)\frac{\lambda\sigma_{\rm H}}{r}a^2.\end{aligned}\tag{2-3-11}$$

这组公式与本节前面式(2-3-4)完全相同．

当载荷参数 $\lambda>\lambda_{\rm e}$ 之后，在井壁附近出现塑性区，塑性区的外面是弹性区．设弹性区和塑性区的交界线为 $r=c$，利用式(2-2-12)以及(2-2-18)和(2-2-19)，并用 $\lambda\sigma_{\rm H}$ 代替 $-p$，用 $-\sigma_{\rm s}$ 代替 $\sigma_{\rm s}$，得塑性区$(a\leqslant r\leqslant c)$的应力和位移为

$$\sigma_r'=\lambda\sigma_{\rm H}-\sigma_{\rm s}\ln\frac{r}{a},$$

$$\sigma_\theta'=\lambda\sigma_{\rm H}-\sigma_{\rm s}\left(1+\ln\frac{r}{a}\right),$$

$$u=-\frac{(1-2\nu)(1+\nu)\sigma_s}{E}\left(r\ln\frac{r}{a}-\frac{\lambda\sigma_H r}{\sigma_s}\right)-\frac{(1-\nu^2)\sigma_s c^2}{Er}. \qquad (2\text{-}3\text{-}12)$$

而由式(2-2-15)得出载荷参数与 c 的关系式

$$\lambda\sigma_H=\frac{\sigma_s}{2}\left(1+2\ln\frac{c}{a}\right). \qquad (2\text{-}3\text{-}13)$$

由上式不难得到 $c=a\exp\left[\frac{1}{2}\left(\frac{\lambda}{\lambda_e}-1\right)\right]$，随载荷参数 λ 的增加，塑性区不断扩大. 当取 $\lambda=1$（相当于开挖完毕），得到最大值

$$c_M=a\exp\left(\frac{\sigma_H}{\sigma_s}-1\right).$$

而弹性区（$c\leqslant r\leqslant\infty$）的附加应力和位移的表达式可由式(2-2-14)得到，它们是

$$\begin{aligned}\sigma_r'&=\frac{\sigma_s c^2}{2r^2},\\ \sigma_\theta'&=-\frac{\sigma_s c^2}{2r^2}, \qquad (2\text{-}3\text{-}14)\\ u&=-\frac{(1+\nu)\sigma_s}{2E}\frac{c^2}{r}.\end{aligned}$$

上面式(2-3-12)和(2-3-14)分别给出了塑性区和弹性区的附加应力和开挖位移分布. 开挖附加应力加上初始地应力（$-\sigma_H$），就得到总场应力

$$\sigma_r(r)=\begin{cases}\lambda\sigma_H-\sigma_s\ln\dfrac{r}{a}-\sigma_H & (a\leqslant r\leqslant c),\\ \dfrac{\sigma_s c^2}{2r^2}-\sigma_H & (c\leqslant r<\infty),\end{cases} \qquad (2\text{-}3\text{-}15)$$

$$\sigma_\theta(r)=\begin{cases}\lambda\sigma_H-\sigma_s\left(1+\ln\dfrac{r}{a}\right)-\sigma_H & (a\leqslant r\leqslant c),\\ -\dfrac{\sigma_s c^2}{2r^2}-\sigma_H & (c\leqslant r<\infty).\end{cases} \qquad (2\text{-}3\text{-}16)$$

而开挖附加场的位移就是总位移

$$u(r)=\begin{cases}-\dfrac{(1-2\nu)(1+\nu)\sigma_s}{E}\left(r\ln\dfrac{r}{a}-\dfrac{\lambda\sigma_H r}{\sigma_s}\right)-\dfrac{(1-\nu^2)c^2\sigma_s}{Er} & (a\leqslant r\leqslant c),\\ -\dfrac{(1+\nu)\sigma_s c^2}{2Er} & (c\leqslant r<\infty).\end{cases} \qquad (2\text{-}3\text{-}17)$$

式(2-3-13)保证了径向应力分量 $\sigma_r(r)$ 和位移 $u(r)$ 在 $r=c$ 处的连续性要求. 而周向应力分量 $\sigma_\theta(r)$ 在 $r=c$ 可以是间断的. 在式(2-3-15)～(2-3-17)中的参数 c 可通过式(2-3-13)用载荷参数 λ 表示. 因而这些公式完全描述了在载荷参数 λ 下理想弹塑性材料竖井开挖过程的应力场和位移场.

讨论竖井开挖过程的**井壁稳定性**,需要讨论井壁位移 $u(a)$ 与井壁载荷参数 λ 或井壁上作用的总应力

$$q = \lambda\sigma_{\mathrm{H}} - \sigma_{\mathrm{H}} = (\lambda - 1)\sigma_{\mathrm{H}} \tag{2-3-18}$$

之间的关系. 在开挖过程,参数 λ 的取值范围是[0,1],因而总压力 q 的取值范围是 $[-\sigma_{\mathrm{H}},0]$. 请注意,q 是负值,表示为压力.

首先,在弹性变形阶段,λ 的取值范围为 $[0,\lambda_{\mathrm{e}}]$,而 q 的取值范围是 $[-\sigma_{\mathrm{H}},(\lambda_{\mathrm{e}}-1)\sigma_{\mathrm{H}}]$. 在式(2-3-11)中令 $r=a$,得井壁位移公式

$$u(a) = -\left(\frac{1+\nu}{E}\right)a\sigma_{\mathrm{H}}\lambda = -\frac{(1+\nu)}{2E}a\sigma_{\mathrm{s}}\left(\frac{\lambda}{\lambda_{\mathrm{e}}}\right). \tag{2-3-19}$$

上式中 $u(a)$ 取负值表示井壁位移指向井内,这与总压力 p 随开挖减小(卸荷)是一致的. 引用无量纲变量

$$\bar{u} = -\frac{2E}{(1+\nu)a\sigma_{\mathrm{s}}}u(a), \quad \bar{q} = \frac{q}{\sigma_{\mathrm{H}}\lambda_{\mathrm{e}}} = \frac{\lambda-1}{\lambda_{\mathrm{e}}}, \tag{2-3-20}$$

式(2-3-19)可表示为

$$\bar{u} = \frac{\lambda}{\lambda_{\mathrm{e}}} = \frac{1}{\lambda_{\mathrm{e}}} + \bar{q}. \tag{2-3-21}$$

上式表示一条斜率为正的直线平衡路径,因此在弹性变形阶段,竖井开挖是稳定的. 不难看出,由式(2-3-20)定义的无量纲位移和压力实际上与式(2-2-10)的定义是类似的.

其次,考虑弹塑性变形阶段,这时 $\lambda>\lambda_{\mathrm{e}}$,而 p 的取值范围是 $[(\lambda_{\mathrm{e}}-1)\sigma_{\mathrm{H}},0]$,由式(2-3-13)可得

$$\lambda = \lambda_{\mathrm{e}}\left(1 + 2\ln\frac{c}{a}\right). \tag{2-3-22}$$

在式(2-3-17)中令 $r=a$,得

$$u(a) = \frac{(1+\nu)a\sigma_{\mathrm{s}}}{2E}\left[(1-2\nu)\frac{\lambda}{\lambda_{\mathrm{e}}} - 2(1-\nu)\frac{c^2}{a^2}\right]. \tag{2-3-23}$$

引用无量纲量 $\bar{u}$,并将塑性区半径 c 用塑性区径向无量纲宽度 ζ

$$\zeta = \frac{c-a}{a}$$

代替,则有

$$\bar{u} = 2(1-\nu)(1+\zeta)^2 - (1-2\nu)\frac{\lambda}{\lambda_{\mathrm{e}}}, \tag{2-3-24}$$

$$\lambda = \lambda_{\mathrm{e}}[1 + 2\ln(1+\zeta)], \tag{2-3-25}$$

$$\bar{q} = \frac{\lambda-1}{\lambda_{\mathrm{e}}} = 1 + 2\ln(1+\zeta) - \frac{1}{\lambda_{\mathrm{e}}}. \tag{2-3-26}$$

在上面三式消去 λ 和 ζ,可得到竖井开挖过程塑性变形阶段($\lambda>\lambda_{\mathrm{e}},\zeta>0$)的平衡路

径曲线.

图 2-3-2 给出整个开挖过程(包括弹性阶段和弹塑性阶段)的平衡路径曲线，图中 λ_e 分别取值为 1,0.75,0.5. 当 $\bar{u}\leqslant 1$ 时曲线为弹性阶段曲线，当 $\bar{u}>1$ 时曲线为弹塑性阶段曲线. 所有曲线都是有正斜率的单调上升的曲线. 因而对理想弹塑性材料的岩体，井壁虽然有塑性屈服，但整个开挖过程都是稳定的. 对 $\lambda_e=1,0.75,0.5$ 情况开挖后塑性区的径向尺度参数 ζ 分别为 0,0.18,0.65.

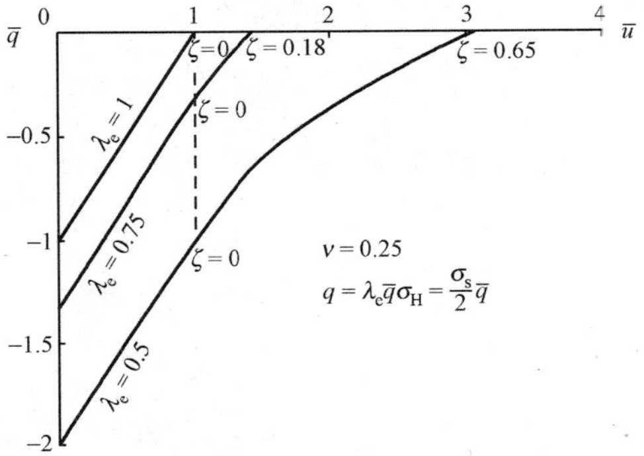

图 2-3-2　弹性-理想塑性材料开挖过程的平衡路径曲线

(2) 地层岩体可简化为弹性-软化塑性材料(图 2-2-2)的情况.

竖井开挖变形共分成三个阶段：弹性阶段，塑性变形第一阶段，塑性变形第二阶段. 弹性阶段的应力场和位移场容易给出，只要在式(2-3-11)右端项加上初始应力，就可得到($\lambda<\lambda_e$)

$$\begin{cases} \sigma_r=\dfrac{\lambda\sigma_H}{r^2}-\sigma_H, \\ \sigma_\theta=-\dfrac{\lambda\sigma_H}{r^2}-\sigma_H, \\ u=-\dfrac{1+\nu}{E}\cdot\dfrac{\lambda\sigma_H}{r}a^2. \end{cases} \tag{2-3-27}$$

而塑性变形第一阶段和第二阶段求解也很简单，只需将 §2-2 中的相应公式做如下代换：用 $\lambda\sigma_H$ 代替 $-p$，用 $-\sigma_s$ 代替 σ_s，并令 $(1+\zeta_M)^2\to\infty$ 即可. 得到竖井塑性变形阶段的附加应力场和位移场，在叠加上初始地应力便得到总场公式.

现在我们仅考察平衡稳定性问题. 弹性阶段($\lambda<\lambda_e$，$\zeta=0$)的平衡路径为式(2-3-21)

$$\bar{u}=\bar{q}+\frac{1}{\lambda_e}.\quad (\zeta=0)$$

按式(2-3-22)做变量代换，则塑性变形第一阶段($\zeta_{tr}>\zeta>0$)为

$$\begin{cases}\lambda = \lambda_e[n + 2n\ln(1+\zeta) - (n-1)(1+\zeta)^2],\\ \bar{u} = 2(1-\nu)(1+\zeta)^2 - (1-2\nu)\dfrac{\lambda}{\lambda_e},\\ \bar{q} = \dfrac{\lambda - 1}{\lambda_e}.\end{cases} \tag{2-3-28}$$

塑性变形的第二阶段($\zeta > \zeta_{tr}$)为

$$\begin{cases}\lambda = \lambda_e\Big\{1 + 2m_0\ln(1+\zeta-\zeta_{tr}) + 2n\ln\dfrac{1+\zeta}{1+\zeta-\zeta_{tr}} \\ \quad + 2(n-m_0)\Big[\dfrac{-\zeta_{tr}}{(\zeta-\zeta_{tr})(1+\zeta_{tr})} \\ \quad + \dfrac{1}{(\zeta-\zeta_{tr})^2}\ln\dfrac{(1+\zeta_{tr})(1+\zeta-\zeta_{tr})}{1+\zeta}\Big]\Big\},\\ \bar{u} = 2(1-\nu)(1+\zeta)^2 - (1-2\nu)\dfrac{\lambda}{\lambda_e},\\ \bar{q} = \dfrac{\lambda}{\lambda_e} - \dfrac{1}{\lambda_e}.\end{cases} \tag{2-3-29}$$

如果 $m_0 = 0$,那么由式(2-2-60)可知

$$\zeta_{cr} = \zeta_{tr} = \sqrt{\frac{n}{n-1}} - 1, \tag{2-3-30}$$

也就是说,临界点发生在塑性第一阶段末尾或第二阶段的开始. 取 Poisson 比 $\nu = 0.25$,脆度 $n = 1.5$,对应于不同的 λ_e 值画出的竖井开挖过程平衡路径曲线,如图 2-3-3 所示. 当 $\lambda_e = 0.5$ 时,整个曲线都在坐标横轴($\bar{q}$ 的零线)之下,其转向点的 $\bar{q}$ 值,即临界值 $\bar{q}_{cr} = -0.456$. 这表明在开挖完成之前($\lambda < 1$)的某个时刻,竖井已经失稳. 因此在这种条件下竖井施工过程应该施加支护(如喷锚等),才能完成开挖作

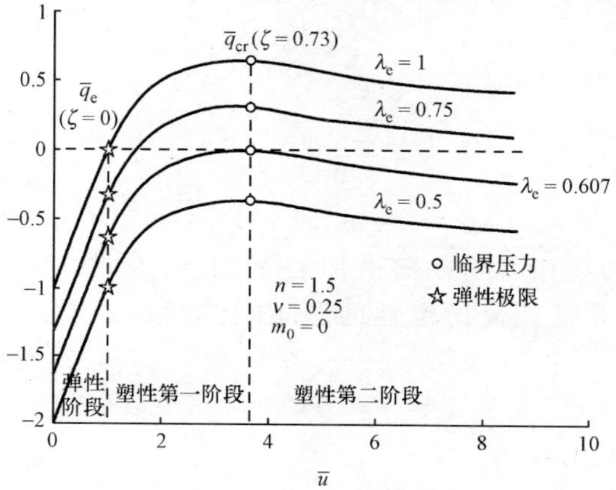

图 2-3-3 弹性-软化塑性材料开挖过程的平衡路径曲线

业. 当 $\lambda_e=0.607$ 时，平衡路径曲线的临界点恰在 $\bar{q}$ 的零线上，也即对应于 $\lambda=1$，这表明在施工过程中竖井都是稳定的. 当 $\lambda_e=0.75$ 时，在施工过程中($\lambda<1$)，竖井都是稳定的. 虽然有塑性变形发生($\zeta>0$)，但竖井依然保持稳定. 当 $\lambda_e=1$ 时，整个开挖过程竖井都处于弹性阶段($\zeta=0$)，竖井是稳定的. 从上述分析可看出，$(\lambda_e)_{cr}=0.607$ 是一个临界状态，当

$$\lambda_e \geqslant (\lambda_e)_{cr} \quad 或 \quad \frac{\sigma_s}{2\sigma_H} \geqslant 0.607$$

时，开挖过程竖井都是稳定的. 如果地应力 σ_H 足够小或岩体强度 σ_s 足够大，那么竖井开挖无疑是稳定的.

下面讨论脆度 n 对竖井稳定性的影响. 首先取 $m_0=0$，此时 Poisson 比 $\nu=0.25$，$\lambda_e=0.607$，对于不同的脆度 n，竖井开挖过程平衡路径曲线如图 2-3-4(a)所示. 其中，$n=1$ 对应的是理想弹塑性的平衡路径曲线，该曲线单调上升，表示在开挖过程中竖井一直是稳定的. 而其他 $n>1$ 对应的是应变软化时的平衡路径曲线，每条曲线都存在一个极值点，如果该极值点在坐标横轴的下方，说明竖井开挖过程井壁已经失稳，开挖过程需要对井壁支护. 一般来说，脆度 n 很大的地层，需要对井壁支护.

当 $m_0\neq0$ 时，情况有所不同，图 2-3-4(b)，(c)，(d)分别给出了 $m_0=0.1$，$m_0=0.2$

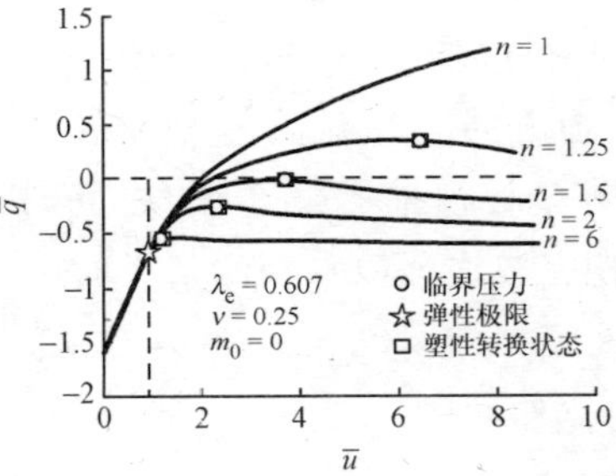

(a) $m_0=0$

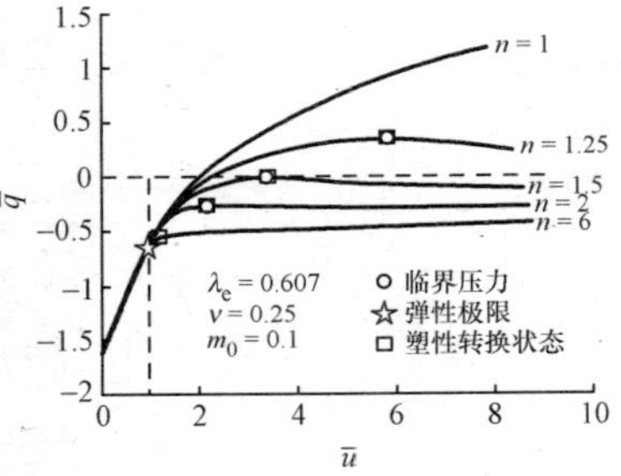

(b) $m_0=0.1$

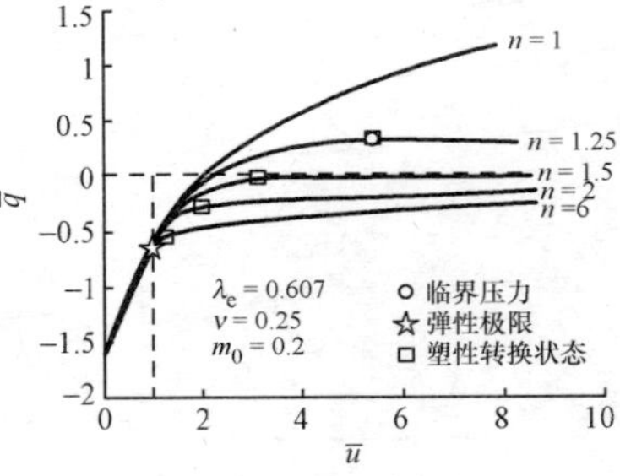

(c) $m_0=0.2$

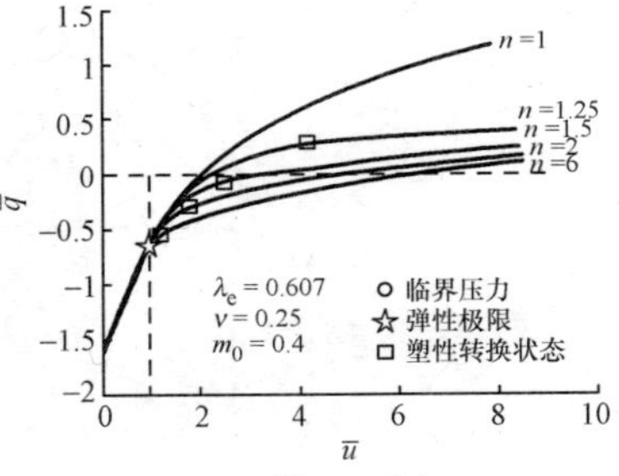

(d) $m_0=0.4$

图 2-3-4　参数 m_0 和脆度 n 对直井稳定性的影响

和 $m_0=0.4$ 情况的平衡路径曲线. 仅在残余强度参数 m_0 较小的情况，存在临界点，而大多数情况，平衡路径曲线单调上升，不存在临界载荷. 也就是说，当 m_0 较大时，竖井开挖过程中井壁不会坍塌. 当 $m_0=1$ 时，退化到理想塑性情况，即和 $n=1$ 的曲线一致.

3. 油气井钻井过程的井壁稳定性

上述关于竖井问题的处理方法和结果可以应用于油气井钻井过程的井壁稳定性问题.

当前油气井井壁稳定性分析都是使用弹性力学方法在原场应力和井壁压力共同作用下得到井孔附近应力分量的表达式(弹性力学教科书中有理论解). 利用孔壁处出现屈服破坏来确定井壁压力的大小，以设计泥浆密度，用泥浆压力对孔壁支承保证井壁稳定. 这显然是一种强度分析方法，这种方法计算的结果偏于保守. 按本节的稳定性分析的方法，以失稳的临界载荷 q_{cr} 作为泥浆压力来确定泥浆密度，更经济合理. 按弹性力学的强度计算方法计算的孔壁压力就是 q_e，相当于平衡路径曲线上 $\zeta=0$ 的点的值，而由临界载荷计算的孔壁压力应为 q_{cr}，相当于 $\zeta=\zeta_{tr}$ 的点的值，如果用 $|q_{cr}|$ 和 $|q_e|$ 代表绝对值，即压力，那么总有 $|q_{cr}|<|q_e|$. 现有的按弹性理论和强度条件进行的设计偏于保守，这已被工程实践证实，因此用稳定性理论改进设计方案无疑是必要的.

当前在石油工程中已采用了**气体钻井**技术，在气体钻井中孔壁没有泥浆支承而不坍塌，这使一些工程师不堪理解，稳定性分析方法却可给气体钻井技术以合理的解释，并可指出其适用条件.

气体钻井的高速气流会造成孔壁的负压(吸力)，因而使用前面的公式时参数 λ 适用范围不再是[0,1]，而是 λ 可以大于 1. 如图 2-3-3 所示的平衡路径曲线，其临界载荷 $\bar{q}_{cr}>0$，表示为负压. 这就是说，对 $\lambda_e\geqslant 0.607, m_0=0, n=1.5$ 的地层条件可以进行气体钻井，而不会出现井壁失稳坍塌.

当地层岩石的残余强度为零($m_0=0$)时，不难求出钻井过程的临界力的解析表达式

$$\bar{q}_{cr}=n\ln\left(\frac{n}{n-1}\right)-\frac{1}{\lambda_e}. \tag{2-3-31}$$

临界力 $\bar{q}_{cr}$ 的大小不仅与 λ_e(即 σ_H,σ_s)有关，也和脆度 n(即岩石全应力-应变曲线下降段的坡度 G_t/G)有关. 在用强度理论设计时只能考虑 σ_H 和 σ_s，而不能考虑 n. 在气体钻井稳定性理论分析中还须考虑地层的脆度 n. 气体钻井得以实现的条件是

$$\bar{q}_{cr}\geqslant 0,$$

或

$$n\ln\frac{n}{n-1}\geqslant\frac{1}{\lambda_e}. \tag{2-3-32}$$

上式给出了气体钻井得以实现的条件,即对孔壁脆度的要求. $n\ln\dfrac{n}{n-1}$ 是 n 的一个单调下降函数(见图 2-3-5). 在式(2-3-32)中取等号,可解出保持井壁稳定的临界脆度 n_{cr}. 因为这是一个非线性方程,只能用数值方法求解. 最简便的求 n_{cr}的方法是图解法. 在图上画出 $y=n\ln\dfrac{n}{n-1}$的曲线和 $y=\dfrac{1}{\lambda_e}$的水平直线,它们的交点的横坐标就是 n_{cr}. 这样,气体钻井的稳定性条件是

$$1<n\leqslant n_{cr},\qquad(2\text{-}3\text{-}33)$$

也就是气体钻井的实施条件是岩石有足够小的脆度,而在岩石脆度 $n>n_{cr}$情况下,即岩石有较大的脆度,只能采用**泥浆钻井**.

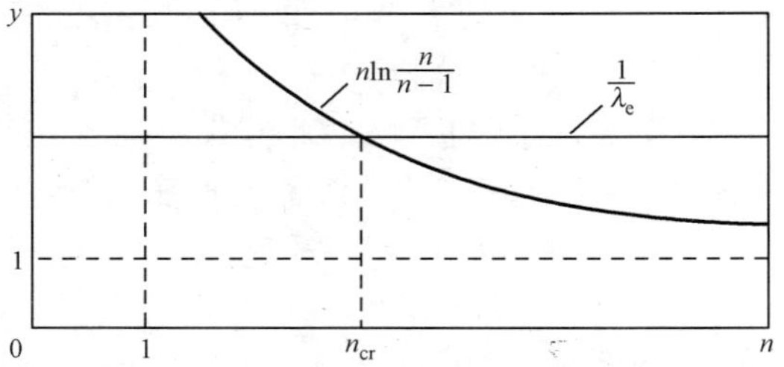

图 2-3-5　临界脆度 n_{cr}的确定

以上讨论是在 $m_0=0$ 情况下进行的,实际上对任何确定的 $m_0(0<m_0<1)$均可做同样讨论,因为前面给出的理论公式对任何 m_0 值都是成立的. 对于 $m_0\neq0$ 的情况,问题稍复杂一些. 仅在 m_0 较小的情况存在临界点,这时气体钻井的条件可参考式(2-3-31). 当 m_0 较大时,平衡路径曲线单调上升. 处于地下深处的地层,岩石韧性较大,就属于这种情况[参照后文图 3-0-2(a)],这时井壁坍塌较少,井孔缩径较多.

§2-4　地震不稳定性简单模型

断层或断裂带在地震过程中的作用很早就为人们所认识. 然而在地震研究中孤立地研究断裂带是不够的,断层的破裂和地震波的产生是由贮存在断层两盘围岩里弹性能量的释放所驱动的. 因此,研究**断层地震**过程必须考虑含断层和围岩的整个岩石力学系统. 从固体力学角度用准静态方法研究断层地震的机制和地震**前兆**是有重要意义的.

研究地震的最简单力学模型是如图 2-4-1 所示的由均匀介质围岩和一个直立走滑断层所构成的系统. 设沿断层走向方向是无限长的,问题简化为一维问题(殷有泉,张宏,1984). 设围岩和断层有均匀的初始地应力,记为 τ_0. 在远场边界上设定

从 0 开始逐渐增加的切向位移，记为 a，而法向应力为零. 设围岩是完全弹性的，材料服从 Hooke 定律

$$\tau - \tau_0 = G\gamma, \tag{2-4-1}$$

式中：G 是剪切的弹性模量，γ 是剪应变. 而断层的本构关系是非线性的. 如果用 u 表示断层两盘的相对位移（错距）的一半，简称半错距，用 τ_f 表示断层内的剪应力，那么随着断层相对位移的增加，断层剪应力可达到一个峰值（最大值），然后下降到一个残余值（最小值）. 这种本构关系可用一个非线性函数表示为

$$\tau_f - \tau_0 = g(u), \tag{2-4-2}$$

非线性函数 $g(u)$ 可采用负指数模型和 Gauss 型模型.

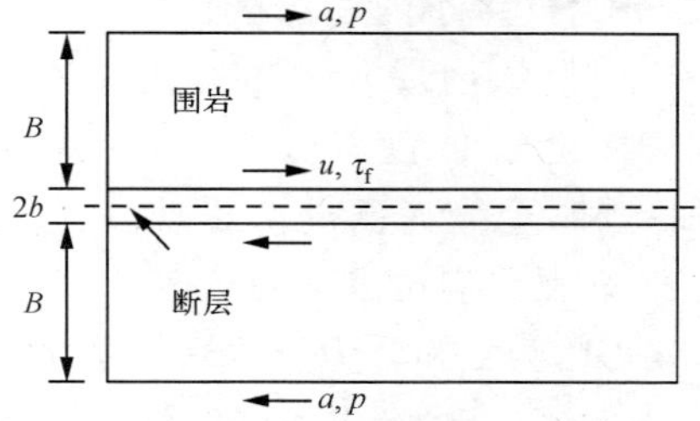

图 2-4-1　简单的地震模型

1. 断层面内的非均匀性和本构曲线 $g(u)$ 的具体形式

断层是地壳中的软弱结构面，由于其面内尺度巨大，不能用直接试验方法得到面内应力 τ 和相对位移 u（半错距）之间全过程曲线；即使在室内做小尺度试验，也缺少相似准则将其外推到大尺度的现场情况. 因而，我们需要另辟蹊径去研讨式(2-4-2)中本构函数 $g(u)$ 的形式.

众所周知，在断层面内各点的力学性质（如局部强度）决不是处处相同的. 随着面内应力的增大，首先在那些较弱的局部微元发生微小破裂. 这就是说，即使在较低的平均应力水平，也可在这些局部微元产生局部破裂，引起断层变形. 而随着应力水平的提高，破裂发生在更多的局部微元，从而引起的断层变形逐渐增大. 在主破裂发生之前，变形急剧地增大. 当所有的局部破裂连接在一起时，最后沿全断面的破裂发生了（Tang CA 等，1993）.

从损伤力学观点看，上述过程可看做是一种连续的**损伤**过程，断面从早期的低应力水平局部微破裂损伤，连续地演化和发展到最后的全断面的宏观破裂. 因而，我们相信，断层面损伤过程与断层面的本构关系（应变-变形的全过程曲线）必然存在重大的关联.

根据 Lamaitre 的损伤理论，对断层可构建如下的损伤模型

$$\tau = k_0(1-\omega)u, \tag{2-4-3}$$

其中：τ 是面内应力，ω 称为损伤参数，k_0 是断层的初始刚度. 在剪切变形条件下，ω 表示在单位长度的断层面内存在的微破裂面积与整个断层面面积的比值. $\omega=0$ 相应于没有任何损伤；$\omega=1$ 表示面内完全破裂. 因而$(1-\omega)$表示在面内有效抵抗内力的面积 $\overline{S}$ 与整个面积 S 之比

$$1-\omega=\overline{S}/S, \tag{2-4-4}$$

或

$$\omega=1-\overline{S}/S=(S-\overline{S})/S. \tag{2-4-5}$$

由于 $S-\overline{S}$ 表示损伤部分的面积，则 ω 可表征断层内部的损伤. 损伤过程是不可逆的，因而损伤参数 ω 是单调增加的变量.

为了得到断层的应力-位移全过程曲线，我们首先应该求出损伤参数 ω 的表达式. 为此，我们将断层面剖分为许多小的局部微元. 由于每个微元含有原生缺陷的数量不同，这些微元具有不同的强度. 设局部强度 u_s（强度用错距度量，例如取 $u_s=\tau_s/k_0$）的分布遵循某种概论分布. 随着剪力 τ 在断层面内的作用，错距 u（假设是均匀分布的）逐渐增加；当某个微元的局部扰动 u 达到该微元的强度 u_s，也即 $u=u_s$ 时，该微元局部破坏. 现在我们做以下两个假设.

（1）局部微元在破坏前，剪力 τ 和错距呈线性关系（Hooke 材料），即

$$\tau_i=(k_0)_i u_i=(k_0)_i u \quad (i=1,2,\cdots), \tag{2-4-6}$$

式中：$(k_0)_i$ 是第 i 个微元的刚度.

（2）局部微元的强度遵循 **Weibull 分布**密度（见图 2-4-2），即

$$\varphi(u)=\frac{m}{u_0}\left(\frac{u}{u_0}\right)^{m-1}\mathrm{e}^{-(u/u_0)^m}. \tag{2-4-7}$$

由于局部微元破坏的条件是 $u=u_s$，式(2-4-7)中的 u 可理解为个别微元的强度 $(u_s)_i$（局部强度）；m 是形状参数；u_0 是平均错距的一种度量.

图 2-4-3 给出了不同形状参数 m 的载荷-变形的全过程的理论曲线.

由图 2-4-2 可看出，形状参数 m 是局部强度可变性的一种度量，它可作为断

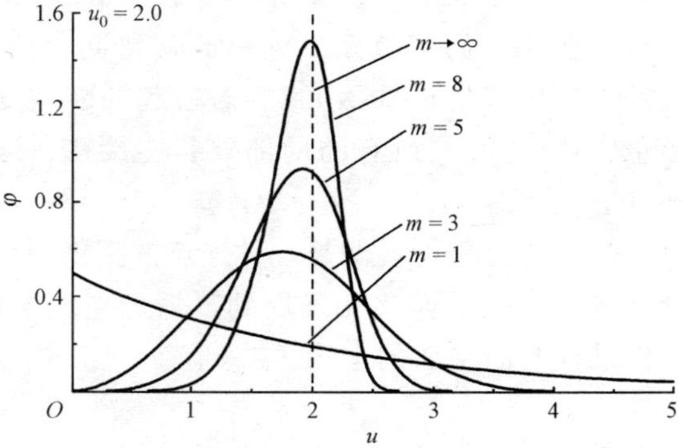

图 2-4-2 局部微元强度的 Weibull 分布

层面内均匀性的一种指标. 比较大的 m，断层比较均匀. 当 m 趋于无限大时，面内各单元的差异趋于零(图 2-4-2)，此时得到"理想的"载荷-变形全过程曲线，如图 2-4-3 的虚线所示. 具有这种特性的材料称为理想脆性材料.

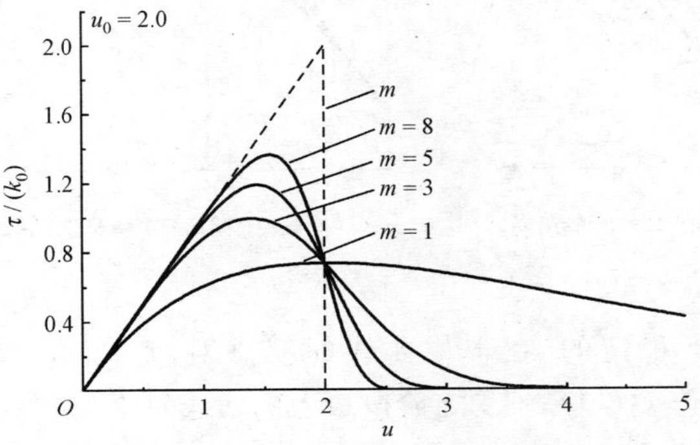

图 2-4-3　断层的载荷-变形全过程理论曲线

已经局部损伤微元的比例等效于从 $u=0$ 到 u 的概率 P，即概率密度曲线 $\varphi(u)$ 下面从 0 到 u 的那部分面积. 因而断层面损伤部分的面积为

$$S-\bar{S}=S\int_0^u \varphi(u)\mathrm{d}u, \tag{2-4-8}$$

联立方程(2-4-5)和(2-4-8)，可得到损伤参数 ω 的表达式

$$\omega=\int_0^u \varphi(u)\mathrm{d}u. \tag{2-4-9}$$

进而由方程(2-4-7)得

$$\omega(u)=\frac{m}{u_0}\int_0^u\left(\frac{u}{u_0}\right)^{m-1}\mathrm{e}^{-(u/u_0)^m}\mathrm{d}u=1-\mathrm{e}^{-\left(\frac{u}{u_0}\right)^m}, \tag{2-4-10}$$

将上式代入式(2-4-3)，可得断层面的本构方程为

$$\tau=g(u)=k_0u\mathrm{e}^{-(u/u_0)^m}, \tag{2-4-11}$$

如果考虑到断层内有初始应力 τ_0，就得到了形如式(2-4-2)的本构关系.

最后我们强调指出，在局部微元的假设中并未引入单元塑性的概念，只是认为微元具有破坏和不破坏的 0，1 二值逻辑状态，但结果却导出了人们通常所指的宏观塑性表现. 因此，可以看出，地质材料的所谓"塑性"，实质上只不过是微观损伤累积的宏观表现，从 Weibull 分布来看，所谓塑性较大，正是局部微元强度分布比较离散；而脆性较大，则是局部微元强度的分布比较集中.

2. 采用负指数型本构曲线的情况

取形状参数 $m=1$，可得负指数模型的本构曲线为(见图 2-4-4)

$$\tau_f-\tau_0=k_0u\mathrm{e}^{-u/u_0}, \tag{2-4-12}$$

其中：k_0 为断层初始切线刚度. 不难看出，峰值应力 τ_c 对应的半错距 $u=u_0$，在 $u>u_0$

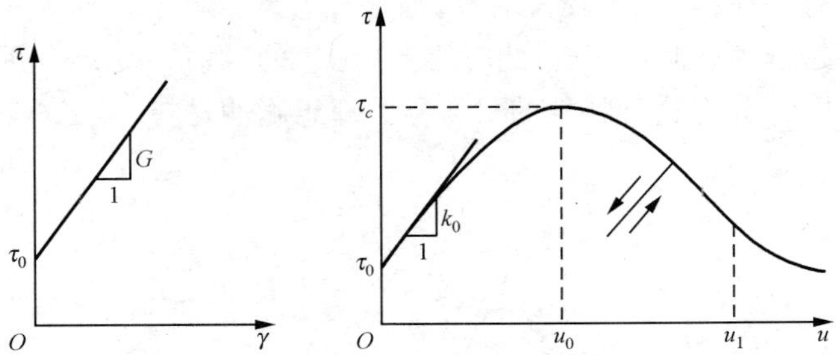

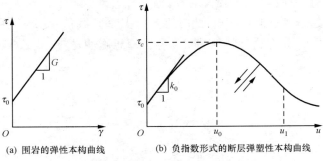

(a) 围岩的弹性本构曲线　　　　(b) 负指数形式的断层弹塑性本构曲线

图 2-4-4　围岩和断层的本构曲线

之后本构关系是不稳定的. 在本构曲线的拐点对应 $u=u_1=2u_0$，曲线斜率为 $-k_0\mathrm{e}^{-2}$，而其绝对值 $k_0\mathrm{e}^{-2}$ 是不稳定阶段最大的切线斜率，将它定义为断层刚度

$$k_{\mathrm{f}}=k_0\mathrm{e}^{-2}. \tag{2-4-13}$$

在弹性围岩区剪应变

$$\gamma=\frac{a-u}{B}, \tag{2-4-14}$$

其中：B 是断层到远场边界的距离(图 2-4-1). 如果用 p 代表远场边界上剪应力(它是未知待定的)，那么有

$$p-\tau_0=\frac{G}{B}(a-u). \tag{2-4-15}$$

由上式可见，围岩的刚度可定义为

$$K=\frac{G}{B}, \tag{2-4-16}$$

围岩刚度与断层刚度之比，称为系统的**刚度比**

$$\beta=\frac{K}{k_{\mathrm{f}}}=\frac{G\mathrm{e}^2}{Bk_0}, \tag{2-4-17}$$

它是系统的一个重要的无量纲参数.

由于假设围岩变形是均匀的，因而它的平衡条件是

$$p=\tau_{\mathrm{f}}. \tag{2-4-18}$$

再考虑到式(2-4-12)和(2-4-15)，有

$$p-\tau_0=\tau_{\mathrm{f}}-\tau_0=K(a-u)=k_0u\mathrm{e}^{-u/u_0},$$

因此得

$$p(u)=k_0u\mathrm{e}^{-u/u_0}+\tau_0,$$

$$a(u)=\frac{k_0}{K}u\mathrm{e}^{-u/u_0}+u.$$

引用无量纲变量

$$\zeta = u/u_0,\quad \bar{a} = a/u_0,\quad \bar{p} = \frac{p}{k_0 u_0},\quad \bar{\tau}_0 = \frac{\tau_0}{k_0 u_0},$$

得

$$\begin{aligned} \bar{p} &= \zeta \mathrm{e}^{-\zeta} + \bar{\tau}_0, \\ \bar{a} &= \frac{1}{\beta}\zeta \mathrm{e}^{2-\zeta} + \zeta. \end{aligned} \tag{2-4-19}$$

实际上，上式就是平衡路径$\bar{p}$-$\bar{a}$ 曲线的参数方程．在消去变量 ζ 后，就得到平衡路径曲线，其上每点都代表一个平衡状态．

取刚度比 $\beta=0.5$，$\beta=0.7$，$\beta=1.0$ 和 $\beta=2.0$ 作出的平衡路径曲线如图 2-4-5 所示．请注意，这些曲线的纵坐标是$\bar{p}-\bar{\tau}_0$，这就是说，纵坐标为零的横轴，对应于$\bar{p}=\bar{\tau}_0$（初始地应力）．从图可以看出，刚度比 β 对曲线的形态有重要影响．在 $\beta<1$ 时，曲线上除了一个力的转向点 D 外还出现两个**位移转向点** A 和 C，在 $\beta\geqslant 1$ 时，则没有位移转向点，因而刚度比是一个重要的无量纲参数．平衡路径上各点的稳定性可由系统总势能的二阶导数 $\partial^2 \Pi/\partial \zeta^2$ 取值的正负来验证：取值为正是稳定状态；取值为负是不稳定状态；取值为零是临界状态，其稳定性由更高阶导数的正负来判断．由于本节建立的地震力学模型是以远场位移 a 作为外加的边界条件的，即以远场位移作为问题的控制变量，而断层错距 u 作为状态变量，没有体力，应力的边界条件是齐次的，因此总势能就是变形势能．不难导出总势能的表达式为

$$\Pi(u) = \frac{1}{2}K(a-u)^2 + \int_0^u k_0 u \mathrm{e}^{-u/u_0}\,\mathrm{d}u + \tau_0 a.$$

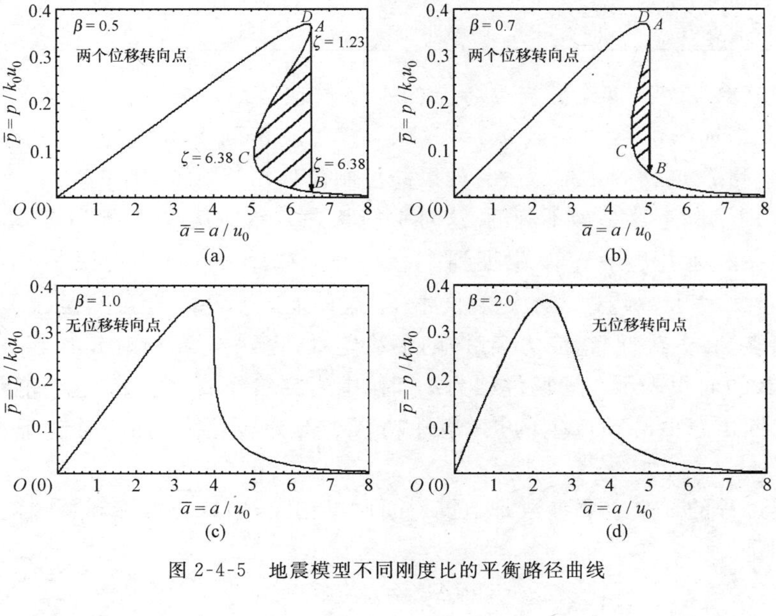

图 2-4-5　地震模型不同刚度比的平衡路径曲线

无量纲化的总势能为

$$\overline{\Pi}(\zeta)=\frac{\Pi}{u_0^2 k_0}=\int_0^{\zeta}\zeta \mathrm{e}^{-\zeta}\mathrm{d}\zeta+\frac{\beta}{2\mathrm{e}^2}(\bar{a}-\zeta)^2+\bar{\tau}_0\bar{a}. \tag{2-4-20}$$

总势能对 ζ 的各阶导数为

$$\begin{aligned}\frac{\partial\overline{\Pi}}{\partial\zeta}&=\zeta\mathrm{e}^{-\zeta}-\beta\mathrm{e}^{-2}(\bar{a}-\zeta),\\ \frac{\partial^2\overline{\Pi}}{\partial\zeta^2}&=(1-\zeta)\mathrm{e}^{-\zeta}+\beta\mathrm{e}^{-2},\\ \frac{\partial^3\overline{\Pi}}{\partial\zeta^3}&=-\mathrm{e}^{-\zeta}(2-\zeta).\end{aligned} \tag{2-4-21}$$

在远场位移 a 为控制变量情况下，应力转向点 D 的平衡状态是稳定的. 不稳定点的状态仅可能发生在位移转向点 A 或随后的 AC 上. 以 $\beta=0.5$ 为例，这时平衡路径有 3 个分支：OA 分支，AC 分支和 CB 分支. 临界点为位移转向点 A 和 C. 由式(2-4-19)可计算出这些临界点上的 $\bar{a},\bar{p},\zeta$ 值，并用式(2-4-21)计算出相应的 $\partial^2\overline{\Pi}/\partial\zeta^2$ 和 $\partial^3\overline{\Pi}/\partial\zeta^3$ 值，这些值列在表 2-4-1 中.

表 2-4-1　$\beta=0.5$ 时平衡路径关键点数据资料

	ζ	$\bar{a}$	$\bar{p}-\tau_0$	$\frac{\partial^2\overline{\Pi}}{\partial\zeta^2}$	$\frac{\partial^3\overline{\Pi}}{\partial\zeta^3}$
应力转向点 D	1.00	6.44	0.368	0.068	
位移转向点 A	1.23	6.54	0.360	0.000	−0.225
位移转向点 C	3.68	5.05	0.086	0.000	0.042
突跳后的点 B	6.38	6.54	0.011	0.059	

可以验证，OA 和 CB 两个分支上各点的平衡状态是稳定的，而 AC 分支各点则是不稳定的. 当远场位移 $\bar{a}$ 达到 $\bar{a}^*=6.54$ 时，对应于两个可能的平衡状态：A 点($\zeta=1.23$)和 B 点($\zeta=6.38$). 届时如果能控制位移使其降低，则平衡点才能沿分支 AC 运行. 但实际上这是做不到的. 这时平衡状态突然地从点 A 跳到点 B，相应地，内变量 ζ 突然地由 $\zeta_A=1.23$ 发展到 $\zeta_B=6.38$，应力 $\bar{p}-\bar{\tau}_0$ 突然地由 $\tau_f-\tau_0=0.360$ 下降到 $\tau_f-\tau_0=0.011$，这表示地震发生了. 这种地震不稳定性显然是极值点型(指位移极值点)和突跳型(指**应力突跳**)的不稳定性. 由状态 A 突跳到状态 B，曲边三角形 ACB 的面积表示在远场位移为 $\bar{a}^*$ 时，围岩突然释放的能量. 这个能量的大部分转化为断层摩擦滑动产生的热(塑性功)，小部分转化为动能，对应于地震波的能量.

地震过程的 3 个重要参数是地震后断层半错距，**地震应力降**和释放的弹性能，它们分别是

$$\Delta u=u_0\Delta\zeta=u_0(\zeta_B-\zeta_A),$$

$$\Delta\tau = \tau_f(A) - \tau_f(B) = p(A) - p(B) = k_0 u_0[\overline{p}(\zeta_A) - \overline{p}(\zeta_B)],$$

$$\Delta U = u_0^2 k_0 \int_{\zeta_A}^{\zeta_B} (\overline{p} - \overline{\tau}_0)\mathrm{d}\overline{a} = u_0^2 k_0 \left[\frac{\mathrm{e}^2}{2\beta}\zeta^2 \mathrm{e}^{-2\zeta} - (1+\zeta)\mathrm{e}^{-\zeta}\right]_{\zeta_A}^{\zeta_B}. \tag{2-4-22}$$

对于 $\beta=0.5$ 情况，$\zeta_A=1.23$，$\zeta_B=6.38$，可得地震断层错距 $\Delta u=5.15u_c$，地震应力降 $\Delta\tau=0.348k_0u_0$，释放弹性能 $\Delta U=-0.315k_0u_0^2$. 其中负号表示系统能量减少，即围岩释放了能量.

当 $\beta>1$ 时，永远有 $\partial^2\overline{\Pi}/\partial\zeta^2>0$，平衡是稳定的，不会发生地震，仅是缓慢的断层滑动，属于无震滑动.

关于刚度比 β 的力学含义，李平恩和殷有泉(2009)给出了进一步的说明，$\beta<0$ 相当于系统的切线刚度为负.

3. 采用 Gauss 型本构曲线的情况

在使用负指数型的本构曲线时，远场一旦施加位移(即便 a 很小)，断层同时错动(相当于弹塑性模型)，这可能与实际情况不符. 为此，采用如下的 Gauss 型本构曲线

$$\tau_f - \tau_0 = \tau_c \mathrm{e}^{-\frac{1}{2}\left(\frac{u}{u_1}\right)^2}, \tag{2-4-23}$$

式中：τ_c 是峰值应力(对应的 $u=0$)，u_1 是曲线拐点对应的相对位移(图 2-4-6).

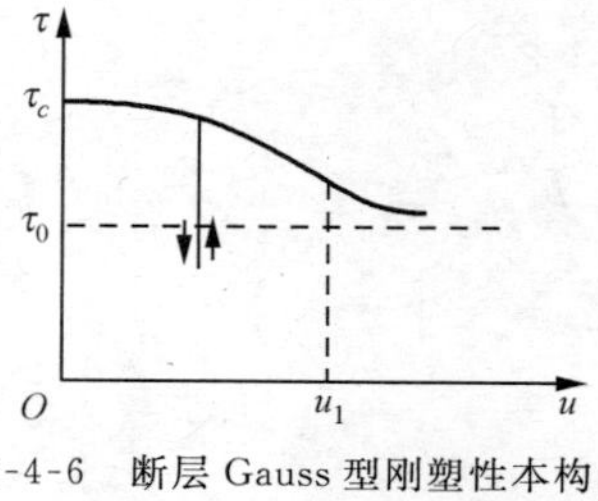

图 2-4-6　断层 Gauss 型刚塑性本构曲线

不难计算出，在拐点处，本构曲线的切线斜率(切线刚度)为 $-\tau_c/(u_1\mathrm{e}^{\frac{1}{2}})$，我们将其绝对值定义为断层刚度

$$k_f = \frac{\tau_c}{u_1\mathrm{e}^{\frac{1}{2}}}. \tag{2-4-24}$$

进而由方程(2-4-16)可得系统的刚度比为

$$\beta = \frac{K}{k_f} = \frac{Gu_1}{B\tau_c}\mathrm{e}^{\frac{1}{2}}, \tag{2-4-25}$$

此时围岩应变

$$\gamma = \begin{cases} \dfrac{a}{B}, & 0 \leqslant a \leqslant a_0, \\ \dfrac{a-u}{B}, & a > a_0, \end{cases} \tag{2-4-26}$$

其中：a_0 是断层开始发生错动（启动）时对应的远场位移值. 这就是说，当远场位移从零开始施加，在 $a<a_0$ 期间，$\tau_f<\tau_c$，$u=0$，断层不发生错动. 而当 $a=a_0$ 时断层开始启动（相当于刚塑性模型）. 不难计算出

$$a_0 = \frac{\tau_c B}{G} = \frac{u_1}{\beta}e^{\frac{1}{2}}. \tag{2-4-27}$$

设 p 是远场边界剪应力（它是未知的），考虑到平衡条件和本构方程，得

$$p - \tau_0 = \frac{G}{B}a = Ka, \quad a \leqslant a_0, \tag{2-4-28}$$

$$p - \tau_0 = \tau_f - \tau_0 = \tau_c e^{-\frac{1}{2}\left(\frac{u}{u_1}\right)^2} = K(a-u), \quad a > a_0. \tag{2-4-29}$$

式(2-4-28)代表系统在初始阶段的纯弹性响应，式(2-4-29)代表随后的非线性响应. 对于后者，我们有

$$\begin{aligned} p &= \tau_c e^{-\frac{1}{2}\left(\frac{u}{u_1}\right)^2} + \tau_0, \\ a &= \frac{\tau_c}{K}e^{-\frac{1}{2}\left(\frac{u}{u_1}\right)^2} + u. \end{aligned} \tag{2-4-30}$$

引用无量纲变量

$$\begin{aligned} &\zeta = \frac{u}{u_1}, \quad \bar{a} = \frac{a}{u_1}, \quad \overline{a_0} = \frac{a_0}{u_1}, \\ &\bar{p} = \frac{p}{\tau_c}, \quad \overline{\tau_0} = \frac{\tau_0}{\tau_c}, \quad \bar{K} = \frac{Gu_1}{B\tau_c}. \end{aligned} \tag{2-4-31}$$

式(2-4-28)和(2-4-30)分别为

$$\bar{p} = \bar{K}\bar{a} + \bar{\tau}_0 \quad (\bar{a} \leqslant \bar{a}_0) \tag{2-4-32}$$

和

$$\left.\begin{aligned} \bar{p} &= e^{-\frac{1}{2}\zeta^2} + \bar{\tau}_0, \\ \bar{a} &= \frac{1}{\beta}e^{\frac{1}{2}(1-\zeta^2)} + \zeta \end{aligned}\right\} \quad (\bar{a} > \bar{a}_0). \tag{2-4-33}$$

实际上，式(2-4-32)是线性阶段平衡路径曲线，式(2-4-33)是非线性阶段平衡路径曲线. 每一参变量 ζ，对应于非线性路径上的一个点，代表一个平衡状态.

从式(2-4-33)可看出，刚度比 β 对平衡路径曲线的形态有重要影响. 在 $\beta<1$ 时，平衡路径上有两个位移转向点；在 $\beta\geqslant1$ 时则没有位移转向点. 这就是说，仅当 $\beta<1$ 时才能发生地震，而 $\beta\geqslant1$ 情况则对应无震滑动. 参数 β 对平衡路径曲线形态的影响，与负指数本构模型情况完全一致. 取 $\beta=0.5$，Gauss 模型的平衡路径曲线如图 2-4-7 所示.

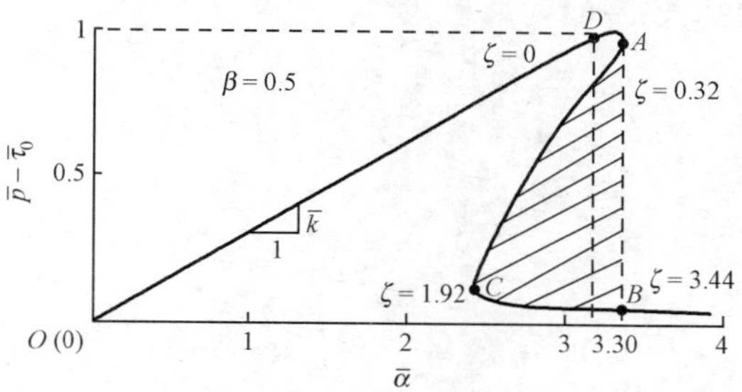

图 2-4-7　Gauss 型断层地震模型的平衡路径

图中两个位移转向点 A,C 将平衡路径分成三支.第一支为 OA,它包括线性阶段 OD 和非线性阶段 DA,D 是线性阶段的终点,因为是控制远场位移的,这一分支是稳定的.第二分支是 AC,它是不稳定的.第三分支是 CB,它又是稳定的.在 D 点内变量 $\zeta=0$,远场位移 $\overline{a}=3.30$,远场剪应力 $\overline{p}-\overline{\tau}_0=1$.在位移转向点 A,$\zeta=0.32$,$\overline{a}=3.45$,$\overline{p}-\overline{\tau}_0=0.95$.在位移转向点 C,$\zeta=1.92$,$\overline{a}=2.44$,$\overline{p}-\overline{\tau}_0=0.16$.在突跳后的点 B,$\zeta=3.44$,$\overline{a}=3.45$,$\overline{p}-\overline{\tau}_0=0.002$.在第一个位移转向点 A 处失稳,应力由 A 点值 0.95,突然下降至 B 点值 0.002.这就是说,在 A 点发生地震,应力降 $\Delta(\overline{p}-\overline{\tau}_0)=0.95$,而断层错距 $\Delta\zeta=\zeta_B-\zeta_A=3.12$,释放能量对应于图中阴影线的面积,它的数值可按负指数模型类似的方法计算出来,$\Delta\overline{U}=-0.55$.断层启动时位移 $\overline{a}_0=3.30$,而发生突跳时远场位移 $\overline{a}^*=\overline{a}_A=\overline{a}_B=3.45$.至此,位移变化都在小变形范围内.

通过上述简单的地震模型可以看到,刚度比 β 是一个重要参数,仅当 $\beta<1$ 时才会发生地震,并且地震不发生在峰值应力下,而是发生在其后的位移转向点处.这表明地震属于位移形式的极值点失稳,并伴有应力突跳(应力降).

4. 地震的突变模型

为更深刻的讨论**地震不稳定性**,曾将上述的非线性力学模型用**突变理论**表述(殷有泉,郑顾团,1988).断层围岩系统的总势能在 $a\geqslant a_0$ 时,可表示为

$$\Pi(u)=\int_0^u g(u)\mathrm{d}u+\frac{G}{2B}(a-u)^2+\tau_c a. \tag{2-4-34}$$

式中 $g(u)$为由式(2-4-2)给出的非线性函数,可采用负指数形式,也可采用 Gauss 形式.

不难验证,$\mathrm{d}\Pi/\mathrm{d}u=0$ 等同于平衡方程

$$\Pi'=g(u)-\frac{G}{B}(a-u)=0. \tag{2-4-35}$$

将平衡方程相对于拐点处 u_1 展成幂级数,截取至三次项,并引用无量纲变量

$$x=\frac{u-u_1}{u_1},$$

得平衡曲面的尖拐突变模型的标准形式

$$\frac{\Pi'}{A_3} = x^3 + px + q = 0, \tag{2-4-36}$$

其中

$$\begin{aligned} p &= \frac{A_1}{A_3}, \quad q = \frac{A_0}{A_3}, \\ A_0 &= g(u_1) - \frac{G}{B}(a - u_1), \\ A_1 &= u_1 g'(u_1) + \frac{u_1 G}{B}, \\ A_3 &= \frac{1}{6} u_1^3 g'''(u_1). \end{aligned} \tag{2-4-37}$$

平衡曲面和控制变量平面如图 2-4-8 所示.

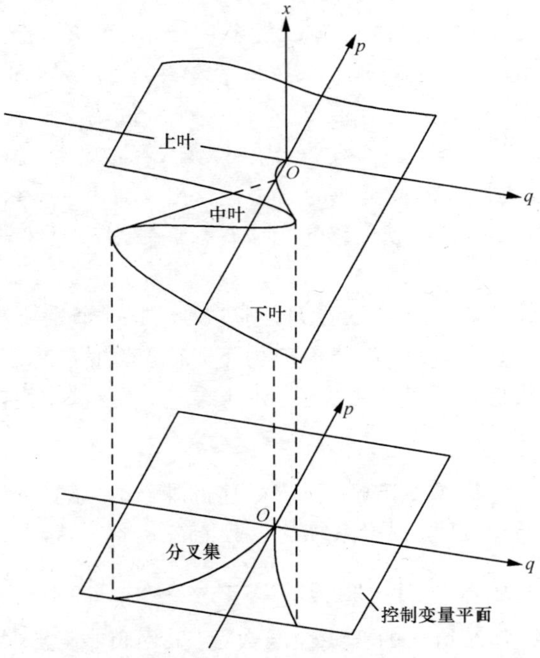

图 2-4-8　地震的尖拐突变模型

负指数模型和 Gauss 型模型的主要结果列于表 2-4-2 中(殷有泉,杜静,1994).

从表中可见,断层本构曲线的具体形式对系统的突变性质没有实质上的影响.由于仅在参数 $p<0$ 时才能跨越分叉集,这等价于刚度比 $\beta<1$,这是发生突变的充要条件.发生突变的"时间"(用远场位移 a^* 表示),断层弹性回跳的大小(用 Δx 表

示),以及突变时释放的能量都仅与刚度比有关.这表明系统的内在性质(材料性质和几何尺度)是发生地震的根本原因.外界的扰动仅是一个触发因素.

本节的地震不稳定模型尽管简单,但通过对它的讨论,可深化对断层地震的认识.

表 2-4-2 地震突变模型的主要结果

模 型	负指数模型	Gauss 型模型
状态变量 x	$\frac{u-u_1}{u_1}$	$\frac{u-u_1}{u_1}$
远场位移参数 ξ	$\frac{a-u_1}{u_1}$	$\frac{a-u_1}{u_1}$
刚度比 $\beta=K:k_f$	$\frac{G}{B}:k_0\mathrm{e}^{-2}$	$\frac{G}{B}:\frac{\tau_c}{u_1}\mathrm{e}^{-\frac{1}{2}}$
控制变量 p	$\frac{3}{2}(\beta-1)$	$3(\beta-1)$
控制变量 q	$\frac{3}{2}(1-\beta\xi)$	$3(1-\beta\xi)$
断层启动时远场位移 a_0	0	$\frac{u_1\mathrm{e}^{\frac{1}{2}}}{\beta}$
失稳突跳时远场位移 a^*	$\left[1+\frac{1}{\beta}\left(1+\frac{\sqrt{2}}{3}(1-\beta)^{3/2}\right)\right]u_1$	$\left[1+\frac{1}{\beta}\left(1+\frac{2}{3}(1-\beta)^{3/2}\right)\right]u_1$
状态变量突跳 Δx	$\frac{3\sqrt{2}}{2}(1-\beta)^{1/2}$	$3(1-\beta)^{1/2}$
无量纲能量突跳 $\Delta\overline{\Pi}$	$\frac{27}{4}(1-\beta)^2$	$27(1-\beta)^2$

5. 断层面本构曲线的一种三线性模型

通常岩石工程中材料的应力-应变全过程曲线是用标准试件在刚性试验机上做出的.为了使用方便,可将实验曲线简化为川本眺万的三线性形式.断层面的应力-错距的全过程曲线 $\tau=g(u)$ 则是由微观统计模型从理论上导出的,它是宏观变量的本构曲线.曲线含有三个宏观参数: k_0 是初始的切线刚度; u_0 是峰值应力对应的错距,称为峰值错距; m 是用来决定曲线形状的参数,称为形状参数.下面讨论断层面应力-错距全过程曲线的一种更简单的三线性模型.

由式(2-4-11)给出的理论公式为

$$\tau=g(u)=k_0u\mathrm{e}^{-(u/u_0)^m},$$

显然,上式在 $u=u_0$ 取极值,它就是峰值应力

$$\tau_c=k_0u_0\mathrm{e}^{-1}. \tag{2-4-38}$$

在峰值应力之前的曲线可用一条直线代替,也就是,假设峰值前的本构性质是线性

弹性的.这时从式(2-4-38)可看出,峰值前的等效刚度为

$$k_{\mathrm{e}} = k_0 \mathrm{e}^{-1}. \tag{2-4-39}$$

弹性阶段的本构方程为

$$\tau = k_{\mathrm{e}} u, \quad 0 \leqslant u \leqslant u_0. \tag{2-4-40}$$

不难看出,弹性阶段的等效刚度 k_{e} 就是理论曲线(2-4-11)在峰值前切线刚度的平均值:

$$k_{\mathrm{e}} = \frac{1}{u_0}\int_0^{u_0} \frac{\partial g(u)}{\partial u}\mathrm{d}u = \frac{1}{u_0} g(u)\bigg|_0^{u_0} = k_0 \mathrm{e}^{-1}. \tag{2-4-41}$$

对峰值应力后理论曲线(2-4-11)进行简化,稍微复杂一些,由于峰值后曲线的切线刚度平均值为零,需要采用两段直线简化理论曲线.这时可将曲线 $g(u)$ 拐点处的切线刚度定义为下降段(线性软化阶段)的等效刚度.如果将拐点的横坐标(错距)记为 u_1,由 $\partial^2 g(u)/\partial u^2 = 0$ 可导出

$$u_1 = 2^{1/m} u_0. \tag{2-4-42}$$

因而,软化阶段的等效刚度为

$$k_{\mathrm{f}} = \frac{\partial g(u)}{\partial u}\bigg|_{u=u_1} = -k_0 \mathrm{e}^{-2}. \tag{2-4-43}$$

这样定义的等效刚度 k_{f} 与形状参数 m 无关,也就是说,无论理论曲线的形状如何,下降段的等效刚度都是相同的.实际上,k_{f} 是理论曲线下降段各点(在数值上)最大斜率,在前面地震不稳定性问题中,曾将它定义为断层面的刚度.软化阶段直线方程的点斜式为

$$\tau - \tau_{\mathrm{c}} = k_{\mathrm{f}}(u - u_0),$$

在上式中,取 $\tau = 0$,可得直线与横轴交点的坐标为

$$u_2 = \frac{k_{\mathrm{f}} u_0 - \tau_{\mathrm{c}}}{k_{\mathrm{f}}} = (1 + \mathrm{e}) u_0. \tag{2-4-44}$$

软化阶段的本构方程为

$$\tau = \tau_{\mathrm{c}} - k_0 \mathrm{e}^{-2}(u - u_0), \quad u_0 < u \leqslant (1 + \mathrm{e}) u_0. \tag{2-4-45}$$

在残余阶段,断层强度为零,本构曲线与横轴重合,即

$$\tau = 0, \quad u \geqslant (1 + \mathrm{e}) u_0. \tag{2-4-46}$$

综合方程(2-4-40),(2-4-45)和(2-4-46),可得到断层面的一种三线性的全过程曲线为

$$\tau = \begin{cases} \dfrac{k_0}{\mathrm{e}} u, & u \leqslant u_0, \\[2ex] -\dfrac{k_0}{\mathrm{e}^2}(u - u_0) + \dfrac{k_0 u_0}{\mathrm{e}}, & u_0 < u \leqslant (1 + \mathrm{e}) u_0, \\[2ex] 0, & u > (1 + \mathrm{e}) u_0. \end{cases} \tag{2-4-47}$$

不同的 u_0 值对应不同的曲线,式(2-4-47)表示一族曲线,如图2-4-9所示.随着 u_0

增大，曲线向上移动. 形状参数 m 对曲线形状没有影响，仅改变了理论曲线拐点的位置. 拐点错距 $u_1 = 2^{1/m} u_0$，图中仅标出了 $m=1$ 情况的错距，$u_1 = 2u_0$.

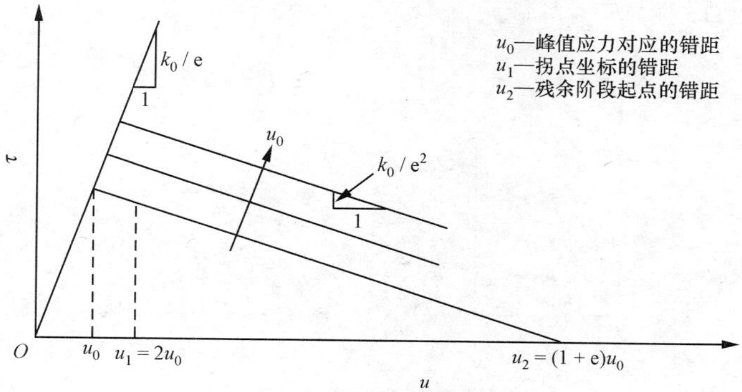

图 2-4-9　断层本构模型的线性化

采用无量纲表述，全过程曲线则更为简洁. 如果取 $\bar{\tau} = \tau/\tau_c$，$\bar{u} = u/u_0$，那么，弹性阶段等效刚度 $\bar{k}_e = 1$，软化阶段等效刚度 $\bar{k}_f = -e^{-1}$，残余阶段等效刚度 $\bar{k}_r = 0$. 这时，图 2-4-9 的一族曲线变为单一的曲线[图 2-4-10(a)]

$$\bar{\tau} = \begin{cases} \bar{u}, & \bar{u} \leqslant 1, \\ \bar{u} - \dfrac{1}{e}(\bar{u} - 1), & 1 < \bar{u} \leqslant 1 + e, \\ 0, & \bar{u} > 1 + e. \end{cases} \tag{2-4-48}$$

上述公式表示的断层曲线仍属于弹塑性模型. 如果从中扣除弹性变形，则可得到刚塑性模型如图 2-4-10(b)所示. 图中 $\bar{u}^p$ 是卸载后的残余错距(错距的塑性部分)，$\bar{u}^e$ 是卸载后消失的错距(错距的弹性部分).

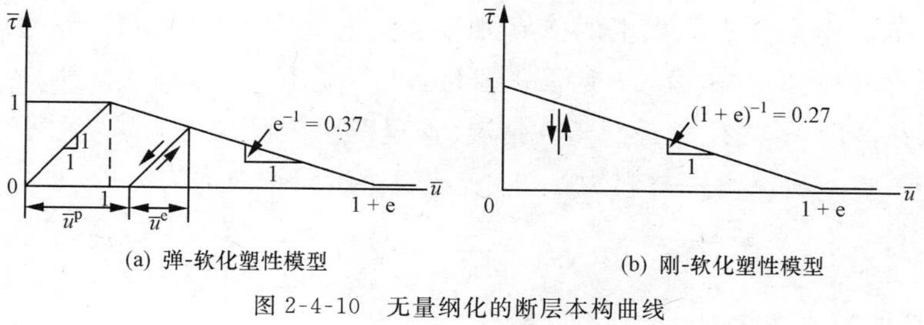

图 2-4-10　无量纲化的断层本构曲线

§ 2-5　受压岩石试件的剪破坏

在**单轴压缩下岩石试件**的剪破坏是岩石破坏失稳的一个简单例子. 图 2-5-1(a) 和(b)分别给出试件破坏前后的几何形态. 设在试件顶面上作用有均匀分布的压应力

σ,实际上,它是试件的载荷.试件底面固定不动,也就是取参考系的原点在底面上.试件顶面的轴向位移用 u 表示,破裂面倾角记为 α,破裂面上下盘的切向相对位移(切向位移间断值)记为 v.试件高为 L,截面面积为 A.

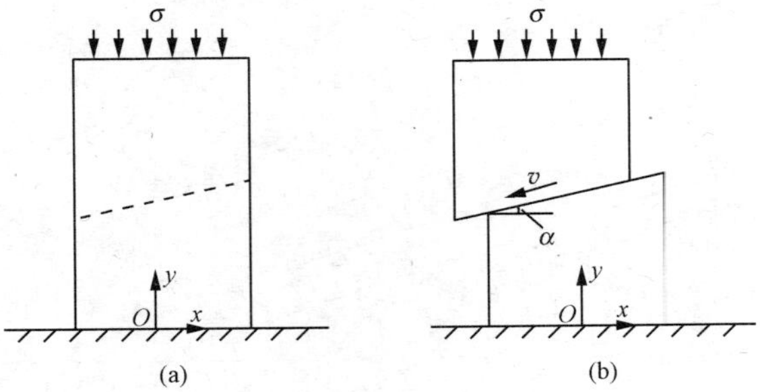

图 2-5-1　单轴压缩下岩石试件

试件和载荷构成一个力学系统,这个系统的外力势能为

$$W = -u\sigma A. \tag{2-5-1}$$

试件受压缩的应变能为

$$U_c = \frac{1}{2}\frac{EA}{L}(u - v\sin\alpha)^2, \tag{2-5-2}$$

其中:为弹性模量,EA/L 为试件的刚度.破裂面(间断面)的剪切耗散能为

$$U_s = \frac{\tau_n vA}{\cos\alpha}. \tag{2-5-3}$$

采用如下形式的 Coulomb 破裂准则

$$\begin{aligned} \tau_n &= \mu\sigma_n + c, \\ c &= c_0 + H'v, \end{aligned} \tag{2-5-4}$$

其中:τ_n 和 σ_n 分别是破裂面上的剪应力和法向正应力,μ 是内摩擦系数,c 是黏聚力,c_0 是初始($v=0$)黏聚力,H' 是强化模量,$H'>0$ 和 $H'<0$ 分别对应于变形强化和变形软化,$H'=0$ 对应于理想塑性情况.这里对破裂面采用的是线性强化的刚塑性模型,即 $H'=\partial c/\partial v$.由材料力学可知,破裂面法向正应力为

$$\sigma_n = \frac{1}{2}\cos 2\alpha. \tag{2-5-5}$$

因此,破裂面的耗散能为

$$U_s = \left(\frac{1}{2}\mu v\sigma\cos 2\alpha + c_0 v + H'v^2\right)\frac{A}{\cos\alpha}. \tag{2-5-6}$$

系统的总势能为

$$\Pi = W + U_c + U_s. \tag{2-5-7}$$

根据系统总势能极值原理,系统处于平衡状态时总势能取极值,即有

$$\frac{\partial \Pi}{\partial u} = 0, \quad \frac{\partial \Pi}{\partial v} = 0. \tag{2-5-8}$$

于是有

$$\frac{\partial \Pi}{\partial u} = -A\sigma + \frac{AE}{L}(u - v\sin\alpha) = 0, \tag{2-5-9}$$

$$\frac{\partial \Pi}{\partial v} = -\frac{AE}{L}(u - v\sin\alpha) + \left(\frac{1}{2}\mu\sigma\cos 2\alpha + c_0 + 2H'v\right)\frac{A}{\cos\alpha} = 0. \tag{2-5-10}$$

从式(2-5-9)可解出

$$\frac{AE}{L}(u - v\sin\alpha) = A\sigma,$$

并代入式(2-5-10)，可得

$$\sigma = \frac{2c_0 + 4H'v}{(1 - \mu\cot 2\alpha)\sin 2\alpha}. \tag{2-5-11}$$

为确定破裂面角度 α，在上式中令 $v=0$，求 σ 的最小值对应的 α 角，也即求分母

$$(1 - \mu\cot 2\alpha)\sin 2\alpha$$

为最大时的 α 角，不难得到

$$\cot 2\alpha = -\mu, \tag{2-5-12}$$

由上式计算出 $\sin 2\alpha = \frac{1}{(1+\mu^2)^{1/2}}$，将它代入式(2-5-11)并利用式(2-5-12)，得破裂时的临界压力值

$$\sigma_{cr} = \frac{2c_0}{(1+\mu^2)^{1/2}}. \tag{2-5-13}$$

如果引入内摩擦角 φ(它的定义为 $\tan\varphi = \mu$)，那么由式(2-5-12)，破裂面角的公式为

$$\alpha = \frac{\pi}{4} + \frac{\varphi}{2}, \tag{2-5-14}$$

将上式代入式(2-5-11)，得平衡路径曲线

$$\sigma = \frac{2c_0 + 4H'v}{(1+\mu^2)^{1/2}} = \sigma_{cr} + \frac{4H'}{(1+\mu^2)^{1/2}}v. \tag{2-5-15}$$

如果破裂准则采用 Tresca 准则(最大剪应力准则)，只要在式(2-5-4)中令 $\mu=0$ 即可. 这时的破裂角和临界压力分别为

$$\alpha = \frac{\pi}{4}, \tag{2-5-16}$$

$$\sigma_{cr} = 2c_0. \tag{2-5-17}$$

平衡路径曲线为

$$\sigma = \sigma_{cr} + 4H'v. \tag{2-5-18}$$

由于试件的几何形状和载荷的对称性质，简单压缩状态，即

$$v = 0, \quad 0 \leqslant \sigma \leqslant \infty, \tag{2-5-19}$$

也是一个平衡路径. 实际上，将总势能 Π[见式(2-5-7)]对 α 求导，并令其等于零，

可推得 $v=0$，即(2-5-19)式代表一种可能的平衡路径.这种平衡路径曲线就是坐标系的纵轴(见图 2-5-2).

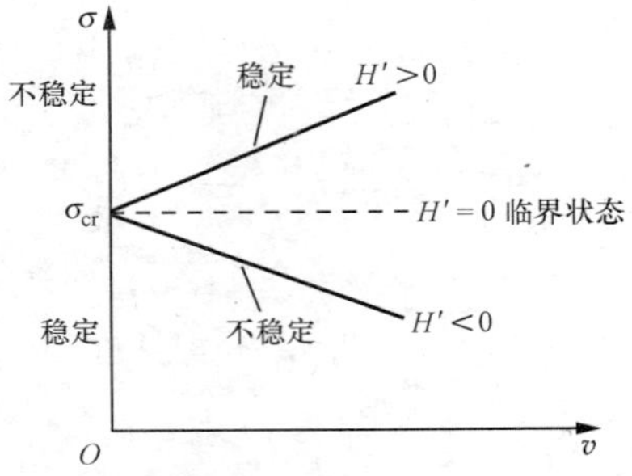

图 2-5-2 单轴压缩岩石试件的分岔点型失稳

在施加端部载荷的初期($\sigma<\sigma_{cr}$)，这种简单压缩平衡状态是稳定的平衡状态，而剪切破坏分支(2-5-15)或(2-5-18)则处于不稳定状态($H'<0$，软化情况).在端部压力 σ 达到 σ_{cr} 时，是一个临界状态，此时，平衡路径有两支，一支是简单压缩分支

$$v=0,\quad \sigma_{cr}<\sigma<\infty, \tag{2-5-20}$$

另一支是剪切破坏分支.在图 2-5-2 中坐标为$(0,\sigma_{cr})$的点 A，称为临界点或分岔点.在分岔点之后，简单压缩分支上的点对应于不稳定平衡状态，而剪切破坏分支($H'>0$，强化情况)上的点对应于稳定的平衡状态.

这样，受轴向压缩的岩石试件的破裂可以看做是一种分岔点型的稳定性问题，试件发生剪破裂的载荷为破裂失稳的临界载荷 σ_{cr}.不难看出，$H'>0$ 时，为正分岔.临界点是稳定的；$H'<0$ 时，为倒分岔，临界点是不稳定的.

构造地质学中的**剪切带**也是地层失稳破坏的一个例子.如图 2-5-3 所示，在轴

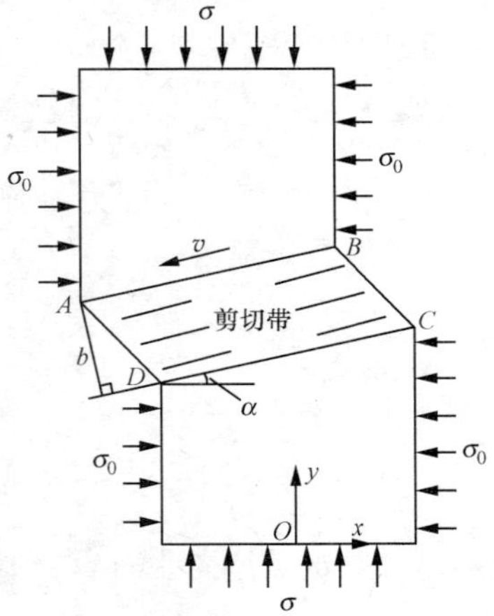

图 2-5-3 构造地质学中的剪切带

向驱动应力 σ 作用下，初始平直的纤维变形为斜坡形状，变形主要发生在平行四边形 $ABCD$ 之中，它通常称之为剪切带. 剪切带的几何性质可用上下盘错距 v，角度 α 和带宽 b 等三个参数描述.

轴向驱动应力 σ 是系统的轴向分布载荷，此外在模型的侧边还作用横向应力 σ_0，在变形过程中 σ_0 保持不变. 实际上，驱动应力 σ 是地应力中最大主压应力，σ_0 是最小主压应力，中间主压应力垂直于纸面.

剪切带问题可以用前面单向压缩试件的方法处理，不难得到相应的破裂角 α 和临界载荷 σ_{cr} 的公式. 显然，剪切带的产生也是一个分岔点失稳的问题.

连拱坝支墩的破坏，煤矿采场预留煤柱的破坏，可能都是分岔点型的失稳破坏.

§2-6 讨论和小结

岩石力学问题的理论分析是对岩石变形、强度、应力、本构关系及其在工程和地学问题方面的应用进行探讨，通常采用连续介质力学的方法，假设整个物体的体积被组成这个物体的物质微元连续分布占据. 在此前提下，物体变形的一些力学量，如位移、应力等，才可能是连续变化的，可用位置坐标的连续函数表示它们的变化规律，以及使用数学分析方法研究这些规律.

然而岩石在细观的晶粒尺寸范围，会出现不连续性，连续介质假设的适用性需要进一步认识. 这需要讨论组成物体的物质微元的尺度. 确定连续体的物质微元尺度应考虑以下两个条件：

(1) 微元尺度与物体(岩石工程或地壳)相比要足够小，使之在数学处理时可以近似作为数学点看待，以保证各力学量从一点到另一点的连续变化.

(2) 微元尺度与其所含的空隙、颗粒尺寸相比是足够大，以致微元能包含有足够数量的空隙和颗粒，从而保证各力学量有稳定的统计平均值可作为单个微元的力学量.

上述二个条件用数学语言来说，就是微元尺度相对物体尺度为无限小，相对于细观的空隙和颗粒尺度则为无限大. 满足条件(1)和(2)微元的尺度记为 δ_c，具有这种尺度的微元也称为代表体元或典型体元(representative element volume，简记为REV). 在本书后文将这种物质微元直接了当地称为**物质点**. 显然，研究的工程不同，其相应的 REV 的尺度也不同. 金属和合金材料 $\delta_c=0.5$ mm，木材 $\delta_c=10$ mm，混凝土 $\delta_c=100$ mm. 在边坡、洞室、地基等岩体工程和地壳中，物体规模巨大，要研究如此大范围的应力场变化，其 REV 的尺度可以在 10 mm～100 m 的范围内取值.

本章所研究的混凝土梁、厚壁筒、竖井开挖和地震等不稳定性问题，都是采用连续介质力学方法.使用的三线性全应力-应变曲线和负指数全应力-断层错距曲线都是针对物质点或 REV 建立的本构曲线.在大多数情况,它们是由材料试件的试验资料拟合而成的.即使从 Weibull 分布出发建立的断层本构曲线,它的某些参数(m, k_o, σ_c)也要用反分析方法,从现场数据得到.这些本构曲线在宏观的连续介质力学中是物质点(REV)的材料曲线.在国外,关于全应力-应变曲线下降段即软化性质属于材料性质还是结构性质有过争议.我们认为软化性质应是材料性质,主要依据是任何物质点(REV)在细观上都是有结构的,使用连续介质模型,已将 REV 细观结构的力学属性加以均一化而成为物质点的性质.但应指出,通过连续介质力学方法得到的本章各问题平衡路径曲线是宏观的结构特性,它的每一个点代表宏观结构的一个平衡状态.

本章介绍了混凝土梁、厚壁筒、竖井开挖和地震等各种不稳定性问题,它们都属于极值点型失稳.看来,在岩石力学与岩石工程中多数是属于极值点型失稳.至于分岔点型失稳,我们仅举了一个受压岩石试件和地质学中的剪切带问题.

岩石力学的平衡稳定性问题,特别是极值点型稳定性问题,不稳定平衡和失稳的主要原因是材料本构曲线具有峰值和下降段.这种下降段称为材料的不稳定阶段.如果将材料看做弹塑性材料,那么也称为这种材料是塑性软化的.材料不稳定性和材料塑性软化特性在一维应力情况下是一致的,因而本章没有将它们给与区别.但在三向应力下,不稳定和软化是完全不同的两件事,我们将在第三章予以说明.本章列举的例子,都是材料软化(或不稳定)引起的结构失稳,因而岩石力学不稳定性问题实质上是一种材料非线性问题.如果将弹塑性结构的应力分析看作一般的材料非线性问题,那么稳定性分析则是一种更强的材料非线性问题.

在我们列出的几个例子中还有一个共同的特点,就是引进一个内变量参数 ζ.ζ 可能是塑性区的尺度,也可能是断层的错距,它的一个重要特征是表征结构塑性破坏的程度.塑性破坏是不可恢复的,因而参数 ζ 是一个单调增加的量.而且,我们建立的平衡路径和表达式都是广义力和广义位移以 ζ 为参变量的参数方程.这就启发我们,在今后一般岩石工程的不稳定性分析中,使用延拓算法时可用结构内变量增量来取代伪弧长增量.这就是说,本章的简单问题的分析会对今后更一般的问题分析提供某些重要的信息和提示.

本章列举的问题虽然简单,但它们有一定的理论价值和实用价值.软化材料厚壁筒的承载能力(极限载荷)是第一次被求得的,并且与理想塑性厚壁筒承载能力相比,在理论和概念上有所提升,从传统的强度分析提升到稳定性分析.在竖井开挖和油气田钻井井壁稳定性的例子中,使用了在力学意义上的稳定性理论和方法去分析这些问题,克服了原有的单纯的强度分析的局限性,为气体钻井技术提供了理论依据.上面的几个有工程背景的例子都是以广义力作控制变量的(施加载荷),

在临界点处广义力转向而发生失稳. 该点的载荷为临界载荷 p_{cr}.

在地震不稳定模型中,在远场施加位移. 这就是说,问题是以广义位移作控制变量,其临界点是广义位移转向点,在该点广义位移取极值,得到的是临界位移 u_{cr},失稳时发生广义力突跳(地震应力降). 研究地震时应力降,断层错距的突然增长和围岩弹性能的释放等通常称为地震弹性回跳问题,这涉及后临界问题的研究,也即不稳定性问题的研究. 与工程问题仅关心临界载荷(称为稳定性问题)相比,不稳定性或后临界问题更为复杂.

第三章　工程材料的本构矩阵及其正定性

工程材料有两大类,一类是**金属材料**,如结构钢和低合金钢,重力坝中的配筋,岩石工程中的锚杆和锚索都属于这类金属材料.另一类是**岩石类材料**,它们是指岩石、土等地质材料以及混凝土一类的工程材料.

金属类工程材料的本构性质在通常的材料力学和塑性力学教科书中都有详尽的介绍.在本构关系的研究中,许多概念的形成就是根据简单拉伸实验所观察到的现象再进一步推广到一般应力状态的.图 3-0-1 给出了金属材料两种可能的全应力-应变曲线形式(含屈服平台型和连续切线模量型).

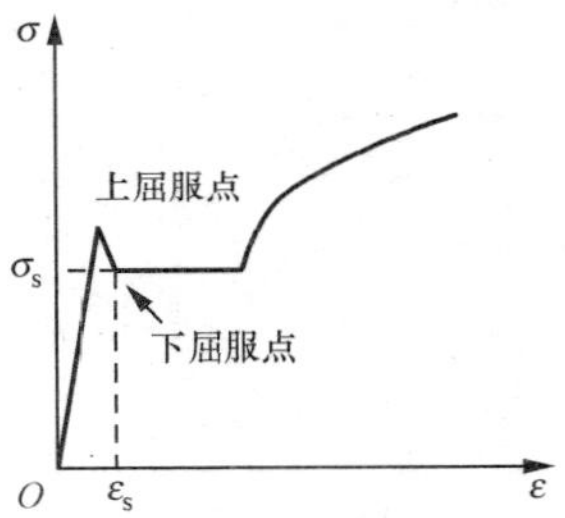

(a) 含屈服平台型

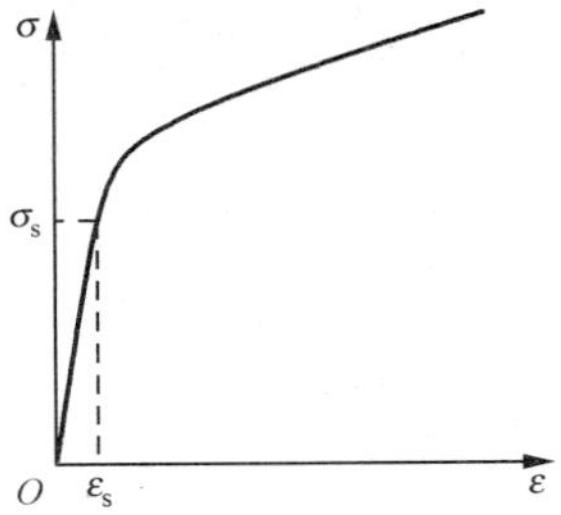

(b) 连续切线模量型

图 3-0-1　金属材料的全应力-应变曲线

岩石和混凝土材料,长期以来被看做是脆性材料.这是因为在控制载荷的试验机上,在工程条件(常温,中低围压)下,它们经受很小的应变就发生破坏.后来人们研究表明,这种在小应变下的突然破坏是试验机的刚度不够所致.岩石混凝土材料在刚性试验机或**伺服试验机**上做实验,却表现出完全不同的性质.在峰值应力之后,材料并不突然发生破坏,而可经受较大的变形.

Bieniawski 对砂岩和苏长岩在刚性试验机上进行三轴实验,得到了全应力-应变曲线,如图 3-0-2(a)和(b)所示(Goodman RE, 1989).在这些试验中可以发现,在应力达到一定的数值之后,卸除载荷后试件的变形仅是部分地消失,还有一部分变形被保留了下来,前者是弹性变形,后者是卸除载荷后的残余变形.虽然岩石材料的残余变形与金属的残余变形在微观或细观机制上有根本区别,但它们在宏观上表现的不可逆特征却是相同的.在宏观的唯象学理论中,可以不管微观机制,将“塑性”与“不可逆性”两者等同起来,从而将岩石中的残余变形直接称为塑性变形,而建立**岩石塑性力学**理论.当然,岩石和金属的塑性变形在微观机制上的差异应该在宏观性质上有所体现.因此,在岩石塑性理论中要考虑屈服对静水压力的敏感性,要反映剪涨和**扩容**,要考虑**应变软化**,要考虑塑性损伤相耦合等等.

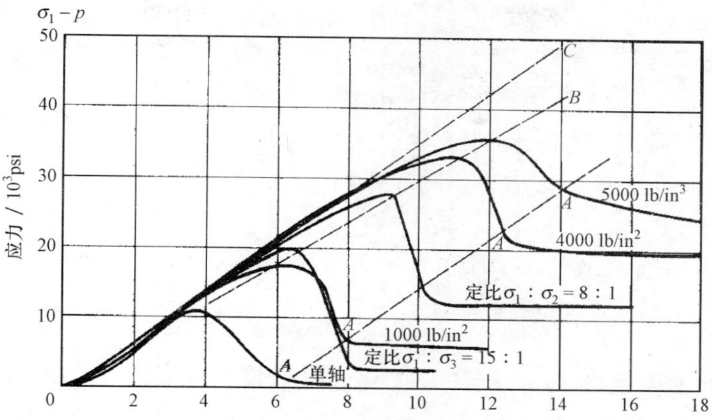

(a) 砂岩

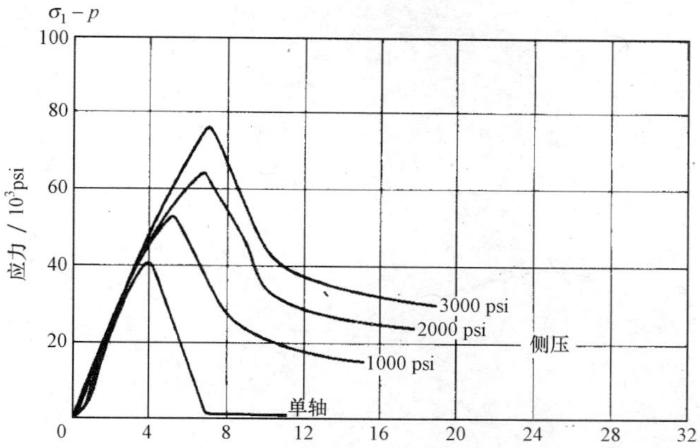

(b) 苏长岩

图 3-0-2　岩石类材料的全应力-应变曲线

（1 psi＝1 lb/in^2＝6.89476 kPa）

本章将介绍工程材料弹塑性**本构矩阵**及其稳定性或**正定性**问题.这里的稳定性是指在宏观唯象学意义下的，被 Martin JB(1975)称为第一公设的稳定性概念，而不是研究细观和微观机制的所谓材料稳定性问题.根据 Martin 的提法，应力的单调变化导致应变的符号相同的单调变化，换言之，在应力单调变化的过程中，以应力和应变为坐标的点画出一条正斜率的曲线，这时称材料是稳定的，这时要求

$$d\sigma d\varepsilon \geqslant 0,$$

其中大于号表示为严格稳定；否则，材料是不稳定的.

从图 3-0-1 和图 3-0-2 所示的材料全应力-应变曲线来看：结构钢材料仅在

由上屈服点下落到下屈服点过程，材料不稳定；而岩石材料在峰值之后，材料是不稳定的，即

$$d\sigma d\varepsilon < 0.$$

在一维应力状态下，应力-应变曲线的**切线模量** E_T 的正负决定了材料的稳定性. 通常假设应变增量可分解为弹性部分和塑性部分之和

$$d\varepsilon = d\varepsilon^e + d\varepsilon^p,$$

上式两端同除以应力增量 $d\sigma$，则得

$$\frac{1}{E_T} = \frac{1}{E} + \frac{1}{E_p}.$$

其中：E 为**弹性模量**（Young 模量），E_p 为**塑性模量**（σ-ε^p 曲线的斜率）. 如图 3-0-3 所示，在塑性力学中将 $E_p>0$，$E_p=0$ 和 $E_p<0$ 分别称为应变强化，理想塑性和应变软化. 而 $E_T\geqslant 0$ 和 $E_T<0$ 分别称为稳定和不稳定. 由于

$$E_T = \frac{EE_p}{E+E_p}, \quad E_p = \frac{EE_T}{E-E_T},$$

同时理论上要求 $E+E_p>0$，$E-E_T>0$ 即软化不可过甚，因而 E_T 和 E_p 的符号是一致的. 因而在单轴应力下，材料的应变软化和材料不稳定是一致的.

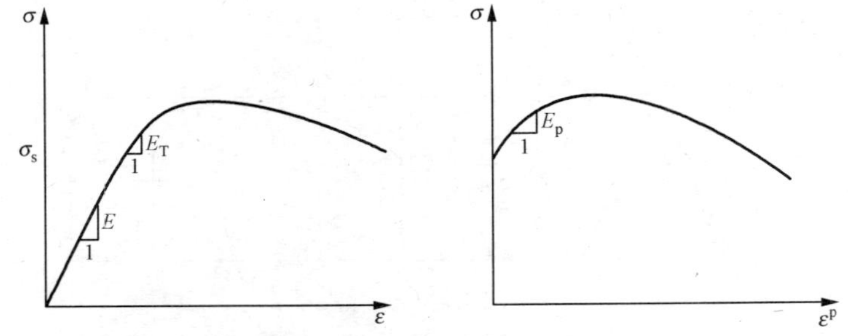

(a) σ-ε 曲线　　(b) σ-ε^p 曲线

图 3-0-3　σ-ε 曲线和 σ-ε^p 曲线

然而在一般应力状态下，应力和应变增量是六维矢量，稳定性涉及材料的本构矩阵，稳定性与应变强化或软化的关系要复杂得多（例如，对非关联塑性材料，低应变强化情况也可能是不稳定的），本章后面将讨论这些问题.

§3-1　弹性阶段本构矩阵的正定性

从本章开始采用矢量和矩阵的表述方法，这些量均采用黑体字符.

1. 材料稳定性和不稳定性的定义

在一般的应力状态和应变状态有

$$
\begin{aligned}
\mathrm{d}\boldsymbol{\sigma} &= [\mathrm{d}\sigma_x \quad \mathrm{d}\sigma_y \quad \mathrm{d}\sigma_z \quad \mathrm{d}\tau_{yz} \quad \mathrm{d}\tau_{zx} \quad \mathrm{d}\tau_{xy}]^{\mathrm{T}}, \\
\mathrm{d}\boldsymbol{\varepsilon} &= [\mathrm{d}\varepsilon_x \quad \mathrm{d}\varepsilon_y \quad \mathrm{d}\varepsilon_z \quad \mathrm{d}\gamma_{yz} \quad \mathrm{d}\gamma_{zx} \quad \mathrm{d}\gamma_{xy}]^{\mathrm{T}}.
\end{aligned} \tag{3-1-1}
$$

材料稳定性的定义是，对任何非零的应变矢量 $\delta\boldsymbol{\varepsilon}$，都有

$$\delta\boldsymbol{\sigma}^{\mathrm{T}}\delta\boldsymbol{\varepsilon} \geqslant 0, \tag{3-1-2}$$

则材料是稳定的(大于号对应于严格稳定)，考虑到本构关系 $\mathrm{d}\boldsymbol{\sigma}=\boldsymbol{D}\mathrm{d}\boldsymbol{\varepsilon}$，上式可改写为

$$\delta\boldsymbol{\varepsilon}^{\mathrm{T}}\boldsymbol{D}\delta\boldsymbol{\varepsilon} \geqslant 0. \tag{3-1-3}$$

式中：$\boldsymbol{D}$ 为材料本构矩阵. 这样，材料稳定性的定义可叙述为：对任何非零应变矢量 $\delta\boldsymbol{\varepsilon}$，二次型 $\delta\boldsymbol{\varepsilon}^{\mathrm{T}}\boldsymbol{D}\delta\boldsymbol{\varepsilon}$ 为正，材料是稳定的. 因此，材料的稳定性等价于 $\boldsymbol{D}$ 的正定性. 不稳定性是稳定性的逆命题，它的定义是，至少存在一个非零的应变增量 $\delta\boldsymbol{\varepsilon}$，使

$$\delta\boldsymbol{\varepsilon}^{\mathrm{T}}\boldsymbol{D}\delta\boldsymbol{\varepsilon} < 0, \tag{3-1-4}$$

则材料是不稳定的. **材料不稳定**等价于 $\boldsymbol{D}$ 不正定. 因此，材料稳定性的讨论等价于 $\boldsymbol{D}$ 的正定性的讨论，以后我们常用本构矩阵正定性的说法，有时也使用材料稳定性说法，但在使用后面说法时切记要避免与结构稳定性概念相混淆.

2. 弹性本构矩阵的正定性

如果考虑材料处于弹性阶段(应力状态点处于屈服面内部)，或者处于塑性阶段(应力状态点在屈服面上)且卸载或中性变载，则有本构方程为

$$\mathrm{d}\boldsymbol{\sigma} = \boldsymbol{D}\mathrm{d}\boldsymbol{\varepsilon}. \tag{3-1-5}$$

这时材料响应是纯弹性的，其本构矩阵 $\boldsymbol{D}$ 就是**弹性矩阵** $\boldsymbol{D}_{\mathrm{e}}$. 对于各向同性的弹性材料，本构矩阵仅含两个独立的材料常数，用弹性**体积模量** K 和**切变模量** G 表示的弹性矩阵为

$$
\boldsymbol{D}_{\mathrm{e}} = \begin{bmatrix}
K+\frac{4}{3}G & K-\frac{2}{3}G & K-\frac{2}{3}G & 0 & 0 & 0 \\
 & K+\frac{4}{3}G & K-\frac{2}{3}G & 0 & 0 & 0 \\
 & & K+\frac{4}{3}G & 0 & 0 & 0 \\
 & \text{对称} & & G & 0 & 0 \\
 & & & & G & 0 \\
 & & & & & G
\end{bmatrix}, \tag{3-1-6}
$$

其中体积模量，切变模量与 Young 模量 E，Poisson 比 ν 的关系是

$$K = \frac{E}{3(1-2\nu)} > 0, \quad G = \frac{E}{2(1+\nu)} > 0.$$

金属材料的 E 和 ν 是由金属试件简单拉伸试验测得的，如表 3-1-1 所示. 岩石类材料的 E 和 ν 是由单轴压缩试验测得的. 某些岩石和混凝土的 E 和 ν 列于表 3-1-2 之中.

表 3-1-1　金属材料的 E 和 ν

材料类别	$E/(10^5\ \mathrm{MPa})$	ν
结构钢	1.90～2.10	0.27～0.31
低合金钢(16Mn)	1.90～2.10	0.27～0.31
铝合金(LY_{12})	0.70～0.79	0.33

表 3-1-2　岩石类材料的 E 和 ν

类　别	$E/(10^5\ \mathrm{MPa})$	ν
Berea 砂岩	0.19	0.38
Navajo 砂岩	0.39	0.46
Tensleep 砂岩	0.19	0.11
Hackensack 泥砂岩	0.26	0.22
Solenhofen 灰岩	0.64	0.29
Bedford 灰岩	0.28	0.29
Tavernalle 灰岩	0.55	0.30
Oneota 白云岩	0.44	0.34
Lockport 白云岩	0.51	0.34
Flaming Gorge 页岩	0.06	0.25
Micaceous 页岩	0.11	0.29
Dworshak 坝片麻岩	0.54	0.34
石英云母片岩(片理)	0.21	0.31
Baraboo 石英岩	0.88	0.11
Taconic 大理岩	0.48	0.40
Cherokee 大理岩	0.56	0.25
Nevada 实验场花岗岩	0.74	0.22
Pikes 峰花冈岩	0.71	0.18
Palisades 辉绿岩	0.82	0.28
Nevada 实验场玄武岩	0.35	0.32
John Day 玄武岩	0.79	0.29
Nevada 实验场凝灰岩	0.36	0.29
混凝土	0.18～0.30(压)	0.1～0.2

注:岩石材料数据取自 Goodman(1989).

由矩阵代数可知,一个实对称矩阵 $\boldsymbol{A}$ 的特征值问题可表示为

$$\boldsymbol{A}\boldsymbol{r} = \mu\boldsymbol{r}, \tag{3-1-7}$$

满足上式的 μ 和 $\boldsymbol{r}$ 分别称为矩阵 $\boldsymbol{A}$ 的**特征值**和**特征矢量**. 式(3-1-7)有非零特征矢量的充要条件是

$$\det(\boldsymbol{A} - \mu\boldsymbol{I}) = 0, \tag{3-1-8}$$

其中: det 表示矩阵的行列式,$\boldsymbol{I}$ 是单位矩阵. 式(3-1-8)为矩阵 $\boldsymbol{A}$ 的特征方程. 可以证明,对一个 6×6 的实对称矩阵 $\boldsymbol{A}$ 有 6 个实特征值和相应的 6 个特征矢量: μ_i, $\boldsymbol{r}_i$($i=1,\cdots,6$),并且特征矢量彼此正交,即

$$
\boldsymbol{r}_i^{\mathrm{T}}\boldsymbol{r}_j=\begin{cases}0, & i\neq j,\\ \|\boldsymbol{r}_i\|^2>0, & i=j.\end{cases}\tag{3-1-9}
$$

由于正交性，从式(3-1-9)和(3-1-7)还可导出对矩阵 $\boldsymbol{A}$ 的广义正交性

$$
\boldsymbol{r}_i^{\mathrm{T}}\boldsymbol{A}\boldsymbol{r}_j=\begin{cases}0, & i\neq j,\\ \mu_i\|\boldsymbol{r}_i\|^2>0, & i=j.\end{cases}\tag{3-1-10}
$$

对任何一个六维非零矢量 $\delta\boldsymbol{\varepsilon}$，总可以写成特征矢量 $\boldsymbol{r}_i$ 的线性组合

$$
\delta\boldsymbol{\varepsilon}=\sum_{i=1}^{6}a_i\boldsymbol{r}_i,
$$

矩阵 $\boldsymbol{A}$ 的二次型为

$$
\delta\boldsymbol{\varepsilon}^{\mathrm{T}}\boldsymbol{A}\delta\boldsymbol{\varepsilon}=\Big(\sum_{i=1}^{6}a_i\boldsymbol{r}_i^{\mathrm{T}}\Big)\boldsymbol{A}\Big(\sum_{i=1}^{6}a_i\boldsymbol{r}_i\Big)=\sum_{i=1}^{6}\mu_i a_i^2\|\boldsymbol{r}_i\|^2.\tag{3-1-11}
$$

上式的第二个等号是利用了式(3-1-10)．从式(3-1-11)可看出，如果矩阵 $\boldsymbol{A}$ 的 6 个特征值全部为正，那么二次型恒为正，换言之，矩阵 $\boldsymbol{A}$ 是正定的．

对弹性矩阵 $\boldsymbol{D}_{\mathrm{e}}$[见式(3-1-6)]而言，其特征方程为

$$
\begin{aligned}
&\det(\boldsymbol{D}_{\mathrm{e}}-\mu\boldsymbol{I})\\
&=\det\begin{bmatrix}
K+\frac{4}{3}G-\mu & K-\frac{2}{3}G & K-\frac{2}{3}G & 0 & 0 & 0\\
 & K+\frac{4}{3}G-\mu & K-\frac{2}{3}G & 0 & 0 & 0\\
 & & K+\frac{4}{3}G-\mu & 0 & 0 & 0\\
 & \text{对称} & & G-\mu & 0 & 0\\
 & & & & G-\mu & 0\\
 & & & & & G-\mu
\end{bmatrix}\\
&=(3K-\mu)(2G-\mu)^2(G-\mu)^3=0.
\end{aligned}
$$

因而其特征值为

$$
\mu_1=3K,\quad \mu_2=\mu_3=2G,\quad \mu_4=\mu_5=\mu_6=G,
$$

其中：K 和 G 分别是材料的体积模量和切变模量，均为正值，因而矩阵 $\boldsymbol{D}_{\mathrm{e}}$ 的 6 个特征值均为正．这就证明了弹性矩阵 $\boldsymbol{D}_{\mathrm{e}}$ 是正定的．

对于**横观同性**材料，取 z 轴垂直于层面，如图 3-1-1 所示，E_1 和 ν_1 分别是层面(xOy)内的 Young 模型和 Poisson 比，在层面内变形是各向同性的，层面内切变模量 G_1 与 E_1，ν_1 之间不是独立的，有

$$
G_1=\frac{E_1}{2(1+\nu_1)}.\tag{3-1-12}
$$

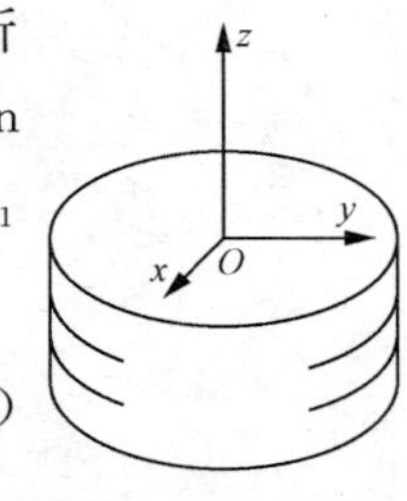

图 3-1-1　横观同性材料

而 E_2，ν_2 和 G_2 是与层面垂直方向(z)有关的量．弹性本构关

系可用柔度矩阵 $\boldsymbol{C}_e$ 表示为

$$d\boldsymbol{\varepsilon} = \boldsymbol{C}_e d\boldsymbol{\sigma}, \tag{3-1-13}$$

$$\boldsymbol{C}_e = \begin{bmatrix} \frac{1}{E_1} & \frac{-\nu_1}{E_1} & \frac{-\nu_2}{E_2} & 0 & 0 & 0 \\ \frac{-\nu_1}{E_1} & \frac{1}{E_1} & \frac{-\nu_2}{E_2} & 0 & 0 & 0 \\ \frac{-\nu_2}{E_2} & \frac{-\nu_2}{E_2} & \frac{1}{E_1} & 0 & 0 & 0 \\ 0 & 0 & 0 & G_2 & 0 & 0 \\ 0 & 0 & 0 & 0 & G_2 & 0 \\ 0 & 0 & 0 & 0 & 0 & G_1 \end{bmatrix}. \tag{3-1-14}$$

通过柔度矩阵 $\boldsymbol{C}_e$ 的元素可以直观地看出材料常数 $E_1, E_2, \nu_1, \nu_2, G_1, G_2$ 的力学含义. 对矩阵 $\boldsymbol{C}_e$ 求逆,可以得到横观同性材料的弹性矩阵 $\boldsymbol{D}_e$. 引用无量纲参数

$$n = \frac{E_1}{E_2}, \quad m = \frac{G_1}{G_2}, \tag{3-1-15}$$

弹性矩阵 $\boldsymbol{D}_e$ 为

$$\boldsymbol{D}_e = \frac{E_2}{(1+\nu_1)(1-\nu_1-2n\nu_2^2)} \cdot \begin{bmatrix} d_{11} & d_{11}-2d_{55} & d_{13} & 0 & 0 & 0 \\ d_{11}-2d_{55} & d_{11} & d_{13} & 0 & 0 & 0 \\ d_{13} & d_{13} & d_{22} & 0 & 0 & 0 \\ 0 & 0 & 0 & d_{44} & 0 & 0 \\ 0 & 0 & 0 & 0 & d_{44} & 0 \\ 0 & 0 & 0 & 0 & 0 & d_{55} \end{bmatrix}. \tag{3-1-16}$$

上式中

$$\begin{aligned} d_{11} &= n(1-n\nu_2^2), \\ d_{13} &= n\nu_2(1+\nu_1), \\ d_{22} &= 1-\nu_1^2, \\ d_{44} &= m(1+\nu_1)(1-\nu_1-2n\nu_2^2), \\ d_{55} &= n(1-\nu_1-2n\nu_2^2)/2. \end{aligned} \tag{3-1-17}$$

由于上述矩阵 $\boldsymbol{D}_e$ 的特征值与矩阵

$$\frac{(1+\nu_1)(1-\nu_1-2n\nu_2)}{E_2}\boldsymbol{D}_e$$

的特征值在正负号上是一致的,两组特征值仅相差同一倍数,后者的特征值可以由它的特征方程解出

$$\mu_1 = \left[(2d_{11}+d_{22}) - \sqrt{(2d_{11}+d_{22})^2 + 8(d_{13}^2 - (d_{11}-d_{55})d_{22})}\right]\Big/2,$$

$$\mu_2 = \left[(2d_{11}+d_{22}) + \sqrt{(2d_{11}+d_{22})^2 + 8(d_{13}^2 - (d_{11}-d_{55})d_{22})}\right]\Big/2,$$

$$\mu_3 = 2d_{55},$$

$$\mu_4 = \mu_5 = d_{44},$$

$$\mu_6 = d_{55}.$$

显然,只要满足以下 3 个条件,全部特征值均为正.

(1) 要保证 $\mu_1>0$,在 μ_1 表达式根号内第二项应为负值,这时要求

$$\nu_2 < \left(\frac{\nu_1(1-\nu_1^2)}{n(1+2\nu_1-4\nu_1^2)}\right)^{\frac{1}{2}}.$$

(2) 要保证矩阵(3-1-16)右端因子为正,要求

$$1-\nu_1-2n\nu_2^2>0,$$

这时要求

$$\nu_2 < \left(\frac{1-\nu_1}{2n}\right)^{\frac{1}{2}}.$$

(3) 施加静水压力 $p=\sigma_x=\sigma_y=\sigma_z$ 产生体应变 $\varepsilon_v=\varepsilon_x+\varepsilon_y+\varepsilon_z$,要求 p 和 ε_v 同号,即弹性体积模量 K 为正,这时由式(3-1-14)可得

$$\nu_2 < \frac{1}{4}+\frac{1-\nu_1}{2n}.$$

如果 Poisson 比满足上述 3 个限制条件,则横观同性材料的弹性矩阵一定是正定的. 由于层面内是各向同性的,可以认为 Poisson 比 ν_1 在 0 到 0.5 之间取值,这时 ν_2 的后两个限制条件容易满足. 对于沉积岩中的白云岩,E_2 要比 E_1 小 20%,即 $n=1.2$,这时由第一个限制条件,要求 ν_2 不大于 0.31.

下面各节将讨论材料在塑性阶段本构矩阵的正定性问题.

§ 3-2　关联塑性材料的本构矩阵及其正定性

1. 关联塑性的本构理论

在一般的应力状态下建立弹塑性本构理论,需将单向应力状态建立的概念加以推广,屈服准则的概念就是**屈服应力**概念的推广. 作为一个经验事实,当应力矢量满足以下条件时,材料发生屈服,处于塑性状态,即

$$f(\boldsymbol{\sigma},\kappa)=0. \tag{3-2-1}$$

这个条件称为**屈服准则**或屈服条件,其中: f 为屈服函数,$\boldsymbol{\sigma}$ 是六维应力矢量. κ 是**塑性内变量**,它可以是**塑性功** w^{p},或**等效塑性应变** $\bar{\varepsilon}^{\mathrm{p}}$

$$
\begin{aligned}
w^{\mathrm{p}} &= \int \boldsymbol{\sigma}^{\mathrm{T}} \mathrm{d}\boldsymbol{\varepsilon}^{\mathrm{p}}, \\
\bar{\varepsilon}^{\mathrm{p}} &= \int [(\mathrm{d}\boldsymbol{\varepsilon}^{\mathrm{p}})^{\mathrm{T}} \mathrm{d}\boldsymbol{\varepsilon}^{\mathrm{p}}]^{1/2}.
\end{aligned}
\tag{3-2-2}
$$

式(3-2-1)在几何上是六维应力空间内的一族超曲面，因而也称为**屈服面**. 我们这里仅考虑等向强化或等向软化的屈服准则，因而式(3-2-1)仅含一个标量的内变量. 随动强化或更复杂的强化的屈服准则可参阅有关的塑性力学专著. 由于本书的目的主要是研究结构稳定性问题，**等向强化**的屈服准则已经足够了. 随内变量 κ 的变化，式(3-2-1)代表一族曲面，$\kappa=0$ 时式(3-2-1)对应的曲面称为初始屈服面，$\kappa>0$ 时，式(3-2-1)对应的曲面称为后继屈服面. 使屈服函数小于零，即

$$
f(\boldsymbol{\sigma},\kappa) < 0 \tag{3-2-3}
$$

的状态称为弹性状态，在几何上它代表屈服面内部区域. 不存在使 $f(\boldsymbol{\sigma},\kappa)>0$ 的状态.

塑性本构理论另一个重要概念是加载、卸载和中性变载的概念. 处于塑性状态[满足式(3-2-1)]的材料质点，在一个应变增量 $\mathrm{d}\varepsilon$ 作用下，状态仍为塑性状态，并有塑性应变或内变量增加，这时称为塑性加载，简称**加载**. 如果在应变增量作用下，材料质点从塑性状态[式(3-2-1)]退回弹性状态[式(3-2-3)]，而无新的塑性变形和内变量产生，这时称为**卸载**. 还存在一个中间情况，即在 $\mathrm{d}\varepsilon$ 作用下状态材料质点既保持为塑性状态，又无新的塑性变形和内变量发生，这种情况称为**中性变载**. **应变空间表述**的塑性理论(殷有泉，1993；曲圣年，殷有泉，1981)研究表明，在塑性状态加载、卸载和中性变载的条件为

$$
L = \left(\frac{\partial f}{\partial \boldsymbol{\sigma}}\right)\boldsymbol{D}_{\mathrm{e}}\mathrm{d}\boldsymbol{\varepsilon}
\begin{cases}
>0, & \text{加载}, \\
=0, & \text{中性变载}, \\
<0, & \text{卸载}.
\end{cases}
\tag{3-2-4}
$$

式(3-2-4)称为**加-卸载准则**，它是对强化、软化和理想塑性材料普遍适用的. L 称为加卸载参数. 这里应该申明，塑性力学的所谓加载和卸载是指在施以应变增量时处于塑性状态的材料质点是保持为塑性状态还是退回到弹性状态，而不是指结构外部载荷的增加和减少.

所谓关联塑性材料，是指塑性变形与屈服函数的梯度有关的材料，它们的关系是

$$
\mathrm{d}\boldsymbol{\varepsilon}^{\mathrm{p}} = \mathrm{d}\lambda \frac{\partial f}{\partial \boldsymbol{\sigma}}, \tag{3-2-5}
$$

式中：$\mathrm{d}\lambda$ 是一个非负的标量参数. 上式表明，在塑性加载时，塑性应变增量 $\mathrm{d}\boldsymbol{\varepsilon}^{\mathrm{p}}$ 与屈服面正交，因而式(3-2-1)也称为**正交法则**. 在历史上首先研究的是理想塑性材料，在达到屈服准则时，在应力保持不变的情况下塑性变形也在不断的发展，这就

好像材料在塑性流动，因而称式(3-2-5)为流动法则，或称正交流动法则或**关联流动法则**. 如果在式(3-2-5)中取 $d\lambda=0$，则对应于从塑性状态卸载或中性变载.

在加载时，应变增量可分解为弹性部分和塑性部分之和

$$d\boldsymbol{\varepsilon} = d\boldsymbol{\varepsilon}^{e} + d\boldsymbol{\varepsilon}^{p}, \tag{3-2-6}$$

弹性应变增量 $d\boldsymbol{\varepsilon}^{e}$ 与应力增量 $d\boldsymbol{\sigma}$ 之间满足增量形式的 Hooke 定律

$$d\boldsymbol{\varepsilon}^{e} = \boldsymbol{D}_{e}^{-1} d\boldsymbol{\sigma}, \tag{3-2-7}$$

塑性应变增量 $d\boldsymbol{\varepsilon}^{p}$ 由流动法则(3-2-5)给出. 将式(3-2-7)和(3-2-5)代入式(3-2-6)，可得

$$d\boldsymbol{\sigma} = \boldsymbol{D}_{e}(d\boldsymbol{\varepsilon} - d\boldsymbol{\varepsilon}^{p}) = \boldsymbol{D}_{e} d\boldsymbol{\varepsilon} - d\lambda \boldsymbol{D}_{e} \frac{\partial f}{\partial \boldsymbol{\sigma}}, \tag{3-2-8}$$

塑性加载时，状态保持在屈服面上，因而有一致性条件

$$df = \left(\frac{\partial f}{\partial \boldsymbol{\sigma}}\right)^{T} d\boldsymbol{\sigma} + \frac{\partial f}{\partial \kappa} d\kappa = 0. \tag{3-2-9}$$

将式(3-2-8)代入式(3-2-9)，不难确定塑性参数 $d\lambda$ 和内变量 $d\kappa$

$$d\lambda = \frac{1}{H+A}\left(\frac{\partial f}{\partial \boldsymbol{\sigma}}\right)^{T} \boldsymbol{D}_{e} d\boldsymbol{\varepsilon}, \tag{3-2-10}$$

$$d\kappa = m\, d\lambda, \tag{3-2-11}$$

其中

$$\begin{aligned} H &= \left(\frac{\partial f}{\partial \boldsymbol{\sigma}}\right)^{T} \boldsymbol{D}_{e} \frac{\partial f}{\partial \boldsymbol{\sigma}}, \\ A &= -\frac{\partial f}{\partial \kappa} m, \end{aligned} \tag{3-2-12}$$

$$m = \begin{cases} \boldsymbol{\sigma}^{T} \dfrac{\partial f}{\partial \boldsymbol{\sigma}}, & \kappa = w^{p}, \\ \left[\left(\dfrac{\partial f}{\partial \boldsymbol{\sigma}}\right)^{T} \dfrac{\partial f}{\partial \boldsymbol{\sigma}}\right]^{1/2}, & \kappa = \bar{\varepsilon}^{p}. \end{cases} \tag{3-2-13}$$

加载时 $d\lambda>0$，$d\kappa>0$ 和 $\left(\frac{\partial f}{\partial \boldsymbol{\sigma}}\right)\boldsymbol{D}_{e} d\boldsymbol{\varepsilon}>0$，因而有

$$\begin{aligned} m &> 0, \\ H + A &> 0. \end{aligned} \tag{3-2-14}$$

由于 $\boldsymbol{D}_{e}$ 是正定的，$H>0$. 式(3-2-14)可以看做是对屈服函数 $f(\boldsymbol{\sigma},\kappa)$ 的两个约束条件. 不难看出，$A>0$，$A=0$ 和 $A<0$ 分别对应于应变强化，理想塑性和应变软化，而 $H+A>0$ 也是对软化程度的一个限制. 将式(3-2-10)代入式(3-2-8)，得加载时的本构关系

$$d\boldsymbol{\sigma} = \boldsymbol{D}_{ep} d\boldsymbol{\varepsilon}, \tag{3-2-15}$$

$$\boldsymbol{D}_{ep} = \boldsymbol{D}_{e} - \boldsymbol{D}_{p} = \boldsymbol{D}_{e} - \frac{1}{H+A} \boldsymbol{D}_{e} \frac{\partial f}{\partial \boldsymbol{\sigma}} \left(\frac{\partial f}{\partial \boldsymbol{\sigma}}\right)^{T} \boldsymbol{D}_{e}, \tag{3-2-16}$$

式中：$\boldsymbol{D}_{\mathrm{p}}$ 称为**塑性矩阵**，$\boldsymbol{D}_{\mathrm{ep}}$ 称为**弹塑性矩阵**，是关联材料加载时的本构矩阵.

在上述本构理论讨论中假设了屈服函数 $f(\boldsymbol{\sigma},\kappa)$ 是正则函数，即屈服面是光滑曲面，这样，屈服函数导数 $\partial f/\partial\boldsymbol{\sigma}$ 才有意义，屈服面的法线才唯一确定. 屈服函数的正则性是流动法则(3-2-5)得以成立的基础. 然而，有时屈服函数含有**奇异点**，即在屈服面上有角点，在这些奇异点处，必须重新建立新理论，将上面的结果加以推广.

下面将奇异点处的本构理论做一概括的介绍. 设奇异点位于两个正则屈服面

$$f_i(\boldsymbol{\sigma},\kappa)=0,\quad i=1,2 \tag{3-2-17}$$

的交线上. 关联流动的塑性应变增量应与这两个屈服面相关，下面的 **Koiter 法则**

$$\mathrm{d}\boldsymbol{\varepsilon}^{\mathrm{p}}=\mathrm{d}\lambda_1\frac{\partial f_1}{\partial\boldsymbol{\sigma}}+\mathrm{d}\lambda_2\frac{\partial f_2}{\partial\boldsymbol{\sigma}} \tag{3-2-18}$$

代替式(3-2-5)给出塑性流动的方向. 其中 $\mathrm{d}\lambda_1$ 和 $\mathrm{d}\lambda_2$ 是两个待定的非负的标量参数，也就是塑性流动方向处于方向 $\partial f_1/\partial\boldsymbol{\sigma}$ 和 $\partial f_2/\partial\boldsymbol{\sigma}$ 之间，如图 3-2-1 所示.

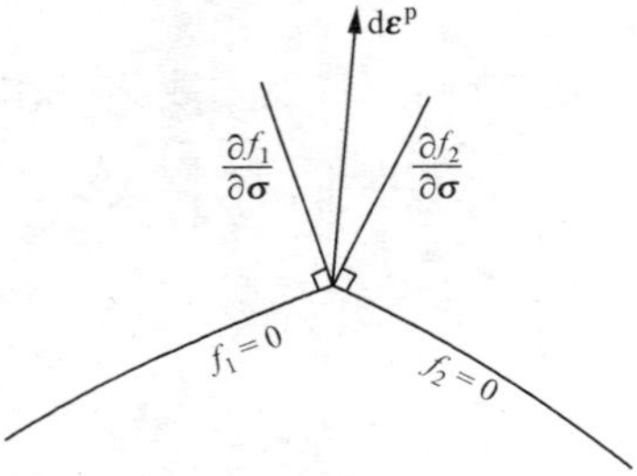

图 3-2-1 屈服面奇异点处的塑性流动

在流动法则(3-2-18)中两个塑性参数同时是正时，对应于**完全加载**(双面加载)；其中一个为正，一个为零，对应于**部分加载**(单面加载)；两个都为零，对应于卸载或中性变载. 在完全加载情况下，$\mathrm{d}\lambda_1$ 和 $\mathrm{d}\lambda_2$ 可由一致性条件

$$\mathrm{d}f_i=\left(\frac{\partial f_i}{\partial\boldsymbol{\sigma}}\right)^{\mathrm{T}}\mathrm{d}\boldsymbol{\sigma}+\frac{\partial f_i}{\partial\kappa}\mathrm{d}\kappa=0,\quad i=1,2 \tag{3-2-19}$$

确定，用两个条件确定二个参数(如果仅用一个参数的流动法则，则会与上面两个一致性条件发生矛盾). 在部分加载情况下，单个的正的塑性参数(例如 $\mathrm{d}\lambda_1$)，由所对应的一致性条件(例如 $\mathrm{d}f_1=0$)来确定，这与正则点情况类似. 这里加-卸载情况相当复杂，相应的加-卸载准则是

$$\max(L_1,L_2)\begin{cases}<0, & \text{卸载},\\ =0, & \text{中性变载},\\ >0, & \text{加载},\end{cases} \tag{3-2-20}$$

$$\min\left(\frac{1}{\det\boldsymbol{B}}(b_{22}L_1-b_{12}L_2),\frac{1}{\det\boldsymbol{B}}(-b_{21}L_1+b_{11}L_2)\right)\begin{cases}\leqslant 0, & \text{部分加载},\\ >0, & \text{完全加载},\end{cases} \tag{3-2-21}$$

其中

$$L_i = \left(\frac{\partial f_i}{\partial \boldsymbol{\sigma}}\right)^{\mathrm{T}} \boldsymbol{D}_{\mathrm{e}} \mathrm{d}\boldsymbol{\varepsilon}, \quad i = 1,2, \tag{3-2-22}$$

$$\boldsymbol{B} = \begin{bmatrix} b_{11} & b_{12} \\ b_{21} & b_{22} \end{bmatrix}, \tag{3-2-23}$$

$$b_{rs} = \left(\frac{\partial f_r}{\partial \boldsymbol{\sigma}}\right)^{\mathrm{T}} \boldsymbol{D}_{\mathrm{e}} \frac{\partial f_s}{\partial \boldsymbol{\sigma}} - \frac{\partial f_r}{\partial w^{\mathrm{p}}} \boldsymbol{\sigma}^{\mathrm{T}} \frac{\partial f_s}{\delta \boldsymbol{\sigma}}, \quad r,s = 1,2, \tag{3-2-24}$$

这里，已将内变量 $\boldsymbol{\kappa}$ 取为塑性功 w^{p}.

在卸载和中性变载情况，本构方程就是增量形式的 Hooke 定律. 在部分加载情况，不妨设 $\mathrm{d}\lambda_r > 0$，在 $f_r = 0$ 上加载，这时本构方程是

$$\mathrm{d}\boldsymbol{\sigma} = \left[\boldsymbol{D}_{\mathrm{e}} - \frac{1}{b_{rr}} \boldsymbol{D}_{\mathrm{e}} \frac{\partial f_r}{\partial \boldsymbol{\sigma}} \left(\frac{\partial f_r}{\partial \boldsymbol{\sigma}}\right)^{\mathrm{T}} \boldsymbol{D}_{\mathrm{e}}\right] \mathrm{d}\boldsymbol{\varepsilon}, \quad r = 1,2. \tag{3-2-25}$$

在完全加载时，本构方程为

$$\mathrm{d}\boldsymbol{\sigma} = \left(\boldsymbol{D}_{\mathrm{e}} - \boldsymbol{D}_{\mathrm{e}} \frac{\partial \boldsymbol{f}}{\partial \boldsymbol{\sigma}} \boldsymbol{B}^{-1} \left(\frac{\partial \boldsymbol{f}}{\partial \boldsymbol{\sigma}}\right)^{\mathrm{T}} \boldsymbol{D}_{\mathrm{e}}\right) \mathrm{d}\boldsymbol{\varepsilon}, \tag{3-2-26}$$

式中

$$\frac{\partial \boldsymbol{f}}{\partial \boldsymbol{\sigma}} = \begin{bmatrix} \dfrac{\partial f_1}{\partial \boldsymbol{\sigma}} & \dfrac{\partial f_2}{\partial \boldsymbol{\sigma}} \end{bmatrix}. \tag{3-2-27}$$

关于奇异点处本构理论的详细情况可参阅有关文献(殷有泉，1986；殷有泉，2007).

2. 金属塑性，Tresca 准则和 Mises 准则

金属材料的塑性本构研究有较长的历史，形成了一个完整的塑性力学学科. 对金属材料，人们首先是对初始屈服准则做了大量的研究. 1864 年，Tresca 做了一系列的挤压实验来研究屈服准则，发现金属材料在屈服时，可以看到有很细的痕纹，而这些痕纹的方向接近于最大剪应力的方向，因此认为塑性变形可能是由于剪切应力所引起的晶体网格的滑移而产生的，这些痕纹称为滑移线. Tresca 假设当最大剪应力达到某一极限值时，材料即进入塑性状态. 当规定主应力大小次序为 $\sigma_1 \geqslant \sigma_2 \geqslant \sigma_3$ 后，屈服准则可表示为

$$f = \sigma_1 - \sigma_3 - 2k = 0, \tag{3-2-28}$$

式中：参数 k 就是剪切屈服应力 τ_{s}. 如果不规定主应力的次序，屈服准则应该写做

$$\begin{aligned} f_1 &= |\sigma_1 - \sigma_2| - 2k = 0, \\ f_2 &= |\sigma_2 - \sigma_3| - 2k = 0, \\ f_3 &= |\sigma_3 - \sigma_1| - 2k = 0. \end{aligned} \tag{3-2-29}$$

在主应力空间中能很方便地表示屈服面. 在主应力空间中式(3-2-29)代表 6 个平面，由它们构成一个正六棱柱柱面(Tresca 屈服面)，棱柱的母线方向平行于 $\sigma_1 = \sigma_2 = \sigma_3$ 轴线，如图 3-2-2 所示. 垂直于轴线的平面称为偏平面，其中过原点的偏平面称为 π

平面，Tresca 屈服面与 π 平面的交线是一个正六边形，称为 Tresca 六边形.

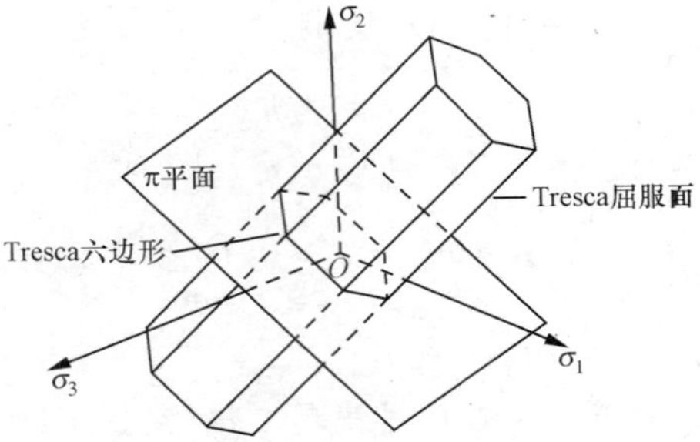

图 3-2-2 Tresca 屈服面

在主方向已知的情况，使用 Tresca 屈服准则求解问题比较方便. 因为在一定范围内，应力分量之间满足线性关系；在主方向未知的情况下，使用 Tresca 屈服准则就很复杂了. 把式(3-2-29)表示成单一的表达式，应该将式(3-2-29)写成如下的应力张量不变量形式.

$$f = 4(J_2 - k^2)(J_2 - 4k^2)^2 - 27J_3^2 = 0, \quad J_2 \leqslant 4k^2/3, \tag{3-2-30}$$

其中：J_2，J_3 是应力偏量张量的第二，第三不变量. 由于此式过于复杂，以致没有多大实用价值.

1913 年 Mises 指出，在 π 平面上 Tresca 六边形的 6 个顶点是由实验得到的，但是将这 6 个点连成直线却是假设的. 这种假设是否合理尚需要证明. 他认为，如果用一个圆来连接这 6 个点可能更合理，这样做至少可避免由于曲线不光滑而产生数学上的困难. Mises 当时认为，Tresca 准则是准确的，而他的准则是近似的. **Mises 屈服准则**是

$$f = J_2^{\frac{1}{2}} - k = 0, \tag{3-2-31}$$

式中：J_2 是偏应力张量

$$s_{ij} = \sigma_{ij} - \frac{1}{3}\sigma_{kk}\delta_{ij} \tag{3-2-32}$$

的第二不变量

$$J_2 = \frac{1}{2}s_{ij}s_{ij}, \tag{3-2-33}$$

式中：δ_{ij} 是 Kronecker 记号. Mises 准则在主应力空间是一个圆柱面，它与 π 平面的交线是一个圆，称为 Mises 圆，如图 3-2-3 所示.

1924 年 Hencky 对 Mises 准则进行了解释，他认为 Mises 方程相当于弹性剪切应变比能达到某个常数时，材料开始进入塑性状态的情况. 1937 年，Nadai 对 Mises 方程作了另一个解释，他认为当八面体上剪切应力为某一常数时，材料开始

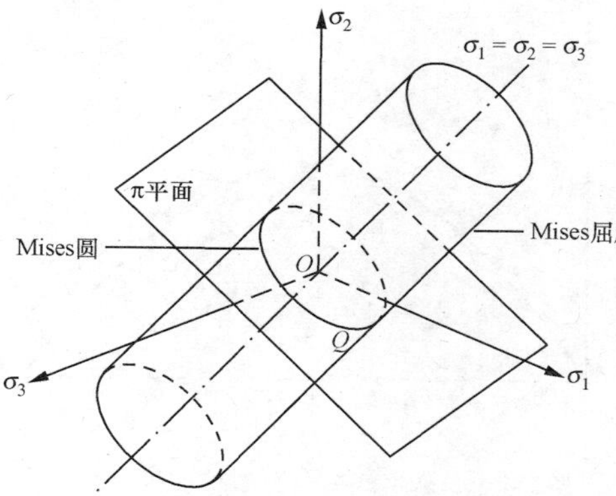

图 3-2-3 Mises 屈服面

进入塑性. Mises 屈服函数不含 J_3,看来它是形式最简单的屈服准则.

Tresca 屈服准则和 Mises 屈服准则的主要差别在于中间主应力是否影响屈服. 这一点可由实验资料做比较验证. Lade 在 1925 年分别把铁,铜和镍做成薄圆管,在拉伸和内压力联合作用下承受平面应力,其结果表示在图 3-2-4 中. 图中的横坐标是 μ_σ,变化范围是 $-1\leqslant\mu_\sigma\leqslant+1$,纵坐标是 $(\sigma_1-\sigma_3)/\sigma_3$,规定在简单拉伸时两个屈服准则重合,并规定 $\sigma_1\geqslant\sigma_2\geqslant\sigma_3$. 对 Tresca 准则,有

$$\frac{\sigma_1-\sigma_3}{\sigma_s}=1, \tag{3-2-34}$$

对 Mises 准则,有

$$\frac{\sigma_1-\sigma_3}{\sigma_s}=\frac{2}{\sqrt{3+\mu_\sigma^2}}. \tag{3-2-35}$$

在做实验时,μ_σ 值由下式给出

$$\mu_\sigma=\frac{2\sigma_2-\sigma_1-\sigma_3}{\sigma_1-\sigma_3}=\frac{2\sigma_2-\sigma_1}{\sigma_1}=\frac{T-\pi R^2 p}{\pi R^2 p}. \tag{3-2-36}$$

表达式(3-2-34)和(3-2-35)及实验点都画在图 3-2-4 上,可以看出实验点更接近 Mises 准则.

Taylor 和 Quinney 在 1931 年分别对铜,铝,软钢做成薄圆筒,使其在拉伸和扭转联合作用承受平面应力. 同样规定在简单拉伸时,两个屈服准则重合. 记 $\sigma=\sigma_z$,$\tau=\tau_{\theta z}$,Tresca 准则和 Mises 准则可分别写成

$$\left.\begin{aligned}&\left(\frac{\sigma}{\sigma_s}\right)^2+4\left(\frac{\tau}{\sigma_s}\right)^2=1,\\&\left(\frac{\sigma}{\sigma_s}\right)^2+3\left(\frac{\tau}{\sigma_s}\right)^2=1.\end{aligned}\right. \tag{3-2-37}$$

将上述理论曲线和实验结果都绘在图 3-2-5 上,也可看出实验结果更接近于 Mises 准则.

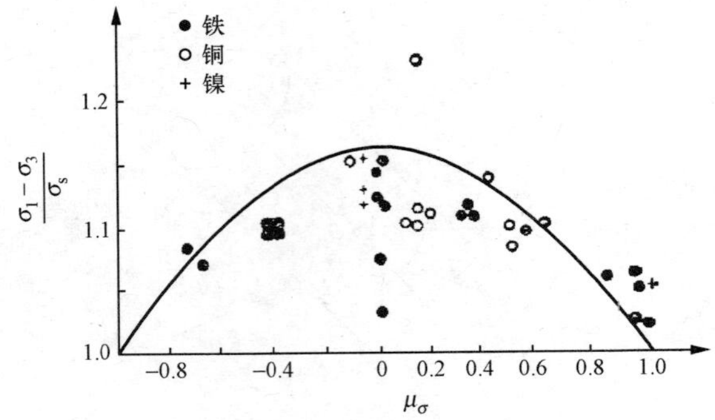

图 3-2-4　拉伸和内压薄壁管的实验结果

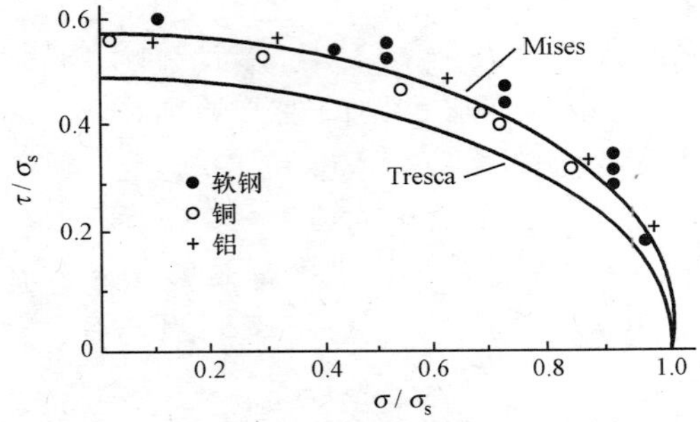

图 3-2-5　拉伸和扭转薄壁管的实验结果

以上两个实验和其他一些实验结果表明，对金属材料而言，实验点多数落在这两个准则所围的范围之内，实验点更接近 Mises 准则. 这说明两个准则在塑性力学中都可使用，而且 Mises 准则比 Tresca 准则更接近实验结果，即中间主应力对屈服是有影响的. Mises 在提出他的准则时，并未认为它是更准确的，而是将它看做是 Tresca 准则的近似，而后来的实验资料却得出相反的结论.

对于 Tresca 准则，拉伸屈服应力 σ_s 与剪切屈服应力 τ_s 之间的关系为 $\tau_s=0.5\sigma_s$，而对于 Mises 准则，得到的关系是 $\tau_s=\sigma_s/\sqrt{3}=0.577\sigma_s$. 两种理论的差异不超过 15%. 目前在钢结构设计规范中，基本上是根据 $\tau_s=0.577\sigma_s$，由结构钢的拉伸屈服应力 σ_s 来规定剪切屈服应力 τ_s(即常数 k)的. 材料的强度极限，也是由拉伸试验确定拉伸强度 σ_b，然后按 Mises 理论规定剪切强度 $\tau_b=0.577\sigma_b$. 用塑性力学的语言，强度极限是最大的后继屈服应力. 常用的金属材料初始屈服应力 σ_s 和强度极限 σ_b(最大后继屈服应力)在表 3-2-1 中给出.

表 3-2-1 金属材料的初始屈服应力和强度极限

材料类别	σ_s/MPa	σ_b/MPa
结构钢	200～700	340～830
低合金钢(16Mn)	340～1000	550～1200
铝合金(LY_{12})	35～500	100～550

对任何初始各向同性的材料,屈服准则与材料的取向无关,即与建立在物体上的坐标系的取向无关.因此,屈服准则可表示为应力张量不变量的形式

$$f(I_1, I_2, I_3) = 0. \tag{3-2-38}$$

当静水压力不影响材料的塑性性质时,屈服函数不含第一不变量 I_1,屈服准则只与偏应力张量 s_{ij} 有关,因而式(3-2-38)可进一步简化为

$$f(J_2, J_3) = 0. \tag{3-2-39}$$

Bridgman 和其他学者的实验结果确认,在静水压力不太大的情况下(例如材料的屈服极限量级),它对材料屈服极限的影响完全可以忽略.由于 Tresca 准则和 Mises 准则都不含应力张量的第一不变量,即有式(3-2-39)的形式,它们反映了金属材料屈服对静水压力不敏感的特性.

此外,金属材料在各向均匀受压,即在静水压力作用下,进行实验,其结果证明,材料的体积变化是弹性的,即除去压力后,体积变形可以完全恢复,不出现残余的体积变形.Bridgman 针对静水压力对变形过程的影响做过比较全面的实验研究,证实了在不太大压力(例如 101 GPa,即 10^4 atm)下,材料的塑性体变形是可以忽略的.采用 Mises 准则及正交的流动法则计算出的塑性体应变增量总是等于零,即

$$\begin{aligned} d\varepsilon_v &= d\varepsilon_x + d\varepsilon_y + d\varepsilon_z \\ &= d\lambda\left(\frac{\partial f}{\partial \sigma_x} + \frac{\partial f}{\partial \sigma_y} + \frac{\partial f}{\partial \sigma_z}\right) = d\lambda(s_{11} + s_{22} + s_{33}) \\ &= d\lambda \times 0 = 0. \end{aligned}$$

同样,采用 Tresca 准则和关联流动法则也能证明塑性体应变增量总为零.因而,Tresca 准则和 Mises 准则及关联流动法则反映了金属材料的塑性变形的**不可压缩性**.

总之,采用塑性的关联理论,以及采用 Tresca 屈服准则或 Mises 屈服准则,可以全面反映韧性金属的性态,这也是在传统塑性力学中使用这两个屈服准则及关联流动法则的原因.

3. 屈服面角点的光滑处理

Tresca 屈服面的六条棱线上的点是**奇异点**,虽然在奇异点处的本构关系可以给出,但其加-卸载准则与本构矩阵都相当复杂,以致目前多数有限元软件,对奇异

点的本构关系做了简化，取奇点处的塑性流动方向为 $\partial f_1/\partial\boldsymbol{\sigma}$ 和 $\partial f_2/\partial\boldsymbol{\sigma}$ 的平均方向．显然这种做法十分勉强，违反了 Koiter 法则和一致性条件．

如果在奇异点两侧的屈服面的强化规律是相同的（例如各向同性强化），那么可用局部光滑的方法，将奇异点改为正则点来处理．

奇异点的正则化处理不仅是数学上的简化和编程的需要，也具有一定的物理上的根据．我们知道，通过实验确定屈服面一般总是从屈服面内开始加载，其弹性过程的终点也是屈服面上的点．然而如何确定这些终点呢？如果到某应力点之前塑性应变无变化，则该应力点可能在屈服面之内；如果已经产生了新的塑性应变，则该点已在该屈服面之外．因此在实际中总是先要采取一个塑性应变变化的约定值作为判断弹性过程终点的依据．例如，可采用等效塑性应变增量

$$\Delta\bar{\varepsilon}^{\mathrm{p}} = \left[(\Delta\boldsymbol{\varepsilon}^{\mathrm{p}})^{\mathrm{T}}\Delta\boldsymbol{\varepsilon}^{\mathrm{p}}\right]^{\frac{1}{2}}$$

作为判断量．于是屈服面的大小和形状明显依赖于 $\Delta\bar{\varepsilon}^{\mathrm{p}}$ 的约定值大小．例如，$\Delta\bar{\varepsilon}^{\mathrm{p}}$ 的约定值取得较小，得到的屈服面较小；约定值取得较大则屈服面较大．况且，用实验方法确定屈服面上的应力点也只是有限个点（例如 Tresca 六边形的 6 个顶点），而这些点的连接方式要根据理论上的考虑和数学上的简便程度来给出（例如，Tresca 用直线连接而 Mises 用圆弧连接）．因而，绝对精确的屈服面是没有意义的，对屈服面的奇异点进行局部光滑化未必与实验数据相左，光滑化的处理方法应该是可行的．

在 Tresca 屈服面的奇异点 A 处，在其两侧各取一小段距离 Δ（图 3-2-6），可用半径为 $\sqrt{3}\Delta$，从圆心 O' 至 A 距离为 2Δ 的圆弧使奇异点邻域光滑化．从主应力空间看，这时采用半径为 $\sqrt{3}\Delta$ 的圆柱面取代棱线附近两个平面组成的奇异屈服面．在奇异点做过光滑修正的 Tresca 屈服准则是一个正则的屈服准则，其上各点都是正则点，这时的本构表述变得比较简单．

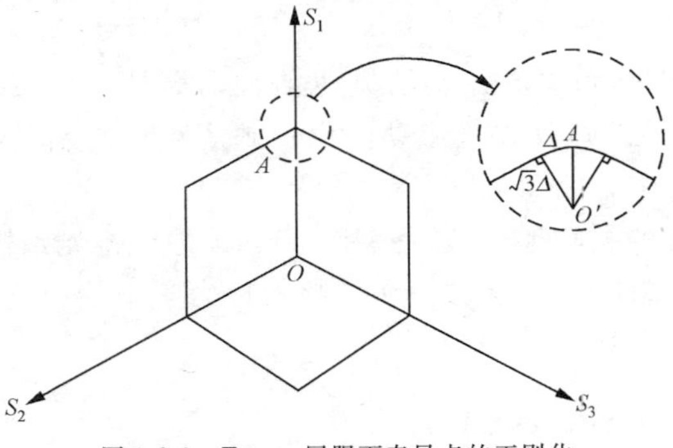

图 3-2-6　Tresca 屈服面奇异点的正则化

到此为止，我们可以假设我们采用的屈服面都是正则曲面．现在给出各向同性

强化-软化正则屈服面的弹塑性材料如何从一个状态到另一个状态的标准计算格式. 假定一个已知的状态是 $\boldsymbol{\varepsilon},\boldsymbol{\sigma},\kappa$,在施加一个应变增量 $\mathrm{d}\boldsymbol{\varepsilon}$ 的情况下,如何计算得到下一个状态 $\bar{\boldsymbol{\varepsilon}},\bar{\boldsymbol{\sigma}},\bar{\kappa}$. 具体做法可概括为以下几点.

(1) 由 κ 确定当前屈服函数的形式 $f(\boldsymbol{\sigma},\kappa)$.

(2) 如果状态 $\boldsymbol{\sigma}$ 和 κ 使 $f(\boldsymbol{\sigma},\kappa)<0$,则原状态是弹性状态,无限小反应是纯弹性的,由本构方程

$$\mathrm{d}\boldsymbol{\sigma} = \boldsymbol{D}_{\mathrm{e}}\mathrm{d}\boldsymbol{\varepsilon}$$

计算应力增量 $\mathrm{d}\boldsymbol{\sigma}$,内变量增量 $\mathrm{d}\kappa=0$.

(3) 如果 $\boldsymbol{\sigma}$ 和 κ 使 $f(\boldsymbol{\sigma},\kappa)=0$,则原状态是塑性状态,无限小反应是弹塑性的. 当 $(\partial f/\partial\boldsymbol{\sigma})^{\mathrm{T}}\boldsymbol{D}_{\mathrm{e}}\mathrm{d}\boldsymbol{\varepsilon}\leqslant 0$ 时为中性变载或卸载,有

$$\mathrm{d}\boldsymbol{\sigma} = \boldsymbol{D}_{\mathrm{e}}\mathrm{d}\boldsymbol{\varepsilon},$$
$$\mathrm{d}\kappa = 0,$$

反应是纯弹性的;当 $(\partial f/\partial\boldsymbol{\sigma})^{\mathrm{T}}\boldsymbol{D}_{\mathrm{e}}\mathrm{d}\boldsymbol{\varepsilon}>0$ 时为加载,有

$$\mathrm{d}\boldsymbol{\sigma} = \boldsymbol{D}_{\mathrm{ep}}\mathrm{d}\boldsymbol{\varepsilon} = \left[\boldsymbol{D}_{\mathrm{e}} - \frac{1}{H+A}\boldsymbol{D}_{\mathrm{e}}\frac{\partial f}{\partial\boldsymbol{\sigma}}\left(\frac{\partial f}{\partial\boldsymbol{\sigma}}\right)^{\mathrm{T}}\boldsymbol{D}_{\mathrm{e}}\right]\mathrm{d}\boldsymbol{\varepsilon},$$

$$\mathrm{d}\kappa = \frac{m}{H+A}\left(\frac{\partial f}{\partial\boldsymbol{\sigma}}\right)^{\mathrm{T}}\boldsymbol{D}_{\mathrm{e}}\mathrm{d}\boldsymbol{\varepsilon}.$$

反应是弹塑性的.

(4) 将计算出的增量 $\mathrm{d}\boldsymbol{\sigma},\mathrm{d}\kappa$ 和施加的 $\mathrm{d}\boldsymbol{\varepsilon}$ 加到原状态 $\boldsymbol{\varepsilon},\boldsymbol{\sigma},\kappa$ 就得到新的状态

$$\bar{\boldsymbol{\varepsilon}} = \boldsymbol{\varepsilon} + \mathrm{d}\boldsymbol{\varepsilon},\quad \bar{\boldsymbol{\sigma}} = \boldsymbol{\sigma} + \mathrm{d}\boldsymbol{\sigma},\quad \bar{\kappa} = \kappa + \mathrm{d}\kappa.$$

显然,塑性材料应力应变算法是一种增量计算,这是由塑性材料的历史(路径)相关性造成的. 在材料质点处在塑性状态下,从应变增量 $\mathrm{d}\boldsymbol{\varepsilon}$ 计算应力增量和内变量增量,还可用下面的单一公式概括地写出

$$\begin{aligned}\mathrm{d}\boldsymbol{\sigma} &= \boldsymbol{D}_{\mathrm{e}}\mathrm{d}\boldsymbol{\varepsilon} - \frac{1}{H+A}\boldsymbol{D}_{\mathrm{e}}\frac{\partial f}{\partial\boldsymbol{\sigma}}\langle L\rangle,\\ \mathrm{d}\kappa &= \frac{m}{H+A}\langle L\rangle,\end{aligned} \tag{3-2-40}$$

式中

$$\langle L\rangle = \begin{cases} L, & L>0,\\ 0, & L\leqslant 0,\end{cases} \tag{3-2-41}$$

L 是由式(3-2-4)定义的加卸载参数,式(3-2-41)中的括号“$\langle\quad\rangle$”一般称为 Macauley 括号.

4. 关联弹塑性本构矩阵的正定性

现在开始讨论关联弹塑性材料本构矩阵 $\boldsymbol{D}_{\mathrm{ep}}$[见式(3-2-16)]的正定性问题.

首先讨论关联弹塑性本构矩阵 $\boldsymbol{D}_{\mathrm{ep}}$ 的广义特征值问题,即

$$\boldsymbol{D}_{\mathrm{ep}}\boldsymbol{r} = \mu\boldsymbol{D}_{\mathrm{e}}\boldsymbol{r}, \tag{3-2-42}$$

其中：$\boldsymbol{D}_{\mathrm{e}}$ 是正定的弹性矩阵.不难看出，$\boldsymbol{r}_1 = \partial f/\partial\boldsymbol{\sigma}$ 是它的一个特征矢量.实际上，只要将 $\boldsymbol{r}_1$ 代入式(3-2-42)的左端，并考虑式(3-2-16)，有

$$\boldsymbol{D}_{\mathrm{ep}}\boldsymbol{r}_1 = \boldsymbol{D}_{\mathrm{e}}\boldsymbol{r}_1 - \frac{1}{H+A}\boldsymbol{D}_{\mathrm{e}}\boldsymbol{r}_1 H = \frac{A}{H+A}\boldsymbol{D}_{\mathrm{e}}\boldsymbol{r}_1.$$

因而 $\boldsymbol{r}_1 = \partial f/\partial\boldsymbol{\sigma}$ 是一个特征矢量，而相应的特征值是 $\mu_1 = A/(H+A)$.在 $\boldsymbol{r}_1$ 的补空间取任意 5 个关于 $\boldsymbol{D}_{\mathrm{e}}$ 的广义正交矢量，设为 $\boldsymbol{r}_2, \boldsymbol{r}_3, \boldsymbol{r}_4, \boldsymbol{r}_5, \boldsymbol{r}_6$.由于它们均与 $\boldsymbol{r}_1 = \partial f/\partial\boldsymbol{\sigma}$ 广义正交，将它们代入式(3-2-42)左端，有

$$\boldsymbol{D}_{\mathrm{ep}}\boldsymbol{r}_i = \boldsymbol{D}_{\mathrm{e}}\boldsymbol{r}_i, \quad i = 2,3,4,5,6.$$

因而 $\boldsymbol{r}_i$ 也是特征矢量，并且相应的特征值 $\mu_i = 1$.这样，我们得到矩阵 $\boldsymbol{D}_{\mathrm{ep}}$ 的 6 个特征值和特征矢量

$$\mu_1 = \frac{A}{H+A}, \quad \mu_2 = \mu_3 = \mu_4 = \mu_5 = \mu_6 = 1, \tag{3-2-43}$$

$$\boldsymbol{r}_1 = \frac{\partial f}{\partial\boldsymbol{\sigma}}, \quad \boldsymbol{r}_2, \boldsymbol{r}_3, \boldsymbol{r}_4, \boldsymbol{r}_5, \boldsymbol{r}_6. \tag{3-2-44}$$

由于 $\boldsymbol{r}_i(i=2,\cdots,6)$是 $\boldsymbol{r}_1$ 补空间任意 5 个广义正交矢量，则有

$$\boldsymbol{r}_i^{\mathrm{T}}\boldsymbol{D}_{\mathrm{e}}\boldsymbol{r}_j = \begin{cases} 0, & i \neq j, \\ \boldsymbol{r}_i^{\mathrm{T}}\boldsymbol{D}_{\mathrm{e}}\boldsymbol{r}_i > 0, & i = j. \end{cases} \tag{3-2-45}$$

上式中第二式为正，是由于弹性矩阵 $\boldsymbol{D}_{\mathrm{e}}$ 是正定的.式(3-2-45)表示的正交性是特征矢量关于矩阵 $\boldsymbol{D}_{\mathrm{e}}$ 的正交性，简称 $\boldsymbol{D}_{\mathrm{e}}$-正交性.根据式(3-2-42)，容易证明，特征矢量关于 $\boldsymbol{D}_{\mathrm{ep}}$也有广义正交性，即 $\boldsymbol{D}_{\mathrm{ep}}$-正交性

$$\boldsymbol{r}_i^{\mathrm{T}}\boldsymbol{D}_{\mathrm{ep}}\boldsymbol{r}_j^{\mathrm{T}} = \mu_i\boldsymbol{r}_i^{\mathrm{T}}\boldsymbol{D}_{\mathrm{e}}\boldsymbol{r}_j = \begin{cases} 0, & i \neq j, \\ \mu_i\boldsymbol{r}_i^{\mathrm{T}}\boldsymbol{D}_{\mathrm{e}}\boldsymbol{r}_i, & i = j. \end{cases} \tag{3-2-46}$$

其次，研究矩阵 $\boldsymbol{D}_{\mathrm{ep}}$的正定性问题.一个任意的非零六维矢量 $\delta\boldsymbol{\varepsilon}$，总可表示为不相关的 6 个特征矢量 $\boldsymbol{r}_i$ 的线性组合，即

$$\delta\boldsymbol{\varepsilon} = \sum_{i=1}^{6} a_i\boldsymbol{r}_i, \tag{3-2-47}$$

其中：系数 a_i 是一组不全为零的常数.计算如下的二次型

$$\delta\boldsymbol{\varepsilon}^{\mathrm{T}}\boldsymbol{D}_{\mathrm{ep}}\delta\boldsymbol{\varepsilon} = \Big(\sum_{i=1}^{6} a_i\boldsymbol{r}_i^{\mathrm{T}}\Big)\boldsymbol{D}_{\mathrm{ep}}\Big(\sum_{i=1}^{6} a_i\boldsymbol{r}_i\Big).$$

由于特征矢量 $\boldsymbol{r}_i$ 的 $\boldsymbol{D}_{\mathrm{ep}}$-正交性，有

$$\delta\boldsymbol{\varepsilon}^{\mathrm{T}}\boldsymbol{D}_{\mathrm{ep}}\delta\boldsymbol{\varepsilon} = \sum_{i=1}^{6}\mu_i a_i^2\boldsymbol{r}_i^{\mathrm{T}}\boldsymbol{D}_{\mathrm{e}}\boldsymbol{r}_i = \mu_1 a_1^2\boldsymbol{r}_1^{\mathrm{T}}\boldsymbol{D}_{\mathrm{e}}\boldsymbol{r}_1 + \sum_{i=2}^{6} a_i^2\boldsymbol{r}_i^{\mathrm{T}}\boldsymbol{D}_{\mathrm{e}}\boldsymbol{r}_i, \tag{3-2-48}$$

式中

$$\mu_1 = \frac{A}{H+A}. \tag{3-2-49}$$

由于 $H+A>0$，μ_1 与 A 同号的，对应变强化和理想塑性材料，$\mu_1\geqslant 0$，因而，有 $\delta\boldsymbol{\varepsilon}^{\mathrm{T}}\boldsymbol{D}_{\mathrm{ep}}\delta\boldsymbol{\varepsilon}\geqslant 0$，即 $\boldsymbol{D}_{\mathrm{ep}}$ 是正定或半正定的，因而材料是稳定的. 其中，对于应变强化材料，有 $\mu_1>0$，二次型为正，矩阵 $\boldsymbol{D}_{\mathrm{ep}}$ 是正定的，材料是严格稳定的. 而对于应变软化材料，$\mu_1<0$，总可以选取一个矢量 $\delta\boldsymbol{\varepsilon}$，例如取 $\delta\boldsymbol{\varepsilon}=a_1\boldsymbol{r}_1=a_1\dfrac{\partial f}{\partial\boldsymbol{\sigma}}$，则二次型 $\delta\boldsymbol{\varepsilon}^{\mathrm{T}}\boldsymbol{D}_{\mathrm{ep}}\delta\boldsymbol{\varepsilon}<0$，因而本构矩阵是不正定的，材料是不稳定的.

对关联的弹塑性材料而言，加载时本构矩阵的正定性和**半正定性**是分别与强化塑性和理想塑性对应的，仅当材料处于塑性软化阶段，本构矩阵才是不正定的.

5. 关联的 Mises 材料(J_2 材料)

重力坝中的钢筋，岩石工程的锚杆都是结构钢或合金钢材料，它们可采用等向强化的 Mises 材料模型模拟(见图 3-2-3)，其屈服准则是

$$f=J_2^{1/2}-k(\kappa)=0, \tag{3-2-50}$$

其中：k 是材料参数，在物理上它是剪切屈服应力 τ_{s}，是塑性内变量 κ 的函数，且

$$J_2=\frac{1}{2}s_{ij}s_{ij},$$

$$s_{ij}=\sigma_{ij}-\frac{1}{3}\sigma_{kk}\delta_{ij},$$

s_{ij} 是偏应力张量，J_2 是偏应力张量的第二不变量，如果引用矢量符号

$$\begin{aligned}\boldsymbol{s}&=[s_{11}\quad s_{22}\quad s_{33}\quad s_{23}\quad s_{31}\quad s_{12}]^{\mathrm{T}},\\ \bar{\boldsymbol{s}}&=[s_{11}\quad s_{22}\quad s_{33}\quad 2s_{23}\quad 2s_{31}\quad 2s_{12}]^{\mathrm{T}},\end{aligned} \tag{3-2-51}$$

则有

$$J_2=\frac{1}{2}\bar{\boldsymbol{s}}^{\mathrm{T}}\boldsymbol{s}. \tag{3-2-52}$$

Mises 屈服函数是单参数的正则函数. 不难计算出

$$\frac{\partial f}{\partial\boldsymbol{\sigma}}=\frac{1}{2\sqrt{J_2}}\frac{\partial J_2}{\partial\boldsymbol{\sigma}}=\frac{1}{2k}\bar{\boldsymbol{s}},$$

$$\left(\frac{\partial f}{\partial\boldsymbol{\sigma}}\right)^{\mathrm{T}}\boldsymbol{D}_{\mathrm{e}}=\frac{G}{k}\boldsymbol{s},$$

$$H=\left(\frac{\partial f}{\partial\boldsymbol{\sigma}}\right)^{\mathrm{T}}\boldsymbol{D}_{\mathrm{e}}\frac{\partial f}{\partial\boldsymbol{\sigma}}=\frac{1}{2k}\bar{\boldsymbol{s}}^{\mathrm{T}}\frac{G}{k}\boldsymbol{s}=\frac{J_2}{k^2}G=G.$$

如果 $\kappa=w^{\mathrm{p}}$，那么

$$A=-\frac{\partial f}{\partial w^{\mathrm{p}}}\boldsymbol{\sigma}^{\mathrm{T}}\frac{\partial f}{\partial\boldsymbol{\sigma}}=\frac{\partial\tau_{\mathrm{s}}}{\partial w^{\mathrm{p}}}\boldsymbol{\sigma}^{\mathrm{T}}\frac{1}{2\tau_{\mathrm{s}}}\bar{\boldsymbol{s}}=G_{\mathrm{p}}.$$

其中：G 是弹性变形的切变模量；G_{p} 是 τ_{s}-γ^{p} 曲线的斜率，称为剪切的塑性切线模量，如图 3-2-7 所示. $G_{\mathrm{p}}>0$，$G_{\mathrm{p}}=0$ 和 $G_{\mathrm{p}}<0$ 分别表示应变强化，理想塑性和应变软化.

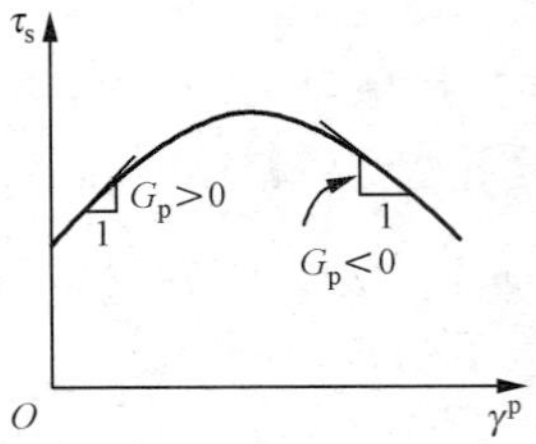

(a) 强化塑性，软化塑性

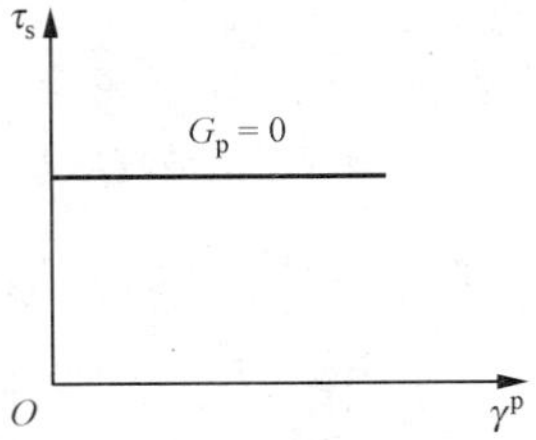

(b) 理想塑性

图 3-2-7 塑性切线模量

等向强化-软化 Mises 材料的本构矩阵是

$$\boldsymbol{D}_{ep}=\boldsymbol{D}_e-\frac{G^2}{(G+G_p)\tau_s^2}\boldsymbol{ss}^{\mathrm{T}}. \tag{3-2-53}$$

在应变强化和理想塑性情况，$A=G_p\geqslant 0$，本构矩阵是正定的或半正定的，材料是稳定的. 在应变软化情况，$A=G_p<0$，本构矩阵是不正定的，材料是不稳定的. 对结构钢材料[图 3-0-1(a)]，仅在上屈服点到下屈服点一小段内材料是不稳定的；而屈服平台阶段，材料是稳定的；强化阶段材料是严格稳定的.

§3-3 非关联塑性材料的本构矩阵及其正定性

1. 非关联塑性的本构矩阵及其正定性

非关联塑性理论又称塑性势理论. 早先人们不了解塑性应变增量 $\mathrm{d}\boldsymbol{\varepsilon}^{\mathrm{p}}$ 与屈服面有什么关系，Mises 在 1928 年类比了弹性应变增量可以用弹性势函数对应力的微商表示，提出了**塑性势**的概念，其书面形式是

$$\mathrm{d}\boldsymbol{\varepsilon}^{\mathrm{p}}=\mathrm{d}\lambda\frac{\partial g}{\partial\boldsymbol{\sigma}}, \tag{3-3-1}$$

此处：g 是塑性势函数，而以上述公式为基础的理论称为塑性势理论. 自从有了 **Drucker 公设**(1952)以后，在该公设成立的条件下必然导出塑性势就是屈服函数的结论，得到与屈服面相关联的流动法则(正交法则)，从而构成了金属塑性力学的核心内容. 因此塑性势理论被淡漠了. 后来，随着有限元技术的发展，将塑性力学应用于岩体工程，静水压力对岩石和混凝土材料屈服性质有很大影响，在屈服准则中必须含有应力张量的第一不变量 I_1. 这时利用关联的正交法则可以计算出塑性体应变，即表示有**塑性体积膨胀**. 事实上，岩石类材料在压剪状态下也确实出现体积膨胀，不过实践和实验表明，膨胀值没有关联理论计算的那么大. 解决这个问题的一个简单办法是采用非关联流动法则，那就是重新回到塑性势理论. 适当地选用非关联流动法则中的塑性势函数，会使塑性体应变增量减少，或者甚至消失. 因而在岩石和混凝土塑性力学中多采用非关联塑性理论.

用式(3-3-1)式代替式(3-2-5),可按完全相同的步骤导出非关联塑性材料的本构方程

$$\begin{aligned} \mathrm{d}\boldsymbol{\sigma} &= \boldsymbol{D}_{\mathrm{ep}}\mathrm{d}\boldsymbol{\varepsilon}, \\ \boldsymbol{D}_{\mathrm{ep}} &= \boldsymbol{D}_{\mathrm{e}} - \boldsymbol{D}_{\mathrm{e}}\frac{\partial g}{\partial \boldsymbol{\sigma}}\frac{1}{H_{12}+A}\left(\frac{\partial f}{\partial \boldsymbol{\sigma}}\right)^{\mathrm{T}}\boldsymbol{D}_{\mathrm{e}}. \end{aligned} \tag{3-3-2}$$

内变量增量为

$$\mathrm{d}\kappa = \frac{m}{H_{12}+A}\left(\frac{\partial f}{\partial \boldsymbol{\sigma}}\right)^{\mathrm{T}}\boldsymbol{D}_{\mathrm{e}}\mathrm{d}\boldsymbol{\varepsilon}, \tag{3-3-3}$$

其中

$$H_{12} = \left(\frac{\partial f}{\partial \boldsymbol{\sigma}}\right)^{\mathrm{T}}\boldsymbol{D}_{\mathrm{e}}\frac{\partial g}{\partial \boldsymbol{\sigma}}, \tag{3-3-4}$$

$$A = -\frac{\partial f}{\partial \kappa}m, \tag{3-3-5}$$

$$m = \begin{cases} \boldsymbol{\sigma}^{\mathrm{T}}\dfrac{\partial g}{\partial \boldsymbol{\sigma}}, & \kappa = w^{\mathrm{p}} \quad (\text{塑性功}), \\ \boldsymbol{e}^{\mathrm{T}}\dfrac{\partial g}{\partial \boldsymbol{\sigma}}, & \kappa = \theta^{\mathrm{p}} \quad (\text{塑性扩容}), \\ \left[\left(\dfrac{\partial g}{\partial \boldsymbol{\sigma}}\right)^{\mathrm{T}}\dfrac{\partial g}{\partial \boldsymbol{\sigma}}\right]^{1/2}, & \kappa = \bar{\varepsilon}^{\mathrm{p}} \quad (\text{等效塑性应变}), \end{cases} \tag{3-3-6}$$

$$\boldsymbol{e} = [1 \quad 1 \quad 1 \quad 0 \quad 0 \quad 0]^{\mathrm{T}}. \tag{3-3-7}$$

在式(3-3-6)中还采用塑性扩容来定义内变量.对金属材料不可这样做,因为金属材料的塑性变形是不可压缩的.由于塑性加载时,$(\partial f/\partial \boldsymbol{\sigma})^{\mathrm{T}}\boldsymbol{D}_{\mathrm{e}}\mathrm{d}\boldsymbol{\varepsilon}>0$,$\mathrm{d}\lambda>0$,$\mathrm{d}\kappa>0$,要求有

$$H_{12} > 0, \quad H_{12}+A > 0, \quad m > 0. \tag{3-3-8}$$

上面三式是对塑性势函数 g 和屈服函数 f 的约束条件.

非关联塑性材料的本构矩阵(3-3-2)是不对称的.引入记号

$$\begin{aligned} H_{11} &= \left(\frac{\partial f}{\partial \boldsymbol{\sigma}}\right)^{\mathrm{T}}\boldsymbol{D}_{\mathrm{e}}\frac{\partial f}{\partial \boldsymbol{\sigma}}, \quad H_{22} = \left(\frac{\partial g}{\partial \boldsymbol{\sigma}}\right)^{\mathrm{T}}\boldsymbol{D}_{\mathrm{e}}\frac{\partial g}{\partial \boldsymbol{\sigma}}, \\ H_{12} &= \left(\frac{\partial f}{\partial \boldsymbol{\sigma}}\right)^{\mathrm{T}}\boldsymbol{D}_{\mathrm{e}}\frac{\partial g}{\partial \boldsymbol{\sigma}}, \quad H_{21} = \left(\frac{\partial g}{\partial \boldsymbol{\sigma}}\right)^{\mathrm{T}}\boldsymbol{D}_{\mathrm{e}}\frac{\partial f}{\partial \boldsymbol{\sigma}}, \end{aligned} \tag{3-3-9}$$

$$\boldsymbol{p} = \frac{1}{\sqrt{H_{11}}}\frac{\partial f}{\partial \boldsymbol{\sigma}}, \quad \boldsymbol{q} = \frac{1}{\sqrt{H_{22}}}\frac{\partial g}{\partial \boldsymbol{\sigma}}, \tag{3-3-10}$$

不难计算出

$$\begin{aligned} &\boldsymbol{p}^{\mathrm{T}}\boldsymbol{D}_{\mathrm{e}}\boldsymbol{p} = 1, \quad \boldsymbol{q}^{\mathrm{T}}\boldsymbol{D}_{\mathrm{e}}\boldsymbol{q} = 1, \\ &\boldsymbol{p}^{\mathrm{T}}\boldsymbol{D}_{\mathrm{e}}\boldsymbol{q} = \boldsymbol{q}^{\mathrm{T}}\boldsymbol{D}_{\mathrm{e}}\boldsymbol{p} = \frac{H_{12}}{\sqrt{H_{11}H_{22}}} \leqslant 1. \end{aligned} \tag{3-3-11}$$

非关联塑性材料本构矩阵(3-3-2)现在可写为

$$\boldsymbol{D}_{\mathrm{ep}}=\boldsymbol{D}_{\mathrm{e}}-\frac{\sqrt{H_{11}H_{22}}}{H_{12}+A}\boldsymbol{D}_{\mathrm{e}}\boldsymbol{q}\boldsymbol{p}^{\mathrm{T}}\boldsymbol{D}_{\mathrm{e}}. \tag{3-3-12}$$

上式可分解为对称矩阵 $\boldsymbol{D}_{\mathrm{ep}}^{\mathrm{S}}$ 与反对称矩阵 $\boldsymbol{D}_{\mathrm{ep}}^{\mathrm{A}}$ 之和，即

$$\boldsymbol{D}_{\mathrm{ep}}=\boldsymbol{D}_{\mathrm{ep}}^{\mathrm{S}}+\boldsymbol{D}_{\mathrm{ep}}^{\mathrm{A}}, \tag{3-3-13}$$

其中

$$\boldsymbol{D}_{\mathrm{ep}}^{\mathrm{S}}=\frac{1}{2}(\boldsymbol{D}_{\mathrm{ep}}+\boldsymbol{D}_{\mathrm{ep}}^{\mathrm{T}})=\boldsymbol{D}_{\mathrm{e}}-\frac{\sqrt{H_{11}H_{21}}}{2(H_{12}+A)}\boldsymbol{D}_{\mathrm{e}}(\boldsymbol{q}\boldsymbol{p}^{\mathrm{T}}+\boldsymbol{p}\boldsymbol{q}^{\mathrm{T}})\boldsymbol{D}_{\mathrm{e}}, \tag{3-3-14}$$

$$\boldsymbol{D}_{\mathrm{ep}}^{\mathrm{A}}=\frac{1}{2}(\boldsymbol{D}_{\mathrm{ep}}-\boldsymbol{D}_{\mathrm{ep}}^{\mathrm{T}})=-\frac{\sqrt{H_{11}H_{22}}}{2(H_{12}+A)}\boldsymbol{D}_{\mathrm{e}}(\boldsymbol{q}\boldsymbol{p}^{\mathrm{T}}-\boldsymbol{p}\boldsymbol{q}^{\mathrm{T}})\boldsymbol{D}_{\mathrm{e}}. \tag{3-3-15}$$

可直接通过计算验证，反对称矩阵的二次型为零. 换言之，$\delta\boldsymbol{\varepsilon}^{\mathrm{T}}\boldsymbol{D}_{\mathrm{ep}}^{\mathrm{A}}\delta\boldsymbol{\varepsilon}=0$，因而

$$\delta\boldsymbol{\varepsilon}^{\mathrm{T}}\boldsymbol{D}_{\mathrm{ep}}\delta\boldsymbol{\varepsilon}=\delta\boldsymbol{\varepsilon}^{\mathrm{T}}\boldsymbol{D}_{\mathrm{ep}}^{\mathrm{S}}\delta\boldsymbol{\varepsilon}. \tag{3-3-16}$$

这样，讨论 $\boldsymbol{D}_{\mathrm{ep}}$ 的二次型可归结为讨论它们的对称部分 $\boldsymbol{D}_{\mathrm{ep}}^{\mathrm{s}}$ 的二次型，讨论 $\boldsymbol{D}_{\mathrm{ep}}$ 的正定性可归结为讨论 $\boldsymbol{D}_{\mathrm{ep}}^{\mathrm{S}}$ 的正定性.

设

$$\boldsymbol{r}_1=\boldsymbol{p}+\boldsymbol{q},\quad \boldsymbol{r}_2=\boldsymbol{p}-\boldsymbol{q}, \tag{3-3-17}$$

对称矩阵 $\boldsymbol{D}_{\mathrm{ep}}^{\mathrm{S}}$ 可改写为

$$\boldsymbol{D}_{\mathrm{ep}}^{\mathrm{S}}=\boldsymbol{D}_{\mathrm{e}}-\frac{\sqrt{H_{11}H_{22}}}{4(H_{12}+A)}\boldsymbol{D}_{\mathrm{e}}(\boldsymbol{r}_1\boldsymbol{r}_1^{\mathrm{T}}-\boldsymbol{r}_2\boldsymbol{r}_2^{\mathrm{T}})\boldsymbol{D}_{\mathrm{e}}. \tag{3-3-18}$$

不难直接验证，矢量 $\boldsymbol{r}_1$ 和 $\boldsymbol{r}_2$ 关于 $\boldsymbol{D}_{\mathrm{e}}$ 广义正交：

$$\begin{aligned}
\boldsymbol{r}_1^{\mathrm{T}}\boldsymbol{D}_{\mathrm{e}}\boldsymbol{r}_1&=2\left(1+\frac{H_{12}}{\sqrt{H_{11}H_{22}}}\right),\\
\boldsymbol{r}_2^{\mathrm{T}}\boldsymbol{D}_{\mathrm{e}}\boldsymbol{r}_2&=2\left(1-\frac{H_{12}}{\sqrt{H_{11}H_{22}}}\right),\\
\boldsymbol{r}_1^{\mathrm{T}}\boldsymbol{D}_{\mathrm{e}}\boldsymbol{r}_2&=\boldsymbol{r}_2^{\mathrm{T}}\boldsymbol{D}_{\mathrm{e}}\boldsymbol{r}_1=0.
\end{aligned} \tag{3-3-19}$$

还可进一步验证，$\boldsymbol{r}_1$ 和 $\boldsymbol{r}_2$ 分别是广义特征值问题

$$\boldsymbol{D}_{\mathrm{ep}}^{\mathrm{S}}\boldsymbol{r}=\mu\boldsymbol{D}_{\mathrm{e}}\boldsymbol{r} \tag{3-3-20}$$

的两个特征矢量，而对应的特征值是

$$\mu_1=1-\frac{\sqrt{H_{11}H_{22}}+H_{12}}{2(H_{12}+A)},\quad \mu_2=1+\frac{\sqrt{H_{11}H_{22}}-H_{12}}{2(H_{12}+A)}\geqslant 1.$$

在 $\boldsymbol{r}_1$ 和 $\boldsymbol{r}_2$ 的补空间中取任意 4 个 $\boldsymbol{D}_{\mathrm{e}}$-正交矢量 $\boldsymbol{r}_i(i=3,4,5,6)$，显然它们也是广义特征值问题(3-3-20)的特征矢量，而且相应的特征值 $\mu_i=1(i=3,4,5,6)$，这样，我们找到了矩阵 $\boldsymbol{D}_{\mathrm{ep}}^{\mathrm{S}}$ 的 6 个 $\boldsymbol{D}_{\mathrm{e}}$-正交的特征矢量 $\boldsymbol{r}_i(i=1,2,3,4,5,6)$. 而相应的 6

个特征值为

$$\mu_1 = 1 - \frac{\sqrt{H_{11}H_{22}} + H_{12}}{2(H_{12} + A)},$$

$$\mu_2 = 1 + \frac{\sqrt{H_{11}H_{22}} - H_{12}}{2(H_{12} + A)} \geqslant 1, \qquad (3\text{-}3\text{-}21)$$

$$\mu_3 = \mu_4 = \mu_5 = \mu_6 = 1.$$

由于后 5 个特征值均为正，与前一节讨论相同，则 $\boldsymbol{D}_{ep}^{S}$ 正定或半正定的充要条件为

$$\mu_1 = 1 - \frac{\sqrt{H_{11}H_{22}} + H_{12}}{2(H_{12} + A)} \geqslant 0. \qquad (3\text{-}3\text{-}22)$$

$\boldsymbol{D}_{ep}^{S}$ 失去正定性的充要条件为

$$\mu_1 = 1 - \frac{\sqrt{H_{11}H_{22}} + H_{12}}{2(H_{12} + A)} < 0. \qquad (3\text{-}3\text{-}23)$$

考虑到式(3-3-16)，(3-3-22)和(3-3-23)也分别是非关联材料本构矩阵 $\boldsymbol{D}_{ep}$ 的正定性和不正定的充要条件. 容易将本构矩阵不正定的条件(3-3-23)改写为

$$A < \frac{1}{2}(\sqrt{H_{11}H_{22}} - H_{12}). \qquad (3\text{-}3\text{-}24)$$

由于上面不等式右侧是一个非负的值(仅当退化为关联情况，$H_{11} = H_{22} = H_{12}$，它才为零)，在 $A=0$ 或 A 是一个小的正数的情况，不等式(3-3-24)成立. 因此，对等向强化-软化的非关联塑性材料来说，不仅软化塑性情况本构矩阵 $\boldsymbol{D}_{ep}$ 不正定，甚至在理想塑性或低应变强化情况，本构矩阵 $\boldsymbol{D}_{ep}$ 也可以是不正定的，材料是不稳定的. 这个事实也说明了，材料的应变软化和材料的不稳定性是不同的两件事.

2. 岩石类材料的塑性，屈服准则和塑性势

在刚性试验机出现之前，通常将工程条件下的岩石类材料看做脆性材料，很少注意它的塑性变形(不可逆变形)，仅注意材料的破坏或强度，因而对岩石类材料讨论的主要是破坏准则或强度准则.

1900 年提出的 **Mohr 破坏准则**，最初是看做 Tresca 准则的一种推广，这两个准则都是假设最大剪应力是破坏即将来临的唯一的有决定性的量度. 但是，Tresca 准则假设剪应力的临界值是常数，而 Mohr 破坏准则则认为在破裂平面内的极限剪应力 τ 是该点同一平面内正应力 σ 的函数，也即

$$|\tau| = f(\sigma), \qquad (3\text{-}3\text{-}25)$$

这里的 $f(\sigma)$ 是由实验确定的函数. 如果将应力状态用 Mohr 圆(应力圆)表示，当 Mohr 主圆与包络线 $f(\sigma)$ 相切，则材料发生破坏，切点坐标对应的应力分量 τ 和 σ 就是破裂面上剪应力和正应力，如图 3-3-1 所示. 可以看出，Mohr 准则考虑到平均应力或静水应力对材料破坏的影响，这是不同于 Tresca 准则的.

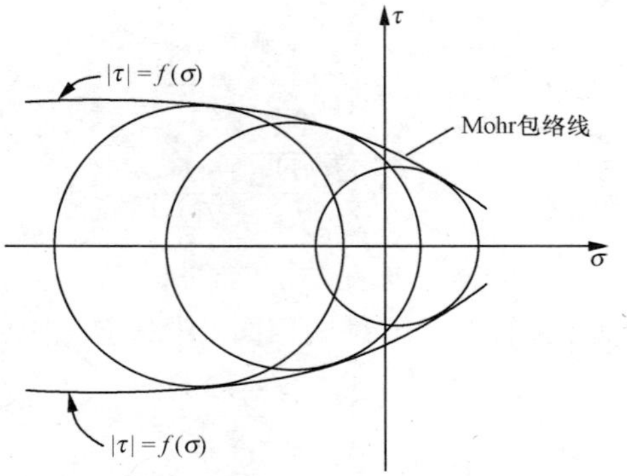

图 3-3-1 Mohr 破坏准则

Mohr 包络线的最简单形式是直线，如图 3-3-2 所示. 直线形式包络线的方程称为 Coulomb 方程，早在 1773 年 Coulomb 研究土体时就提出了这个方程，在研究岩石破裂时将其称之为 Mohr-Coulomb 准则，在本书以后简称它为 **Coulomb 破坏准则**，其表达式为

$$|\tau| = c - \sigma\tan\varphi, \tag{3-3-26}$$

其中：c 是剪切强度的截断值或称黏聚力；τ 是峰值剪应力或峰值强度；φ 是内摩擦角，它类似于在平面之间滑动的摩擦角，$\mu=\tan\varphi$ 是内摩擦系数，内摩擦角描述了峰值强度随正应力增加的速率.

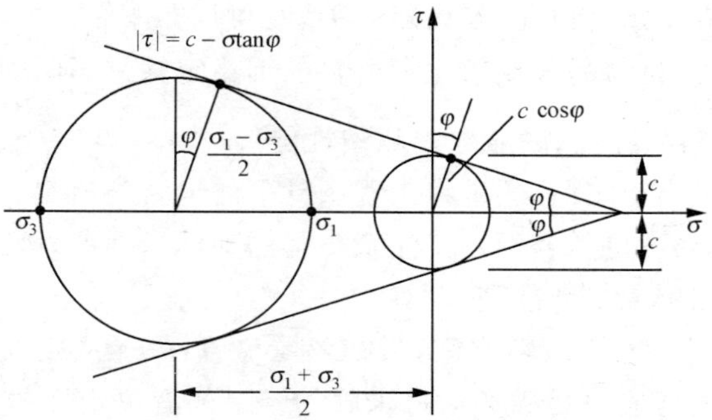

图 3-3-2 Coulomb 破坏准则

多数岩石三轴压缩试验结果都可很好地用直线包络线表示，因而 Coulomb 破坏准则在岩石类材料中得到广泛的应用. 一些有代表性的岩石的 c，φ 值列于表 3-3-1 中.

表 3-3-1 岩石剪切强度的截断值和内摩擦角

类 别	孔隙度/(%)	c/MPa	φ	围压范围/MPa
Berea 砂岩	18.2	27.2	37.8	0～200
Barteesville 砂岩		8.0	37.2	0～203
Pottsville 砂岩	14.0	14.9	45.2	0～68.9
Repetto 泥砂岩	5.6	34.7	32.1	0～200
Muddy 页岩	4.7	38.4	14.4	0～200
Stockton 页岩		0.34	22.0	0.8～4.1
Edmonton 膨土页岩（水含量 30%）	44.0	0.3	7.5	0.1～3.1
Sioux 石英岩		70.0	48.0	0～203
Texas 板岩受载				
与劈理成 30°		26.2	21.0	34.5～276
与劈理成 90°		70.3	26.9	34.5～276
Georgia 大理岩	0.3	21.2	25.3	5.6～68.9
Wolt 营地灰岩		23.6	34.8	0～203
Indiana 灰岩	19.4	6.72	42.0	0～9.6
Hasmark 白云岩	3.5	22.8	35.5	0.8～5.9
白垩	40.0	0	31.5	10～90
Blaine 硬石岩		43.4	29.4	0～203
Inada 黑云母花岗石	0.4	55.2	47.7	0.1～98
Stone 山花岗石	0.2	55.1	51.0	3.4～34.5
Schistose 片麻岩				
与片理成 90°	0.5	46.9	28.0	0～69
与片理成 30°	1.9	14.8	27.6	0～69

注：数据取自 Goodman(1989).

Coulomb 破坏准则还用于表示“残余强度”，也就是材料在峰值后经受变形而达到的最小强度. 这时在式(3-3-26)中每个符号注以下标 r，表示它们是残余值. 残余剪切强度 c_r 可以接近于零，而残余内摩擦角 φ_r 通常在零和峰值内摩擦角之间.

Coulomb 破坏准则是个剪破裂准则，它仅适用于压剪状态. 如果在式(3-3-26)中的 σ 是拉应力，那么当作用的剪应力小于黏聚力 c 时也会发生“破裂”，这显然是荒谬的. 此外，Coulomb 破坏准则预言的拉伸强度是 $\sigma_T^* = c/\tan\varphi$，它远大于实际的拉伸强度(见表3-3-2). 因而在拉剪区必须修改这个破坏准则，或者重建新的准则. 这些我们将在后文中讨论.

表 3-3-2 岩石类材料无侧限压缩强度和间接拉伸强度

类 别	σ_c/MPa	σ_T/MPa	$n=\sigma_c/\sigma_T$
Berea 砂岩	73.8	1.17	63.0
Navajo 砂岩	214.0	8.13	26.3
Tensleep 砂岩	72.4		
Hackensack 泥砂岩	122.7	2.96	41.5
Solenhofen 灰岩	245.0	4.00	61.3
Bedford 灰岩	51.0	1.58	32.3
Tavernalle 灰岩	97.0	3.88	25.0
Oneota 白云岩	86.9	4.41	19.7
Lockport 白云岩	90.3	3.03	29.8
Flaming Gorge 页岩	35.2	0.21	167.6
Micaceous 页岩	75.2	2.07	36.3
Dworshak 坝片麻岩			
与页理成 45°	162.0	6.89	23.5
石英云母片岩(片理)	55.2	0.55	100.4
Baraboo 石英岩	320.0	11.00	29.1
Taconic 大理岩	62.0	1.17	53.0
Cherokee 大理岩	66.9	1.79	37.4
Nevada 实验场花岗岩	141.1	11.66	1.1
Pikes 峰花冈岩	226.0	11.89	19.0
Palisades 辉绿岩	241.0	11.42	21.1
Nevada 实验场玄武岩	148.0	13.10	11.3
John Day 玄武岩	335.0	13.67	24.5
Nevada 实验场凝灰岩	11.3	1.13	10.0
混凝土	340～1400	10～70	4.8～140

注:岩石材料数据取自 Goodman(1989),间接拉伸强度是用点载荷实验得到的.

如果规定 $\sigma_1 \geqslant \sigma_2 \geqslant \sigma_3$,那么破裂面上的正应力和剪应力可分别表示为

$$\sigma = \frac{1}{2}(\sigma_1 + \sigma_3) + \frac{1}{2}(\sigma_1 - \sigma_3)\sin\varphi,$$

$$\tau = \frac{1}{2}(\sigma_1 - \sigma_3)\sin\varphi.$$

因而 Coulomb 破坏准则也可表示为

$$f(\sigma_1, \sigma_2, \sigma_3) = \frac{1}{2}(\sigma_1 - \sigma_3) + \frac{1}{2}(\sigma_1 + \sigma_3)\sin\varphi - c\cos\varphi = 0. \quad (3\text{-}3\text{-}27)$$

上式右端的第二项反映了静水压力对破坏的影响. 如果我们定义

$$a = \frac{2c\cos\varphi}{1 - \sin\varphi}, \quad b = \frac{2c\cos\varphi}{1 + \sin\varphi},$$

式(3-3-27)可进一步简化为

$$f=\frac{\sigma_1}{b}-\frac{\sigma_3}{a}-1=0. \tag{3-3-28}$$

上式是截距式的一次方程，显然 b 是简单拉伸时的强度 σ_T，而 a 是简单压缩时的强度 σ_C. 引入参数 n(强度比)

$$n=\frac{\sigma_C}{\sigma_T}=\frac{1+\sin\varphi}{1-\sin\varphi}, \tag{3-3-29}$$

式(3-3-28)还可写成如下的斜截式的一次方程

$$f=n\sigma_1-\sigma_3-\sigma_c=0. \tag{3-3-30}$$

某些岩石类材料的 σ_C，σ_T 和 n 值见表 3-3-2.

由于规定了 $\sigma_1\geqslant\sigma_2\geqslant\sigma_3$，式(3-3-30)在 π 平面上对应于图 3-3-3 中的线段 AB. 如果不规定 $\sigma_1\geqslant\sigma_2\geqslant\sigma_3$，采用对称开拓方法，便得到图中的不规则六边形，它称为 Coulomb 六边形. 破裂面与 $\sigma_m=\sigma_1+\sigma_2+\sigma_3=\text{const}$ 平面(偏平面)相截的图形是随着 σ_m 的增加而线性缩小的，当 $\sigma_1=\sigma_2=\sigma_3=c\cot\varphi$ 时，图形收缩为一点 O^*. 因此 Coulomb 破裂面是一个以 π 平面上 Coulomb 六边形为底，以 O^* 为顶的六棱锥体的侧面.

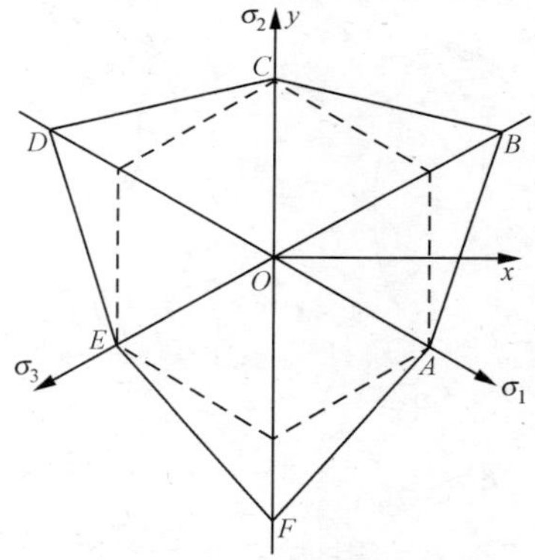

图 3-3-3　Coulomb 六边形

由于受载的岩石试件的微观和细观上的破裂导致了宏观的不可逆变形，在唯象学理论中将这种不可逆变形定义为塑性变形，形成了岩石塑性力学. 这时，通常将 Coulomb 破坏准则看做是屈服准则，但应该注意到它是对应于峰值应力的屈服准则，是一种后继屈服准则，而初始屈服准则是不甚清楚的，这与金属塑性的发展历史不同. 当然，初始屈服准则也可采用式(3-3-27)的形式，不过其中 c,φ 值应该是开始出现不可逆变形(刚开始有微破裂)的值，应由实验来确定. 表 3-3-1 给出的 c,φ 值都是峰值屈服准则的值，而初始屈服准则的资料目前还很少，往往需由实践经验来设定，或者将峰值的 c,φ 值适当地折减，作为初始参数. 总之，过去将岩石看做脆性材料时，通常称 Coulomb 准则为破坏准则，而如今将岩石看做塑性材料时，则称为屈服准则. 此外，对岩石类材料使用塑性本构理论中要事前知道 c,φ 值随内变量 κ 发展变化的曲线，即已知函数 $c(\kappa)$ 和 $\varphi(\kappa)$. 由于缺少实验资料目前只能借助经验设定.

由于 Coulomb 准则在棱线上各点为奇异点. 需使用奇异点的本构关系，这在数学上比较复杂，给编写程序带来很大不方便，可采用外接或内接的圆锥面的方案使棱角光滑化，这就是 **Drucker- Prager 屈服准则**（简称 **D-P 准则**）

$$f = \alpha I_1 + \sqrt{J_2} - k = 0, \tag{3-3-31}$$

式中 α 称为材料的压力相关系数. 这个准则在主应力空间是一个圆锥面(图 3-3-4). 在不计静水压力时($\alpha=0$)，它可退化为 Mises 准则，因而它也称为广义的 Mises 准则. 事实上，D-P 准则是为推广 Mises 准则在土力学中的应用，由 Drucker 和 Prager 1952 年提出的. D-P 准则考虑了中间主应力的影响，理论上更为合理，而且在压剪情况，屈服面光滑，使用方便，该准则在国内外岩石塑性力学有限元分析中应用极广.

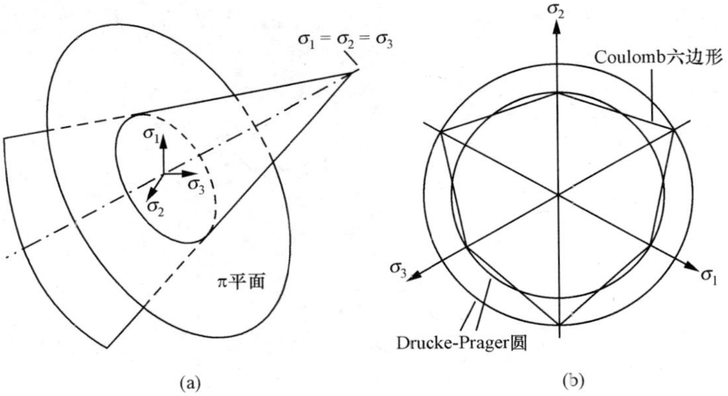

图 3-3-4　Drucker-Prager 屈服准则

为确定参数 α 和 k 与工程上常用的黏聚力 c 和内摩擦角 φ 之间的关系，需要将 D-P 准则(3-3-31)和 Coulomb 棱锥顶重合，那么当 Drucker-Prager 圆与 Coulomb 六边形外顶点重合时，可得

$$\alpha = \frac{2\sin\varphi}{\sqrt{3}(3-\sin\varphi)}, \quad k = \frac{6c\cos\varphi}{\sqrt{3}(3-\sin\varphi)}. \tag{3-3-32}$$

而当与 Coulomb 六边形的内顶点重合时，可得

$$\alpha = \frac{2\sin\varphi}{\sqrt{3}(3+\sin\varphi)}, \quad k = \frac{6c\cos\varphi}{\sqrt{3}(3+\sin\varphi)}. \tag{3-3-33}$$

如果在平面应变条件下使 Drucker-Prager 屈服面和 Coulomb 屈服面一致，那么

$$\alpha = \frac{\tan\varphi}{(9+12\tan^2\varphi)^{\frac{1}{2}}},\quad k = \frac{3c}{(9+12\tan^2\varphi)^{\frac{1}{2}}}. \tag{3-3-34}$$

在理想塑性情况，α，k 是常数；在强化或软化情况，α 和 k 是内变量 κ 的函数，具体的函数关系可由 $c(\kappa)$ 和 $\varphi(\kappa)$ 导出.

Drucker-Prager 准则同样是一个压剪型的屈服准则，在拉剪区（$I_1>0$）将失去它的实验基础. 特别地，用它预言的锥顶处的 I_1^* 值（其时 $\sqrt{J_2}=0$）为 $I_1^*=k/a$，远大于实验值

$$I_{\mathrm{T}} = (\sigma_1+\sigma_2+\sigma_3)_{\mathrm{T}} = \sigma_{\mathrm{T}},$$

其中 σ_{T} 是拉伸强度. 例如，对 Berea 砂岩，按表 3-3-1，$c=27.2$ MPa，$\varphi=37.8°$，再按式 (3-3-32) 得 $\alpha=0.29$，$k=31.3$ MPa，因而 **D-P 准则**预言的抗拉强度 $I_1^*=107.8$ MPa 远大于表 3-3-2 给出的实测抗拉强度 1.17 MPa. 以往在工程计算中，曾用一个过 $(I_{\mathrm{T}},0)$ 点的垂直于横轴的拉伸截断面来局部地取代拉剪区 Drucker-Prager 锥面. 这样做，虽然避免了出现过大的 I_{T} 值，但这个截断面与原 D-P 锥面却交汇成新的奇异点，在处理上构成新的困难（图 3-3-5）. 我们现在介绍在拉剪区（$I_1>0$）**修正的 Drucker-Prager 准则**的两种可行方案. 第一种修正方案是在压剪区，$I_1<I_B$ 时仍采用 Drucker-Prager 锥面式（3-3-31），而在拉剪区及其邻近，$I_1\geqslant I_B$，采用一个球形屈服面代替原来的锥顶附近的锥面[图 3-3-5(a)]

$$f = [J_2+(I_1-I_A)^2]^{\frac{1}{2}} - (I_{\mathrm{T}}-I_A) = 0, \tag{3-3-35}$$

其中

$$I_A = \frac{\sigma_{\mathrm{T}}(1+\alpha^2)^{\frac{1}{2}}-k}{(1+\alpha^2)^{\frac{1}{2}}-\alpha}, \tag{3-3-36}$$

$$I_B = \frac{\alpha\sigma_{\mathrm{T}}-k}{(1+\alpha^2)^{\frac{1}{2}}}+\sigma_{\mathrm{T}}, \tag{3-3-37}$$

不难看出这个球面既通过点 $(I_{\mathrm{T}},0)$，又在点 B 与 Drucker-Prager 锥面相切，因而由式（3-3-31）和（3-3-35）共同定义的新的准则是一个处处光滑的正则函数，不过是分区给出表达式，稍微复杂一些罢了. 第二种修正方案是使用一个双曲旋转面近似地代替 Drucker-Prager 圆锥面，而后者是前者的渐进面[图 3-3-5(b)]. 这时的屈

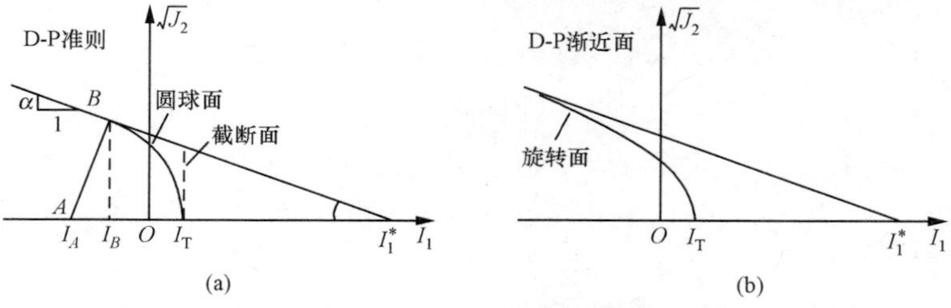

图 3-3-5　修正的 D-P 准则（D-P-Y 准则）

服准则为

$$f = (J_2 + a^2 k^2)^{\frac{1}{2}} + \alpha I_1 - k = 0, \tag{3-3-38}$$

其中

$$a = 1 - \frac{\alpha \sigma_T}{k} \tag{3-3-39}$$

是个参数,并且 $0 \leqslant a \leqslant 1$;如果 $a=0$,就回到原 Drucker-Prager 准则. 屈服面(3-3-38)通过点(I_T,0)且处处光滑. 经过上面修正得到的两种屈服准则通称修正的 Drucker-Prager 准则,或 Drucker-Prager-Yin(殷)准则,简称为 D-P-Y 准则,因为它是殷有泉首先提出并应用于工程计算的(殷有泉,张宏,1985).

上面讨论的 Coulomb 准则,Drucker-Prager 准则和修正的 Drucker-Prager 准则都假设岩石材料是各向同性的. 为考虑强度上各向异性材料,Hill 将 Mises 准则推广到适合各向异性材料情况. 进一步考虑围压对岩石类材料屈服的影响之后,得到如下形式的屈服准则

$$\begin{aligned} f(\boldsymbol{\sigma}, a_1, \cdots, a_9) = & [a_1(\sigma_y - \sigma_z)^2 + a_2(\sigma_z - \sigma_x)^2 \\ & + a_3(\sigma_x - \sigma_y)^2 + (a_4 \tau_{yz}^2 + a_5 \tau_{zx}^2 + a_6 \tau_{xy}^2)]^{\frac{1}{2}} \\ & + a_7 \sigma_x + a_8 \sigma_y + a_9 \sigma_z - 1 \\ = & \ 0. \end{aligned} \tag{3-3-40}$$

如果材料是正交各向异性的,需要 9 个独立的试验以确定式(3-3-40)中 9 个系数. 现在考虑节理、裂缝或软弱结构面有一定取向的岩石介质,这种介质微破裂在层面内占优势,可以看做是层状弹塑性材料,即将材料假定由大量的薄层组成,层与层之间靠摩擦力传递层间的剪应力,并可以传递垂直层面的压应力,但只能传递很小的拉应力,层面在垂直方向为低抗拉的,而其他方向仍允许拉应力. 宏观的不可逆变形也仅是沿层面的剪破裂和垂直层面的张破裂,因而在强度上它是强烈各向异性的. 这种层状材料的屈服准则可通过简化式(3-3-40)来得到. 实际上,设层面的法方向为 z 方向,在式(3-3-40)中取

$$a_4 = a_5 = \frac{1}{c^2}, \quad a_9 = \frac{\mu}{c},$$

其余系数为 0,则得

$$f(\boldsymbol{\sigma}, c, \mu) = \tau + \mu \sigma_z - c = 0, \tag{3-3-41}$$

式中

$$\tau = (\tau_{zx}^2 + \tau_{zy}^2)^{\frac{1}{2}} \tag{3-3-42}$$

是层面内剪应力 τ_{zx} 和 τ_{zy} 的合力,σ_z 是垂直层面的正应力. μ 和 c 分别是层面的内摩擦系数和黏聚力,它们可以是内变量 κ 的函数. 显然,式(3-3-41)也是 Coulomb 型的屈服准则.

层状材料的屈服准则主要适用于压剪应力状态,而在拉剪状态或拉伸状态失去了实验基础,原则上已不能使用. 这时需要修正,与 Drucker-Prager 准则一样有

二种修正方案. 将层状材料屈服准则(3-3-41)与 Drucker-Prager 准则(3-3-31)对比可发现,只要做如下变量替换

$$\sqrt{J_2} \to \tau, \quad I_1 \to \sigma_z, \quad \alpha \to \mu, \quad k \to c,$$

两个准则的表达式是完全一致的. 这样,第一种修正方案是: 当 $\sigma_z < \sigma_B$ 时,采用原来的层状材料屈服准则(3-3-41);当 $\sigma_z \geqslant \sigma_B$ 时,采用圆弧形式的准则[图 3-3-6(a)]

$$f = [\tau^2 + (\sigma_z - \sigma_A)^2]^{\frac{1}{2}} - (\sigma_{\mathrm{T}} - \sigma_A) = 0, \tag{3-3-43}$$

式中: σ_A 是圆弧中心点 A 对应的应力值

$$\sigma_A = \frac{\sigma_{\mathrm{T}}(1+\mu^2)^{\frac{1}{2}} - c}{(1+\mu^2)^{\frac{1}{2}} - \mu}, \tag{3-3-44}$$

σ_B 是圆弧与式(3-3-41)相切点 B 对应的应力值

$$\sigma_B = \frac{\mu\sigma_{\mathrm{T}} - c}{(1+\mu^2)^{\frac{1}{2}}} + \sigma_{\mathrm{T}}. \tag{3-3-45}$$

上述圆弧屈服面通过点$(\sigma_{\mathrm{T}}, 0)$,并在点 B 与式(3-3-41)相切. 因而修正后的层状材料屈服准则是处处光滑的正则屈服准则,但它是用两个函数分区表示的. 第二种修正方案是用一个双曲线来替代层状材料的 Coulomb 型的直线,而后者作为前者的渐近线[图 3-3-6(b)].

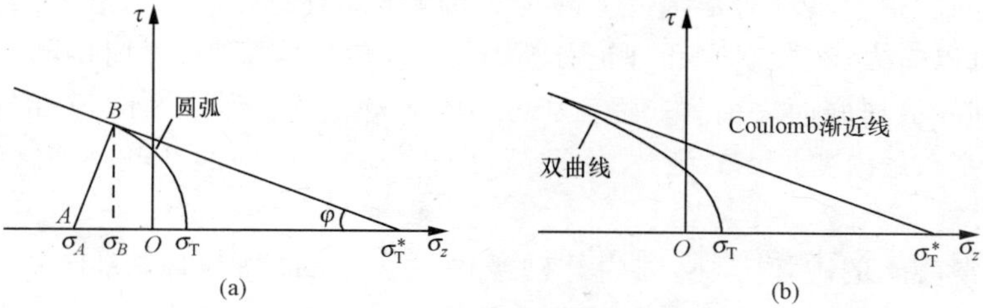

图 3-3-6 修正的层状材料屈服准则

这时,修正后的屈服准则的表达式为

$$f = (\tau^2 + a^2c^2)^{\frac{1}{2}} + \mu\sigma_z - c = 0, \tag{3-3-46}$$

式中: a 是一个小于 1 的正的参数

$$a = 1 - \frac{\mu\sigma_{\mathrm{T}}}{c} = \frac{\sigma_{\mathrm{T}}^* - \sigma_{\mathrm{T}}}{\sigma_{\mathrm{T}}^*}, \tag{3-3-47}$$

修正的屈服准则(3-3-46)的优点是在全区域内采用单一的正则函数,在计算上稍为方便一些.

岩石试件在破裂前(峰值应力之前),由于微裂隙的迅速增长,即使在相当大的围压下,对于致密的岩石,也会出现较大的体积膨胀. 这种现象还被用来作为一种地震前兆,预测断层破裂和地震的到来. 在工程地质中认为即使有膨胀,也是很小

的.解决这类问题的一个办法是采用非关联流动法则.至于塑性势 g 的形式问题，尚在探索之中.目前采用的方法通常是引入一个流动参数 θ 对屈服函数进行修正，而得到塑性势函数.这些做法的优点是可以根据简单的试验容易取得岩石材料的流动参数值，而且在流动参数取某个特殊值时可回到关联流动，便于非关联流动和关联流动的对比研究.

我们在使用 D-P 屈服准则时可以取塑性势为一个 Drucker-Prager 类型的函数

$$g = \bar{\alpha} I_1 + \sqrt{J_2} - k, \tag{3-3-48}$$

这时流动法则成为

$$\mathrm{d}\boldsymbol{\varepsilon}^{\mathrm{p}} = \mathrm{d}\lambda \frac{\partial g}{\partial \boldsymbol{\sigma}} = \mathrm{d}\lambda \left(\bar{\alpha} \boldsymbol{e} + \frac{\bar{\boldsymbol{s}}}{2J^{\frac{1}{2}}} \right),$$

塑性体应变增量 $\mathrm{d}\varepsilon_{\mathrm{v}}^{\mathrm{p}} = \boldsymbol{e}^{\mathrm{T}} \mathrm{d}\boldsymbol{\varepsilon}^{\mathrm{p}} = \mathrm{d}\lambda \boldsymbol{e}^{\mathrm{T}} \bar{\alpha} \boldsymbol{e} = 3\bar{\alpha}\mathrm{d}\lambda$，这样，$\bar{\alpha}$ 代表塑性体膨胀的度量.类似地，在屈服准则(3-3-31)中，α 代表关联流动假设下的塑性体膨胀的度量.由实验和观测资料表明，实验和观测的膨胀值没有关联理论预言的那么大，因而在塑性势函数中 $\bar{\alpha}$ 的取值应小于 α，才符合实际情况.于是取 $\bar{\alpha} = \theta\alpha$，$\theta$ 的取值范围是从 0 到 1，θ 称为流动参数.这样，塑性势函数最终取为

$$g = \theta\alpha I_1 + \sqrt{J_2} - k, \tag{3-3-49}$$

因为在流动法则中出现的是函数 g 对应力的微商，塑性势中的参数 k 是无关紧要的，通常可以略去.实验观察和理论分析都表明，塑性体膨胀在材料开始屈服时较小，在达到峰值屈服面之前(峰值应力的 70%～90%)达到较大的值，因而可认为流动参数 θ 也是内变量 $\boldsymbol{\kappa}$ 的函数.为了简单，式(3-3-49)中的 θ 可以理解为是 $\theta(\boldsymbol{\kappa})$ 的平均值.

关于混凝土的破坏准则，国内外已经做过大量的试验和研究工作，目前公认 Willam-Warnke 五参数准则较好(Chen WF, Han DJ, 1988). Willam-Warnke 五参数模型如图 3-3-7 所示.这个模型有曲线形式的拉伸子午线和压缩子午线，它们是二次抛物线

$$\begin{aligned} \sigma_{\mathrm{m}} &= a_0 + a_1 \rho_{\mathrm{t}} + a_2 \rho_{\mathrm{t}}^2, \\ \sigma_{\mathrm{m}} &= b_0 + b_1 \rho_{\mathrm{c}} + b_2 \rho_{\mathrm{c}}^2, \end{aligned} \tag{3-3-50}$$

式中：$\sigma_{\mathrm{m}} = I_1/3$ 是平均正应力，ρ_{t} 和 ρ_{c} 分别表示垂直于静水轴在 $\theta = 0°$ 和 $\theta = 60°$ 的应力分量，而 a_0, a_1, a_2, b_0, b_1 和 b_2 是材料常数.所有的应力都已归一化，也即，在式(3-3-50)中的 σ_{m}，ρ_{t} 和 ρ_{c} 分别代表 $\sigma_{\mathrm{m}}/\sigma_{\mathrm{c}}$，$\rho_{\mathrm{t}}/\sigma_{\mathrm{c}}$ 和 $\rho_{\mathrm{c}}/\sigma_{\mathrm{c}}$，其中 σ_{c} 是压缩强度.

因为两条子午线与静水轴相交于同一点，必然有

$$a_0 = b_0, \tag{3-3-51}$$

剩下的 5 个参数可用 5 个典型试验确定.两条子午线根据试验数据确定，采用适当曲线连接子午线，可以构造破坏准则在偏平面内的截线.

为使 **Willam-Warnke 破坏准则**是凸的且处处光滑的. 可采用部分椭圆曲线来连接子午线的点[图 3-3-8(a)]. 由于破坏曲线对 σ_1', σ_2', σ_3' 三轴的对称性,仅须考虑曲线在 $0°\leqslant\theta\leqslant 60°$的部分,椭圆表达式的推导简述如下.

在图 3-3-8(b)中,极坐标(ρ,θ)表示的破坏曲线 P_1-P-P_2 可用直角坐标(x,y)表示的(1/4)椭圆 P_1-P-P_2-P_3 近似(a,b 为椭圆半轴). 在 $\theta=0°$和 $\theta=60°$的对称条件要求矢量 ρ_t 和 ρ_c 分别在点$P_1(0,b)$和 $P_2(m,n)$与椭圆垂直. 选取 y 轴使其与矢量 ρ_t 一致,在 P_1 点的正交条件总可以满足. 椭圆在点 $P_2(m,n)$的单位外法向矢量必须与 x 轴成 30°角.

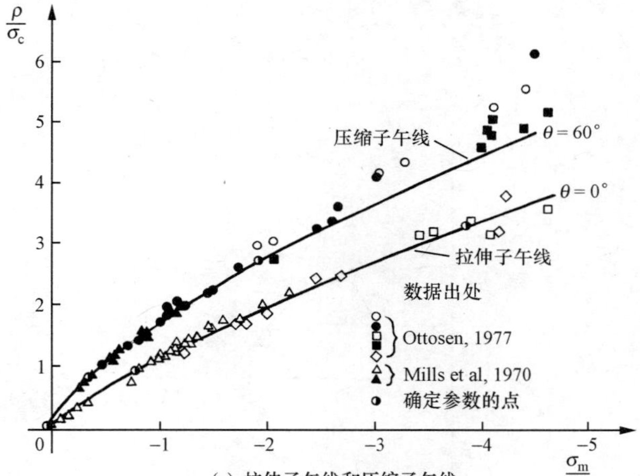

(a) 拉伸子午线和压缩子午线

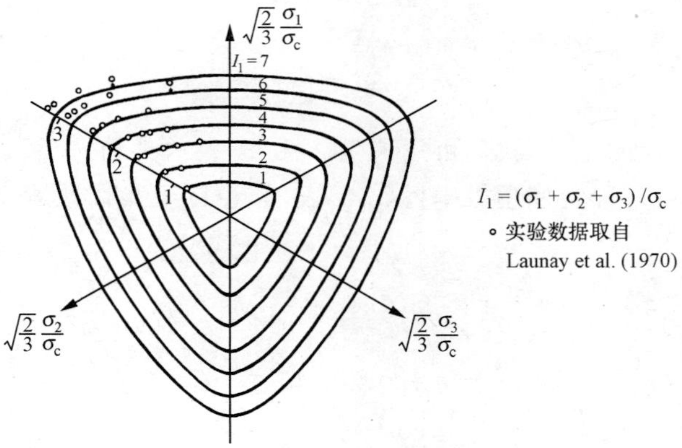

(b) 偏平面

图 3-3-7　Willam-Warnke 破坏准则

引自 Chen, Han(1988)

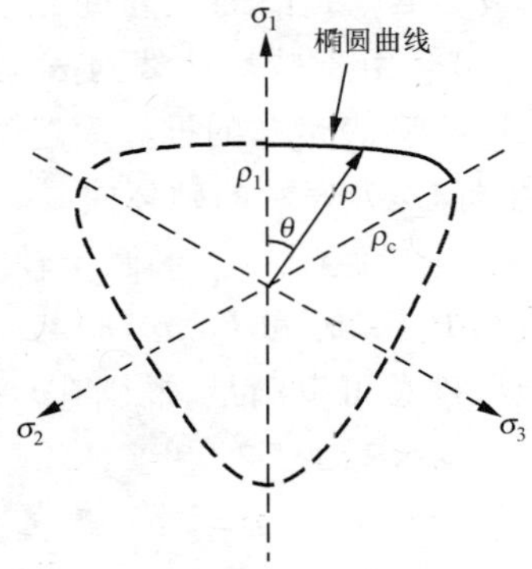

(a) 偏平面

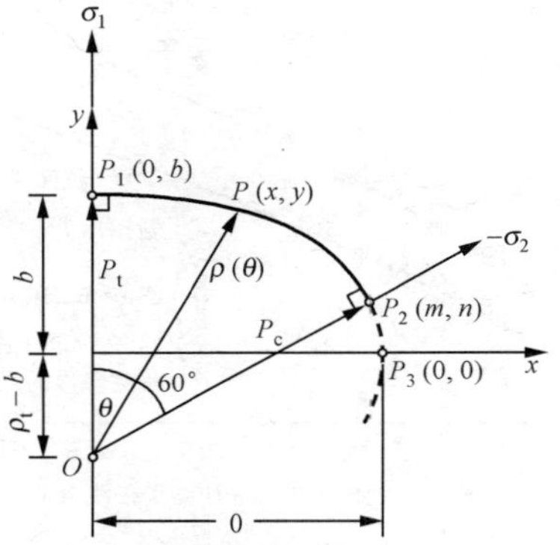

(b) 椭圆迹线 $(0 \leqslant \theta \leqslant 60°)$

图 3-3-8　Willam-Warnke 破坏面在偏平面的迹线

引自 Chen，Han(1988)

使用上面给出的条件，我们可用矢量 ρ_t 和 ρ_c 表示半轴 a 和 b，从而得到椭圆的标准方程. 最后将方程转换用极坐标(ρ,θ)表示. 经过某些代数运算，矢径 $\rho(\theta)$能用参数 ρ_t 和 ρ_c 表示

$$\rho(\theta) = \frac{s+t}{v}, \tag{3-3-52}$$

$$\begin{aligned} s &= 2\rho_c(\rho_c^2 - \rho_t^2)\cos\theta, \quad t = \rho_c(2\rho_t - \rho_c)u^{\frac{1}{2}}, \\ u &= 4(\rho_c^2 - \rho_t^2)\cos^2\theta + 5\rho_t^2 - 4\rho_t\rho_c, \\ v &= 4(\rho_c^2 - \rho_t^2)\cos^2\theta + (\rho_c - 2\rho_t)^2. \end{aligned} \tag{3-3-53}$$

式(3-3-50)和(3-3-52)完全确定了 Willam-Warnke 五参数模型的破坏准则. 破坏函数的五个参数现在能用下述的五个破坏状态来确定，即

(1) 单轴压缩强度 σ_c；

(2) 单轴拉伸强度 $\sigma_t = 0.1\sigma_c$；

(3) 双轴压缩强度 $\sigma_{bc} = 1.15\sigma_c$；

(4) 有侧限的双轴拉伸强度，$\sigma_1 > \sigma_2 = \sigma_3$，且

$$(\sigma_{mt}, \rho_t) = (-1.95\sigma_c, 2.77\sigma_c);$$

(5) 有侧限的双轴压缩强度，$\sigma_1 = \sigma_2 > \sigma_3$，且

$$(\sigma_{mc}, \rho_c) = (-3.9\sigma_c, 3.46\sigma_c),$$

得到的常数 a_0, a_1, a_2, b_1 和 b_2 的值为

$$a_0 = 0.1025, \quad a_1 = -0.8403, \quad a_2 = -0.0910,$$

$$b_1 = -0.4507, \quad b_2 = -0.1018.$$

模型预测值与实验数据的比较如图 3-3-7 所示，无论在子午面还是在偏平面上，模型预测和实验数据的一致性令人满意.

ρ_t 和 ρ_c 可视为 σ_m 的函数从式(3-3-50)解出

$$\begin{aligned} \rho_c &= -\frac{1}{2b_2}\left[b_1 + \sqrt{b_1^2 - 4b_2(b_0 - \sigma_m)}\right], \\ \rho_t &= -\frac{1}{2a_2}\left[a_1 + \sqrt{a_1^2 - 4a_2(a_0 - \sigma_m)}\right], \end{aligned} \tag{3-3-54}$$

因而混凝土五参数破坏准则最后表示为

$$\begin{aligned} f(\rho, \sigma_m, \theta) &= \rho - \rho_f(\sigma_m, \theta) = 0, \\ \rho_f(\sigma_m, \theta) &= \frac{s + t}{v}. \end{aligned} \tag{3-3-55}$$

在混凝土的塑性力学理论中，将破坏准则看做峰值应力对应的屈服准则. 由于混凝土的初始屈服应力难于用实验确定，混凝土的初始屈服准则通常是依据已知的破坏准则而假设的. 例如，屈服应力的取值是按破坏应力比例缩减. 这就是说，峰值前的屈服面与破坏面有类似的形状，仅是缩小了尺寸. 这样，在破坏准则中引入形状因子 k，初始屈服面和峰值前的后继屈服面可表为

$$f(\rho, \sigma_m, \theta) = \rho - k\rho_f(\sigma_m, \theta) = 0, \tag{3-3-56}$$

形状因子 k 是内变量 κ 的函数. 当 $\kappa = 0$，$k = k_y < 1$，k_y 是初始屈服面的形状因子. 在整个强化阶段，有

$$k_y \leqslant k \leqslant 1. \tag{3-3-57}$$

3. Drucker-Prager 材料

通常在工程条件下(常温，中低围压)，一般的岩石和混凝土在强度上是各向同性的，它们可采用非关联的 **Drucker-Prager 材料**(简称 D-P 材料)来模拟. 其屈服条件和塑性势函数分别取为

$$f = \alpha I_1 + \sqrt{J_2} - k = 0, \tag{3-3-58}$$

$$g = \theta\alpha I_1 + \sqrt{J_2} - k, \tag{3-3-59}$$

其中 $I_1 = \boldsymbol{e}^{\mathrm{T}}\boldsymbol{\sigma}$ 是应力张量的第一不变量，α 和 k 是材料参数，它们与黏聚力 c 和内摩擦角 φ 的关系见式(3-3-32)，(3-3-33)和(3-3-34)，c 和 φ 都是内变量 $\boldsymbol{\kappa}$ 的函数，因而 α 和 k 也可看做是内变量 $\boldsymbol{\kappa}$ 的函数. D-P 屈服准则是一个双参数屈服准则. D-P 准则在主应力空间画出的屈服面如图 3-3-4 所示. 塑性势函数 g 中的 θ 为材料的塑性流动参数，取值范围是从 0 到单位值：$0 \leqslant \theta < 1$. 塑性势函数中的参数 k 可以不写出，因为我们总是使用塑性势的梯度 $\partial g/\partial\boldsymbol{\sigma}$. 对 D-P 材料，不难算出

$$\frac{\partial f}{\partial \boldsymbol{\sigma}} = \alpha \boldsymbol{e} + \frac{\bar{\boldsymbol{s}}}{2\sqrt{J_2}}, \quad \boldsymbol{D}_{\mathrm{e}} \frac{\partial f}{\partial \boldsymbol{\sigma}} = 3\alpha K \boldsymbol{e} + \frac{G}{\sqrt{J_2}} \boldsymbol{s} \equiv \boldsymbol{\varphi},$$

$$\frac{\partial g}{\partial \boldsymbol{\sigma}} = \theta\alpha \boldsymbol{e} + \frac{\bar{\boldsymbol{s}}}{2\sqrt{J_2}}, \quad \boldsymbol{D}_{\mathrm{e}} \frac{\partial g}{\partial \boldsymbol{\sigma}} = 3\theta\alpha K \boldsymbol{e} + \frac{G}{\sqrt{J_2}} \boldsymbol{s} \equiv \boldsymbol{\psi},$$

$$H_{11} = \left(\frac{\partial f}{\partial \boldsymbol{\sigma}}\right)^{\mathrm{T}} \boldsymbol{D}_{\mathrm{e}} \frac{\partial f}{\partial \boldsymbol{\sigma}} = 9\alpha^2 K + G,$$

$$H_{22} = \left(\frac{\partial g}{\partial \boldsymbol{\sigma}}\right)^{\mathrm{T}} \boldsymbol{D}_{\mathrm{e}} \frac{\partial g}{\partial \boldsymbol{\sigma}} = 9\theta^2\alpha^2 K + G,$$

$$H_{12} = H_{21} = \left(\frac{\partial f}{\partial \boldsymbol{\sigma}}\right)^{\mathrm{T}} \boldsymbol{D}_{\mathrm{e}} \frac{\partial g}{\partial \boldsymbol{\sigma}} = 9\theta\alpha^2 K + G.$$

式中：$\boldsymbol{s}, \bar{\boldsymbol{s}}$ 的定义见式(3-2-51)，K 和 G 分别为弹性体积模量和切变模量.

于是，非关联 D-P 材料的本构矩阵为

$$\boldsymbol{D}_{\mathrm{ep}} = \boldsymbol{D}_{\mathrm{e}} - \frac{\boldsymbol{\psi}\boldsymbol{\varphi}^{\mathrm{T}}}{9\theta\alpha^2 K + G + (k' - \alpha' I_1)m}, \tag{3-3-60}$$

上述矩阵不正定的充要条件是

$$(k' - \alpha' I_1)m < \frac{1}{2}[(9\alpha^2 K + G)^{1/2}(9\theta^2\alpha^2 K + G)^{1/2} - (9\theta\alpha^2 K + G)], \tag{3-3-61}$$

上式右端是一个正数，记为 Δ. 为了讨论简单起见，设 α 不随内变量变化，即内摩擦角保持常数，此时 $\alpha' = 0$，式(3-3-61)为

$$k' < \Delta/m. \tag{3-3-62}$$

由于 Δ/m 是一个正数，在应变软化($k' < 0$)，理想塑性($k' = 0$)，甚至低应变强化(指 $0 < k' < \Delta/m$)等情况，非关联 D-P 材料本构矩阵都是不正定的，材料是不稳定的.

D-P 屈服准则实质上也是一个压剪型的屈服准则，在拉剪区($I_1 > 0$)失去了物理基础. 因此，上述讨论仅用于 $I < I_B$ 的压剪区. 当 $I_1 \geqslant I_B$ 时采用球形屈服面，并设塑性流动是关联的，因而有

$$f = g = [J_2 + (I_1 - I_A)^2]^{1/2} - (I_{\mathrm{T}} - I_A) = 0, \tag{3-3-63}$$

其中

$$I_A = \frac{\sigma_{\mathrm{T}}(1+\alpha^2)^{1/2} - k}{(1+\alpha^2)^{1/2} - \alpha}, \tag{3-3-64}$$

$$I_B = \frac{\alpha\sigma_{\mathrm{T}} - k}{(1+\alpha^2)^{1/2}} + \sigma_{\mathrm{T}}. \tag{3-3-65}$$

这时

$$\frac{\partial f}{\partial \boldsymbol{\sigma}} = \frac{\partial g}{\partial \boldsymbol{\sigma}} = \left(\frac{I_1 - I_A}{I_{\mathrm{T}} - I_A}\right)\boldsymbol{e} + \frac{\bar{\boldsymbol{s}}}{2(I_{\mathrm{T}} - I_A)},$$

$$\boldsymbol{D}_{\mathrm{e}}\frac{\partial f}{\partial \boldsymbol{\sigma}} = \boldsymbol{D}_{\mathrm{e}}\frac{\partial g}{\partial \boldsymbol{\sigma}} = 3K\left(\frac{I_1 - I_A}{I_{\mathrm{T}} - I_A}\right)\boldsymbol{e} + \frac{G}{I_{\mathrm{T}} - I_A}\boldsymbol{s} \equiv \boldsymbol{\varphi},$$

$$H_{11} = H_{12} = H_{21} = H_{22} = 9K\left(\frac{I_1 - I_A}{I_{\mathrm{T}} - I_A}\right)^2 + \frac{GJ_2}{(I_{\mathrm{T}} - I_A)^2},$$

$$\frac{\partial f}{\partial \kappa} = \frac{I_{\mathrm{T}} - I_1}{I_{\mathrm{T}} - I_A}\frac{\partial I_A}{\partial \kappa},$$

相应的本构矩阵是

$$\boldsymbol{D}_{\mathrm{ep}} = \boldsymbol{D}_{\mathrm{e}} - \frac{\boldsymbol{\varphi}\boldsymbol{\varphi}^{\mathrm{T}}}{H_{11} + \dfrac{I_{\mathrm{T}} - I_1}{I_{\mathrm{T}} - I_A}m\dfrac{\partial I_A}{\partial \kappa}}, \tag{3-3-66}$$

本构矩阵不正定的充要条件是

$$\frac{I_{\mathrm{T}} - I_1}{I_{\mathrm{T}} - I_A}m\frac{\partial I_A}{\partial \kappa} < 0. \tag{3-3-67}$$

D-P 材料还可采用双曲旋转面的修正方案，这里就不多说了，这种方案在本章§3-4 还会提到.

4. 弹塑性层状材料

沉积岩，含一定取向的节理的岩体，碾压混凝土等都可以简化为非关联**弹塑性层状材料**. 在强度上，它是各向异性的，层面内各方向的抗拉强度大于垂直层面方向的强度. 在材料主轴的坐标系内(图 3-3-6)写出屈服准则和塑性势函数是最方便的，当材料质点承受压剪应力状态时，屈服准则和塑性势可取为

$$f(\boldsymbol{\sigma},\kappa) = \tau + \mu\sigma_z - c = 0, \tag{3-3-68}$$

$$g(\boldsymbol{\sigma},\kappa) = \tau + \theta\mu\sigma_z - c, \tag{3-3-69}$$

式中：$\tau=(\tau_{zx}^2+\tau_{zy}^2)^{1/2}$是层面内的剪应力 τ_{zx} 和 τ_{zy} 的合力，σ_z 是垂直层面的正应力，μ 和 c 分别是层面的内摩擦系数和黏聚力，它们可以是内变量 κ 的函数，而 θ 是流动参数(注意 μ 不带下标，带下标者 μ_i 是特征值). 不难看出，式(3-3-68)是 Coulomb 型的屈服准则. 容易计算出

$$\frac{\partial f}{\partial \boldsymbol{\sigma}} = \begin{bmatrix} 0 & 0 & \mu & \dfrac{\tau_{zy}}{\tau} & \dfrac{\tau_{zx}}{\tau} & 0 \end{bmatrix}^{\mathrm{T}},$$

$$\frac{\partial g}{\partial \boldsymbol{\sigma}} = \left[0 \quad 0 \quad \theta\mu \quad \frac{\tau_{zy}}{\tau} \quad \frac{\tau_{zx}}{\tau} \quad 0\right]^{\mathrm{T}},$$

$$\boldsymbol{D}_{\mathrm{e}} \frac{\partial f}{\partial \boldsymbol{\sigma}} = \left[\left(K-\frac{2}{3}G\right)\mu \quad \left(K-\frac{2}{3}G\right)\mu \quad \left(K+\frac{4}{3}G\right)\mu \quad G\frac{\tau_{zy}}{\tau} \quad G\frac{\tau_{zx}}{\tau} \quad 0\right]^{\mathrm{T}} \equiv \boldsymbol{\varphi},$$

$$\boldsymbol{D}_{\mathrm{e}} \frac{\partial g}{\partial \boldsymbol{\sigma}} = \left[\left(K-\frac{2}{3}G\right)\theta\mu \quad \left(K-\frac{2}{3}G\right)\theta\mu \quad \left(K+\frac{4}{3}G\right)\theta\mu \quad G\frac{\tau_{zy}}{\tau} \quad G\frac{\tau_{zx}}{\tau} \quad 0\right]^{\mathrm{T}} \equiv \boldsymbol{\psi},$$

$$\tau = (\tau_{zx}^2 + \tau_{zy}^2)^{1/2},$$

$$H_{11} = \left(K+\frac{4}{3}G\right)\mu^2 + G,$$

$$H_{22} = \left(K+\frac{4}{3}G\right)\theta^2\mu^2 + G,$$

$$H_{12} = \left(K+\frac{4}{3}G\right)\theta\mu^2 + G,$$

$$A = (c' - \mu'\sigma_z)m,$$

式中：“′”表示对内变量求导数，即 $\partial/\partial\kappa$.

非关联层状材料的本构矩阵是

$$\boldsymbol{D}_{\mathrm{ep}} = \boldsymbol{D}_{\mathrm{e}} - \frac{\boldsymbol{\psi}\boldsymbol{\varphi}^{\mathrm{T}}}{\left(K+\frac{4}{3}G\right)\theta\mu^2 + G + (c'-\mu'\sigma_z)m}, \tag{3-3-70}$$

本构矩阵不正定的充要条件是

$$(c'-\mu'\sigma_z)m < \frac{1}{2}\left\{\left[\left(K+\frac{4}{3}G\right)\mu^2+G\right]^{1/2}\left[\left(K+\frac{4}{3}G\right)\mu^2\theta^2+G\right]^{1/2} - \left[\left(K+\frac{4}{3}G\right)\mu^2\theta+G\right]\right\} \equiv \Delta. \tag{3-3-71}$$

如果设 $\mu=\mathrm{const}$，则 $\mu'=0$. 上式为

$$c' < \Delta/m. \tag{3-3-72}$$

对非关联层状弹塑性材料，在应变软化，理想塑性和低应变强化等情况，材料可以是不稳定的. 如果 $\theta=1$，则 $\Delta=0$，退化为关联情况，仅当应变软化情况，本构矩阵才不正定，材料才是不稳定的.

式(3-3-68)表示的 Coulomb 型的屈服准则，它是在压剪应力状态下建立的，适用条件是 $\sigma_z<\sigma_B$. 而在拉剪状态或纯拉伸状态，式(3-3-68)失去了物理(实验)基础，原则上已不能使用. 这时需要在拉剪区用一个新的准则代替 Coulomb 型的屈服准则. 最简单可行的方案是用一个与压剪区 Coulomb 屈服准则相切的圆弧来取代，而且这个圆弧与横轴(σ_z 轴)的交点坐标值应为层面的峰值拉伸强度 σ_{T}，如图 3-3-6(a)所示，这个替代的屈服面的表达式为

$$f = [\tau^2 + (\sigma_z - \sigma_A)^2]^{1/2} - (\sigma_{\mathrm{T}} - \sigma_A) = 0, \tag{3-3-73}$$

式中：σ_A 为圆弧中心 A 点对应的应力值

$$\sigma_A=\frac{\sigma_T(1+\mu^2)^{\frac{1}{2}}-c}{(1+\mu^2)^{\frac{1}{2}}-\mu}, \tag{3-3-74}$$

$$\sigma_B=\frac{\mu\sigma_T-c}{(1+\mu^2)^{\frac{1}{2}}}+\sigma_T. \tag{3-3-75}$$

由于在拉剪区缺少实验资料，这时塑性势简单地取为屈服函数本身，$g=f$. 这时可计算出

$$\left(\frac{\partial f}{\partial \boldsymbol{\sigma}}\right)^T=\left(\frac{\partial g}{\partial \boldsymbol{\sigma}}\right)^T=\frac{1}{\sigma_T-\sigma_A}[0\quad 0\quad (\sigma_z-\sigma_A)\quad \tau_{zx}\quad \tau_{zy}\quad 0],$$

$$\boldsymbol{D}_e\frac{\partial f}{\partial \boldsymbol{\sigma}}=\boldsymbol{D}_e\frac{\partial g}{\partial \boldsymbol{\sigma}}=\frac{1}{\sigma_T-\sigma_A}\begin{bmatrix}\left(K-\frac{2}{3}G\right)(\sigma_z-\sigma_A)\\ \left(K-\frac{2}{3}G\right)(\sigma_z-\sigma_A)\\ \left(K+\frac{4}{3}G\right)(\sigma_z-\sigma_A)\\ G\tau_{zy}\\ G\tau_{zx}\\ 0\end{bmatrix}\equiv\boldsymbol{\varphi},$$

$$H_{11}=H_{12}=H_{21}=H_{22}=\left(K+\frac{4}{3}G\right)\frac{(\sigma_z-\sigma_A)^2}{(\sigma_T-\sigma_A)^2}+G\frac{\tau^2}{(\sigma_T-\sigma_A)^2},$$

$$\frac{\partial f}{\partial \kappa}=-\frac{\sigma_T-\sigma_z}{\sigma_T-\sigma_A}\frac{\partial\sigma_A}{\partial\kappa}.$$

对于拉剪区层状材料本构矩阵是

$$\boldsymbol{D}_{ep}=\boldsymbol{D}_e-\frac{\boldsymbol{\varphi}\boldsymbol{\varphi}^T}{H_{11}+\dfrac{\sigma_T-\sigma_z}{\sigma_T-\sigma_A}m\dfrac{\partial\sigma_A}{\partial\kappa}}, \tag{3-3-76}$$

本构矩阵不正定的充要条件是

$$\frac{\sigma_T-\sigma_z}{\sigma_T-\sigma_A}m\frac{\partial\sigma_A}{\partial\kappa}<0, \tag{3-3-77}$$

式中：σ_A 已由式(3-3-74)给出，参数 c 和 μ 是内变量 κ 的函数，因而 σ_A 也是内变量 κ 的函数.

对于弹塑性层状材料的屈服准则还可采用更简单的方法来建立，用一个双曲型的曲线来替代 Coulomb 型的直线，如图 3-3-6(b)所示. 双曲线以 Coulomb 直线为渐近线，也就是说，在离开顶点之后，双曲线很快接近 Coulomb 直线，因而它基本上保持了压剪阶段 Coulomb 型屈服准则的特点，而且适当选取双曲线的参数，

可使它的顶点坐标就是峰值拉伸强度 σ_T. 这种双曲型屈服准则的表达式为

$$f = (\tau^2 + a^2 c^2)^{1/2} + \mu\sigma_z - c = 0, \tag{3-3-78}$$

式中：a 是一待定参数. 显然，当 $a \to 0$ 时，双曲屈服准则退化为 Coulomb 型屈服准则. 为了使双曲线的顶点横坐标是峰值拉伸强度 σ_T，可取

$$a = 1 - \frac{\mu\sigma_T}{c} = \frac{\sigma_z^* - \sigma_T}{\sigma_z^*}, \tag{3-3-79}$$

式中：σ_z^* 是 Coulomb 准则预言的拉伸强度，由于 $0 < \sigma_T < \sigma^*$，参数 a 是一个小于 1 的正数. 屈服准则(3-3-78)的优点是全区域采用单一的正则函数，因而使用它在计算上稍为方便，而塑性势可取为

$$g = (\tau^2 + a^2 c^2)^{1/2} + \theta\mu\sigma_z - c. \tag{3-3-80}$$

显然，g 也是全区域的正则函数. 这时可计算出

$$\left[\frac{\partial f}{\partial \boldsymbol{\sigma}}\right)^{\mathrm{T}} = \left[0 \quad 0 \quad \mu \quad \frac{\tau_{zy}}{\beta} \quad \frac{\tau_{zx}}{\beta} \quad 0\right],$$

$$\left(\frac{\partial g}{\partial \boldsymbol{\sigma}}\right)^{\mathrm{T}} = \left[0 \quad 0 \quad \theta\mu \quad \frac{\tau_{zx}}{\beta} \quad \frac{\tau_{zy}}{\beta} \quad 0\right],$$

$$\boldsymbol{D}_e \frac{\partial f}{\partial \boldsymbol{\sigma}} = \begin{bmatrix} \left(K - \frac{2}{3}G\right)\mu \\ \left(K - \frac{2}{3}G\right)\mu \\ \left(K + \frac{4}{3}G\right)\mu \\ G\frac{\tau_{zy}}{\beta} \\ G\frac{\tau_{zx}}{\beta} \\ 0 \end{bmatrix} \equiv \boldsymbol{\varphi}, \quad \boldsymbol{D}_e \frac{\partial g}{\partial \boldsymbol{\sigma}} = \begin{bmatrix} \left(K - \frac{2}{3}G\right)\theta\mu \\ \left(K - \frac{2}{3}G\right)\theta\mu \\ \left(K + \frac{4}{3}G\right)\theta\mu \\ G\frac{\tau_{zy}}{\beta} \\ G\frac{\tau_{zx}}{\beta} \\ 0 \end{bmatrix} \equiv \boldsymbol{\psi},$$

$$\beta = (\tau^2 + a^2 c^2)^{1/2} = (\tau_{zx}^2 + \tau_{zy}^2 + a^2 c^2)^{1/2},$$

$$H_{11} = \left(K + \frac{4}{3}G\right)\mu^2 + G\left(1 - \frac{a^2 c^2}{\beta^2}\right),$$

$$H_{22} = \left(K + \frac{4}{3}G\right)\theta^2\mu + G\left(1 - \frac{a^2 c^2}{\beta^2}\right),$$

$$H_{12} = H_{21} = \left(K + \frac{4}{3}G\right)\theta\mu^2 + G\left(1 - \frac{a^2 c^2}{\beta^2}\right),$$

$$\frac{\partial f}{\partial \kappa} = -(C' - \mu'\sigma_z) + \frac{ac}{(\tau^2 + a^2 c^2)^{\frac{1}{2}}}(c' - \mu'\sigma_T - \mu\sigma_T'),$$

$$A=(C'-\mu'\sigma_z)-\frac{ac}{(\tau^2+a^2c^2)^{\frac{1}{2}}}(c'-\mu'\sigma_{\rm T}-\mu\sigma'_{\rm T})m.$$

采用双曲型屈服函数时,非关联弹塑性层状材料的本构矩阵是

$$\boldsymbol{D}_{\rm ep}=\boldsymbol{D}_{\rm e}-\frac{\boldsymbol{\psi}\boldsymbol{\varphi}^{\rm T}}{H_{12}+A},\tag{3-3-81}$$

本构矩阵不正定的充要条件是

$$A<\frac{1}{2}\left\{\left[\left(K+\frac{4}{3}G\right)\mu^2+\bar{G}\right]^{1/2}\left[\left(K+\frac{4}{3}G\right)\mu^2\theta^2+\bar{G}\right]^{1/2}-\left[\left(K+\frac{4}{3}G\right)\mu^2\theta+\bar{G}\right]\right\}\equiv\Delta,\tag{3-3-82}$$

其中

$$\bar{G}=G\left(1-\frac{a^2c^2}{\beta^2}\right).\tag{3-3-83}$$

由于 Δ 是一个正的小数,非关联层状材料在应变软化,理想塑性和低应变强化时,本构矩阵是不正定的,材料是不稳定的.

5. 混凝土材料的本构矩阵

混凝土材料可以看做初始各向同性的材料,采用非关联的 D-P 模型来表述其本构性质.由于混凝土材料在接近峰值应力时有较大的体膨胀,而在初始屈服时有负的体膨胀(压缩),因而可假设 $3\theta\alpha$ 是塑性内变量的线性函数:当 $\kappa=0$ 或 $k=k_y$ 时取负值;当 $\kappa=\kappa_1$ 或 $k_y=1$ 时取最大的正值.

混凝土材料在峰值之后应看做是各向异性材料,通常采用非关联的弹塑性层状材料描述.

在峰值前,混凝土材料也可采用 Willam-Warnke 五参数模型,由于屈服准则已经用式(3-3-56)给出,通过关联流动的一般公式(3-2-16)可以具体地写出混凝土材料的本构矩阵,不过其公式远比 D-P 模型复杂.在五参数模型中考虑非关联流动还有一些困难,主要是如何选取塑性势函数目前还缺少资料.迄今没有见到对关联流动情况体变形预测的研究,这种预测与实测资料是否相差甚远,目前尚不清楚,因而,引进塑性势的必要性还不清楚.有人将塑性势简单地取成 Drucker-Prager 型的函数,看来这多少有些勉强.这种做法不能使非关联情况退化到关联情况,理论上有些欠缺.在目前比较稳妥的办法是在峰值前使用关联流动的五参数模型,而在峰值后使用层状材料的非关联流动模型.

§ 3-4　弹塑性损伤的本构理论

近年来,损伤力学有了很大的进展.损伤力学与塑性力学一样,首先是从金属

材料受载构件的研究中发展起来的，在岩石材料中的使用是较晚的事情. 损伤力学主要的研究方法之一，是**连续介质**力学的唯象学方法，因而，称之为连续损伤力学. 在岩石损伤力学中，将岩石材料受载时产生的微裂纹和微孔隙等缺陷称之为损伤. 损伤的发生和积累导致岩石材料刚度的劣化和强度的部分丧失，可参见图 3-4-1(a) 和(b)所示的大理岩的力-位移全过程曲线. 最简单的损伤本构模型是弹性损伤模型，它假设损伤仅引起材料**刚度的劣化**，而变形是完全弹性的，在卸除载荷之后变形完全消失. 为考虑岩石卸载后的残余变形，必须进一步建立弹塑性损伤本构模型.

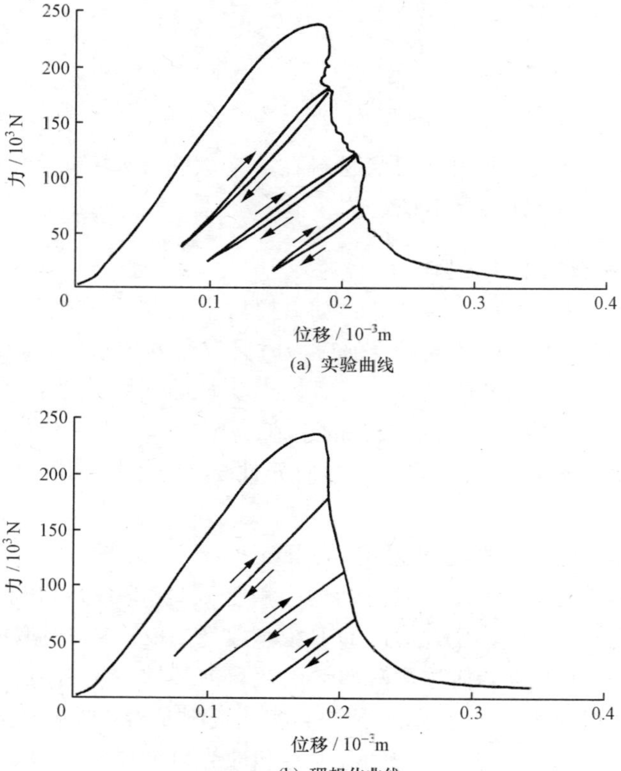

(a) 实验曲线

(b) 理想化曲线

图 3-4-1　大理岩的力-位移全过程曲线

在建立损伤本构模型时，宏观损伤变量的定义和演化规律的确定都是最重要的内容. 确定损伤变量和演化规律理应根据实验资料，来分析微裂纹的产生及积累对岩石弹性及其强度性质的影响. 然而，目前还缺少这类实用可行的实测资料，而不得不加入某些人为的猜测.

对于工程条件下的岩石材料而言，无论是塑性变形还是损伤变量都是岩石内部微裂纹萌生、发展和积累的宏观表现. 以前的学者认为损伤变量是岩石内微裂纹垂直于裂纹面张开的结果,而塑性变形是微裂纹两盘沿切向相互运动的体现. 但是,新近在电镜下对大理岩试件实验观测的结果表明,初期的绝大多数裂纹是张性的,只有少量是压剪的(赵永红,黄杰藩,王仁,1992). 不论各种微观猜测和实验观测结果如何,由于岩石材料细观结构的复杂性,大量微裂纹的取向有一定的随机性,因此我们有理由假设,宏观的损伤变量和塑性变形是同时出现的. 这样,在本构理论框架中,只需引入塑性变形的屈服准则,而无须引进表征损伤萌生和发展的损伤准则. 同样的道理,岩石材料损伤变量的演化规律与塑性应变的演化规律不应是完全独立的. 至少,在率无关的条件下(不考虑黏性效应),损伤变量速率和塑性应变率的分量之间应满足线性齐次函数关系.

基于上述认识,类似于**弹塑性耦合**理论(殷有泉,曲圣年,1982;殷有泉,1995),可以建立**弹塑性损伤**理论的本构框架.

1. 弹塑性损伤材料的本构框架

损伤力学的一个重要问题是损伤变量的表述. 我们假设岩石损伤变量为对称的二阶张量,它可用六维矢量表示

$$\boldsymbol{\omega} = [\omega_x \quad \omega_y \quad \omega_z \quad \omega_{yz} \quad \omega_{zx} \quad \omega_{xy}]^{\mathrm{T}}. \tag{3-4-1}$$

这样定义的损伤张量有三个互相垂直的方向 $n^k(k=1,2,3)$ 和对应的主值 ω_k,因而在主坐标系内六维损伤矢量可表示为

$$\boldsymbol{\omega} = [\omega_1 \quad \omega_2 \quad \omega_3 \quad 0 \quad 0 \quad 0]^{\mathrm{T}}, \tag{3-4-2}$$

其中: $\omega_k \geqslant 0$, ω_k 表示在主平面上微裂纹的面积密度. 在各向同性损伤情况, $\omega_1=\omega_2=\omega_3=\omega$,因而有

$$\boldsymbol{\omega} = \omega \boldsymbol{e}, \tag{3-4-3}$$

$$\boldsymbol{e} = [1 \quad 1 \quad 1 \quad 0 \quad 0 \quad 0]^{\mathrm{T}}. \tag{3-4-4}$$

在加载过程中,由于出现新的损伤使材料进一步劣化,同时出现新的塑性变形,应变增量可分解为三部分

$$\mathrm{d}\boldsymbol{\varepsilon} = \mathrm{d}\boldsymbol{\varepsilon}^{\mathrm{e}} + \mathrm{d}\boldsymbol{\varepsilon}^{\mathrm{d}} + \mathrm{d}\boldsymbol{\varepsilon}^{\mathrm{p}}, \tag{3-4-5}$$

其中: $\mathrm{d}\boldsymbol{\varepsilon}^{\mathrm{e}}$ 是通常意义下的弹性应变增量,它与应力增量 $\mathrm{d}\boldsymbol{\sigma}$ 之间的关系由增量形式的 Hooke 定律给出

$$\mathrm{d}\boldsymbol{\sigma} = \boldsymbol{D}_{\mathrm{e}}\mathrm{d}\boldsymbol{\varepsilon}^{\mathrm{e}}, \quad \mathrm{d}\boldsymbol{\varepsilon}^{\mathrm{e}} = \boldsymbol{C}_{\mathrm{e}}\mathrm{d}\boldsymbol{\sigma}, \tag{3-4-6}$$

式中: $\boldsymbol{D}_{\mathrm{e}}$ 和 $\boldsymbol{C}_{\mathrm{e}}$ 是两个互逆的弹性矩阵(后者有时也被称为柔度矩阵). 为了模拟损伤劣化,设弹性矩阵是损伤张量第一不变量 $\bar{\omega}$ 的函数,即

$$\boldsymbol{D}_{\mathrm{e}} = \boldsymbol{D}_{\mathrm{e}}(\bar{\omega}), \quad \boldsymbol{C}_{\mathrm{e}} = \boldsymbol{C}_{\mathrm{e}}(\bar{\omega}), \tag{3-4-7}$$

$$\bar{\omega} = \omega_1 + \omega_2 + \omega_3 = \omega_x + \omega_y + \omega_z = \boldsymbol{e}^{\mathrm{T}}\boldsymbol{\omega}. \tag{3-4-8}$$

矩阵(3-4-7)在结构上与 Hooke 定律的弹性矩阵相同,只是其中的 Young 模量与

Poisson比随损伤张量第一不变量 $\bar{\omega}$ 而变化. 式(3-4-5)中的 $\mathrm{d}\boldsymbol{\varepsilon}^{\mathrm{d}}$ 由下式定义,即

$$\mathrm{d}\boldsymbol{\varepsilon}^{\mathrm{d}} = \frac{\partial \boldsymbol{C}_{\mathrm{e}}}{\partial \bar{\omega}} \mathrm{d}\bar{\omega} \cdot \boldsymbol{\sigma} = \mathrm{d}\boldsymbol{C}_{\mathrm{e}} \boldsymbol{\sigma}, \tag{3-4-9}$$

$\boldsymbol{\varepsilon}^{\mathrm{d}}$ 是由于损伤的出现和发展使 Young 模量劣化而引起的应变,在完全卸除应力后,它完全消失,因而在全量意义上它是弹性的,但在增量意义上却是不可逆的,因为在部分地卸去应力时,$\mathrm{d}\boldsymbol{\varepsilon}^{\mathrm{d}}$ 仍保持一定的值,这是由于损伤引起的刚度劣化是不可逆转的. 我们将 $\boldsymbol{\varepsilon}^{\mathrm{d}}$ 称为弹性损伤应变矢量,$\mathrm{d}\boldsymbol{\varepsilon}^{\mathrm{d}}$ 是弹性损伤应变增量矢量. 在式(3-4-5)中 $\mathrm{d}\boldsymbol{\varepsilon}^{\mathrm{p}}$ 是通常意义下的塑性应变增量矢量. 图 3-4-2 绘出了一维情况下应变增量分解的示意图.

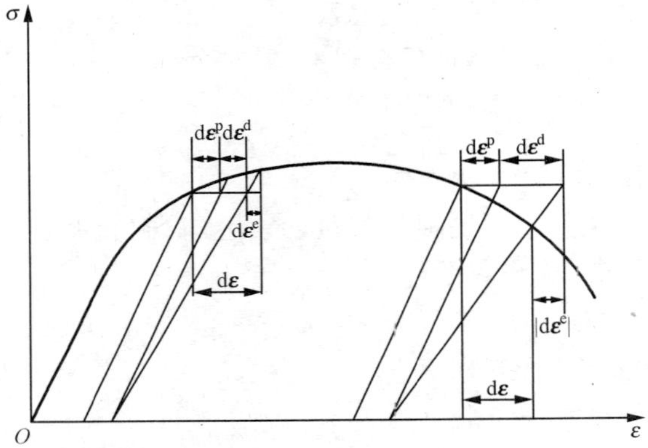

图 3-4-2　弹塑性损伤材料的应变分解

由 **Ильюшин 公设**可导出**广义正交法则**(殷有泉,曲圣年,1982),这个法则用应力屈服函数写为

$$\mathrm{d}\boldsymbol{\varepsilon}^{\mathrm{d}} + \mathrm{d}\boldsymbol{\varepsilon}^{\mathrm{p}} = \mathrm{d}\lambda \frac{\partial f}{\partial \boldsymbol{\sigma}}, \tag{3-4-10}$$

其中: $\mathrm{d}\lambda$ 是一个非负的标量参数,f 是屈服函数,且屈服准则为

$$f = f(\boldsymbol{\sigma}, \kappa) = 0, \tag{3-4-11}$$

在以前的塑性损伤理论中,屈服函数中的内变量既包含损伤不变量也包含塑性内变量. 然而,在这里讨论的工程条件下,损伤和塑性的微观机制是相同的,它们的宏观表现不是完全无关的[见下文式(3-4-12)],因而这里可假设屈服函数所含的内变量仅有塑性内变量. 此外,塑性变形和损伤发育演化的整个过程可分为两个阶段: 第一阶段是微观裂纹的弥散分布阶段,随着载荷的增加,微裂纹累加长度不断增长,其上消耗的能量不断增加(转化为裂纹表面能,在宏观上为塑性功),在宏观上形成了岩石的表观韧性. 在这个阶段宏观强度是增长的. 称为应变强化(或损伤强化)阶段. 第二阶段是载荷达到峰值附近,这时微裂纹开始集中在某一条带内发

育增长. 如果不及时卸载，岩石材料表现为突然的脆性破坏；如果能控制变形（在刚性或伺服试验机上），可看到强度丧失的过程，这种现象叫做应变软化（或损伤软化）. 式(3-4-11)表示的屈服准则可以反映材料的应变强化和应变软化. 广义正交法则(3-4-10)表明，塑性应变的演化与损伤的演化是相互耦合的. 对于率无关材料，损伤变量增量的分量与塑性应变增量分量之间有一次齐次关系，最简单的一次齐次关系是线性关系. 我们可取损伤变量与塑性应变分量的耦合关系为

$$\mathrm{d}\boldsymbol{\omega} = \boldsymbol{N}\mathrm{d}\boldsymbol{\varepsilon}^{\mathrm{p}}, \tag{3-4-12}$$

其中：6×6 的矩阵 $\boldsymbol{N}$ 是应力矢量 $\boldsymbol{\sigma}$ 和塑性内变量 κ 及损伤不变量 $\bar{\omega}$ 的函数

$$\boldsymbol{N} = \boldsymbol{N}(\boldsymbol{\sigma}, \kappa, \bar{\omega}), \tag{3-4-13}$$

$\boldsymbol{N}$ 的具体形式应该根据实验资料和某些理论上的考虑来确定. 将 $\mathrm{d}\bar{\omega} = \boldsymbol{e}^{\mathrm{T}}\mathrm{d}\boldsymbol{\omega}$ 代入式(3-4-9)，并考虑式(3-4-12)，可得

$$\mathrm{d}\boldsymbol{\varepsilon}^{\mathrm{d}} = \frac{\partial \boldsymbol{C}_{\mathrm{e}}}{\partial \bar{\omega}} \boldsymbol{\sigma} \boldsymbol{e}^{\mathrm{T}} \boldsymbol{N} \mathrm{d}\boldsymbol{\varepsilon}^{\mathrm{p}}. \tag{3-4-14}$$

将上式代入式(3-4-10)，得

$$\left(\boldsymbol{I} + \frac{\partial \boldsymbol{C}_{\mathrm{e}}}{\partial \bar{\omega}} \boldsymbol{\sigma} \boldsymbol{e}^{\mathrm{T}} N\right) \mathrm{d}\boldsymbol{\varepsilon}^{\mathrm{p}} = \mathrm{d}\lambda \frac{\partial f}{\partial \boldsymbol{\sigma}},$$

其中：$\boldsymbol{I}$ 是 6×6 的单位矩阵. 从上式可解出塑性应变增量矢量 $\mathrm{d}\boldsymbol{\varepsilon}^{\mathrm{p}}$，得塑性应变的演化方程

$$\mathrm{d}\boldsymbol{\varepsilon}^{\mathrm{p}} = \mathrm{d}\lambda \boldsymbol{K} \frac{\partial f}{\partial \boldsymbol{\sigma}}, \tag{3-4-15}$$

$$\boldsymbol{K} = \boldsymbol{I} - \frac{\dfrac{\partial \boldsymbol{C}_{\mathrm{e}}}{\partial \bar{\omega}} \boldsymbol{\sigma} \boldsymbol{e}^{\mathrm{T}} \boldsymbol{N}}{1 + \boldsymbol{e}^{\mathrm{T}} \boldsymbol{N} \dfrac{\partial \boldsymbol{C}_{\mathrm{e}}}{\partial \bar{\omega}} \boldsymbol{\sigma}}, \tag{3-4-16}$$

矩阵 $\boldsymbol{K}$ 称为**损伤耦合矩阵**. 由于刚度的损伤劣化，塑性应变增量矢量 $\mathrm{d}\boldsymbol{\varepsilon}^{\mathrm{p}}$ 不再与屈服面正交. 式(3-4-15)是一种非正交的流动法则，但它与塑性势理论不同，这里虽然是非正交，但 $\mathrm{d}\boldsymbol{\varepsilon}^{\mathrm{p}}$ 与屈服准则还是相关的（因而不能称为非关联流动）. 在不考虑损伤对弹性模量影响时，即 $\partial \boldsymbol{C}_{\mathrm{e}} / \partial \bar{\omega} = \boldsymbol{0}$，则 $\boldsymbol{K} = \boldsymbol{I}$，式(3-4-15)回到正交法则(3-2-5). 将式(3-4-15)代入式(3-4-12)，得损伤变量的演化方程

$$\mathrm{d}\boldsymbol{\omega} = \mathrm{d}\lambda \boldsymbol{N} \boldsymbol{K} \frac{\partial f}{\partial \boldsymbol{\sigma}}, \tag{3-4-17}$$

屈服准则中的内变量 κ 可以是塑性功 w^{p}，塑性体应变 θ^{p} 或等效塑性应变 $\bar{\varepsilon}^{\mathrm{p}}$，相应增量为 $\mathrm{d}w^{\mathrm{p}} = \boldsymbol{\sigma}^{\mathrm{T}} \mathrm{d}\boldsymbol{\varepsilon}^{\mathrm{p}}$，$\mathrm{d}\theta^{\mathrm{p}} = \boldsymbol{e}^{\mathrm{T}} \mathrm{d}\boldsymbol{\varepsilon}^{\mathrm{p}}$ 或 $\mathrm{d}\bar{\varepsilon}^{\mathrm{p}} = [(\mathrm{d}\boldsymbol{\varepsilon}^{\mathrm{p}})^{\mathrm{T}} (\mathrm{d}\boldsymbol{\varepsilon}^{\mathrm{p}})]^{\frac{1}{2}}$，考虑到式(3-4-15)，塑性内变量增量 $\mathrm{d}\kappa$ 可一般地表示为

$$\mathrm{d}\kappa = m \mathrm{d}\lambda, \tag{3-4-18}$$

其中：参数 m 为

$$m = \begin{cases} \boldsymbol{\sigma}^{\mathrm{T}} \boldsymbol{K} \dfrac{\partial f}{\partial \boldsymbol{\sigma}}, & \kappa = w^{\mathrm{p}}, \\ \boldsymbol{e}^{\mathrm{T}} \boldsymbol{K} \dfrac{\partial f}{\partial \boldsymbol{\sigma}}, & \kappa = \theta^{\mathrm{p}}, \\ \left[\left(\dfrac{\partial f}{\partial \boldsymbol{\sigma}} \right)^{\mathrm{T}} \boldsymbol{K}^{\mathrm{T}} \dfrac{\partial f}{\partial \boldsymbol{\sigma}} \right]^{\frac{1}{2}}, & \kappa = \bar{\varepsilon}^{\mathrm{p}}. \end{cases} \tag{3-4-19}$$

由于在加载时，$\mathrm{d}\kappa > 0$，$\mathrm{d}\lambda > 0$，因而有

$$m > 0, \tag{3-4-20}$$

式(3-4-20)是对屈服函数 f 的一个约束条件.

在塑性应变演化方程(3-4-15)和损伤变量演化方程(3-4-17)中的参数 $\mathrm{d}\lambda$ 可通过加载时的一致性条件

$$\mathrm{d}f = \left(\frac{\partial f}{\partial \boldsymbol{\sigma}} \right)^{\mathrm{T}} \mathrm{d}\boldsymbol{\sigma} + \frac{\partial f}{\partial \kappa} \mathrm{d}\kappa = 0 \tag{3-4-21}$$

来确定. 将

$$\mathrm{d}\boldsymbol{\sigma} = \boldsymbol{D}_{\mathrm{e}} \mathrm{d}\boldsymbol{\varepsilon}^{\mathrm{e}} = \boldsymbol{D}_{\mathrm{e}} (\mathrm{d}\boldsymbol{\varepsilon} - (\mathrm{d}\boldsymbol{\varepsilon}^{\mathrm{d}} + \mathrm{d}\boldsymbol{\varepsilon}^{\mathrm{p}})) = \boldsymbol{D}_{\mathrm{e}} \left(\mathrm{d}\boldsymbol{\varepsilon} - \mathrm{d}\lambda \frac{\partial f}{\partial \boldsymbol{\sigma}} \right) \tag{3-4-22}$$

代入式(3-4-21)，可解出

$$\mathrm{d}\lambda = \frac{1}{H + A} \left(\frac{\partial f}{\partial \boldsymbol{\sigma}} \right)^{\mathrm{T}} \boldsymbol{D}_{\mathrm{e}} \mathrm{d}\boldsymbol{\varepsilon}, \tag{3-4-23}$$

$$H = \left(\frac{\partial f}{\partial \boldsymbol{\sigma}} \right)^{\mathrm{T}} \boldsymbol{D}_{\mathrm{e}} \frac{\partial f}{\partial \boldsymbol{\sigma}}, \tag{3-4-24}$$

$$A = - \frac{\partial f}{\partial \kappa} m. \tag{3-4-25}$$

塑性损伤材料的加卸载准则是

$$L = \left(\frac{\partial f}{\partial \boldsymbol{\sigma}} \right)^{\mathrm{T}} \boldsymbol{D}_{\mathrm{e}} \mathrm{d}\boldsymbol{\varepsilon} \begin{cases} > 0, & \text{加载}, \\ = 0, & \text{中性变载}, \\ < 0, & \text{卸载}. \end{cases} \tag{3-4-26}$$

本构方程可表示为

$$\mathrm{d}\boldsymbol{\sigma} = \boldsymbol{D}_{\mathrm{ep}} \mathrm{d}\boldsymbol{\varepsilon}. \tag{3-4-27}$$

其中：$\boldsymbol{D}_{\mathrm{ep}}$ 为本构矩阵. 在中性变载和卸载($L \leqslant 0$)情况，$\mathrm{d}\lambda = 0$，则

$$\boldsymbol{D}_{\mathrm{ep}} = \boldsymbol{D}_{\mathrm{e}}; \tag{3-4-28}$$

在加载($L > 0$)时，$\mathrm{d}\lambda > 0$，将式(3-4-23)代回式(3-4-22)，得

$$\boldsymbol{D}_{\mathrm{ep}} = \boldsymbol{D}_{\mathrm{e}} - \frac{1}{H + A} \boldsymbol{D}_{\mathrm{e}} \frac{\partial f}{\partial \boldsymbol{\sigma}} \left(\frac{\partial f}{\partial \boldsymbol{\sigma}} \right)^{\mathrm{T}} \boldsymbol{D}_{\mathrm{e}}. \tag{3-4-29}$$

因为弹性矩阵 $\boldsymbol{D}_{\mathrm{e}}$ 是对称的，加载时的本构矩阵(3-4-29)也是对称的. 岩石塑性损伤本构矩阵在形式上与关联的弹塑性理论的本构矩阵完全相同，损伤对岩石本构

方程的影响表现为在矩阵 $\boldsymbol{D}_e$ 和参数 m 中都含有损伤变量，因而这时的本构矩阵具有全新的含义.

关于弹塑性损伤材料本构矩阵的正定性问题，可完全类似于关联塑性理论来讨论. 结论是当 $A\geqslant 0$ 时本构矩阵是正定或半正定的；当 $A<0$ 时本构矩阵是不正定的. 换言之，应变强化（或损伤强化）时本构矩阵是正定的；理想塑性（损伤不影响材料强度）时本构矩阵是半正定的；应变软化（或损伤软化）时本构矩阵是不正定的.

2. 各向同性弹塑性损伤的 D-P 模型

设损伤变量是各向同性的，即

$$\boldsymbol{\omega} = \omega \boldsymbol{e}, \tag{3-4-30}$$

并取

$$\boldsymbol{N} = \beta \boldsymbol{e}\boldsymbol{e}^{\mathrm{T}}, \tag{3-4-31}$$

其中：β 是应力张量不变量 $I_i(i=1,2,3)$，标量损伤变量 ω 和塑性内变量 κ 的函数

$$\beta = \beta(I_1, I_2, I_3, \omega, \kappa). \tag{3-4-32}$$

这时

$$\mathrm{d}\bar{\omega} = \boldsymbol{e}^{\mathrm{T}}\mathrm{d}\boldsymbol{\omega} = \boldsymbol{e}^{\mathrm{T}}\beta \boldsymbol{e}\boldsymbol{e}^{\mathrm{T}}\mathrm{d}\boldsymbol{\varepsilon}^{\mathrm{p}} = 3\beta\,\mathrm{d}\theta^{\mathrm{p}} = 3\mathrm{d}\omega, \tag{3-4-33}$$

其中：θ^{p} 是塑性体应变（扩容）；对于这种标量的损伤变量 ω 有明确的几何意义和力学意义，它和宏观上的扩容直接相关. 各向同性的弹性矩阵 $\boldsymbol{D}_e$ 取式(3-1-6)，而矩阵 $\boldsymbol{C}_e$ 为

$$\boldsymbol{C}_e = \frac{1}{E}\begin{bmatrix} 1 & -\nu & -\nu & 0 & 0 & 0 \\ -\nu & 1 & -\nu & 0 & 0 & 0 \\ -\nu & -\nu & 1 & 0 & 0 & 0 \\ 0 & 0 & 0 & 2(1+\nu) & 0 & 0 \\ 0 & 0 & 0 & 0 & 2(1+\nu) & 0 \\ 0 & 0 & 0 & 0 & 0 & 2(1+\nu) \end{bmatrix}. \tag{3-4-34}$$

为了推导简便，这里设 Young 模量 E 是损伤第一不变量 $\bar{\omega}$ 的函数 $E=E(\bar{\omega})$，而 Poisson 比 ν 保持常数，因而有

$$\frac{\partial \boldsymbol{C}_e}{\partial \bar{\omega}} = -\frac{E'}{E}\boldsymbol{C}_e, \tag{3-4-35}$$

式中：E' 表示 $\mathrm{d}E/\mathrm{d}\bar{\omega}$，而损伤耦合矩阵为

$$\boldsymbol{K} = \boldsymbol{I} + \frac{3\beta E'\boldsymbol{C}_e\boldsymbol{\sigma}\boldsymbol{e}^{\mathrm{T}}}{E - 3\beta E'\boldsymbol{e}^{\mathrm{T}}\boldsymbol{C}_e\boldsymbol{\sigma}}. \tag{3-4-36}$$

屈服准则取等向强化-软化双曲型修正的 D-P 准则

$$f = (J_2 + a^2k^2)^{\frac{1}{2}} + \alpha I_1 - k = 0, \tag{3-4-37}$$

其中

$$a = 1 - \frac{\alpha\sigma_{\mathrm{T}}}{k}, \tag{3-4-38}$$

这里：材料参数 α 和 k 均为塑性内变量 κ 的函数；σ_T 是单轴应力下的拉伸屈服应力，它是屈服准则的第三个材料参数，也是塑性内变量 κ 的函数．这时，不难算出

$$\frac{\partial f}{\partial \boldsymbol{\sigma}} = \alpha \boldsymbol{e} + \frac{\bar{s}}{2(\alpha I_1 - k)},$$

$$\boldsymbol{D}_e \frac{\partial f}{\partial \boldsymbol{\sigma}} = 3\alpha K \boldsymbol{e} + \frac{G}{2(\alpha I_1 - k)} \boldsymbol{s} \equiv \boldsymbol{\varphi}, \tag{3-4-39}$$

$$\frac{\partial f}{\partial \boldsymbol{\kappa}} = \frac{k' - \alpha\sigma_T}{k - \alpha I_1}(k' - \alpha'\sigma_T - \alpha\sigma_T') - (k' - \alpha' I_1).$$

请注意，在上式中的“$'$”代表 $\partial/\partial\kappa$，这与式(3-4-35)中的“$'$”不同，那里代表 $\partial/\partial\bar{\omega}$．如果内变量 κ 为塑体应变 θ^p，则有

$$m = \boldsymbol{e}^T \boldsymbol{K} \frac{\partial f}{\partial \boldsymbol{\sigma}} = 3\alpha E. \tag{3-4-40}$$

于是

$$H = \left(\frac{\partial f}{\partial \boldsymbol{\sigma}}\right)^T \boldsymbol{D}_e \frac{\partial f}{\partial \boldsymbol{\sigma}} = 9\alpha^2 K + \left(\frac{J_2}{J_2 + a^2 k^2}\right) G, \tag{3-4-41}$$

$$A = -\frac{\partial f}{\partial \theta^p} m = 3\alpha E\left[(k' - \alpha' I_1) - \frac{k - \alpha\sigma_T}{k - \alpha I_1}(k' - \alpha'\sigma_T - \alpha\sigma_T')\right], \tag{3-4-42}$$

弹塑性损伤材料的本构矩阵为

$$\boldsymbol{D}_{ep} = \boldsymbol{D}_e - \frac{\boldsymbol{\varphi}\boldsymbol{\varphi}^T}{H + A}, \tag{3-4-43}$$

其中 $A>0$ 表示应变强化，$A<0$ 表示应变软化，$A=0$ 表示理想塑性．在塑性变形阶段，永远有 $E'<0$．

当 $A \geqslant 0$ 时，本构矩阵是正定和半正定的，材料是稳定的；当 $A<0$，本构矩阵丧失正定性，材料是不稳定的．如果屈服准则中，三个材料参数 k，α 和 σ_T 均不随内变量 κ 变化，那么 $A=0$，这时，Coulomb 型的 D-P 锥面在应力空间保持不动，修正后双曲旋转面也保持不动．如果 2 个参数 α 和 σ_T 不随内变量变化，只有 k 随内变量变化，这相当 Coulomb 型的 D-P 锥面在应力空间相似地膨胀或收缩(锥面母线保持平行)，相应地修正的 D-P 双曲旋转面随之膨胀或收缩，但其顶点不动．这时 $A=3\alpha^2 E(\sigma_T - I_1)k'$，因 $\sigma_T - I_1$ 总是正的，故 A 的正负号和 k' 的正负号是一致的，即 $k' \geqslant 0$ 和 $k'<0$ 分别对应于材料是稳定的和不稳定的．

3. 塑性损伤理论和塑性势理论的差异

迄今为止，我们介绍了三类塑性本构理论，它们是关联的塑性理论，非关联的塑性理论(即塑性势理论)和塑性损伤理论．关联塑性理论主要是针对金属材料的，无论在数学理论方面还是实验验证方面，研究的都比较充分，它是传统塑性力学的主要内容之一．塑性势理论是最早提出的，然而长时间被搁置，直到近期研究岩石

类材料的塑性性质时才重新启用.采用塑性势理论主要是为了更准确地预言受载岩石类材料的塑性体积膨胀.塑性损伤理论是最近才提出的,它遵循金属材料塑性理论研究的思路,从理论上考虑了岩石损伤劣化,应变强化-软化等特性,并解释了塑性应变增量与屈服面斜交的现象.塑性损伤理论在理论上比较完善,但实验验证和实例资料较少.在实际应用上不如非关联理论方便.

非关联塑性理论与塑性损伤理论,两者塑性流动方向都不与屈服面正交,但它们在本质上是不同的.前者的塑性流动与屈服面完全无关,由塑性势梯度给出;后者的塑性流动是由广义正交法则确定;由于损伤,塑性流动与屈服面有斜交的关系,但不能称为非关联.非关联塑性理论是用实验资料给出流动参数 θ;塑性损伤理论要求由实验资料给出联系损伤变量增量 $\mathrm{d}\boldsymbol{\omega}$ 和塑性应变增量 $\mathrm{d}\boldsymbol{\varepsilon}^{\mathrm{p}}$ 的矩阵 $\boldsymbol{N}$ 以及弹性模量的劣化规律 $E(\omega)$.

非关联塑性理论和塑性损伤理论都可以退化到关联理论.然而,在本构矩阵正定性方面都有很大的差异.关联塑性理论和塑性损伤理论的正定性条件是一致的,只是应变软化时才丧失正定性.非关联塑性理论却认为低应变强化本构矩阵也可能丧失正定性,大大拓宽了不稳定材料的范围.看来,关联塑性理论和塑性损伤理论的内在关系,还需要在理论上进一步探讨.

表 3-4-1 列出三类塑性本构理论的主要特点,作为本节的总结.

表 3-4-1　三类塑性本构理论的比较

	关联塑性理论	塑性损伤理论	非关联塑性理论 (塑性势理论)
弹性性质	E,ν 保持常数	$E(\omega),\nu(\omega)$,损伤劣化	E,ν 保持常数
流动法则	Drucker 公设,正交法则: $\mathrm{d}\boldsymbol{\varepsilon}^{\mathrm{p}}=\mathrm{d}\lambda\dfrac{\partial f}{\partial\boldsymbol{\sigma}}$ 塑性应变率与屈服面正交	Ильюшин 公设,广义正交法则:$\mathrm{d}\boldsymbol{\varepsilon}^{\mathrm{p}}=\mathrm{d}\lambda\boldsymbol{K}\dfrac{\partial f}{\partial\boldsymbol{\sigma}}$ 塑性应变率与屈服面斜交	$\mathrm{d}\boldsymbol{\varepsilon}^{\mathrm{p}}=\mathrm{d}\lambda\dfrac{\partial g}{\partial\boldsymbol{\sigma}}$ 塑性应变率垂直于等势面,与屈服面无关
本构矩阵 $\boldsymbol{D}_{\mathrm{ep}}$	$\boldsymbol{D}_{\mathrm{e}}-\dfrac{1}{H+A}\boldsymbol{D}_{\mathrm{e}}\dfrac{\partial f}{\partial\boldsymbol{\sigma}}\left(\dfrac{\partial f}{\partial\boldsymbol{\sigma}}\right)^{\mathrm{T}}\boldsymbol{D}_{\mathrm{e}}$ 式中:$\boldsymbol{D}_{\mathrm{e}},H,A$ 为常数 矩阵对称	$\boldsymbol{D}_{\mathrm{e}}-\dfrac{1}{H+A}\boldsymbol{D}_{\mathrm{e}}\dfrac{\partial f}{\partial\boldsymbol{\sigma}}\left(\dfrac{\partial f}{\partial\boldsymbol{\sigma}}\right)^{\mathrm{T}}\boldsymbol{D}_{\mathrm{e}}$ 式中:$\boldsymbol{D}_{\mathrm{e}}(\omega),H(\omega),A(\omega)$ 矩阵对称	$\boldsymbol{D}_{\mathrm{e}}-\dfrac{1}{H+A}\boldsymbol{D}_{\mathrm{e}}\dfrac{\partial g}{\partial\boldsymbol{\sigma}}\left(\dfrac{\partial f}{\partial\boldsymbol{\sigma}}\right)^{\mathrm{T}}\boldsymbol{D}_{\mathrm{e}}$ 式中:$\boldsymbol{D}_{\mathrm{e}},H,A$ 为常数 矩阵不对称
矩阵 $\boldsymbol{D}_{\mathrm{ep}}$ 不正定的条件	$A<0$ 应变软化材料	$A(\omega)<0$ 应变软化材料	$A<\Delta$(小正数) 应变软化,理想塑性,低应变强化材料

（续表）

	关联塑性理论	塑性损伤理论	非关联塑性理论（塑性势理论）
理论与实验	理论严谨 实验充分	理论严谨 实验不足	工程理论 资料易得
适用材料	韧性金属	岩石类材料	岩石类材料
应用情况	广泛	较少	广泛

§3-5　间断面的本构矩阵及其正定性

自从 Goodman RE 等(1968)提出**节理单元**后，含**节理**等**间断面**岩体的有限元分析取得了长足的进展. 在这期间，针对在分析计算中出现的问题，如嵌入现象、解答的不确定性等，国内外的一些学者对节理的本构表述作了大量的工作. 早期的工作都是将节理看做是一个简单的几何间断面. 实际上，节理面具有粗糙度和填充物质，不同的粗糙度和不同的填充物质极大地影响着节理的力学性质. 后来的工作是将节理面看做是一个物质面(殷有泉，1987)在塑性力学的理论框架内建立了节理的本构关系. 具体做法是，先建立层状弹塑性材料的本构方程，然后在节理面厚度远比层面尺寸小的条件下，得到节理面的本构方程. 这种方程能够反映节理的软化和剪涨等特性. Desai CS 等(1991)将节理的各种几何量和力学量与塑性力学中对应的量相比，得到了塑性力学框架内节理的本构方程，并用他们得到的方程与实验资料作了比较. 用塑性力学方法建立节理等间断面的本构关系不仅能够充分反映间断面的复杂性质，而且还可以使人们在有限元分析中将**间断面单元**和连续体单元统一处理，给编制程序带来了很大方便. 在含间断面的岩石工程的稳定性分析中，间断面的本构关系及本构矩阵的正定性问题是至关重要的. 因此，在塑性力学框架内研究间断面的本构模型受到很多学者的关注.

坐标系的 x 轴和 y 轴取在间断面内，z 轴指向间断面的法向，x，y 和 z 轴成右手系(图 3-5-1).

考察间断面内的一点 M，在发生位移间断时，在 M 点的上盘和下盘的位移矢量分别是

$$\begin{aligned} \boldsymbol{u}^+ &= [u^+ \quad v^+ \quad w^+]^{\mathrm{T}}, \\ \boldsymbol{u}^- &= [u^- \quad v^- \quad w^-]^{\mathrm{T}}. \end{aligned} \tag{3-5-1}$$

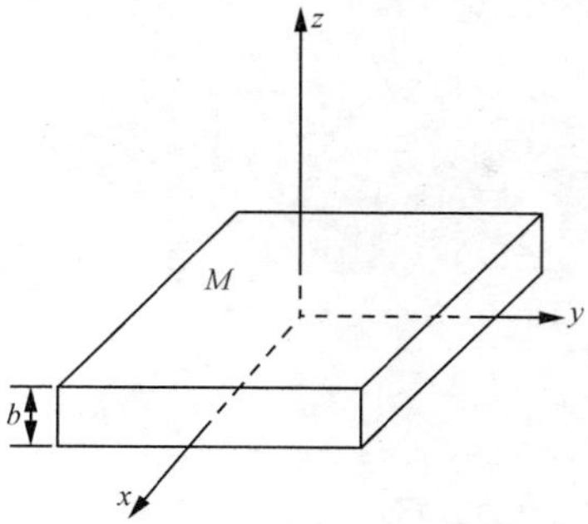

图 3-5-1 作为物质面的间断面

而**位移间断**矢量为

$$\begin{aligned}\langle \boldsymbol{u}\rangle &= \boldsymbol{u}^{+}-\boldsymbol{u}^{-}\\ &= [(u^{+}-u^{-})\quad (v^{+}-v^{-})\quad (w^{+}-w^{-})]^{\mathrm{T}}\\ &= [\langle u\rangle\quad \langle v\rangle\quad \langle w\rangle]^{\mathrm{T}},\end{aligned} \tag{3-5-2}$$

式中：$\langle u\rangle$和$\langle v\rangle$分别是 x 和 y 方向的位移通过间断面的间断值，$\langle w\rangle$是法向位移的间断值，与位移间断面矢量$\langle \boldsymbol{u}\rangle$在能量上共轭的应力矢量是

$$\bar{\boldsymbol{\sigma}} = [\tau_{xz}\quad \tau_{yz}\quad \sigma_z]^{\mathrm{T}}, \tag{3-5-3}$$

式中：τ_{xz}和τ_{yz}分别是间断面上剪应力的 x 方向分量和 y 方向分量，而 σ_z 是间断面的法向应力分量.

1. 间断面的非关联理论模型

现在用弹塑性层状材料退化的方法来建立间断面的本构矩阵. 取有限厚度 B、用层状材料构成的板，由式(3-5-2)定义的位移间断矢量$\langle \boldsymbol{u}\rangle$可以看做位移增量矢量 $\mathrm{d}\boldsymbol{u}$ 沿厚度(z 方向)积分在 $B\to b$ 时的极限，这里 b 是一个小数，代表间断面(物质面)的厚度，即有

$$\langle \boldsymbol{u}\rangle = \lim_{B\to b}[B\gamma_{xy}\quad B\gamma_{yz}\quad B\varepsilon_z] = b[\gamma_{xz}\quad \gamma_{yz}\quad \varepsilon_z]^{\mathrm{T}}. \tag{3-5-4}$$

我们采用了§3-3 中给出的双曲型修正的层状材料屈服准则 f 和塑性势函数 g，即

$$f = (\tau^2 + a^2c^2)^{\frac{1}{2}} + \mu\sigma_z - c = 0, \tag{3-5-5}$$

$$g = (\tau^2 + a^2c^2)^{\frac{1}{2}} + \theta\mu\sigma_z, \tag{3-5-6}$$

其中

$$\tau^2 = \tau_{xz}^2 + \tau_{yz}^2,\quad \tau^2 + a^2c^2 \equiv \beta^2, \tag{3-5-7}$$

$$a = 1 - \frac{\mu\sigma_{\mathrm{T}}}{c}. \tag{3-5-8}$$

由式(3-5-5)表示的准则是一个三参数准则，3 个参数 $c,\mu,\sigma_{\mathrm{T}}$ 都是内变量 κ 的函数，当 $a=0$，即 $\sigma_{\mathrm{T}}=\sigma_{\mathrm{T}}^{*}=c/\mu$ 时，退化为通常的 Coulomb 型准则. 对于双曲型修正

准则的非关联层状材料的本构矩阵在 § 3-3 中由式(3-3-70)给出，引用记号

$$m = K + \frac{4}{3}G, \quad n = K - \frac{2}{3}G, \tag{3-5-9}$$

则显式的本构矩阵为

$$\boldsymbol{D}_{\mathrm{ep}} = \begin{bmatrix} m & n & n & 0 & 0 & 0 \\ n & m & n & 0 & 0 & 0 \\ n & n & m & 0 & 0 & 0 \\ 0 & 0 & 0 & G & 0 & 0 \\ 0 & 0 & 0 & 0 & G & 0 \\ 0 & 0 & 0 & 0 & 0 & G \end{bmatrix} - \frac{1}{H_{12}+A}$$

$$\cdot \begin{bmatrix} n^2\theta\mu^2 & n^2\theta\mu^2 & mn\theta\mu^2 & nG\frac{\tau_{zy}}{\beta}\theta\mu & nG\frac{\tau_{zx}}{\beta}\theta\mu & 0 \\ n^2\theta\mu^2 & n^2\theta\mu^2 & mn\theta\mu^2 & nG\frac{\tau_{zy}}{\beta}\theta\mu & nG\frac{\tau_{zx}}{\beta}\theta\mu & 0 \\ mn\theta\mu^2 & mn\theta\mu^2 & m^2\theta\mu^2 & mG\frac{\tau_{zy}}{\beta}\theta\mu & mG\frac{\tau_{zx}}{\beta}\theta\mu & 0 \\ nG\frac{\tau_{zy}}{\beta}\mu & nG\frac{\tau_{zy}}{\beta}\mu & mG\frac{\tau_{zy}}{\beta}\mu & G^2\frac{\tau_{zy}^2}{\beta^2} & G^2\frac{\tau_{zy}\tau_{zx}}{\beta} & 0 \\ nG\frac{\tau_{zx}}{\beta}\mu & nG\frac{\tau_{zx}}{\beta}\mu & mG\frac{\tau_{zx}}{\beta}\mu & G^2\frac{\tau_{zx}\tau_{zy}}{\beta} & G^2\frac{\tau_{zx}^2}{\beta^2} & 0 \\ 0 & 0 & 0 & 0 & 0 & 0 \end{bmatrix}. \tag{3-5-10}$$

上述本构矩阵是联系六维应力增量矢量 d$\boldsymbol{\sigma}$ 和六维应变增量矢量 d$\boldsymbol{\varepsilon}$ 的矩阵[参见式(3-1-1)]，现在我们关心的是联系三维应力矢量 $\bar{\boldsymbol{\sigma}}$[参见式(3-5-3)]和 $[\gamma_{xz} \quad \gamma_{zy} \quad \varepsilon_z]^{\mathrm{T}} = \langle \boldsymbol{u} \rangle^{\mathrm{T}}/b$[参见式(3-5-4)]的矩阵，在矩阵(3-5-10)划去第一、第二和第六行以及第一、第二和第六列，保留虚线框内的各项，再作适当的换行和换列，即可得如下本构关系

$$\begin{bmatrix} \mathrm{d}\tau_{zx} \\ \mathrm{d}\tau_{zy} \\ \mathrm{d}\sigma_z \end{bmatrix} = \left(\begin{bmatrix} G & 0 & 0 \\ 0 & G & 0 \\ 0 & 0 & m \end{bmatrix} - \frac{1}{H_{12}+A} \begin{bmatrix} G^2\frac{\tau_{zx}^2}{\beta^2} & G^2\frac{\tau_{zx}\tau_{zy}}{\beta^2} & mG\frac{\tau_{zx}}{\beta}\mu \\ G^2\frac{\tau_{zx}\tau_{zy}}{\beta^2} & G^2\frac{\tau_{zy}^2}{\beta^2} & mG\frac{\tau_{zy}}{\beta}\mu \\ mG\frac{\tau_{zx}}{\beta}\theta\mu & mG\frac{\tau_{zy}}{\beta}\theta\mu & m^2\theta\mu^2 \end{bmatrix} \right) \begin{bmatrix} \mathrm{d}\gamma_{zx} \\ \mathrm{d}\gamma_{zy} \\ \mathrm{d}\varepsilon_z \end{bmatrix}. \tag{3-5-11}$$

设

$$k_t = \frac{G}{b}, \quad k_n = \frac{m}{b} = \frac{K + \frac{4}{3}G}{b}, \tag{3-5-12}$$

并考虑到式(3-5-3)和(3-5-4),可得间断面的本构方程

$$\mathrm{d}\bar{\boldsymbol{\sigma}} = \bar{\boldsymbol{D}}_{ep}\mathrm{d}\langle \boldsymbol{u} \rangle, \tag{3-5-13}$$

其中

$$\bar{\boldsymbol{D}}_{ep} = \bar{\boldsymbol{D}}_e - \bar{\boldsymbol{D}}_p$$

$$= \begin{bmatrix} k_t & 0 & 0 \\ 0 & k_t & 0 \\ 0 & 0 & k_n \end{bmatrix} - \frac{1}{\bar{H}_{12} + \bar{A}} \begin{bmatrix} k_t^2 \dfrac{\tau_{zx}^2}{\beta^2} & k_t^2 \dfrac{\tau_{zx}\tau_{zy}}{\beta^2} & k_t k_n \dfrac{\tau_{zx}}{\beta}\mu \\ k_t^2 \dfrac{\tau_{zx}\tau_{zy}}{\beta^2} & k_t^2 \dfrac{\tau_{zy}^2}{\beta^2} & k_t k_n \dfrac{\tau_{zy}}{\beta}\mu \\ k_t k_n \dfrac{\tau_{zx}}{\beta}\theta\mu & k_t k_n \dfrac{\tau_{zy}}{\beta}\theta\mu & k_n^2 \theta \mu^2 \end{bmatrix}, \tag{3-5-14}$$

$$\bar{H}_{12} = \frac{H_{12}}{b} = k_n \theta \mu^2 + k_t \left(1 - \frac{a^2 c^2}{\beta^2}\right), \tag{3-5-15}$$

$$\bar{A} = \frac{A}{b} = \left[(c' - \mu' \sigma_z) - \frac{ac}{\beta}(c' - \mu' \sigma_z - \mu \sigma_z')\right]\bar{m}/b. \tag{3-5-16}$$

式(3-5-12)定义的 k_n, k_t 分别是单位面积的间断面(厚度为 b 的物质面)的法向和切向刚度,它们可由含间断面的岩石试件用实验方法确定(Goodman,1989),在缺少实验资料时可按式(3-5-12)来估算.

请注意,式(3-5-16)中的 $\bar{m}$ 和式(3-5-9)中的 m 的区别,这里的 $\bar{m}$ 是联系内变量增量 $\mathrm{d}\kappa$ 和塑性参数 $\mathrm{d}\lambda$ 之间的参数($\mathrm{d}\kappa = \bar{m}\mathrm{d}\lambda$),$\kappa$ 采用不同的内变量,$\bar{m}$ 取不同的值,即

$$\bar{m} = \begin{cases} \bar{\boldsymbol{\sigma}}^{\mathrm{T}} \dfrac{\partial g}{\partial \bar{\boldsymbol{\sigma}}} = \dfrac{\tau^2}{\beta} + \theta \mu \sigma_z, & \text{当 } \kappa = w^{\mathrm{p}}\text{(塑性功)}; \\ \bar{\boldsymbol{e}} \dfrac{\partial g}{\partial \bar{\boldsymbol{\sigma}}} = \theta \mu, & \text{当 } \kappa = \theta^{\mathrm{p}}\text{(扩容)}; \\ \left[\left(\dfrac{\partial g}{\partial \bar{\boldsymbol{\sigma}}}\right)^{\mathrm{T}} \left(\dfrac{\partial g}{\partial \bar{\boldsymbol{\sigma}}}\right)\right]^{\frac{1}{2}} = \left(\dfrac{\tau^2}{\beta^2} + \theta^2 \mu^2\right)^{\frac{1}{2}}, & \\ & \text{当 } \kappa = \langle \bar{u} \rangle^{\mathrm{p}}\text{(等效塑性位移间断)}. \end{cases} \tag{3-5-17}$$

非关联模型的本构矩阵 $\bar{\boldsymbol{D}}_{ep}$(3-5-14)没有对称性,这是非关联模型的一个特点(主要是塑性矩阵 $\bar{\boldsymbol{D}}_p$ 是不对称的).

在非关联模型中,间断面的塑性变形(剪切错动和法向膨胀等)由塑性势 g 给出,间断面的塑性变形增量 $\mathrm{d}\langle \boldsymbol{u} \rangle^{\mathrm{p}}$(卸载后的残余变形)为

$$\langle \mathrm{d}\boldsymbol{u}\rangle^{\mathrm{p}} = \mathrm{d}\lambda \frac{\partial g}{\partial \bar{\boldsymbol{\sigma}}} = \mathrm{d}\lambda \begin{bmatrix} \frac{\tau_{zx}}{\beta} & \frac{\tau_{zy}}{\beta} & \theta\mu \end{bmatrix}^{\mathrm{T}}.$$

如果间断面内剪应力 $\tau_{zx}=0$，则 $\tau_{zy}=\tau$，或者说，坐标轴 y 取在剪应力 τ 的方向上，这时有

$$\mathrm{d}\langle \boldsymbol{u}\rangle^{\mathrm{p}} = \mathrm{d}\lambda \begin{bmatrix} 0 & \frac{\tau}{\beta} & \theta\mu \end{bmatrix}^{\mathrm{T}},$$

若 $\mathrm{d}\langle v\rangle^{\mathrm{p}}$ 代表塑性剪切错动，$\mathrm{d}\langle w\rangle^{\mathrm{p}}$ 代表间断面法向膨胀，则塑性流动方向可用 $\mathrm{d}\langle w\rangle^{\mathrm{p}}$ 和 $\mathrm{d}\langle v\rangle^{\mathrm{p}}$ 之比来表示

$$\frac{\mathrm{d}\langle w\rangle^{\mathrm{p}}}{\mathrm{d}\langle v\rangle^{\mathrm{p}}} = \theta\mu \frac{\beta}{\tau}.$$

如果是关联流动，有 $\theta=1$；并且屈服准则是经典的 Coulomb 准则，有 $\beta/\tau=1$，那么塑性的流动方向可用内摩擦系数 μ 表示

$$\frac{\mathrm{d}\langle w\rangle^{\mathrm{p}}}{\mathrm{d}\langle v\rangle^{\mathrm{p}}} = \mu,$$

式中：μ 是内摩擦系数，与内摩擦角 φ 的关系为 $\tan\varphi=\mu$. 在关联模型中采用双曲修正 Coulomb 准则[$\theta=1,(\beta/\tau)>1$]，间断面法向膨胀更大一些. 因而无论是经典的 Coulomb 模型还是双曲型修正的Coulomb 模型，关联理论预言间断面膨胀值都大于实际观察到的值. 根据实际观察的值引用流动参数 θ，使用非关联理论是正确预言膨胀的一个简单可行的方法.

现在讨论本构矩阵 $\bar{\boldsymbol{D}}_{\mathrm{ep}}$ 的正定性. 如果引用矢量

$$\begin{aligned} \boldsymbol{a} &= \begin{bmatrix} \frac{\tau_{zx}}{\beta} & \frac{\tau_{zy}}{\beta} & \mu \end{bmatrix}^{\mathrm{T}}, \\ \boldsymbol{b} &= \begin{bmatrix} \frac{\tau_{zx}}{\beta} & \frac{\tau_{zy}}{\beta} & \theta\mu \end{bmatrix}^{\mathrm{T}}, \end{aligned} \tag{3-5-18}$$

则本构矩阵 $\bar{\boldsymbol{D}}_{\mathrm{ep}}$[见式(3-5-14)]能写成如下形式

$$\bar{\boldsymbol{D}}_{\mathrm{ep}} = \bar{\boldsymbol{D}}_{\mathrm{e}} - \frac{1}{\bar{H}_{12}+\bar{A}} \bar{\boldsymbol{D}}_{\mathrm{e}} \boldsymbol{b}\boldsymbol{a}^{\mathrm{T}} \bar{\boldsymbol{D}}_{\mathrm{e}}, \tag{3-5-19}$$

它与其对称部分

$$\bar{\boldsymbol{D}}_{\mathrm{ep}}^{\mathrm{s}} = \bar{\boldsymbol{D}}_{\mathrm{e}} - \frac{1}{2(\bar{H}_{12}+\bar{A})} \bar{\boldsymbol{D}}_{\mathrm{e}} (\boldsymbol{b}\boldsymbol{a}^{\mathrm{T}} + \boldsymbol{a}\boldsymbol{b}^{\mathrm{T}}) \bar{\boldsymbol{D}}_{\mathrm{e}} \tag{3-5-20}$$

有相同的正定性. 设

$$\begin{aligned} \bar{H}_{11} &= \boldsymbol{a}^{\mathrm{T}} \bar{\boldsymbol{D}}_{\mathrm{e}} \boldsymbol{a} = \mu^2 k_{\mathrm{n}} + k_{\mathrm{t}} \left(1 - \frac{a^2 c^2}{\beta^2}\right), \\ \bar{H}_{22} &= \boldsymbol{b}^{\mathrm{T}} \bar{\boldsymbol{D}}_{\mathrm{e}} \boldsymbol{b} = \theta^2 \mu^2 k_{\mathrm{n}} + k_{\mathrm{t}} \left(1 - \frac{a^2 c^2}{\beta^2}\right), \\ \bar{H}_{12} &= \bar{H}_{21} = \boldsymbol{a}^{\mathrm{T}} \bar{\boldsymbol{D}}_{\mathrm{e}} \boldsymbol{b} = \theta\mu^2 k_{\mathrm{n}} + k_{\mathrm{t}} \left(1 - \frac{a^2 c^2}{\beta^2}\right), \end{aligned} \tag{3-5-21}$$

可直接验证

$$\gamma_1 = \frac{\boldsymbol{a}}{\sqrt{\overline{H}_{11}}} + \frac{\boldsymbol{b}}{\sqrt{\overline{H}_{22}}}, \quad \gamma_2 = \frac{\boldsymbol{a}}{\sqrt{\overline{H}_{11}}} - \frac{\boldsymbol{b}}{\sqrt{\overline{H}_{22}}} \tag{3-5-22}$$

是对称矩阵 $\overline{\boldsymbol{D}}_{\mathrm{ep}}^{\mathrm{s}}$ 的两个特征矢量，而第三个特征矢量可用 γ_1 和 γ_2 叉乘得到. 相应的特征值为

$$\begin{aligned} \mu_1 &= 1 - (\sqrt{\overline{H}_{11}\,\overline{H}_{22}} + \overline{H}_{12})/2(\overline{H}_{12} + \overline{A}), \\ \mu_2 &= 1 + (\sqrt{\overline{H}_{11}\,\overline{H}_{22}} - \overline{H}_{12})/2(\overline{H}_{12} + \overline{A}) > 0, \\ \mu_3 &= 1. \end{aligned} \tag{3-5-23}$$

当 $\mu_1 \geqslant 0$ 时，矩阵 $\overline{\boldsymbol{D}}_{\mathrm{ep}}^{\mathrm{s}}$ 是正定或半正定的，间断面是稳定的；当 $\mu_1 < 0$ 时，$\overline{\boldsymbol{D}}_{\mathrm{ep}}^{\mathrm{s}}$ 是不正定的，间断是不稳定的. 不稳定的条件 $\mu_1 < 0$ 可以改写为

$$\overline{A} < (\sqrt{\overline{H}_{11}\,\overline{H}_{22}} - \overline{H}_{12})/2.$$

将式(3-5-16)和式(3-5-21)代入上式，得

$$\begin{aligned} &(c' - \mu'\sigma_z) - \frac{ac}{\beta}(c' - \mu'\sigma_z - \mu\sigma'_{\mathrm{T}}) \\ &< \frac{b}{2m}\left\{\left[\mu^2 k_{\mathrm{n}} + k_{\mathrm{t}}\left(1 - \frac{a^2c^2}{\beta^2}\right)\right]^{\frac{1}{2}}\left[\theta^2\mu^2 k_{\mathrm{n}} + k_{\mathrm{t}}\left(1 - \frac{a^2c^2}{\beta}\right)\right]^{\frac{1}{2}}\right. \\ &\quad \left. - \left[\theta\mu^2 k_{\mathrm{n}} + k_{\mathrm{t}}\left(1 - \frac{a^2c^2}{\beta^2}\right)\right]\right\} \equiv \Delta. \end{aligned} \tag{3-5-24}$$

注意上式中的 μ 是内摩擦系数，它是没有下标的，有下标的 μ_i 代表特征值. 将不等式(3-5-24)右端记为 Δ，它是非负的，仅当 $\theta = 1$(相当于关联流动)时为零，在 $0 \leqslant \theta < 1$ 时均为正. 因而在非关联流动情况下，间断面为理想塑性或低强化塑性时，它也可以是不稳定的. 用非关联模型模拟断层和节理面的性质，研究地震过程和岩石工程稳定性是非常有意义的.

2. 间断面的塑性损伤模型

为了反映间断面的刚度劣化性质，可在间断面的局部坐标系 O-stn(s 和 t 是面内切向，n 是法向)建立间断面的弹塑性损伤本构矩阵(殷有泉，1994). 下文给出这个模型的要点.

(1) 位移间断矢量可分解为三部分

$$\mathrm{d}\langle \boldsymbol{u} \rangle = \mathrm{d}\langle \boldsymbol{u} \rangle^{\mathrm{e}} + \mathrm{d}\langle \boldsymbol{u} \rangle^{\mathrm{d}} + \mathrm{d}\langle \boldsymbol{u} \rangle^{\mathrm{p}}, \tag{3-5-25}$$

式中：$\mathrm{d}\langle \boldsymbol{u} \rangle^{\mathrm{e}}$ 是间断面弹性位移间断矢量的增量

$$\mathrm{d}\langle \boldsymbol{u} \rangle^{\mathrm{e}} = \overline{\boldsymbol{C}}_{\mathrm{e}}\mathrm{d}\overline{\boldsymbol{\sigma}}. \tag{3-5-26}$$

而

$$\overline{\boldsymbol{\sigma}} = [\tau_{\mathrm{ns}} \quad \tau_{\mathrm{nt}} \quad \sigma_{\mathrm{n}}]^{\mathrm{T}}, \tag{3-5-27}$$

$$\bar{\boldsymbol{C}}_{\mathrm{e}} = \bar{\boldsymbol{D}}_{\mathrm{e}}^{-1} = \begin{bmatrix} \frac{1}{k_{\mathrm{t}}} & 0 & 0 \\ 0 & \frac{1}{k_{\mathrm{t}}} & 0 \\ 0 & 0 & \frac{1}{k_{\mathrm{n}}} \end{bmatrix}, \tag{3-5-28}$$

这里,间断面刚度 $k_{\mathrm{t}}, k_{\mathrm{n}}$ 是节理损伤变量 ω(标量)的函数,随 ω 的出现和增长,$k_{\mathrm{t}}, k_{\mathrm{n}}$ 下降,这表示损伤引起刚度的劣化. 在式(3-5-25)中的 $\mathrm{d}\langle \boldsymbol{u} \rangle^{\mathrm{d}}$ 由下式定义

$$\mathrm{d}\langle \boldsymbol{u} \rangle^{\mathrm{d}} = \frac{\partial \bar{\boldsymbol{C}}}{\partial \omega} \mathrm{d}\omega \bar{\boldsymbol{\sigma}}, \tag{3-5-29}$$

它是由刚度劣化引起的位移间断量,称为弹性损伤位移间断矢量的增量. $\mathrm{d}\langle \boldsymbol{u} \rangle^{\mathrm{p}}$ 是通常意义的塑性位移间断矢量的增量.

(2) 假设间断面的损伤变量和塑性分量是同时出现和演化的. 当应力状态满足屈服准则

$$f(\bar{\boldsymbol{\sigma}}, \kappa) = 0 \tag{3-5-30}$$

时才可能出现新的损伤和塑性位移间断. 使 $f(\bar{\boldsymbol{\sigma}}, \kappa) < 0$ 的应力状态,不产生新的损伤和新的塑性位移间断,仅可能出现弹性的位移间断,这种状态称为弹性状态.

(3) 损伤位移间断和塑性位移间断满足广义正交法则

$$\mathrm{d}\langle \boldsymbol{u} \rangle^{\mathrm{d}} + \mathrm{d}\langle \boldsymbol{u} \rangle^{\mathrm{p}} = \mathrm{d}\lambda \frac{\partial f}{\partial \bar{\boldsymbol{\sigma}}}, \tag{3-5-31}$$

式中:$\mathrm{d}\lambda \geqslant 0$ 是待定的非负参数.

(4) 对率无关材料(不考虑黏性效应),损伤变量增量 $\mathrm{d}\omega$ 与塑性位移间断增量 $\mathrm{d}\langle \boldsymbol{u} \rangle^{\mathrm{p}}$ 之间满足线性齐次关系

$$\mathrm{d}\omega = \boldsymbol{n}^{\mathrm{T}} \mathrm{d}\langle \boldsymbol{u} \rangle^{\mathrm{p}}, \tag{3-5-32}$$

式中:$\boldsymbol{n}$ 是一个三维矢量,它是面内应力 $\bar{\sigma}$,损伤变量 ω 和塑性内变量 κ 的函数. 在原则上,应该根据实验数据来确定 $\boldsymbol{n}$ 的 3 个分量.

(5) 塑性位移间断矢量增量

$$\mathrm{d}\langle \boldsymbol{u} \rangle^{\mathrm{p}} = \mathrm{d}\lambda \bar{\boldsymbol{K}} \frac{\partial f}{\partial \bar{\boldsymbol{\sigma}}}, \tag{3-5-33}$$

$$\bar{\boldsymbol{K}} = \boldsymbol{I} - \frac{\bar{\boldsymbol{C}}_{\mathrm{e}}' \bar{\boldsymbol{\sigma}} \boldsymbol{n}^{\mathrm{T}}}{1 + \boldsymbol{n}^{\mathrm{T}} \bar{\boldsymbol{C}}_{\mathrm{e}}' \bar{\boldsymbol{\sigma}}}, \tag{3-5-34}$$

式中:$\boldsymbol{I}$ 是 3×3 的单位矩阵,$\bar{\boldsymbol{K}}$ 称为塑性损伤耦合矩阵. 从式(3-5-33)和(3-5-34)看出,在损伤引起刚度劣化的情况,塑性位移间断矢量增量与屈服面不正交,但仍然与屈服面相关. 这种非正交的塑性流动在概念上有别于非关联的塑性势理论.

(6) 在加载时,间断面的本构方程为

$$\mathrm{d}\bar{\boldsymbol{\sigma}} = \bar{\boldsymbol{D}}_{\mathrm{ep}} \mathrm{d}\langle \boldsymbol{u} \rangle, \tag{3-5-35}$$

其中

$$\bar{\boldsymbol{D}}_{\mathrm{ep}} = \bar{\boldsymbol{D}}_{\mathrm{e}} - \frac{1}{\bar{H}+\bar{A}}\bar{\boldsymbol{D}}_{\mathrm{e}}\frac{\partial f}{\partial \bar{\boldsymbol{\sigma}}}\left(\frac{\partial f}{\partial \bar{\boldsymbol{\sigma}}}\right)\bar{\boldsymbol{D}}_{\mathrm{e}}, \tag{3-5-36}$$

$$\bar{H} = \left(\frac{\partial f}{\partial \bar{\boldsymbol{\sigma}}}\right)^{\mathrm{T}}\bar{\boldsymbol{D}}_{\mathrm{e}}\left(\frac{\partial f}{\partial \bar{\boldsymbol{\sigma}}}\right), \tag{3-5-37}$$

$$\bar{A} = -\frac{\partial f}{\partial \kappa}\bar{m}, \tag{3-5-38}$$

$$\bar{m} = \begin{cases} \bar{\boldsymbol{\sigma}}^{\mathrm{T}}\bar{\boldsymbol{K}}\dfrac{\partial f}{\partial \bar{\boldsymbol{\sigma}}}, & \text{当 } \kappa \text{ 是塑性功;} \\ \bar{\boldsymbol{e}}^{\mathrm{T}}\bar{\boldsymbol{K}}\dfrac{\partial f}{\partial \bar{\boldsymbol{\sigma}}}, & \text{当 } \kappa \text{ 是塑性扩容;} \\ \left[\left(\dfrac{\partial f}{\partial \bar{\boldsymbol{\sigma}}}\right)^{\mathrm{T}}\bar{\boldsymbol{K}}^{\mathrm{T}}\bar{\boldsymbol{K}}\dfrac{\partial f}{\partial \bar{\boldsymbol{\sigma}}}\right]^{\frac{1}{2}}, & \text{当 } \kappa \text{ 是等效塑性位移间断.} \end{cases} \tag{3-5-39}$$

本构矩阵是 3×3 的对称矩阵，该矩阵与不考虑损伤劣化的本构矩阵在形式上相同，但这里的 $\bar{\boldsymbol{D}}_{\mathrm{e}}$，$\bar{H}$ 和 $\bar{A}$ 都含有损伤变量 ω，它们随损伤的演化而变化.

在加载时，塑性内变量增量和损伤变量增量分别是

$$\mathrm{d}\kappa = \frac{\bar{m}}{\bar{H}+\bar{A}}\left(\frac{\partial f}{\partial \bar{\boldsymbol{\sigma}}}\right)^{\mathrm{T}}\bar{\boldsymbol{D}}_{\mathrm{e}}\mathrm{d}\langle \boldsymbol{u}\rangle, \tag{3-5-40}$$

$$\mathrm{d}\omega = \frac{\boldsymbol{n}^{\mathrm{T}}\bar{\boldsymbol{K}}\dfrac{\partial f}{\partial \bar{\boldsymbol{\sigma}}}}{\bar{H}+\bar{A}}\left(\frac{\partial f}{\partial \bar{\boldsymbol{\sigma}}}\right)^{\mathrm{T}}\bar{\boldsymbol{D}}_{\mathrm{e}}\mathrm{d}\langle \boldsymbol{u}\rangle. \tag{3-5-41}$$

（7）如果间断面的屈服准则采用双曲型修正的 Coulomb 型准则

$$f(\bar{\boldsymbol{\sigma}},\kappa) = (\tau^2 + a^2c^2)^{\frac{1}{2}} + \mu\sigma_{\mathrm{n}} - c = 0, \tag{3-5-42}$$

$$\tau^2 = \tau_{\mathrm{ns}}^2 + \tau_{\mathrm{nt}}^2,$$

$$\beta^2 = \tau^2 + a^2c^2.$$

而且 $\boldsymbol{n}$ 取为

$$\boldsymbol{n}^{\mathrm{T}} = [0 \quad 0 \quad \sigma_{\mathrm{n}}], \tag{3-5-43}$$

那么，耦合张量为

$$\bar{\boldsymbol{K}} = \frac{1}{k_{\mathrm{n}}^2 - \sigma_{\mathrm{n}}^2k_{\mathrm{n}}'}\begin{bmatrix} k_{\mathrm{n}}^2 - \sigma_{\mathrm{n}}^2k_{\mathrm{n}}' & 0 & \sigma_{\mathrm{n}}\tau_{\mathrm{ns}}k_{\mathrm{t}}'(k_{\mathrm{n}}/k_{\mathrm{t}})^2 \\ 0 & k_{\mathrm{n}}^2 - \sigma_{\mathrm{n}}^2k_{\mathrm{n}}' & \sigma_{\mathrm{n}}\tau_{\mathrm{nt}}k_{\mathrm{t}}'(k_{\mathrm{n}}/k_{\mathrm{t}})^2 \\ 0 & 0 & k_{\mathrm{n}}^2 \end{bmatrix}, \tag{3-5-44}$$

$$\bar{H} = \mu^2k_{\mathrm{n}} + \left(1 - \frac{a^2c^2}{\beta^2}\right)k_{\mathrm{t}}, \tag{3-5-45}$$

$$\bar{A} = \left[(c' - \mu'\sigma_{\mathrm{n}}) - \frac{ac}{\beta}(c' - \mu'\sigma_{\mathrm{T}} - \mu\sigma_{\mathrm{T}}')\right]\bar{m}. \tag{3-5-46}$$

（8）本构矩阵 $\bar{\boldsymbol{D}}_{\mathrm{ep}}$ 是实对称的，3 个特征值分别是 $\dfrac{\bar{A}}{\bar{A}+\bar{H}}$，1 和 1.

当 $\bar{A}>0$，即应变强化时，矩阵 $\bar{\boldsymbol{D}}_{\mathrm{ep}}$ 是正定的；当 $\bar{A}=0$，即理想塑性时，矩阵 $\bar{\boldsymbol{D}}_{\mathrm{ep}}$ 是半正定的；在 $\bar{A}<0$ 时，即应变软化的情况，本构矩阵 $\bar{\boldsymbol{D}}_{\mathrm{ep}}$ 是不正定的，间断面是不稳定的.

(9) 设 $\tau_{\mathrm{ns}}=0$，则 $\tau_{\mathrm{nt}}=\tau$，有

$$\frac{\partial f}{\partial \bar{\boldsymbol{\sigma}}}=\left[\begin{matrix}0 & \dfrac{\tau}{\beta} & \mu\end{matrix}\right]^{\mathrm{T}}, \tag{3-5-47}$$

塑性流动方向是 $\bar{\boldsymbol{K}}\dfrac{\partial f}{\partial \bar{\boldsymbol{\sigma}}}$ 的后两个分量之比，即有

$$\frac{\mathrm{d}\langle w\rangle^{\mathrm{p}}}{\mathrm{d}\langle v\rangle^{\mathrm{p}}}=\frac{\mu k_{\mathrm{n}}^{2}}{\left(k_{\mathrm{n}}^{2}-\sigma_{\mathrm{n}}^{2}k_{\mathrm{n}}'\right)\dfrac{\tau}{\beta}+\mu\sigma_{\mathrm{n}}k_{\mathrm{t}}'\left(\dfrac{k_{\mathrm{n}}}{k_{\mathrm{t}}}\right)^{2}}. \tag{3-5-48}$$

通常有 $\sigma_{\mathrm{n}}<0$（压应力），$k_{\mathrm{n}}'<0$ 和 $k_{\mathrm{t}}'<0$（刚度劣化），因而显然有

$$0\leqslant\frac{\mathrm{d}\langle w\rangle^{\mathrm{p}}}{\mathrm{d}\langle v\rangle^{\mathrm{p}}}\leqslant\mu. \tag{3-5-49}$$

用关联的弹塑性理论确定的流动方向为 μ（经典 Coulomb 准则）或 $\mu(\beta/\tau)$（双曲型修正的 Coulomb 准则），与通常实测资料相比是过大的，而用弹塑性损伤理论确定的流动方向[见式(3-5-49)]可望更符合实测结果.

§3-6　讨论和小结

本章介绍了工程材料的弹塑性本构矩阵和它们的正定性. 具体给出了这些材料本构矩阵丧失正定性的条件：对于关联塑性材料，在材料的应变软化阶段，本构矩阵是不正定的；对于非关联塑性材料，不仅在软化阶段是不正定的，而在理想塑性和低强化情况也可能是不正定的. 非关联塑性模型扩展了不正定性的条件和使用范围，因而在工程稳定性分析中具有重要意义.

本章也简单介绍了岩石材料塑性损伤模型，这种模型能全面反映岩石材料的各种特征，包括损伤劣化、材料的应变软化、塑性应变增量与屈服面不正交（扩容更符合实验观察结果）等等，而且这种模型在理论上很完善，由 Ильюшин 公设可导出广义正交法则，这可看做是由 Drucker 公设导出正交法则的推广，因而损伤塑性理论与经典的关联塑性理论在体系上完全一致. 甚至可使金属塑性和岩石塑性在理论表述上得以统一. 但是，由于目前损伤塑性的实验资料还很少，在应用上还有一些困难. 岩石工程的稳定性分析目前更适于使用非关联塑性模型. 如何使用塑性损伤模型，将是今后继续探讨的问题.

本章为使用目的着想，假设屈服函数是包含一个标量内变量的正则函数. 当然奇异屈服面的塑性本构理论在理论上已经得到解决. 但它比较复杂，使用起来不太方便. 目前岩土工程界使用的材料模型多采用 Coulomb 型屈服准则，这些准则都

包含角点(奇异点),本章介绍了这些准则的修正办法.修改屈服面至少有下面理由:岩土材料实验资料的分散程度较大,因而现有的屈服准则精度都是有限的,做局部改动不见得与实验资料相左.工程上使用的Coulomb型屈服准则也是由实验资料拟合的结果,这些实验通常是压剪性的实验(在直剪仪或三轴试验机上做).将由压剪资料拟合出的Coulomb型准则简单地延拓到拉剪区显然是没有道理的,它所预测的抗拉强度自然不会与实际情况一致.此外,除了拉伸强度外,在拉剪区缺少其他实验资料.因而我们重建拉剪区屈服准则完全是必要的和合理的.Coulomb型的屈服准则是二参数准则.层状材料的两个参数是 c 和 μ,D-P材料的两个参数是 α 和 k.经过正则化修正之后Coulomb型屈服准则和D-P-Y准则是三参数的准则,除了原有的两个参数外,还包含第三个参数 σ_T,即拉伸屈服应力.这样,修正的Coulomb型准则和D-P-Y准则更能全面地反映岩土材料的实际特性.

本章还简要地介绍了奇异屈服准则本构关系的正确表述.如果奇异点是两个正则屈服面相交而成的,那么要采用含两个塑性参数 $d\lambda_1$ 和 $d\lambda_2$ 的Koiter流动法则,并用两个方程 $df_1=0$ 和 $df_2=0$ 组成的一致性条件来确定这两个参数.这样得到的加-卸载准则和本构方程虽然在理论上是严谨的,但在形式上比较复杂,编制程序比较困难.目前多数有限元程序,均假设奇点处的塑性流动方向是其邻域两个正则曲面法向的平均方向,这相当于使用一个塑性参数 $d\lambda$,这就违背了奇点处的Koiter法则和一致性条件,在理论上是错误的.使用这种程序计算出的结果必然是有欠缺的(只满足连续条件、平衡条件,不满足本构方程).国内外一些学者热衷于提出各种强度准则,这些准则往往包含很多奇异点.他们完全不顾奇点处本构方程的正确表述,把过多的精力投注在各种破裂准则的讨论,而不顾流动法则和一致性条件,这不免有些偏颇和得不偿失.

本章还讨论了间断面的本构矩阵和它们正定性问题.大多数岩石工程是具有间断面的,其中包含各种弱面、节理、断层、断层带、物质界面等等.在很多情况下,这些间断面对工程结构的强度破坏和失稳破坏起控制作用,研究含间断面的工程结构的稳定性必须考虑间断面本构矩阵及其正定性.

本章主要讨论工程材料和间断面的稳定性,即材料稳定性,尚未涉及工程结构自身的稳定性问题.材料的正定性或稳定性和岩石工程结构自身的稳定性密切相关,如果材料的本构矩阵是正定的或稳定的.那么岩石工程一定是稳定的(指在小变形意义下);如果材料本构矩阵是不正定或不稳定的,那么工程结构可能是稳定的也可能是不稳定的,也就是说,材料的不正定性或不稳定性与结构不稳定性是两回事,前者仅是后者的必要条件,而不是充分条件.结构的不稳定问题将在第四章和第五章中讨论.

第四章　岩石力学稳定性问题的有限元表述

前一章介绍了工程材料本构矩阵的正定性问题,也即材料的稳定性问题,本章将讨论的是岩石混凝土结构或岩石工程的稳定性问题.如果材料本构矩阵是正定的(材料是稳定的),则可以证明,在指定的载荷路径下,工程结构的应力分布和位移分布有唯一解,换言之,工程结构的解是稳定的.仅当工程结构的某些区域内材料进入不稳定状态或材料本构矩阵失去正定性时,才有可能导致整个工程结构的不稳定.材料不稳定可以在局部区域出现,工程结构丧失稳定是工程的整体性质,材料不稳定是工程**结构不稳定**的一个必要条件而非充分条件.随着材料不稳定区域扩展到一定范围,工程结构才可能失稳.研究工程结构不稳定时刻的到来是一个重要课题.不稳定性的开始,确定了一个工程的承载能力.

岩石力学中实际问题都是比较复杂的,用解析方法求解往往是无能为力的.岩石工程的应力分析、变形分析和平衡稳定性分析通常采用数值方法,其中最有效的方法是有限元方法.本章将着重介绍如何用有限元方法研究岩石工程的平衡稳定性问题.

§4-1　岩石力学问题的有限元表述

1. 虚功原理

设所研究的区域为 V,在它的边界 S_u 上指定位移为 $\boldsymbol{u}_0(t)$,在边界的其余部分 S_T 上作用有表面力载荷 $\boldsymbol{q}(t)$,S_u 和 S_T 的总和构成整个区域的边界 S.在区域内部作用有体积力载荷 $\boldsymbol{p}(t)$.这些指定位移和载荷随时间的变化速率很小,在忽略惯性作用的情况下,可将变形过程视为准静态过程.

在区域内还包含有限个间断面 Γ,通过间断面的位移可以发生间断(图 4-1-1),应力的部分分量也可能发生间断.

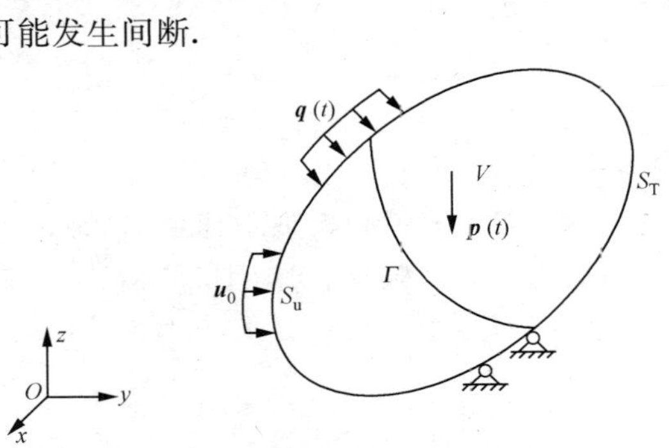

图 4-1-1　含有间断面的三维物体

在总体坐标系 $O\text{-}xyz$ 内，区域内任一点的坐标，位移和应变可用矢量表示如下

$$\boldsymbol{x}=[x \quad y \quad z]^{\mathrm{T}}, \tag{4-1-1}$$

$$\boldsymbol{u}=[u \quad v \quad w]^{\mathrm{T}}, \tag{4-1-2}$$

$$\boldsymbol{\varepsilon}=[\varepsilon_x \quad \varepsilon_y \quad \varepsilon_z \quad \gamma_{yz} \quad \gamma_{zx} \quad \gamma_{xy}]^{\mathrm{T}}. \tag{4-1-3}$$

在 V 内，位移矢量和应变矢量满足几何方程

$$\boldsymbol{\varepsilon}=\boldsymbol{L}\boldsymbol{u}, \tag{4-1-4}$$

其中

$$\boldsymbol{L}=\begin{bmatrix} \frac{\partial}{\partial x} & 0 & 0 & 0 & \frac{\partial}{\partial z} & \frac{\partial}{\partial y} \\ 0 & \frac{\partial}{\partial y} & 0 & \frac{\partial}{\partial z} & 0 & \frac{\partial}{\partial x} \\ 0 & 0 & \frac{\partial}{\partial z} & \frac{\partial}{\partial y} & \frac{\partial}{\partial x} & 0 \end{bmatrix}^{\mathrm{T}}, \tag{4-1-5}$$

矩阵 $\boldsymbol{L}$ 是由微商算子组成的 6×3 阶矩阵. 区域内各点都需满足几何关系(4-1-4). 在间断面上取局部坐标系 $O\text{-}stn$，s 和 t 是面内切向，n 是法向，如图 4-1-2 所示.

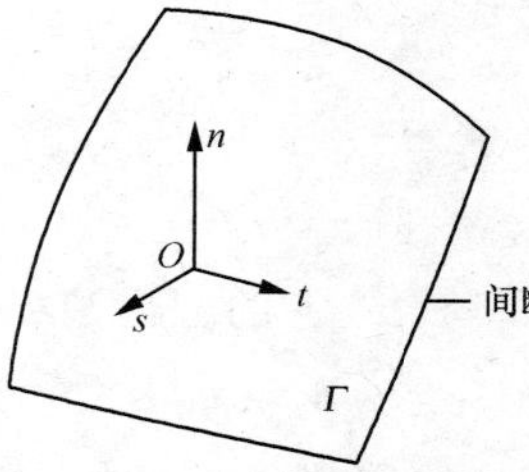

图 4-1-2 间断面的局部坐标

通过间断面的位移发生间断，位移间断矢量为

$$\begin{aligned}\langle\boldsymbol{u}\rangle &= \boldsymbol{u}^{+}-\boldsymbol{u}^{-}=[u_s^{+}-u_s^{-} \quad v_t^{+}-v_t^{-} \quad w_n^{+}-w_n^{-}]^{\mathrm{T}} \\ &= [\langle u\rangle \quad \langle v\rangle \quad \langle w\rangle]^{\mathrm{T}},\end{aligned} \tag{4-1-6}$$

式中：上标“+”，“−”分别表示间断面上盘和下盘的位移. 在区域边界 S_{u} 上要满足位移边界条件

$$\boldsymbol{u}=\boldsymbol{u}_0=[u_0 \quad v_0 \quad w_0]^{\mathrm{T}}. \tag{4-1-7}$$

区域内任一点的应力矢量 $\boldsymbol{\sigma}$ 和体力载荷矢量 $\boldsymbol{p}$ 为

$$\begin{aligned}\boldsymbol{\sigma} &= [\sigma_x \quad \sigma_y \quad \sigma_z \quad \tau_{yz} \quad \tau_{zx} \quad \tau_{xy}]^{\mathrm{T}}, \\ \boldsymbol{p} &= [p_x \quad p_y \quad p_z]^{\mathrm{T}},\end{aligned} \tag{4-1-8}$$

应力矢量和体力矢量在区域 V 内各点应满足平衡方程

$$\boldsymbol{L}^{\mathrm{T}}\boldsymbol{\sigma}+\boldsymbol{p}=\boldsymbol{0}, \tag{4-1-9}$$

其中：$\boldsymbol{L}$ 仍为由式(4-1-5)定义的算子矩阵．在位移间断面 Γ 上，面内 3 个应力分量可表示为三维应力矢量

$$\bar{\boldsymbol{\sigma}} = [\tau_{sn} \quad \tau_{tn} \quad \sigma_n]^{\mathrm{T}}, \tag{4-1-10}$$

应力矢量 $\bar{\boldsymbol{\sigma}}$ 与位移间断矢量 $\langle \boldsymbol{u} \rangle$ 在能量上共轭．另外 3 个应力分量（两个正应力分量 σ_s, σ_t，一个切应力分量 τ_{st}）在间断面两侧可以是不同的，因此，在 Γ 上通过间断面的应力要满足下式给出的条件，即

$$\bar{\boldsymbol{L}}_1^{\mathrm{T}} \boldsymbol{\sigma}^+ = \bar{\boldsymbol{L}}_1^{\mathrm{T}} \boldsymbol{\sigma}^- = \bar{\boldsymbol{\sigma}}$$

或

$$\langle \bar{\boldsymbol{L}}^{\mathrm{T}} \boldsymbol{\sigma} \rangle = \boldsymbol{0}, \tag{4-1-11}$$

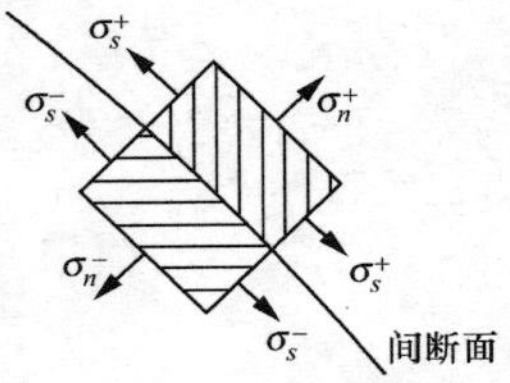

图 4-1-3 应力间断

上式也可看做通过间断面的应力平衡条件，如图 4-1-3 所示．式中矩阵 $\bar{\boldsymbol{L}}_1$ 与式(4-1-5)定义的矩阵 $\boldsymbol{L}$ 有相同结构，只是用间断面 Γ 法向的方向余弦 l_1, m_1, n_1 代替微商算子 $\frac{\partial}{\partial x}, \frac{\partial}{\partial y}, \frac{\partial}{\partial z}$，即有

$$\bar{\boldsymbol{L}}_1 = \begin{bmatrix} l_1 & 0 & 0 & 0 & n_1 & m_1 \\ 0 & m_1 & 0 & n_1 & 0 & l_1 \\ 0 & 0 & n_1 & m_1 & l_1 & 0 \end{bmatrix}^{\mathrm{T}}. \tag{4-1-12}$$

如果在区域边界 S_{T} 上的载荷矢量为

$$\boldsymbol{q} = [q_x \quad q_y \quad q_z]^{\mathrm{T}}, \tag{4-1-13}$$

在边界 S_{T} 上各点的平衡条件，即在 S_{T} 上的应力边界条件为

$$\bar{\boldsymbol{L}}_2^{\mathrm{T}} \boldsymbol{\sigma} = \boldsymbol{q}, \tag{4-1-14}$$

式中：矩阵 $\bar{\boldsymbol{L}}_2$ 类似于式(4-1-12)的定义，但这时在矩阵中的元素是边界面 S_{T} 外法向的方向余弦 l_2, m_2, n_2，即

$$\bar{\boldsymbol{L}}_2 = \begin{bmatrix} l_2 & 0 & 0 & 0 & n_2 & m_2 \\ 0 & m_2 & 0 & n_2 & 0 & l_2 \\ 0 & 0 & n_2 & m_2 & l_2 & 0 \end{bmatrix}^{\mathrm{T}}. \tag{4-1-15}$$

在有限元方法中使用的是弱形式的平衡条件，即用虚功方程代替上面的式(4-1-9)，(4-1-11)和(4-1-14)．设 $\delta \boldsymbol{u}$ 和 $\delta \langle \boldsymbol{u} \rangle$ 分别是运动许可的虚位移矢量和虚位移间断矢量，$\delta \boldsymbol{\varepsilon}$ 是相应的虚应变矢量，则有

$$\begin{aligned} \boldsymbol{L} \delta \boldsymbol{u} &= \delta \boldsymbol{\varepsilon}, && \text{在 } V \text{ 内}, \\ \delta \langle \boldsymbol{u} \rangle &= \delta \boldsymbol{u}^+ - \delta \boldsymbol{u}^-, && \text{在 } \Gamma \text{ 上}, \\ \delta \boldsymbol{u} &= \boldsymbol{0}, && \text{在 } S_{\mathrm{u}} \text{ 上}. \end{aligned} \tag{4-1-16}$$

根据能量守恒原理，外力在虚位移上所做功等于可能应力在虚应变上所做功，通常称此关系为**虚功原理**．虚功原理的数学表达式称做**虚功方程**

$$\int_V \delta\boldsymbol{\varepsilon}^{\mathrm{T}}\boldsymbol{\sigma}\mathrm{d}V+\int_\Gamma \delta\langle\boldsymbol{u}\rangle^{\mathrm{T}}\bar{\boldsymbol{\sigma}}\mathrm{d}\Gamma=\int_V \delta\boldsymbol{u}^{\mathrm{T}}\boldsymbol{p}\mathrm{d}V+\int_{S_{\mathrm{T}}} \delta\boldsymbol{u}^{\mathrm{T}}\boldsymbol{q}\mathrm{d}S, \tag{4-1-17}$$

虚功方程没有涉及应力和应变(或位移间断)之间的关系,因而,式(4-1-17)实质上是 9 个函数(3 个位移分量,6 个应力分量)之间的一个恒等式. 这个恒等式是通过力学原理建立的,当然我们也可以用严格的数学方法予以证明.

为叙述方便,式(4-1-17)的证明分两步进行. 第一步,先证明不含间断面物体的虚功方程

$$\int_V \delta\boldsymbol{\varepsilon}^{\mathrm{T}}\boldsymbol{\sigma}\mathrm{d}V=\int_V \delta\boldsymbol{u}^{\mathrm{T}}\boldsymbol{p}\mathrm{d}V+\int_{S_{\mathrm{T}}} \delta\boldsymbol{u}^{\mathrm{T}}\boldsymbol{q}\mathrm{d}S, \tag{4-1-18}$$

考虑到式(4-1-16)的第三式,上式右端面积分的积分域 S_{T} 可改为 S. 再利用式(4-1-16)的第一式,式(4-1-9)和(4-1-14),以消去式(4-1-18)中的 $\boldsymbol{\varepsilon},\boldsymbol{p},\boldsymbol{q}$,便得到

$$\int_V (\boldsymbol{L}\delta\boldsymbol{u})^{\mathrm{T}}\boldsymbol{\sigma}\mathrm{d}V=-\int_V \delta\boldsymbol{u}^{\mathrm{T}}(\boldsymbol{L}^{\mathrm{T}}\boldsymbol{\sigma})\mathrm{d}V+\int_S \delta\boldsymbol{u}^{\mathrm{T}}(\bar{\boldsymbol{L}}_2^{\mathrm{T}}\boldsymbol{\sigma})\mathrm{d}S, \tag{4-1-19}$$

通过移项把上式写成

$$\int_V [(\boldsymbol{L}\delta\boldsymbol{u})^{\mathrm{T}}\boldsymbol{\sigma}+\delta\boldsymbol{u}^{\mathrm{T}}(\boldsymbol{L}^{\mathrm{T}}\boldsymbol{\sigma})]\mathrm{d}V=\int_S \delta\boldsymbol{u}^{\mathrm{T}}(\bar{\boldsymbol{L}}_2^{\mathrm{T}}\boldsymbol{\sigma})\mathrm{d}S. \tag{4-1-20}$$

然后把算子矩阵 $\boldsymbol{L}$ 和 $\bar{\boldsymbol{L}}_2$ 拆成 3 项

$$\boldsymbol{L}=\boldsymbol{L}_1\frac{\partial}{\partial x}+\boldsymbol{L}_2\frac{\partial}{\partial y}+\boldsymbol{L}_3\frac{\partial}{\partial z}, \tag{4-1-21}$$

$$\bar{\boldsymbol{L}}_2=\boldsymbol{L}_1 l_2+\boldsymbol{L}_2 m_2+\boldsymbol{L}_3 n_2, \tag{4-1-22}$$

其中: $\boldsymbol{L}_1,\boldsymbol{L}_2$ 和 $\boldsymbol{L}_3$ 是 3 个简单的常数矩阵. 例如, $\boldsymbol{L}_1$ 是

$$\boldsymbol{L}_1=\begin{bmatrix}1&0&0&0&0&0\\0&0&0&0&0&1\\0&0&0&0&1&0\end{bmatrix}^{\mathrm{T}},$$

利用式(4-1-21),式(4-1-20)左端的被积函数可改写为

$$\begin{aligned}&\delta\boldsymbol{u}^{\mathrm{T}}\left[\boldsymbol{L}_1^{\mathrm{T}}\frac{\partial\boldsymbol{\sigma}}{\partial x}+\boldsymbol{L}_2^{\mathrm{T}}\frac{\partial\boldsymbol{\sigma}}{\partial y}+\boldsymbol{L}_3^{\mathrm{T}}\frac{\partial\boldsymbol{\sigma}}{\partial z}\right]+\left[\frac{\partial\delta\boldsymbol{u}^{\mathrm{T}}}{\partial x}\boldsymbol{L}_1^{\mathrm{T}}+\frac{\partial\delta\boldsymbol{u}^{\mathrm{T}}}{\partial y}\boldsymbol{L}_2^{\mathrm{T}}+\frac{\partial\delta\boldsymbol{u}^{\mathrm{T}}}{\partial z}\boldsymbol{L}_3^{\mathrm{T}}\right]\boldsymbol{\sigma}\\&=\frac{\partial}{\partial x}(\delta\boldsymbol{u}^{\mathrm{T}}\boldsymbol{L}_1^{\mathrm{T}}\boldsymbol{\sigma})+\frac{\partial}{\partial y}(\delta\boldsymbol{u}^{\mathrm{T}}\boldsymbol{L}_2^{\mathrm{T}}\boldsymbol{\sigma})+\frac{\partial}{\partial z}(\delta\boldsymbol{u}^{\mathrm{T}}\boldsymbol{L}_3^{\mathrm{T}}\boldsymbol{\sigma}),\end{aligned}$$

于是再利用 Gauss 散度定理,便有

$$\begin{aligned}&\int_V [(\boldsymbol{L}\delta\boldsymbol{u})^{\mathrm{T}}\boldsymbol{\sigma}+\delta\boldsymbol{u}^{\mathrm{T}}(\boldsymbol{L}^{\mathrm{T}}\boldsymbol{\sigma})]\mathrm{d}V\\&=\int_V\left[\frac{\partial}{\partial x}(\delta\boldsymbol{u}^{\mathrm{T}}\boldsymbol{L}_1^{\mathrm{T}}\boldsymbol{\sigma})+\frac{\partial}{\partial y}(\delta\boldsymbol{u}^{\mathrm{T}}\boldsymbol{L}_2^{\mathrm{T}}\boldsymbol{\sigma})+\frac{\partial}{\partial z}(\delta\boldsymbol{u}^{\mathrm{T}}\boldsymbol{L}_3^{\mathrm{T}}\boldsymbol{\sigma})\right]\mathrm{d}V\\&=\int_S[l_2\delta\boldsymbol{u}^{\mathrm{T}}\boldsymbol{L}_1^{\mathrm{T}}\boldsymbol{\sigma}+m_2\delta\boldsymbol{u}^{\mathrm{T}}\boldsymbol{L}_2^{\mathrm{T}}\boldsymbol{\sigma}+n_2\delta\boldsymbol{u}^{\mathrm{T}}\boldsymbol{L}_3^{\mathrm{T}}\boldsymbol{\sigma}]\mathrm{d}S\end{aligned}$$

$$= \int_S \delta \boldsymbol{u}^{\mathrm{T}}(l_2 \boldsymbol{L}_1^{\mathrm{T}} + m_2 \boldsymbol{L}_2^{\mathrm{T}} + n_2 \boldsymbol{L}_3^{\mathrm{T}}) \boldsymbol{\sigma} \mathrm{d}S$$

$$= \int_S \delta \boldsymbol{u}^{\mathrm{T}} \overline{\boldsymbol{L}}_2^{\mathrm{T}} \boldsymbol{\sigma} \mathrm{d}S. \tag{4-1-23}$$

这就证明了式(4-1-20)，从而证明了式(4-1-18).

第二步再证明含间断面 Γ 物体的虚功方程. 设物体 V 被间断面 Γ 分成两个区域 V^+ 和 V^-，区域 V^+ 的边界为 S^+ 和 Γ，区域 V^- 的边界为 S^- 和 Γ. 如图 4-1-4 所示.

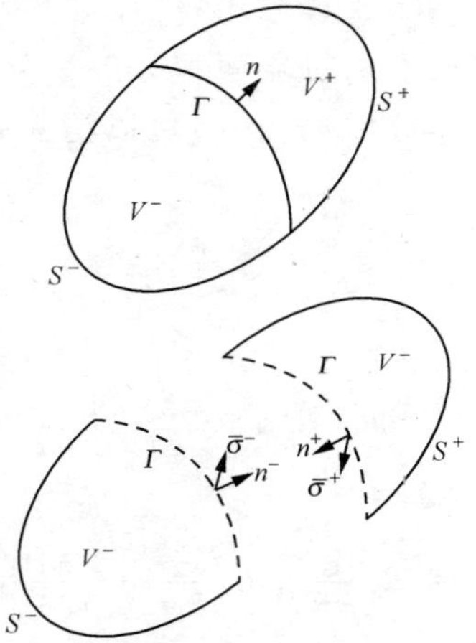

图 4-1-4　以间断面为边界的两个连续区域

对于区域 V^-，可按式(4-1-23)，有

$$\int_{V^-} [\boldsymbol{L}\delta \boldsymbol{u}^{\mathrm{T}} \boldsymbol{\sigma} + \delta \boldsymbol{u}^{\mathrm{T}} \boldsymbol{L} \boldsymbol{\sigma}] \mathrm{d}V = \int_{S^-} \delta \boldsymbol{u}^{\mathrm{T}} \overline{\boldsymbol{L}}_2^{\mathrm{T}} \boldsymbol{\sigma} \mathrm{d}S + \int_{\Gamma} \delta \boldsymbol{u}^{\mathrm{T}} \overline{\boldsymbol{L}}_1^{\mathrm{T}} \boldsymbol{\sigma} \mathrm{d}\Gamma, \tag{4-1-24}$$

其中：$\overline{\boldsymbol{L}}_1$ 是由间断面 Γ 方向余弦 l_1, m_1, n_1 构成的矩阵(4-1-12). 式(4-1-24)右端沿间断面的积分中被积函数是在区域 V^- 内取值，由于间断面 Γ 上的单位法向量 $\boldsymbol{n}$ 与区域 V^- 的边界 Γ 上的外法向一致，故该项取正号. 类似地，在区域 V^+ 内有

$$\int_{V^+} [(\boldsymbol{L}\delta \boldsymbol{u})^{\mathrm{T}} \boldsymbol{\sigma} + \delta \boldsymbol{u}^{\mathrm{T}} (\boldsymbol{L}^{\mathrm{T}} \boldsymbol{\sigma})] \mathrm{d}V = \int_{S^+} \delta \boldsymbol{u}^{\mathrm{T}} \overline{\boldsymbol{L}}_2^{\mathrm{T}} \boldsymbol{\sigma} \mathrm{d}S - \int_{\Gamma} \delta \boldsymbol{u}^{\mathrm{T}} \overline{\boldsymbol{L}}_1^{\mathrm{T}} \boldsymbol{\sigma} \mathrm{d}\Gamma. \tag{4-1-25}$$

上式右端第二项的被积函数是在区域 V^+ 内取值的，由于间断面上的单位法向量 $\boldsymbol{n}$ 与区域 V^+ 的边界 Γ 上的外法向相反，故该项取负号. 将式(4-1-24)和(4-1-25)相加，则得

$$\int_{V} [(\delta \boldsymbol{u})^{\mathrm{T}} \boldsymbol{\sigma} + \delta \boldsymbol{u}^{\mathrm{T}} (\boldsymbol{L}^{\mathrm{T}} \boldsymbol{\sigma})] \mathrm{d}V = \int_{S} \delta \boldsymbol{u}^{\mathrm{T}} \overline{\boldsymbol{L}}_2^{\mathrm{T}} \boldsymbol{\sigma} \mathrm{d}S - \int_{\Gamma} \langle \delta \boldsymbol{u}^{\mathrm{T}} \overline{\boldsymbol{L}}_1^{\mathrm{T}} \boldsymbol{\sigma} \rangle \mathrm{d}\Gamma.$$

考虑到式(4-1-11)，上式右端的间断值为

$$\langle \delta \boldsymbol{u}^{\mathrm{T}} \overline{\boldsymbol{L}}_1^{\mathrm{T}} \boldsymbol{\sigma} \rangle = (\delta \boldsymbol{u}^{\mathrm{T}})^+ \overline{\boldsymbol{L}}_1^{\mathrm{T}} \boldsymbol{\sigma}^+ - (\delta \boldsymbol{u}^{\mathrm{T}})^- \overline{\boldsymbol{L}}_1^{\mathrm{T}} \boldsymbol{\sigma}^-$$

$$= (\delta \boldsymbol{u}^{\mathrm{T}})^{+} \bar{\boldsymbol{\sigma}} - (\delta \boldsymbol{u}^{\mathrm{T}})^{-} \bar{\boldsymbol{\sigma}} = \delta \langle \boldsymbol{u} \rangle^{\mathrm{T}} \bar{\boldsymbol{\sigma}},$$

这样有

$$\int_V (\delta \boldsymbol{u})^{\mathrm{T}} \boldsymbol{\sigma} \mathrm{d}V + \int_\Gamma \delta \langle \boldsymbol{u} \rangle^{\mathrm{T}} \bar{\boldsymbol{\sigma}} \mathrm{d}\Gamma = -\int_V \delta \boldsymbol{u}^{\mathrm{T}} (\boldsymbol{L}^{\mathrm{T}} \boldsymbol{\sigma})^{\mathrm{T}} \mathrm{d}V + \int_S \delta \boldsymbol{u}^{\mathrm{T}} \boldsymbol{L}_2^{\mathrm{T}} \boldsymbol{\sigma} \mathrm{d}S.$$

考虑到式(4-1-9),(4-1-14)和(4-1-16)的第三式,上式就是虚功方程(4-1-17).这样,我们用严格的数学方法证明了含间断面物体的虚功方程.

虚功方程不仅对连续可导的位移函数成立,对广义函数也是成立的.因而,从它出发使用有限元方法求解问题,可以降低对位移等函数的光滑性的要求.例如,使用以位移为基本变量的微分方程时,要求位移函数为二次连续可导,而从虚功方程出发只要求位移函数连续和分片可导.有限元法的优点就在于求解这种广义解(弱解),虚功方程也称为弱形式的平衡条件.

2. 有限元剖分

用假想的剖面将区域 V 和间断面剖分成有限个(通常是一个很大的数目)仅在节点处彼此连接的离散单元组合体,代替原来的连续体,这个组合体称为**有限元系统**.现以 N 代表节点总数,M 代表单元总数.有限元位移法是目前最广泛使用的方法,基本未知量是系统的节点位移,它们可用一个矢量 $\boldsymbol{a}$ 表示

$$\boldsymbol{a} = [\boldsymbol{a}_1^{\mathrm{T}} \quad \boldsymbol{a}_2^{\mathrm{T}} \quad \cdots \quad \boldsymbol{a}_N^{\mathrm{T}}]^{\mathrm{T}}, \tag{4-1-26}$$

其中:$\boldsymbol{a}_i (i=1,2,\cdots,N)$代表第 i 个节点上的位移矢量.对一般的空间问题,$\boldsymbol{a}_i$ 是三维矢量

$$\boldsymbol{a}_i = [u_i \quad v_i \quad w_i]^{\mathrm{T}}, \tag{4-1-27}$$

而系统的节点位移矢量 $\boldsymbol{a}$ 是 $3N$ 维矢量.在我们研究的问题中至少包含三种类型单元:用来描述连续体部分的**等参数单元**;用来描述位移间断面的间断面单元;以及用来描述远场性质的**无限区域单元**(见图 4-1-5).

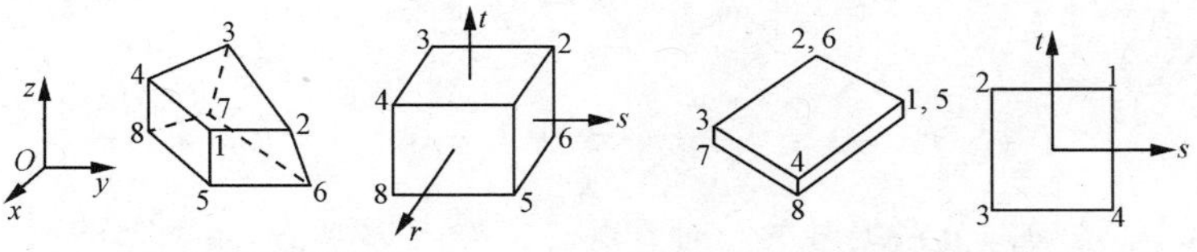

(a) 8节点空间等参元 (b) 四对双节点间断面元

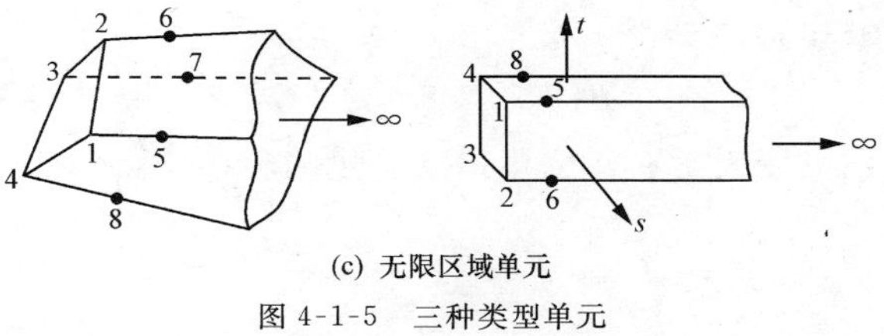

(c) 无限区域单元

图 4-1-5 三种类型单元

(1) 等参数单元

等参数单元是当前有限元程序中广泛使用的一种单元. 在等参数单元分析中需要采用两种坐标系,即采用总体坐标系和自然坐标系. 总体坐标系是描述整个物体或结构使用的坐标系,通常是直角的 Descartes 坐标系,用 x,y,z 表示. 自然坐标系是一种特殊的局部坐标系,用一组不超过 1 的无量纲参数 r,s,t 表示单元内点的位置,单元边界分别对应某个自然坐标等于 1 或 −1.

引用单元节点坐标矢量和单元节点位移矢量

$$\boldsymbol{x}_{\mathrm{e}} = [\boldsymbol{x}_1^{\mathrm{T}} \quad \boldsymbol{x}_2^{\mathrm{T}} \quad \cdots \quad \boldsymbol{x}_m^{\mathrm{T}}]^{\mathrm{T}}, \tag{4-1-28}$$

$$\boldsymbol{a}_{\mathrm{e}} = [\boldsymbol{a}_1^{\mathrm{T}} \quad \boldsymbol{a}_2^{\mathrm{T}} \quad \cdots \quad \boldsymbol{a}_m^{\mathrm{T}}]^{\mathrm{T}}, \tag{4-1-29}$$

式中: m 是单元节点数, i 从 1 到 m 取值,是单元节点的局部编号[不同于式(4-1-26)中的编号,那里是总体的节点编号], $\boldsymbol{x}_i$ 和 $\boldsymbol{a}_i$ 分别是单元第 i 个节点的坐标矢量和位移矢量,下标 e 表示属于单元(element)的量,则单元内点坐标矢量和位移矢量可分别表为

$$\boldsymbol{x} = [N_1\boldsymbol{I} \quad N_2\boldsymbol{I} \quad \cdots \quad N_m\boldsymbol{I}]\boldsymbol{x}_{\mathrm{e}} \equiv \boldsymbol{N}\boldsymbol{x}_{\mathrm{e}}, \tag{4-1-30}$$

$$\boldsymbol{a} = [N_1\boldsymbol{I} \quad N_2\boldsymbol{I} \quad \cdots \quad N_m\boldsymbol{I}]\boldsymbol{a}_{\mathrm{e}} \equiv \boldsymbol{N}\boldsymbol{a}_{\mathrm{e}}, \tag{4-1-31}$$

式中: $N_i(i=1,\cdots,m)$ 是插值函数(或称**形函数**),它们是用自然坐标 r,s,t 定义的函数,而且

$$N_i(r_j,s_j,t_j) = \begin{cases} 1, & i=j, \\ 0, & i\neq j. \end{cases} \tag{4-1-32}$$

在上面的坐标插值和位移插值公式中,插值点数目相等,相应插值函数完全相同,这就是该类单元称为等参数单元的原因.

各种类型的等参数单元在一般的有限元教材中都有介绍,这里仅以八节点空间六面体单元为例[图 4-1-5(a)]. 对八节点空间等参数单元,坐标插值和位移插值的形函数均为

$$N_i(r,s,t) = \frac{1}{8}(1+rr_i)(1+ss_i)(1+tt_i), \tag{4-1-33}$$

其中: r_i,s_i,t_i 是局部节点编号为 i 的节点的自然坐标取值. 而单元的应变矢量为

$$\boldsymbol{\varepsilon} = \boldsymbol{B}\boldsymbol{a}_{\mathrm{e}}, \tag{4-1-34}$$

其中: 转换矩阵 $\boldsymbol{B}$(也称 $\boldsymbol{B}$ 矩阵)为

$$\boldsymbol{B}(r,s,t) = \boldsymbol{A}\boldsymbol{J}_{\mathrm{T}}^{-1}\boldsymbol{G}, \tag{4-1-35}$$

这里矩阵 $\boldsymbol{A}$ 是联系应变矢量 $\boldsymbol{\varepsilon}$ 和位移梯度矢量的转换矩阵

$$\boldsymbol{A}=\begin{bmatrix}1&0&0&0&0&0&0&0&0\\0&0&0&0&1&0&0&0&0\\0&0&0&0&0&0&0&0&1\\0&0&0&0&0&1&0&1&0\\0&0&1&0&0&0&1&0&0\\0&1&0&1&0&0&0&0&0\end{bmatrix},\tag{4-1-36}$$

$\boldsymbol{J}_{\mathrm{T}}^{-1}$ 是 **Jacobi 矩阵**的逆构成的矩阵

$$\boldsymbol{J}_{\mathrm{T}}^{-1}=\begin{bmatrix}\boldsymbol{J}^{-1}&0&0\\0&\boldsymbol{J}^{-1}&0\\0&0&\boldsymbol{J}^{-1}\end{bmatrix},\tag{4-1-37}$$

$\boldsymbol{G}$ 是在自然坐标下位移梯度和单元节点位移 $\boldsymbol{a}_{\mathrm{e}}$ 的转换矩阵

$$\boldsymbol{G}=\begin{bmatrix}\dfrac{\partial N_1}{\partial \boldsymbol{r}}&\boldsymbol{0}&\boldsymbol{0}&\cdots&\dfrac{\partial N_8}{\partial \boldsymbol{r}}&\boldsymbol{0}&\boldsymbol{0}\\\boldsymbol{0}&\dfrac{\partial N_1}{\partial \boldsymbol{r}}&\boldsymbol{0}&\cdots&\boldsymbol{0}&\dfrac{\partial N_8}{\partial \boldsymbol{r}}&\boldsymbol{0}\\\boldsymbol{0}&\boldsymbol{0}&\dfrac{\partial N_1}{\partial \boldsymbol{r}}&\cdots&\boldsymbol{0}&\boldsymbol{0}&\dfrac{\partial N_8}{\partial \boldsymbol{r}}\end{bmatrix},\tag{4-1-38}$$

$$\frac{\partial N_i}{\partial \boldsymbol{r}}=\left[\frac{\partial N_i}{\partial r}\quad\frac{\partial N_i}{\partial s}\quad\frac{\partial N_i}{\partial t}\right]^{\mathrm{T}},\quad i=1,2,\cdots,8.$$

对八节点空间等参数单元 e，虚位移 $\delta\boldsymbol{u}$ 和虚应变 $\mathrm{d}\boldsymbol{\varepsilon}$ 与单元节点虚位移 $\delta\boldsymbol{a}_{\mathrm{e}}$ 的关系为

$$\begin{aligned}\delta\boldsymbol{u}&=\boldsymbol{N}\delta\boldsymbol{a}_{\mathrm{e}},\\\delta\boldsymbol{\varepsilon}&=\boldsymbol{B}\delta\boldsymbol{a}_{\mathrm{e}}.\end{aligned}\tag{4-1-39}$$

对单元 e 使用虚功方程，得

$$\delta\boldsymbol{a}_{\mathrm{e}}^{\mathrm{T}}\left[\int_e\boldsymbol{B}^{\mathrm{T}}\boldsymbol{\sigma}\mathrm{d}V-\int_e\boldsymbol{N}^{\mathrm{T}}\boldsymbol{p}\mathrm{d}V-\int_{S_{\mathrm{e}}}\boldsymbol{N}^{\mathrm{T}}\boldsymbol{q}\mathrm{d}S\right]=\boldsymbol{0},\tag{4-1-40}$$

上式方括号内第三个积分是边界载荷 $\boldsymbol{q}$ 或边界约束反力 $\boldsymbol{q}^*$ 对单元的贡献，内部单元的虚功方程将不包括此项.

(2) 间断面单元

如图 4-1-5(b)所示，间断面单元可以看做空间六面体在某个方向(例如 r 方向)的尺度趋于一个小值 b 时的极限. 由于 b 远小于其他方向的尺度，故单元可看做有 4 对双节点，每一对节点在变形前的坐标 $\boldsymbol{x}^+$ 和 $\boldsymbol{x}^-$ 可认为是相同的. 这时坐标插值为

$$\boldsymbol{x}=\boldsymbol{x}^+=\boldsymbol{x}^-=[N_1\boldsymbol{I}\quad N_2\boldsymbol{I}\quad\cdots\quad N_4\boldsymbol{I}]^{\mathrm{T}}\boldsymbol{x}_{\mathrm{e}}\equiv\overline{\boldsymbol{N}}\boldsymbol{x}_{\mathrm{e}},\tag{4-1-41}$$

其中：插值函数

$$N_i = \frac{1}{4}(1+ss_i)(1+tt_i), \quad i=1,2,3,4. \tag{4-1-42}$$

而单元上下盘的位移插值采用相同的形式

$$\begin{aligned} \boldsymbol{u}^+ &= [N_1\boldsymbol{I} \quad N_2\boldsymbol{I} \quad \cdots \quad N_4\boldsymbol{I}]^{\mathrm{T}}\boldsymbol{a}_{\mathrm{e}}^+ \equiv \overline{\boldsymbol{N}}\boldsymbol{a}_{\mathrm{e}}^-, \\ \boldsymbol{u}^- &= [N_1\boldsymbol{I} \quad N_2\boldsymbol{I} \quad \cdots \quad N_4\boldsymbol{I}]^{\mathrm{T}}\boldsymbol{a}_{\mathrm{e}}^- \equiv \overline{\boldsymbol{N}}\boldsymbol{a}_{\mathrm{e}}^-, \end{aligned} \tag{4-1-43}$$

则位移间断值可表示为

$$\langle \boldsymbol{u} \rangle = \boldsymbol{u}^+ - \boldsymbol{u}^- = \bar{\boldsymbol{B}}\boldsymbol{a}_{\mathrm{e}}, \tag{4-1-44}$$

而在间断面单元上，联系位移间断矢量$\langle \boldsymbol{u} \rangle$和单元节点位移矢量的 $\bar{\boldsymbol{B}}$ 矩阵是

$$\bar{\boldsymbol{B}} = [N_1\boldsymbol{I} \quad N_2\boldsymbol{I} \quad N_3\boldsymbol{I} \quad N_4\boldsymbol{I} \quad -N_1\boldsymbol{I} \quad -N_2\boldsymbol{I} \quad -N_3\boldsymbol{I} \quad -N_4\boldsymbol{I}], \tag{4-1-45}$$

其中：$\boldsymbol{I}$ 是 3×3 的单元矩阵. 对单元 e，有

$$\delta\langle \boldsymbol{u} \rangle = \bar{\boldsymbol{B}}\delta\boldsymbol{a}_{\mathrm{e}}, \tag{4-1-46}$$

对该单元使用虚功方程得

$$\delta\boldsymbol{a}_{\mathrm{e}}^{\mathrm{T}}\left[\int_{e_\Gamma}\bar{\boldsymbol{B}}^{\mathrm{T}}\bar{\boldsymbol{\sigma}}\mathrm{d}\Gamma - \int_{e_\Gamma}\overline{\boldsymbol{N}}^{\mathrm{T}}\boldsymbol{p}\mathrm{d}\Gamma\right] = \boldsymbol{0}. \tag{4-1-47}$$

列出上式时没有考虑边界载荷 $\boldsymbol{q}$ 的贡献.

(3) 无限区域单元

如图 4-1-5(c)所示，无限区域单元可以看做空间六面体单元在某一方向(例如 r 方向)上趋于无限大的情况. 坐标插值函数可以取为

$$N_i(r,s,t) = \begin{cases} -\dfrac{1}{4}r(1+ss_i)(1+tt_i), & i=1,2,3,4, \\ \dfrac{1}{4}(1+r)(1+ss_i)(1+tt_i), & i=5,6,7,8, \end{cases} \tag{4-1-48}$$

而位移插值函数为

$$\widetilde{N}_i(r,s,t) = N_i(r,s,t)f_i(r), \tag{4-1-49}$$

其中：$f_i(r)$是衰减函数，它应满足如下条件

$$f_i(r_i) = 1, \quad f_i(r) \to 0 \quad (r\to\infty), \tag{4-1-50}$$

$f_i(r)$可取成负幂次函数

$$f_i(r) = \left(\frac{r_0 + r_i}{r_0 + r}\right)^n. \tag{4-1-51}$$

为保证单元内部不出现奇异性以及保持当 $r\to\infty$ 时单元的可积性，要求 $r_0>1$，$n>3$. 无限区域单元的 $\widetilde{\boldsymbol{B}}$ 矩阵的计算与等参数单元完全类似，其中不同的仅仅是在这里

$$\widetilde{\boldsymbol{G}} = \begin{bmatrix} \dfrac{\partial \widetilde{N}_1}{\partial \boldsymbol{r}} & \boldsymbol{0} & \boldsymbol{0} & \cdots & \dfrac{\partial \widetilde{N}_8}{\partial \boldsymbol{r}} & \boldsymbol{0} & \boldsymbol{0} \\ \boldsymbol{0} & \dfrac{\partial \widetilde{N}_2}{\partial \boldsymbol{r}} & \boldsymbol{0} & \cdots & \boldsymbol{0} & \dfrac{\partial \widetilde{N}_8}{\partial \boldsymbol{r}} & \boldsymbol{0} \\ \boldsymbol{0} & \boldsymbol{0} & \dfrac{\partial \widetilde{N}_3}{\partial \boldsymbol{r}} & \cdots & \boldsymbol{0} & \boldsymbol{0} & \dfrac{\partial \widetilde{N}_8}{\partial \boldsymbol{r}} \end{bmatrix},$$

$$\frac{\partial \widetilde{N}_i}{\partial \boldsymbol{r}} = \left[\frac{\partial \widetilde{N}_i}{\partial r} \quad \frac{\partial \widetilde{N}_i}{\partial s} \quad \frac{\partial \widetilde{N}_i}{\partial t}\right]^{\mathrm{T}}. \tag{4-1-52}$$

现在涉及对 r 的无限区域积分，使用变换

$$\begin{aligned} r &= \begin{cases} \xi, & \xi \leqslant 0, \\ \dfrac{\xi}{1-\xi}, & \xi > 0, \end{cases} \\ s &= \eta, \\ t &= \zeta. \end{aligned} \tag{4-1-53}$$

可将无限域上的积分转换为在有限域上的 Gauss 积分. 考虑到

$$\begin{aligned} \delta \boldsymbol{u} &= \widetilde{\boldsymbol{N}} \delta \boldsymbol{a}_{\mathrm{e}}, \\ \delta \boldsymbol{\varepsilon} &= \widetilde{\boldsymbol{B}} \delta \boldsymbol{a}_{\mathrm{e}}. \end{aligned} \tag{4-1-54}$$

对无限区域单元使用虚功方程得

$$\delta \boldsymbol{a}_{\mathrm{e}}^{\mathrm{T}} \left[\int_{e_\infty} \widetilde{\boldsymbol{B}} \boldsymbol{\sigma} \mathrm{d}V - \int_{e_\infty} \widetilde{\boldsymbol{N}}^{\mathrm{T}} \boldsymbol{p} \mathrm{d}V \right] = \boldsymbol{0}. \tag{4-1-55}$$

列出上式时在无限远处没有边界载荷 $\boldsymbol{q}$ 的贡献.

为了由单元矩阵组集系统的总体矩阵需要引入选择矩阵 $\boldsymbol{c}_{\mathrm{e}}$，用以联系单元节点位移 $\boldsymbol{a}_{\mathrm{e}}$ 和系统的节点位移 $\boldsymbol{a}$，即

$$\boldsymbol{a}_{\mathrm{e}} = \boldsymbol{c}_{\mathrm{e}} \boldsymbol{a}, \tag{4-1-56}$$

我们上面讨论的八节点的等参数单元、4 对双节点的间断面单元和八节点无限区域单元，自由度是 24，选择矩阵 $\boldsymbol{c}_{\mathrm{e}}$ 是 $24 \times 3N$ 的矩阵. 在所有单元的虚功方程(4-1-40)，(4-1-47)和(4-1-55)中利用式(4-1-56)将单元节点的虚位移矢量 $\delta \boldsymbol{a}_{\mathrm{e}}$ 改用系统的虚位移矢量 $\delta \boldsymbol{a}$ 表示，并将这些方程相叠加得

$$\begin{aligned} \delta \boldsymbol{a}^{\mathrm{T}} \Big[& \sum \boldsymbol{c}_{\mathrm{e}}^{\mathrm{T}} \int_e \boldsymbol{B}^{\mathrm{T}} \boldsymbol{\sigma} \mathrm{d}V + \sum \boldsymbol{c}_{\mathrm{e}}^{\mathrm{T}} \int_{e_\Gamma} \overline{\boldsymbol{B}}^{\mathrm{T}} \overline{\boldsymbol{\sigma}} \mathrm{d}\Gamma + \sum \boldsymbol{c}_{\mathrm{e}}^{\mathrm{T}} \int_{e_\infty} \widetilde{\boldsymbol{B}}^{\mathrm{T}} \boldsymbol{\sigma} \mathrm{d}V \\ & - \sum \boldsymbol{c}_{\mathrm{e}}^{\mathrm{T}} \int_e \boldsymbol{N}^{\mathrm{T}} \boldsymbol{p} \mathrm{d}V - \sum \boldsymbol{c}_{\mathrm{e}}^{\mathrm{T}} \int_{e_\infty} \widetilde{\boldsymbol{N}}^{\mathrm{T}} \boldsymbol{p} \mathrm{d}V - \sum \boldsymbol{c}_{\mathrm{e}}^{\mathrm{T}} \int_{e_\Gamma} \overline{\boldsymbol{N}}^{\mathrm{T}} \boldsymbol{p} \mathrm{d}\Gamma \\ & - \sum \boldsymbol{c}_{\mathrm{e}}^{\mathrm{T}} \int_{S_{\mathrm{e}}} \boldsymbol{N}^{\mathrm{T}} \boldsymbol{q} \mathrm{d}S \Big] = \boldsymbol{0}. \end{aligned}$$

由于 $\delta \boldsymbol{a}^{\mathrm{T}}$ 的任意性，上式方括号内式子为零. 引用记号

$$\boldsymbol{R} = \sum \boldsymbol{c}_{\mathrm{e}}^{\mathrm{T}} \int_{e} \boldsymbol{N}^{\mathrm{T}} \boldsymbol{p} \mathrm{d}V + \sum \boldsymbol{c}_{\mathrm{e}}^{\mathrm{T}} \int_{e_{\infty}} \widetilde{\boldsymbol{N}}^{\mathrm{T}} \boldsymbol{p} \mathrm{d}V + \sum \boldsymbol{c}_{\mathrm{e}}^{\mathrm{T}} \int_{e_{\Gamma}} \overline{\boldsymbol{N}}^{\mathrm{T}} \boldsymbol{p} \mathrm{d}\Gamma + \sum \boldsymbol{c}_{\mathrm{e}}^{\mathrm{T}} \int_{S_{\mathrm{e}}} \boldsymbol{N}^{\mathrm{T}} \boldsymbol{q} \mathrm{d}S, \tag{4-1-57}$$

则得

$$\boldsymbol{\psi} = \sum \boldsymbol{c}_{\mathrm{e}}^{\mathrm{T}} \int_{e} \boldsymbol{B}^{\mathrm{T}} \boldsymbol{\sigma} \mathrm{d}V + \sum \boldsymbol{c}_{\mathrm{e}}^{\mathrm{T}} \int_{e_{\Gamma}} \overline{\boldsymbol{B}}^{\mathrm{T}} \boldsymbol{\sigma} \mathrm{d}\Gamma + \sum \boldsymbol{c}_{\mathrm{e}}^{\mathrm{T}} \int_{e_{\infty}} \widetilde{\boldsymbol{B}}^{\mathrm{T}} \boldsymbol{\sigma} \mathrm{d}V - \boldsymbol{R} = \boldsymbol{0}, \tag{4-1-58}$$

上式是系统的节点平衡方程. 为了书写简便,以后将它简记为

$$\boldsymbol{\psi} = \sum \boldsymbol{c}_{\mathrm{e}}^{\mathrm{T}} \int_{e} \boldsymbol{B}^{\mathrm{T}} \boldsymbol{\sigma} \mathrm{d}V - \boldsymbol{R} = \boldsymbol{0}. \tag{4-1-59}$$

式中: 求和是对整个系统所有单元进行的,也就是式(4-1-59)表示所有单元(实体等参数单元,间断面单元和无限区域单元)的求和. 换言之,在式(4-1-59)中,矩阵 $\boldsymbol{B}$ 既代表等参元的 $\boldsymbol{B}$ 矩阵,也代表间断面单元的 $\overline{\boldsymbol{B}}$ 矩阵和无限区域单元的 $\widetilde{\boldsymbol{B}}$ 矩阵;应力 $\boldsymbol{\sigma}$ 既代表等参数单元和无限区域单元的六维应力矢量 $\boldsymbol{\sigma}$,也代表间断面单元内的三维应力矢量 $\bar{\boldsymbol{\sigma}}$. 式(4-1-59)是将各种类型单元统一表示的简化形式.

3. 线性弹性问题的有限单元分析

式(4-1-58)或(4-1-59)是用应力表示的系统的平衡方程,如果考虑到应力-应变关系以及式(4-1-34),(4-1-44),(4-1-54),(4-1-56),则可得到用系统节点位移矢量表示的平衡方程. 我们这里仅考虑处于弹性阶段(外加载荷和指定位移均较小的情况)的平衡方程,并采用全量形式表述(对线性弹性问题,增量和全量表述是相同的). 对等参数单元,间断面单元和无限区域单元分别有

$$\begin{aligned} \boldsymbol{\sigma} &= \boldsymbol{D}_{\mathrm{e}} \boldsymbol{\varepsilon} = \boldsymbol{D}_{\mathrm{e}} \boldsymbol{B} \boldsymbol{a}_{\mathrm{e}} = \boldsymbol{D}_{\mathrm{e}} \boldsymbol{B} \boldsymbol{c}_{\mathrm{e}} \boldsymbol{a}, \\ \bar{\boldsymbol{\sigma}} &= \overline{\boldsymbol{D}}_{\mathrm{e}} \langle \boldsymbol{u} \rangle = \overline{\boldsymbol{D}}_{\mathrm{e}} \overline{\boldsymbol{B}} \boldsymbol{a}_{\mathrm{e}} = \overline{\boldsymbol{D}}_{\mathrm{e}} \overline{\boldsymbol{B}} \boldsymbol{c}_{\mathrm{e}} \boldsymbol{a} \end{aligned} \tag{4-1-60}$$

和

$$\boldsymbol{\sigma} = \boldsymbol{D}_{\mathrm{e}} \boldsymbol{\varepsilon} = \boldsymbol{D}_{\mathrm{e}} \widetilde{\boldsymbol{B}} \boldsymbol{a}_{\mathrm{e}} = \boldsymbol{D}_{\mathrm{e}} \widetilde{\boldsymbol{B}} \boldsymbol{c}_{\mathrm{e}} \boldsymbol{a}.$$

在上面各式中下标 e 的含义是不同的: $\boldsymbol{D}$ 和 $\overline{\boldsymbol{D}}$ 的下标 e 表示“弹性”(elasticity),即它们是弹性矩阵;而 $\boldsymbol{a}$ 和 $\boldsymbol{c}$ 的下标 e 表示“单元”(element),即它们是单元的节点位移矢量,单元的选择矩阵. 将式(4-1-60)代入式(4-1-58)则可得到用系统节点位移 $\boldsymbol{a}$ 表示的系统的平衡方程

$$\begin{aligned} \boldsymbol{\psi} = \Big[& \sum \boldsymbol{c}_{\mathrm{e}}^{\mathrm{T}} \Big(\int_{e} \boldsymbol{B}^{\mathrm{T}} \boldsymbol{D}_{\mathrm{e}} \boldsymbol{B} \mathrm{d}V \Big) \boldsymbol{c}_{\mathrm{e}} + \sum \boldsymbol{c}_{\mathrm{e}}^{\mathrm{T}} \Big(\int_{e_{\Gamma}} \overline{\boldsymbol{B}}^{\mathrm{T}} \overline{\boldsymbol{D}}_{\mathrm{e}} \overline{\boldsymbol{B}} \mathrm{d}\Gamma \Big) \boldsymbol{c}_{\mathrm{e}} \\ & + \sum \boldsymbol{c}_{\mathrm{e}}^{\mathrm{T}} \Big(\int_{e_{\infty}} \widetilde{\boldsymbol{B}}^{\mathrm{T}} \boldsymbol{D}_{\mathrm{e}} \widetilde{\boldsymbol{B}} \mathrm{d}V \Big) \boldsymbol{c}_{\mathrm{e}} \Big] \boldsymbol{a} - \boldsymbol{R} = \boldsymbol{0}, \end{aligned}$$

为了书写简单,将上式简写为

$$\boldsymbol{\psi}=\left[\sum \boldsymbol{c}_{\mathrm{e}}^{\mathrm{T}}\int_{e}\boldsymbol{B}^{\mathrm{T}}\boldsymbol{D}_{\mathrm{e}}\boldsymbol{B}\mathrm{d}V\boldsymbol{c}_{\mathrm{e}}\right]\boldsymbol{a}-\boldsymbol{R}$$
$$\equiv \boldsymbol{K}\boldsymbol{a}-\boldsymbol{R}=\boldsymbol{0}. \tag{4-1-61}$$

式中：$\boldsymbol{a}$ 是系统的节点位移矢量；$\boldsymbol{K}$ 称为**系统的刚度矩阵**，也称总体刚度矩阵(简称**总刚**).$\boldsymbol{K}$ 是与 $\boldsymbol{a}$ 无关的 $3N\times 3N$ 的常数矩阵，式(4-1-61)是一个关于 $\boldsymbol{a}$ 的线性方程组.

在式(4-1-61)和(4-1-57)中所有的单元积分都是采用 **Gauss 积分**方法数值计算的(殷有泉，2007).由于单元刚度矩阵 $\boldsymbol{K}_{\mathrm{e}}=\int_{e}\boldsymbol{B}^{\mathrm{T}}\boldsymbol{D}_{\mathrm{e}}\boldsymbol{B}\mathrm{d}V$ 在弹性阶段是半正定和对称的，由它们组集(累加)而得到的总体刚度矩阵 $\boldsymbol{K}$ 也是半正定和对称的.此外，总体刚度矩阵的另一重要性质是稀疏性.例如，在第 i 个节点的平衡方程中仅节点 i 和与它相邻的几个节点的位移分量的系数不为零，当系统的节点总数很大时，$\boldsymbol{K}$ 显然是稀疏的矩阵.再者，如果系统的节点有规律地编号，可使 $\boldsymbol{K}$ 中的非零元素集中在主对角线附近，从而使 $\boldsymbol{K}$ 成为带状矩阵.

在形成以节点位移为基本变量的平衡方程组(4-1-61)时，力的边界条件是在计算外部作用的节点力矢量 $\boldsymbol{R}$ 时被考虑的.此外，这个等效的节点载荷矢量 $\boldsymbol{R}$[见式(4-1-57)]不仅包含了实际的边界上分布载荷 $\boldsymbol{q}$ 的贡献，也包含了在给定位移的边界上未知的分布的约束反力 $\boldsymbol{q}^{*}$ 的贡献.而方程组(4-1-61)中的系统位移矢量 $\boldsymbol{a}$，不仅包含了对应于系统自由度的未知的节点位移，也包含了在约束条件中给出或规定的节点已知位移.因而现在还不能使用方程组(4-1-61)直接对问题求解，必须对方程组做进一步修改.

可将有限元系统的平衡方程组(4-1-61)改写为如下形式

$$\begin{bmatrix}\boldsymbol{K}_{AA} & \boldsymbol{K}_{AB}\\ \boldsymbol{K}_{BA} & \boldsymbol{K}_{BB}\end{bmatrix}\begin{bmatrix}\boldsymbol{a}_{A}\\ \boldsymbol{a}_{B}\end{bmatrix}=\begin{bmatrix}\boldsymbol{R}_{A}\\ \boldsymbol{R}_{B}\end{bmatrix}, \tag{4-1-62}$$

其中：$\boldsymbol{a}_A$ 为未知位移，$\boldsymbol{a}_B$ 为已知的或规定的位移，$\boldsymbol{R}_A$ 是已知的节点等效载荷，$\boldsymbol{R}_B$ 为未知的约束反力对应的等效载荷.考虑到位移边界条件(4-1-7)，相应的节点位移条件为

$$\boldsymbol{a}_{B}=\boldsymbol{a}_{0},$$

式中：$\boldsymbol{a}_0$ 是已知的节点位移矢量.方程组(4-1-62)可改写为

$$\begin{cases}\boldsymbol{K}_{AA}\boldsymbol{a}_{A}+\boldsymbol{K}_{AB}\boldsymbol{a}_{0}=\boldsymbol{R}_{A},\\ \boldsymbol{a}_{B}=\boldsymbol{a}_{0},\end{cases} \tag{4-1-63}$$

其中：矩阵 $\boldsymbol{K}_{AA}$ 是正定的，这时根据上面修改后的方程组，可解出 $\boldsymbol{a}_A$，而未知的约束反力为

$$\boldsymbol{R}_{B}=\boldsymbol{K}_{BA}\boldsymbol{a}_{A}+\boldsymbol{K}_{BB}\boldsymbol{a}_{B}.$$

这样求得系统的全部的节点位移分量，从而进一步计算出各单元的应变和应力，得

到整个问题在弹性阶段的数值结果.

另一种考虑位移边界条件的方法是采用**边界位移单元**,如图 4-1-6 所示.

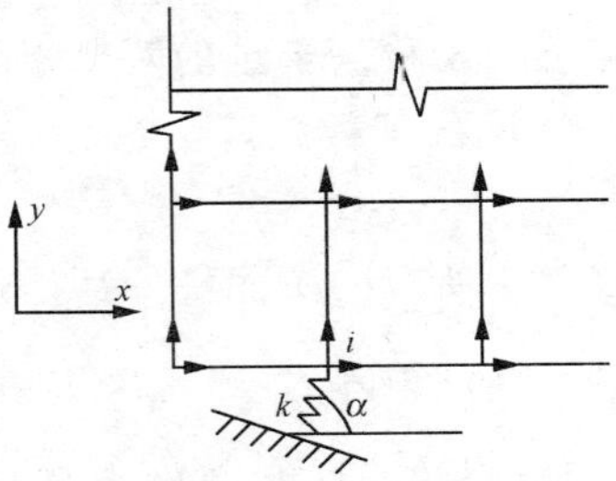

图 4-1-6　边界位移单元

假设在节点 i 上指定位移为 $\boldsymbol{a}_0$,则该约束方程为

$$\boldsymbol{k}_i\boldsymbol{a}_i = \boldsymbol{k}_i\boldsymbol{a}_0$$

将上式的两端分别加到式(4-1-61)的关于节点 i 的平衡方程的两端,得

$$\boldsymbol{k}_{i1}\boldsymbol{a}_1 + \cdots + (\boldsymbol{k}_{ii} + \boldsymbol{k}_i)\boldsymbol{a}_i + \cdots - \boldsymbol{k}_{iN}\boldsymbol{a}_N = \langle \boldsymbol{R}_i \rangle + \boldsymbol{k}_i\boldsymbol{a}_0. \tag{4-1-64}$$

请注意,在上式中,约束反力 $\boldsymbol{R}_i$ 是事先未知的,在组集系统总体方程时将它置零值,因而用$\langle \boldsymbol{R}_i \rangle$表示. 由于取 $\boldsymbol{k}_i$ 的元素远大于 $\boldsymbol{k}_{ij}$ 的元素,修改后的方程组的解必然近似地给出 $\boldsymbol{a}_i = \boldsymbol{a}_0$. 显然,约束反力

$$\boldsymbol{R}_i = \sum_{j=1}^{N} \boldsymbol{k}_{ij}\boldsymbol{a}_j ,$$

因而有

$$\boldsymbol{R}_i = \boldsymbol{k}_i\boldsymbol{a}_0 - \boldsymbol{k}_i\boldsymbol{a}_i , \tag{4-1-65}$$

从物理上可把这个修改过程解释为在自由度 i 处加一个刚度很大的弹簧,并规定一个(由于周围其他单元刚度相对较弱)在该自由度上能产生所要求的位移 $\boldsymbol{a}_0$ 的虚拟载荷 $\boldsymbol{R}_i^* = \boldsymbol{k}_i\boldsymbol{a}_0$. 这种修改方法在数学上相当于罚函数方法.

采用边界位移单元方法处理斜支撑(其特例是边界的法向支撑或切向支撑)的位移约束或弹性支撑条件是十分方便的. 如果在区域边界的 i 点规定一个大小为 δ_0. 方向为 $\boldsymbol{n}$ 的指定位移,采用的边界位移单元相当于一个刚度为 k,方位为 $\boldsymbol{n}$ 的弹簧连接在 i 点上(图 4-1-6). 如果用 k_{ij} 代表总体刚度矩阵中与节点 i 有关的刚度系数,那么要求取

$$k \gg \max(k_{ij}), \tag{4-1-66}$$

也即 k 是一个相当大的常数,并假设在节点 i 上作用一个方向为 $\boldsymbol{n}$,大小为 $P^* = k\delta_0$ 的力. 这样就会在点 i 得到了满足边界条件的位移 $\boldsymbol{a}_i$,即有

$$\boldsymbol{a}_i^{\mathrm{T}}\boldsymbol{n} = \delta_0 , \quad \boldsymbol{n}^{\mathrm{T}}\boldsymbol{a}_i = \delta_0 ,$$

单元的虚拟外力矢量

$$\boldsymbol{P}_i^* = P^* \boldsymbol{n} = k\delta_0 \boldsymbol{n} = k\boldsymbol{n}\boldsymbol{n}^{\mathrm{T}} \boldsymbol{a}_i,$$

因而边界位移单元的刚度矩阵是

$$\boldsymbol{k}_i = k\boldsymbol{n}\boldsymbol{n}^{\mathrm{T}}. \tag{4-1-67}$$

对平面问题，$\boldsymbol{n}=[\cos\alpha \quad \sin\alpha]^{\mathrm{T}}$；对于空间问题，$\boldsymbol{n}=[l \quad m \quad n]^{\mathrm{T}}$. 由式(4-1-65)，位移边界约束反力是

$$\boldsymbol{R}_i = \boldsymbol{k}_i(\boldsymbol{P}_i^*/k) - \boldsymbol{k}_i\boldsymbol{a}_i, \tag{4-1-68}$$

其中：$\boldsymbol{P}_i^*$ 为作用在节点 i 上虚拟外力矢量，满足 $\boldsymbol{P}_i^*/k=\delta_0\boldsymbol{n}$，而 $\boldsymbol{a}_i$ 是由方程组解出的位移矢量.

使用边界位移单元处理位移边界条件，可简化程序结构和减少程序量. 这个方法的有效性在于不需要另列附加的约束方程，而且还保持了系统自由度数不变和系数矩阵的带宽不变. 因而，在当前的有限元程序中位移边界单元已被广泛采用. 在使用边界位移单元时，非常重要的是适当选择满足条件(4-1-66)的 k，而 k 又不能过大，以免引起系数矩阵病态. 根据某些实例和计算经验，取$k\approx 10^3\max(k_{ij})$，会得到足够精确的数值结果.

最后要指出，经过位移边界处理的平衡方程的系数矩阵，即总体刚度矩阵 $\boldsymbol{K}(=\boldsymbol{K}_{AA})$或具有边界位移单元的刚度矩阵 $\boldsymbol{K}$，加强了对角优势，成为对称正定、稀疏、带状的常数矩阵.

为确定弹性阶段的最大载荷，首先按全载荷 $\boldsymbol{R}$(包括位移边界的虚拟载荷)计算弹性应力场，并用 $\boldsymbol{\sigma}_i$ 表示单元 Gauss 点 i 处的应力矢量. 其次计算各 Gauss 点上屈服函数值 $f(\boldsymbol{\sigma}_i)$. 如果一旦发现某些点 $f(\boldsymbol{\sigma}_i)>0$，则表示该点变形已经进入塑性阶段. 然后，将具有最大屈服函数值 $f(\boldsymbol{\sigma}_i)$ 的 Gauss 点上应力乘以载荷因子 λ_1，再按条件

$$f(\lambda_1\boldsymbol{\sigma}_i) = 0,$$

确定出 λ_1. $\lambda_1\boldsymbol{R}$ 就是弹性阶段所对应的最大载荷. 在今后弹塑性有限元分析中，第一个载荷增量步的载荷总是取为 $\lambda_1\boldsymbol{R}$.

在以后塑性变形阶段的每个载荷增量步内，原则上，都可按上面介绍的边界位移单元等方法处理位移边界条件，后文不再重述.

§ 4-2　稳定材料弹塑性问题的有限元分析

现在我们假设，载荷是从零开始按比例增长的，最后达到 $\boldsymbol{R}$. 这时可引入单一的载荷参数 λ，用 $\lambda\boldsymbol{R}$ 表示载荷矢量($\boldsymbol{R}$ 是一个常数矢量)，用 λ 的变化表示载荷的变化，参数 λ 的变化范围从 0 到 1. 这时非线性方程组(4-1-59)为

$$\boldsymbol{\psi}(\boldsymbol{a},\lambda) = \boldsymbol{P}(\boldsymbol{a}) - \lambda\boldsymbol{R} = \boldsymbol{0}, \tag{4-2-1}$$

其中

$$\boldsymbol{P}(\boldsymbol{a}) = \sum \boldsymbol{c}_e^{\mathrm{T}} \int_e \boldsymbol{B}^{\mathrm{T}} \boldsymbol{\sigma} \mathrm{d}V. \tag{4-2-2}$$

将载荷 $\boldsymbol{R}$ 分成许多增量，就是将全部载荷分成若干部分

$$\boldsymbol{R}_0 = \boldsymbol{0}, \boldsymbol{R}_1, \boldsymbol{R}_2, \cdots, \boldsymbol{R}_m, \boldsymbol{R}_{m+1}, \cdots, \boldsymbol{R}_M = \boldsymbol{R},$$

或用载荷参数表示

$$\lambda_0 = 0, \lambda_1, \lambda_2, \cdots, \lambda_m, \lambda_{m+1}, \cdots, \lambda_M = 1,$$

而相应的载荷增量和参数增量是

$$\begin{aligned} \Delta \boldsymbol{R}_m &= \boldsymbol{R}_{m+1} - \boldsymbol{R}_m, \\ \Delta \lambda_m &= \lambda_{m+1} - \lambda_m. \end{aligned} \tag{4-2-3}$$

请注意，下标 m 表示载荷增量步的序号，其中第一个载荷增量 $\Delta \boldsymbol{R}_0 = \boldsymbol{R}_1 - \boldsymbol{R}_0$ 或 $\Delta\lambda_0 = \lambda_1 - \lambda_0$ 总是对应于整个弹性阶段，以后的增量是属于弹塑性阶段，要取得足够小.

我们还需要指出，在施加的载荷中还应包含对应于位移约束的“虚拟”的边界位移单元载荷. 仅当位移边界约束为齐次的，即 $\boldsymbol{u}_0 = \boldsymbol{0}$ 或 $\boldsymbol{a}_0 = \boldsymbol{0}$ 时，上述的增量才是真正的载荷增量；这是工程中常见的情况，称为载荷增量法. 如果应力边界条件为齐次的，即为自由边界条件，而且不计体力载荷，这时 $\boldsymbol{p} = \boldsymbol{q} = \boldsymbol{0}$，仅有边界位移对应的“虚拟”载荷，那么上述增量法实际上是位移增量法.

1. 增量步内的非线性方程组

现在考虑一个典型的载荷增量 $\Delta \boldsymbol{R}$ 或 $\Delta\lambda$（即 $\Delta \boldsymbol{R}_m$ 或 $\Delta\lambda_m$），在施加这个载荷增量之前，已经有累积载荷 $\boldsymbol{R}_m$ 或 λ_m，相应的位移、应变、应力和内变量分别用 $\boldsymbol{a}_m, \boldsymbol{\varepsilon}_m, \boldsymbol{\sigma}_m$ 和 κ_m 表示（位移 $\boldsymbol{a}_m$ 是节点上的值，而 $\boldsymbol{\varepsilon}_m, \boldsymbol{\sigma}_m$ 和 κ_m 都是单元 Gauss 点上的值），并且认为它们在以前各步中已经计算出来了. 由于施加了新的载荷增量 $\Delta \boldsymbol{R}_m$ 或 $\Delta\lambda_m$，现在达到新的累积载荷 $\boldsymbol{R}_{m+1}$ 或 λ_{m+1}. 在施加 $\Delta \boldsymbol{R}_m = \Delta \boldsymbol{R}$ 期间，位移、应变、应力和内变量的增量分别是 $\Delta \boldsymbol{a}_m, \Delta \boldsymbol{\varepsilon}_m, \Delta \boldsymbol{\sigma}_m$ 和 $\Delta\kappa_m$，今后将这些增量简记为 $\Delta \boldsymbol{a}, \Delta \boldsymbol{\varepsilon}, \Delta \boldsymbol{\sigma}$ 和 $\Delta \boldsymbol{\kappa}$，由于对全量仍保留下标，仅对增量省略下标，这种简化记法不会造成混乱和产生疑义. 这样在新的累积载荷情况下，总位移、总应变、总应力和总内变量分别为

$$\begin{aligned} \boldsymbol{a}_{m+1} &= \boldsymbol{a}_m + \Delta \boldsymbol{a}, \\ \boldsymbol{\varepsilon}_{m+1} &= \boldsymbol{\varepsilon}_m + \Delta \boldsymbol{\varepsilon}, \\ \boldsymbol{\sigma}_{m+1} &= \boldsymbol{\sigma}_m + \Delta \boldsymbol{\sigma}, \\ \kappa_{m+1} &= \kappa_m + \Delta\kappa. \end{aligned} \tag{4-2-4}$$

由于这里讨论的问题属于小变形问题，$\boldsymbol{B}$ 矩阵与节点位移 $\boldsymbol{a}_e$ 无关，因而有

$$\Delta \boldsymbol{\varepsilon} = \boldsymbol{B} \Delta \boldsymbol{a}_e = \boldsymbol{B} \boldsymbol{c}_e \Delta \boldsymbol{a}. \tag{4-2-5}$$

前面给出的平衡条件(4-1-59)，现对总应力 $\boldsymbol{\sigma}_{m+1}$ 和总载荷 $\boldsymbol{R}_{m+1}$ 列出，即有

$$\boldsymbol{\psi}(\boldsymbol{a}_{m+1}, \lambda_{m+1}) = \sum \boldsymbol{c}_e^{\mathrm{T}} \int_e \boldsymbol{B}^{\mathrm{T}} \boldsymbol{\sigma}_{m+1} \mathrm{d}V - \lambda_{m+1} \boldsymbol{R} = \boldsymbol{0}. \tag{4-2-6}$$

上式相对于应力变量是一个线性方程组，但利用本构关系用位移表示这个方程，则是**非线性方程组**，因而 $\boldsymbol{\psi}(\boldsymbol{a}_{m+1},\lambda_{m+1})=\boldsymbol{0}$ 应理解为是一组关于节点位移 $\boldsymbol{a}$ 的非线性代数方程组. 利用式(4-2-4)，方程组(4-2-6)可以用应力增量 $\Delta\boldsymbol{\sigma}$ 或位移增量 $\Delta\boldsymbol{a}$ 表述，即

$$\boldsymbol{\psi}(\Delta\boldsymbol{a},\Delta\lambda)\equiv\boldsymbol{\psi}(\boldsymbol{a}_m+\Delta\boldsymbol{a},\lambda_m+\Delta\lambda)=\sum\boldsymbol{c}_{\mathrm{e}}^{\mathrm{T}}\int_e\boldsymbol{B}^{\mathrm{T}}\Delta\boldsymbol{\sigma}\mathrm{d}V$$
$$-\Delta\lambda\boldsymbol{R}+\boldsymbol{\psi}(\boldsymbol{a}_m,\lambda_m)=\boldsymbol{0},\tag{4-2-7}$$

式中

$$\boldsymbol{\psi}(\boldsymbol{a}_m,\lambda_m)=\sum\boldsymbol{c}_{\mathrm{e}}^{\mathrm{T}}\int_e\boldsymbol{B}^{\mathrm{T}}\boldsymbol{\sigma}_m\mathrm{d}V-\lambda_m\boldsymbol{R}.\tag{4-2-8}$$

如果在载荷 $\boldsymbol{R}_m$ 下计算的解答 $\boldsymbol{a}_m,\boldsymbol{\sigma}_m$ 等是严格准确的，则 $\boldsymbol{\psi}(\boldsymbol{a}_m,\lambda_m)=\boldsymbol{0}$. 但在实际计算中，有时未达到严格准确解，$\boldsymbol{\psi}(\boldsymbol{a}_m,\lambda_m)\neq\boldsymbol{0}$，就转入了下一载荷增量步的计算. 我们将方程组的残值 $-\boldsymbol{\psi}(\boldsymbol{a}_m,\lambda_m)$ 称为失衡力. 引用式(4-2-7)求解，前一步长的失衡力参加这一步求解，可以消除前一步的误差，得到更好的结果. 式(4-2-7)是关于增量 $\Delta\boldsymbol{a}$ 的非线性的方程组，因为这时 $\Delta\boldsymbol{\sigma}$ 和 $\Delta\boldsymbol{a}$ 之间的关系是非线性的.

岩石介质弹塑性本构方程在理论上是用应力和应变的无限小增量的形式给出(间断面的本构方程也是如此)，而在实际的有限元的数值计算中载荷增量总是取有限大小的，因而应力增量 $\Delta\boldsymbol{\sigma}$，应变增量 $\Delta\boldsymbol{\varepsilon}$ 和内变量增量 $\Delta\kappa$ 是以有限大小的形式给出的，这就需要从

$$\begin{aligned}\mathrm{d}\boldsymbol{\sigma}&=\boldsymbol{D}_{\mathrm{ep}}\mathrm{d}\boldsymbol{\varepsilon},\\ \mathrm{d}\kappa&=\frac{m}{H+A}\left(\frac{\partial f}{\partial\boldsymbol{\sigma}}\right)^{\mathrm{T}}\boldsymbol{D}_{\mathrm{e}}\mathrm{d}\boldsymbol{\varepsilon}\end{aligned}\tag{4-2-9}$$

出发，使用数值积分方法得到应力的有限增量 $\Delta\boldsymbol{\sigma}$ 及内变量的有限增量 $\Delta\kappa$：

$$\begin{aligned}\Delta\boldsymbol{\sigma}&=\int_{\varepsilon_m}^{\varepsilon_m+\Delta\varepsilon}\boldsymbol{D}_{\mathrm{ep}}\mathrm{d}\boldsymbol{\varepsilon}=\boldsymbol{g}(\Delta\boldsymbol{\varepsilon}),\\ \Delta\kappa&=\int_{\varepsilon_m}^{\varepsilon_m+\Delta\varepsilon}\frac{m}{H+A}\left(\frac{\partial f}{\partial\boldsymbol{\sigma}}\right)^{\mathrm{T}}\boldsymbol{D}_{\mathrm{e}}\mathrm{d}\boldsymbol{\varepsilon}=h(\Delta\boldsymbol{\varepsilon}).\end{aligned}\tag{4-2-10}$$

请注意，式(4-2-9)和(4-2-10)中的 m 由第三章式(3-3-6)定义，切勿与本节的载荷增量步的下标 m 相混淆. 非线性矢量函数用 $\boldsymbol{g}$ 表示，切勿与塑性势标量函数 g 相混淆.

在载荷增量 $\Delta\boldsymbol{R}$(或 $\Delta\lambda$)作用的前后，所考虑的单元的 Gauss 积分点上介质可能处于弹性状态，也可能处于塑性状态，本构性质相当复杂，需要预先讨论如何判断所处的状态. 回顾第三章介绍的应变空间表述的加-卸载准则(3-2-4)，并引用弹性应力增量的定义

$$\mathrm{d}\boldsymbol{\sigma}^{\mathrm{e}}=\boldsymbol{D}_{\mathrm{e}}\mathrm{d}\boldsymbol{\varepsilon}.\tag{4-2-11}$$

我们有

$$L = \left(\frac{\partial f}{\partial \boldsymbol{\sigma}}\right)^{\mathrm{T}} \boldsymbol{D}_{\mathrm{e}} \mathrm{d}\boldsymbol{\varepsilon} = \left(\frac{\partial f}{\partial \boldsymbol{\sigma}}\right)^{\mathrm{T}} \mathrm{d}\boldsymbol{\sigma}^{\mathrm{e}} \begin{cases} < 0, & \text{卸载,} \\ = 0, & \text{中性变载,} \\ > 0, & \text{加载.} \end{cases} \tag{4-2-12}$$

上式在几何上可以给出如下的解释：当弹性应力增量 $\mathrm{d}\boldsymbol{\sigma}^{\mathrm{e}}$ 指向应力屈服面 $f=0$ 外侧，即

$$f(\boldsymbol{\sigma} + \mathrm{d}\boldsymbol{\sigma}^{\mathrm{e}}, \kappa) > 0 \tag{4-2-13}$$

时为加载，介质处于塑性状态；当弹性应力变量 $\mathrm{d}\boldsymbol{\sigma}^{\mathrm{e}}$ 指向应力屈服面内侧或与屈服面相切时，即

$$f(\boldsymbol{\sigma} + \mathrm{d}\boldsymbol{\sigma}^{\mathrm{e}}, \kappa) \leqslant 0 \tag{4-2-14}$$

时为卸载或中性变载，反应是纯弹性的. 我们强调指出，式(4-2-13)和(4-2-14)是以弹性应力增量 $\mathrm{d}\boldsymbol{\sigma}^{\mathrm{e}}$ 或应变增量 $\mathrm{d}\boldsymbol{\varepsilon}$ 为变量，而不是以应力增量 $\mathrm{d}\boldsymbol{\sigma}$（它在目前还没有求出来）为变量，因而在本质上式(4-2-13)和(4-2-14)是应变空间表述的加-卸载准则(4-2-12)的一种变形. 我们进一步讨论施加载荷增量 $\Delta\boldsymbol{R}$ 后，由有限大小的应变增量 $\Delta\boldsymbol{\varepsilon}$ 来判断介质所处的状态的问题. 我们首先设在载荷 $\boldsymbol{R}_m$（或载荷参数 λ_m）下应力 $\boldsymbol{\sigma}_m$ 和内变量 κ_m 对应于一个弹性状态，即

$$f_m = f(\boldsymbol{\sigma}_m, \kappa_m) < 0. \tag{4-2-15}$$

而在载荷增量作用后，如果处于塑性状态，则

$$f_{m+1} = f(\boldsymbol{\sigma}_m + \Delta\boldsymbol{\sigma}^{\mathrm{e}}, \kappa_m) > 0, \tag{4-2-16}$$

这时可由条件

$$f(\boldsymbol{\sigma}_m + r\Delta\boldsymbol{\sigma}^{\mathrm{e}}, \kappa_m) = 0 \tag{4-2-17}$$

来确定弹性部分和塑性部分的比例因子 r[$0<r<1$，见图 4-2-1(a)].

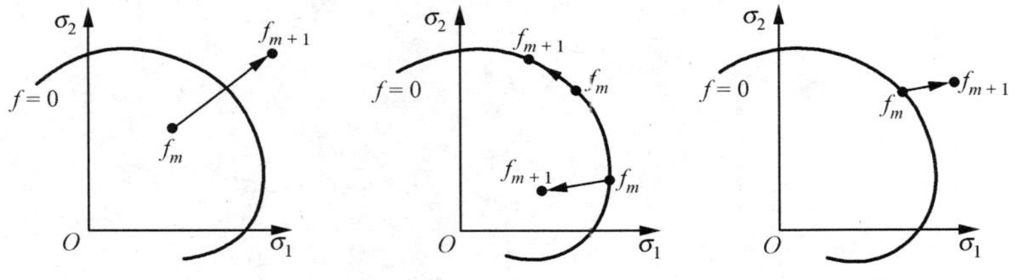

图 4-2-1　不同弹塑性状态的比例因子

比例因子 r 也可以由对屈服函数值 f 采用线性内插来得到

$$r = \frac{-f_m}{f_{m+1} - f_m}, \tag{4-2-18}$$

实际上，将式(4-2-17)Taylor 展开，舍去高阶小项，有

$$0 = f(\boldsymbol{\sigma}_m, \kappa_m) + \left(\frac{\partial f}{\partial \boldsymbol{\sigma}}\right)_m^{\mathrm{T}} r\Delta\boldsymbol{\sigma}^{\mathrm{e}} = f_m + (f_{m+1} - f_m)r,$$

即可得到式(4-2-18). 这样,联系 $\Delta\boldsymbol{\varepsilon}$ 和 $\Delta\boldsymbol{\sigma}$ 的关系式(4-2-10)可具体地写为

$$\Delta\boldsymbol{\sigma}=\int_{\varepsilon_m}^{\varepsilon_m+r\Delta\varepsilon}\boldsymbol{D}_{\mathrm{e}}\,\mathrm{d}\boldsymbol{\varepsilon}+\int_{\varepsilon_m+r\Delta\varepsilon}^{\varepsilon_m+\Delta\varepsilon}\boldsymbol{D}_{\mathrm{ep}}\,\mathrm{d}\boldsymbol{\varepsilon}=r\boldsymbol{D}_{\mathrm{e}}\Delta\boldsymbol{\varepsilon}+\int_{\varepsilon_m+r\Delta\varepsilon}^{\varepsilon_m+\Delta\varepsilon}\boldsymbol{D}_{\mathrm{ep}}\,\mathrm{d}\boldsymbol{\varepsilon},\tag{4-2-19}$$

当 $\Delta\boldsymbol{\varepsilon}$ 很小时(要求 $\Delta\boldsymbol{R}$ 很小),式(4-2-19)可改写为下面的近似公式

$$\begin{aligned}\Delta\boldsymbol{\sigma}&=r\boldsymbol{D}_{\mathrm{e}}\Delta\boldsymbol{\varepsilon}+(1-r)(\boldsymbol{D}_{\mathrm{ep}})_{m+r}\Delta\boldsymbol{\varepsilon}\\&=r\boldsymbol{D}_{\mathrm{e}}\Delta\boldsymbol{\varepsilon}+(1-r)\left[\boldsymbol{I}-\frac{1}{H+A}\boldsymbol{D}_{\mathrm{e}}\left(\frac{\partial g}{\partial\boldsymbol{\sigma}}\right)_{m+r}\left(\frac{\partial f}{\partial\boldsymbol{\sigma}}\right)_{m+r}\right]\Delta\boldsymbol{\sigma}^{\mathrm{e}},\end{aligned}\tag{4-2-20}$$

其中:$(\boldsymbol{D}_{\mathrm{ep}})_{m+r}$ 和 $\left(\frac{\partial g}{\partial\boldsymbol{\sigma}}\right)_{m+r}$ 分别是在状态 $\boldsymbol{\sigma}_m+r\Delta\boldsymbol{\sigma}^{\mathrm{e}}$ 和 κ_m 下计算的弹塑性矩阵和塑性势梯度等. 还可以看出,只要取 $r=1$,式(4-2-19)或(4-2-20)代表从弹性状态到弹性状态,以及从塑性状态卸载或中性变载时的 $\Delta\boldsymbol{\sigma}$ 和 $\Delta\boldsymbol{\varepsilon}$ 之间的关系[图 4-2-1(b)],该点介质的反应是纯弹性的;如果 $r=0$,式(4-2-19)或(4-2-20)表示从塑性状态加载时的关系[图 4-2-1(c)].

由于塑性内变量 κ 的增加只能出现在塑性加载阶段,式(4-2-10)的塑性内变量增量可表示为

$$\Delta\kappa=\int_{\varepsilon_m+r\Delta\varepsilon}^{\varepsilon_m+\Delta\varepsilon}\frac{m}{H+A}\left(\frac{\partial f}{\partial\boldsymbol{\sigma}}\right)^{\mathrm{T}}\boldsymbol{D}_{\mathrm{e}}\,\mathrm{d}\boldsymbol{\varepsilon}.\tag{4-2-21}$$

当 $\Delta\boldsymbol{\varepsilon}$ 很小时,上式可近似地改写为

$$\Delta\kappa=(1-r)\left[\frac{m}{H+A}\left(\frac{\partial f}{\partial\boldsymbol{\sigma}}\right)^{\mathrm{T}}\right]_{m+r}\Delta\boldsymbol{\sigma}^{\mathrm{e}},\tag{4-2-22}$$

式中:方括号下角标 $m+r$ 表示方括号内各量在状态 $\boldsymbol{\sigma}_m+r\Delta\boldsymbol{\sigma}^{\mathrm{e}}$ 和 κ_m 下的取值.

由 $\Delta\boldsymbol{\varepsilon}$ 按式(4-2-10)或按(4-2-20)和(4-2-22)求 $\Delta\boldsymbol{\sigma}$ 和 $\Delta\kappa$ 是由程序完成的. 由 $\Delta\boldsymbol{\varepsilon}$ 计算 $\Delta\boldsymbol{\sigma}$ 和 $\Delta\kappa$ 的流程包括下述各步:

(1) 按弹性关系计算应力增量 $\Delta\boldsymbol{\sigma}^{\mathrm{e}}=\boldsymbol{D}_{\mathrm{e}}\Delta\boldsymbol{\varepsilon}$;

(2) 计算试探应力 $\boldsymbol{\sigma}_{\mathrm{t}}=\boldsymbol{\sigma}_m+\Delta\boldsymbol{\sigma}^{\mathrm{e}}$,内变量 $\kappa=\kappa_m$;

(3) 用 $\boldsymbol{\sigma}_{\mathrm{t}}$ 和 κ 计算屈服函数值 $f_{m+1}=f(\boldsymbol{\sigma}_{\mathrm{t}},\kappa)$;

(4) 如果 $f_{m+1}\leqslant 0$,转至(8);

(5) 如果 $f_{m+1}>0$,计算 $r=-\dfrac{f_m}{f_{m+1}-f_m}$;

(6) 令 $\boldsymbol{\sigma}_{\mathrm{t}}=\boldsymbol{\sigma}_m+r\Delta\boldsymbol{\sigma}^{\mathrm{e}}$,按 $\boldsymbol{\sigma}_{\mathrm{t}},\kappa$ 计算 $\boldsymbol{a}=\left(\dfrac{\partial g}{\partial\boldsymbol{\sigma}}\right)_{m+r}$,$\boldsymbol{b}=\left(\dfrac{1}{H_{12}+A}\dfrac{\partial f}{\partial\boldsymbol{\sigma}}\right)_{m+r}$,$c=(m)_{m+r}$;

(7) 增量计算

$$\begin{aligned}\Delta\boldsymbol{\varepsilon}^{\mathrm{p}}&=(1-r)\boldsymbol{a}\boldsymbol{b}^{\mathrm{T}}\Delta\boldsymbol{\sigma}^{\mathrm{e}},\\\Delta\boldsymbol{\sigma}&=(1-r)\Delta\boldsymbol{\sigma}^{\mathrm{e}}-(1-r)\boldsymbol{D}_{\mathrm{e}}\boldsymbol{a}\boldsymbol{b}^{\mathrm{T}}\Delta\boldsymbol{\sigma}^{\mathrm{e}},\\\Delta\kappa&=(1-r)c\boldsymbol{b}\Delta\boldsymbol{\sigma}^{\mathrm{e}};\end{aligned}$$

(8) $\boldsymbol{\sigma}_t=\boldsymbol{\sigma}_t+\Delta\boldsymbol{\sigma}, \kappa=\kappa+\Delta\kappa$;

(9) 如果应力脱离屈服面，$f(\boldsymbol{\sigma}_t,\kappa)=\varepsilon_f\neq 0$（$\varepsilon_f$ 是偏差），求 η 使 $f\left(\boldsymbol{\sigma}_t+\eta\dfrac{\partial f}{\partial\boldsymbol{\sigma}},\kappa\right)=0$ $\left[\text{或取 } \eta=-\dfrac{\varepsilon_f}{\left(\dfrac{\partial f}{\partial\boldsymbol{\sigma}}\right)^{\mathrm{T}}\dfrac{\partial f}{\partial\boldsymbol{\sigma}}}\right]$，则修正应力

$$\boldsymbol{\sigma}_t=\boldsymbol{\sigma}_t+\eta\frac{\partial f}{\partial\boldsymbol{\sigma}};$$

(10) $\boldsymbol{\sigma}_{m+1}=\boldsymbol{\sigma}_t, \Delta\boldsymbol{\sigma}=\boldsymbol{\sigma}_{m+1}-\boldsymbol{\sigma}_m, \kappa_{m+1}=\kappa, \Delta\kappa=\kappa_{m+1}-\kappa_m$.

上述流程不仅适用于强化塑性材料，也适用于理想塑性材料和软化塑性材料. 在应变增量 $\Delta\boldsymbol{\varepsilon}$ 不是很小时，可以从式(4-2-19)和(4-2-21)出发，进行数值积分. 将 $(1-r)\Delta\boldsymbol{\varepsilon}$ 分成 M 个子增量步，对每一子增量 $(1-r)\Delta\boldsymbol{\varepsilon}/M$，作流程的(7)～(9)步计算，最后可得到更为精确的结果.

2. 非线性方程组(4-2-7)的求解

下面讨论用迭代方法求解非线性方程组(4-2-7)，由于 $\Delta\lambda$ 是已知的，可将这个方程简记为 $\boldsymbol{\psi}(\Delta\boldsymbol{a})=0$. 设 $\Delta\boldsymbol{a}^n$ 是这个方程组的第 n 次近似解（注意，这里上标 n 代表迭代步的序号，而不是幂次），一般有 $\boldsymbol{\psi}(\Delta\boldsymbol{a}^n)\neq\mathbf{0}$. 在 $\Delta\boldsymbol{a}^n$ 附近将 $\boldsymbol{\psi}(\Delta\boldsymbol{a})$ 展开，取线性项得

$$\boldsymbol{\psi}(\Delta\boldsymbol{a})=\boldsymbol{\psi}(\Delta\boldsymbol{a}^n)+\left(\frac{\partial\boldsymbol{\psi}}{\partial\Delta\boldsymbol{a}}\right)_{\Delta\boldsymbol{a}^n}(\Delta\boldsymbol{a}-\Delta\boldsymbol{a}^n),$$

令上式为零，可求得一个改进解

$$\Delta\boldsymbol{a}=\Delta\boldsymbol{a}^{n+1}=\Delta\boldsymbol{a}^n-(\boldsymbol{K}_{\mathrm{T}}^n)^{-1}\boldsymbol{\psi}^n, \tag{4-2-23}$$

其中

$$\boldsymbol{K}_{\mathrm{T}}^n=\left(\frac{\partial\boldsymbol{\psi}}{\partial\Delta\boldsymbol{a}}\right)_{\Delta\boldsymbol{a}^n}=\left(\frac{\partial\boldsymbol{\psi}}{\partial\boldsymbol{a}}\right)_{\boldsymbol{a}_m+\Delta\boldsymbol{a}^n}=\sum\boldsymbol{c}_{\mathrm{e}}^{\mathrm{T}}\left(\int_e\boldsymbol{B}^{\mathrm{T}}\boldsymbol{D}_{\mathrm{ep}}^n\boldsymbol{B}\,\mathrm{d}V\right)\boldsymbol{c}_{\mathrm{e}}, \tag{4-2-24}$$

$$\boldsymbol{\psi}^n=\boldsymbol{\psi}(\Delta\boldsymbol{a}^n)=\sum\boldsymbol{c}_{\mathrm{e}}^{\mathrm{T}}\left(\int_e\boldsymbol{B}^{\mathrm{T}}\Delta\boldsymbol{\sigma}^n\,\mathrm{d}V\right)-\Delta\lambda\boldsymbol{R}, \tag{4-2-25}$$

$\boldsymbol{K}_{\mathrm{T}}^n$ 称为有限单元系统的**切线刚度矩阵**. 式中的 $\boldsymbol{D}_{\mathrm{ep}}^n$ 是对应于应变增量 $\Delta\boldsymbol{\varepsilon}^n=\boldsymbol{B}\boldsymbol{c}_{\mathrm{e}}\Delta\boldsymbol{a}^n$ 的本构矩阵. 在各迭代步，$\boldsymbol{K}_{\mathrm{T}}^n$ 是不同的. 在 $\boldsymbol{\psi}^n$ 中的 $\Delta\boldsymbol{\sigma}^n$ 是由 $\Delta\boldsymbol{\varepsilon}^n$ 按非线性关系(4-2-10)计算出的应力增量（即按上述程序流程计算得到的应力增量）. 用迭代公式(4-2-23)～(4-2-25)，如果设初值 $\Delta\boldsymbol{a}^0=\mathbf{0}$，那么第一次近似解 $\Delta\boldsymbol{a}^1$ 就是由线性化方程：

$$\boldsymbol{\psi}(\Delta\boldsymbol{a})=(\boldsymbol{K}_{\mathrm{T}})_m\Delta\boldsymbol{a}-\Delta\lambda\boldsymbol{R}+\boldsymbol{\psi}(\boldsymbol{a}_m)=\mathbf{0}, \tag{4-2-26}$$

$$(\boldsymbol{K}_{\mathrm{T}})_m=\sum\boldsymbol{c}_{\mathrm{e}}^{\mathrm{T}}\left(\int_e\boldsymbol{B}^{\mathrm{T}}(\boldsymbol{D}_{\mathrm{ep}})_m\boldsymbol{B}\,\mathrm{d}V\right)\boldsymbol{c}_{\mathrm{e}}, \tag{4-2-27}$$

得到的线性解. 当 $\|\Delta\boldsymbol{a}^n\|\leqslant\alpha\|\boldsymbol{a}\|$ 或 $\|\boldsymbol{\psi}(\boldsymbol{a}^{n+1})\|\leqslant\beta\|\boldsymbol{R}\|$ 时（α,β 是计算精度，即指定的小数）迭代停止，即收敛到了（数值意义下的）精确解. 使用式(4-2-23)～(4-2-25)

的迭代算法叫做 **Newton 法**，这种方法的收敛速度较快(二次敛速).

用 Newton 法求解非线性方程组(4-2-7)的计算流程包括下述各步：

(1) 给定初始近似值 $\Delta\boldsymbol{a}^0$ 计算精度 α 和 β，以及外载矢量的范数 $\|\boldsymbol{R}\|$；

(2) 假设已经进行了 n 次迭代. 已求出 $\Delta\boldsymbol{a}^n$ 和 $\boldsymbol{\psi}(\Delta\boldsymbol{a}^n)$，计算 $\left(\dfrac{\partial\boldsymbol{\psi}}{\partial\boldsymbol{a}}\right)_{\boldsymbol{a}=\boldsymbol{a}_m+\Delta\boldsymbol{a}^n}=\boldsymbol{K}_{\mathrm{T}}^n$；

(3) 解方程组 $\boldsymbol{K}_{\mathrm{T}}^n(\Delta\boldsymbol{a}^{n+1}-\Delta\boldsymbol{a}^n)=-\boldsymbol{\psi}(\Delta\boldsymbol{a}^n)$，得 $\Delta\boldsymbol{a}^{n+1}$；

(4) 求 $\boldsymbol{\psi}(\Delta\boldsymbol{a}^{n+1})$；

(5) 若 $\|\Delta\boldsymbol{a}^{n+1}-\Delta\boldsymbol{a}^n\|\leqslant\alpha\|\boldsymbol{a}\|$ 或 $\|\boldsymbol{\psi}(\Delta\boldsymbol{a}^{n+1})\|\leqslant\beta\|\boldsymbol{R}\|$，则置 $\Delta\boldsymbol{a}^{n+1}\to\Delta\boldsymbol{a}^*$ 打印 $\Delta\boldsymbol{a}^*$，$\|\boldsymbol{\psi}(\Delta\boldsymbol{a}^{n+1})\|$，及 $\|\Delta\boldsymbol{a}^{n+1}-\Delta\boldsymbol{a}^n\|$，转至(6)，否则 $n+1\to n$，$\Delta\boldsymbol{a}^{n+1}\to\Delta\boldsymbol{a}^n$，$\boldsymbol{\psi}(\Delta\boldsymbol{a}^{n+1})\to\boldsymbol{\psi}(\Delta\boldsymbol{a}^n)$，转至(2)；

(6) 结束.

如果在迭代公式(4-2-23)中，在每一步迭代不使用 $\boldsymbol{K}_{\mathrm{T}}^n$，而采用 $\Delta\boldsymbol{a}^0=\boldsymbol{0}$ 时的矩阵(4-2-27)，就得到**简化 Newton 法**的迭代公式

$$\Delta\boldsymbol{a}^{n+1}=\Delta\boldsymbol{a}^n-(\boldsymbol{K}_{\mathrm{T}})_m^{-1}\boldsymbol{\psi}^n. \tag{4-2-28}$$

简化 Newton 法的收敛速度慢(线性敛速)，但在第一步之后的各步迭代，不需要重新形成系统的切线刚度矩阵和重新求逆. 因而每一步迭代计算用时较少. 在一般的有限元教程中将这种算法叫做修正 Newton 法，本书按照李庆杨等(1987)的专著称之为简化 Newton 法. 一个自由度的问题，在增量步内的 Newton 迭代和简化 Newton 迭代分别如图 4-2-2(a)和(b)所示.

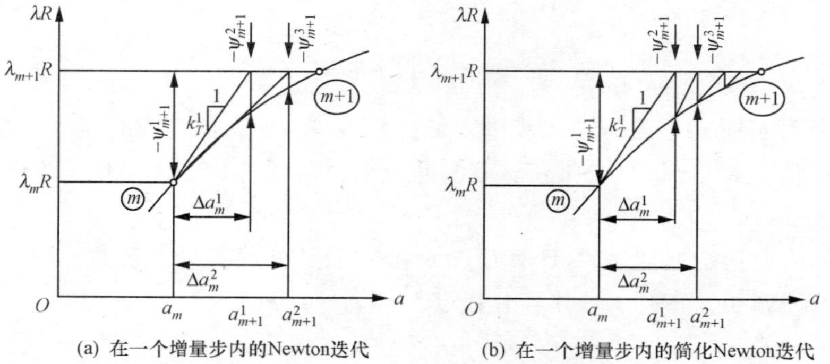

图 4-2-2　Newton 法和简化 Newton 法示意图

作为另一种 Newton 型的求解非线性方程组的迭代方法是**拟 Newton 法**或矩阵更新法. 用这种方法更新系数矩阵(或更新它的逆)以提供一个从第 n 次到第 $(n+1)$次的矩阵的割线逼近. 定义位移增量和失衡力增量为

$$\begin{aligned}\boldsymbol{\delta}^n&=\Delta\boldsymbol{a}^{n+1}-\Delta\boldsymbol{a}^n,\\ \boldsymbol{\gamma}^n&=\Delta\boldsymbol{\psi}^n=\boldsymbol{\psi}(\Delta\boldsymbol{a}^{n+1})-\boldsymbol{\psi}(\Delta\boldsymbol{a}^n).\end{aligned} \tag{4-2-29}$$

更新的矩阵 $\boldsymbol{K}^{n+1}$ 应满足拟 Newton 方程

$$\boldsymbol{K}^{n+1}\boldsymbol{\delta}^n = \boldsymbol{\gamma}^n. \tag{4-2-30}$$

这种拟 Newton 法提供了一个介于 Newton 法重新形成刚度矩阵和简化 Newton 法采用前面形成的刚度矩阵两者之间的一种折中办法.这种算法具有超线性敛速.在有限元程序中成功使用的拟 Newton 算法是 **BFGS** 秩 2 算法,其计算公式为

$$\Delta\boldsymbol{a}^{n+1} = \Delta\boldsymbol{a}^n - (\boldsymbol{K}^{-1})^n\boldsymbol{\psi}(\Delta\boldsymbol{a}^n), \tag{4-2-31}$$

$$(\boldsymbol{K}^{-1})^{n+1} = (\boldsymbol{A}^n)^{\mathrm{T}}(\boldsymbol{K}^{-1})^n\boldsymbol{A}^n, \tag{4-2-32}$$

其中

$$\boldsymbol{A}^n = \boldsymbol{I} + \boldsymbol{v}^n(\boldsymbol{w}^n)^{\mathrm{T}}, \tag{4-2-33}$$

$$\boldsymbol{v}^n = -\left\{\frac{(\boldsymbol{\delta}^n)^{\mathrm{T}}\boldsymbol{\gamma}^n}{(\boldsymbol{\delta}^n)^{\mathrm{T}}[-\boldsymbol{\psi}(\Delta\boldsymbol{a}^n)]}\right\}^{\frac{1}{2}}[-\boldsymbol{\psi}(\Delta\boldsymbol{a}^n)] - \boldsymbol{\gamma}^n, \tag{4-2-34}$$

$$\boldsymbol{w}^n = \frac{\boldsymbol{\delta}^n}{(\boldsymbol{\delta}^n)^{\mathrm{T}}\boldsymbol{\gamma}^n}. \tag{4-2-35}$$

在有限元分析中,矩阵 $\boldsymbol{K}$ 通常是稀疏的,但它的逆 $\boldsymbol{K}^{-1}$ 可能是满的.在实际计算中不能直接采用式(4-2-32),而是在每一次迭代时,可以方便地返回到应用于第一次迭代时使用的原始(稀疏)矩阵 $\boldsymbol{K}^0=(\boldsymbol{K}_{\mathrm{T}})_m$,并通过所有前面的迭代,再次利用式(4-2-32)的矩阵相乘.具体的算法是

$$\begin{cases} \boldsymbol{b}_1 = \prod\limits_{i=1}^{n}[\boldsymbol{I} + \boldsymbol{v}^i(\boldsymbol{w}^i)^{\mathrm{T}}]\boldsymbol{\psi}(\Delta\boldsymbol{a}^n), \\ \boldsymbol{b}_2 = (\boldsymbol{K}^0)^{-1}\boldsymbol{b}_1, \\ \Delta\boldsymbol{a}^{n+1} - \Delta\boldsymbol{a}^n = \prod\limits_{i=0}^{n-1}[\boldsymbol{I} + \boldsymbol{w}^{n-i}(\boldsymbol{v}^{n-i})^{\mathrm{T}}]\boldsymbol{b}_2. \end{cases} \tag{4-2-36}$$

这就需要对于所有先前的迭代步都存储矢量 $\boldsymbol{v}^i$ 和 $\boldsymbol{w}^i$ 以及它们的连续相乘结果.为了减少存储量,可在每个若干步迭代后重新计算一个 $\boldsymbol{K}^0$.下面给出了 **BFGS** 算法的计算流程(1)~(8).

(1) 给出初始近似 $\Delta\boldsymbol{a}^0$,计算精度 α 和 β,以及外载矢量的范数 $\|\boldsymbol{R}\|$;

(2) 计算初始矩阵 $\boldsymbol{K}^0$,并求其逆 $(\boldsymbol{K}^0)^{-1}$,计算 $\boldsymbol{\psi}(\Delta\boldsymbol{a}^0)$;

(3) 计算

$$\begin{aligned}\Delta\bar{\boldsymbol{a}} &= -(\boldsymbol{K}^{-1})^n\boldsymbol{\psi}(\Delta\boldsymbol{a}^n)\\ &= -(\boldsymbol{A}^{n-1})^{\mathrm{T}}\cdots(\boldsymbol{A}^1)^{\mathrm{T}}(\boldsymbol{K}^0)^{-1}\boldsymbol{A}^1\cdots\boldsymbol{A}^{n-1}\boldsymbol{\psi}(\Delta\boldsymbol{a}^n);\end{aligned}$$

(4) 设 $\boldsymbol{\delta}^n=\omega\Delta\bar{\boldsymbol{a}}$, $\Delta\boldsymbol{a}^{n+1}=\Delta\boldsymbol{a}^n+\boldsymbol{\delta}^n$,由目的函数 $G(\omega)=\Delta\bar{\boldsymbol{a}}^{\mathrm{T}}\boldsymbol{\psi}(\Delta\boldsymbol{a}^n+\omega\Delta\bar{\boldsymbol{a}})=0$ 搜索确定 ω;

(5) 计算 $\boldsymbol{\psi}(\Delta\boldsymbol{a}^{n+1})$,若 $\|\boldsymbol{\delta}^n\|\leqslant\alpha\|\boldsymbol{a}^n\|$ 或 $\|\boldsymbol{\psi}(\boldsymbol{a}^{n+1})\|\leqslant\beta\|\boldsymbol{R}\|$,转至(8);

(6) 计算 $\boldsymbol{\gamma}^n=\boldsymbol{\psi}(\Delta\boldsymbol{a}^{n-1})-\boldsymbol{\psi}(\Delta\boldsymbol{a}^n)$, $\boldsymbol{A}^n=\boldsymbol{I}+\boldsymbol{v}^n(\boldsymbol{w}^n)^{\mathrm{T}}$;

(7) $n+1\to n$, $\boldsymbol{\psi}(\Delta\boldsymbol{a}^{n+1})\to\boldsymbol{\psi}(\Delta\boldsymbol{a}^n)$, $(\boldsymbol{K}^{-1})^{n+1}\to(\boldsymbol{K}^{-1})^n$, $\Delta\boldsymbol{a}^{n+1}\to\Delta\boldsymbol{a}^n$,转至(3);

(8) $\Delta \boldsymbol{a}^{n+1} \to \Delta \boldsymbol{a}^{*}$，打印 $\Delta \boldsymbol{a}^{*}$，$\|\boldsymbol{\psi}(\Delta \boldsymbol{a}^{n+1})\|$，$\|\boldsymbol{\delta}^{n}\|$ 后结束.

一个自由度的问题，在增量步内的拟 Newton 迭代如图 4-2-3所示.

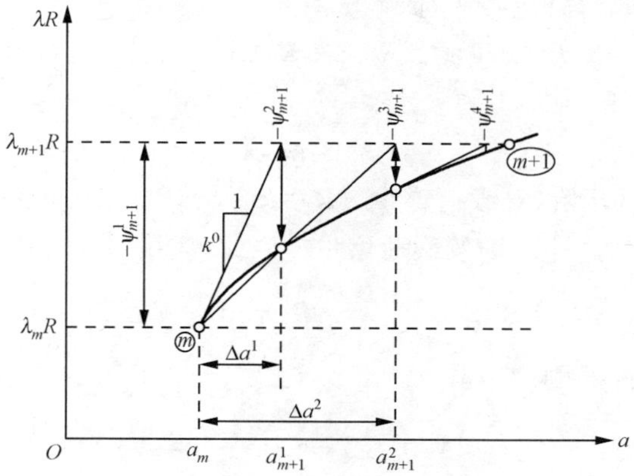

图 4-2-3 拟 Newton 法示意图

这里介绍的三种求解非线性方程组的 Newton 型迭代法都是局部收敛的方法，即要求初始近似 Δa^0 与解 Δa^* 充分靠近，才能使迭代序列 $\{\Delta a^n\}$ 收敛于 Δa^*. 实际上在计算中找到满足这种要求的迭代初值有时很困难. 为此采用增量求解方法，取前一载荷增量后的解 a_m，作为求解后一载荷增量后解 a_{m+1} 的初始近似值，即取 $\Delta a^0=0$. 即便如此，如果载荷增量取得较大，这样的初值也未必满足局部收敛条件，因此还要求载荷增量取得足够小.

最后还要强调指出，按式(4-2-25)计算失衡力时 $\Delta \boldsymbol{\sigma}^n$ 是按真实的本构关系(4-2-10)计算(用程序完成)的，因而当迭代收敛(失衡力为零)得到的解就是方程组(4-2-7)的解. 对同一工程问题不同类型的迭代算法最后收敛到同一个解(仅是收敛速度不同，计算费时不同而已). 但在迭代收敛之前的迭代过程中不同算法的近似解是不同的，因而相应的失衡力也不相同，所谓失衡力仅是对平衡方程组残值的一种定性的力学解释，它不是存在于结构的有限元系统中真实的力矢量. 这就是说，迭代过程中，失衡力是因算法而异，因使用者而异的，而不具备客观性(迭代收敛得到的解才有客观性). 国内某些学者，将迭代过程中的失衡力看做真实的力，并根据它的大小，做工程加固设计，这显然是不合适的.

3. 求解稳定材料岩石工程问题有限元方法流程，载荷增量法

由方程(4-2-7)用 Newton 法(或简化 Newton 法，拟 Newton 法)求出位移增量 $\Delta \boldsymbol{a}$ 后，再进一步求出相应的应变增量 $\Delta \boldsymbol{\varepsilon}$，应力增量 $\Delta \boldsymbol{\sigma}$ 和内变量增量 $\Delta \boldsymbol{\kappa}$. 然后按式(4-2-4)得到累积载荷 $\boldsymbol{R}_{m+1}$ 或 λ_{m+1} 下的位移 $\boldsymbol{a}_{m+1}$，应变 $\boldsymbol{\varepsilon}_{m+1}$ 和内变量 $\boldsymbol{\kappa}_{m+1}$，再转到下一个载荷增量的计算.

使用简化 Newton 法求解岩石工程弹塑性问题的有限元方法流程包括(1)～(7).

(1) 将全部载荷分成若干部分

$$\boldsymbol{R}_0=\boldsymbol{0},\boldsymbol{R}_1,\boldsymbol{R}_2,\cdots,\boldsymbol{R}_m,\boldsymbol{R}_{m+1},\cdots,\boldsymbol{R}_M=\boldsymbol{R}$$

或

$$\lambda_0=0,\lambda_1,\lambda_2,\cdots,\lambda_m,\lambda_{m+1},\cdots,\lambda_M=1.$$

(2) 从 $m=0$ 开始,对载荷增量 $\Delta\boldsymbol{R}=\boldsymbol{R}_{m+1}-\boldsymbol{R}_m$ 或 $\Delta\lambda=\lambda_{m+1}-\lambda_m$,状态量 $\boldsymbol{a}_m$, $\boldsymbol{\varepsilon}_m,\boldsymbol{\sigma}_m,\kappa_m$ 是已知的,计算等效载荷增量

$$\Delta\widetilde{\boldsymbol{R}}=\boldsymbol{R}_{m+1}-\sum\boldsymbol{c}_{\mathrm{e}}^{\mathrm{T}}\int_e\boldsymbol{B}^{\mathrm{T}}\boldsymbol{\sigma}_m\mathrm{d}V=\Delta\boldsymbol{R}-\boldsymbol{\psi}(\boldsymbol{a}_m);$$

(3) 建立系统的刚度矩阵

$$(\boldsymbol{K}_{\mathrm{T}})_m=\sum\boldsymbol{c}_{\mathrm{e}}^{\mathrm{T}}\int_e\boldsymbol{B}^{\mathrm{T}}(\boldsymbol{D}_{\mathrm{ep}})_m\boldsymbol{B}\,\mathrm{d}V\boldsymbol{c}_{\mathrm{e}},$$

并求逆 $(\boldsymbol{K}_{\mathrm{T}})_m^{-1}$;

(4) 平衡迭代

$$\Delta\boldsymbol{a}^{n+1}=\Delta\boldsymbol{a}^n+(\boldsymbol{K}_{\mathrm{T}})_m^{-1}(\Delta\widetilde{\boldsymbol{R}}+\Delta\boldsymbol{F}^n),$$

$$\Delta\boldsymbol{F}^n=-\sum\boldsymbol{c}_{\mathrm{e}}^{\mathrm{T}}\int_e\boldsymbol{B}^{\mathrm{T}}\Delta\boldsymbol{\sigma}^n\mathrm{d}V,\quad n=0,1,2,\cdots,I;$$

(5) 求解 $\Delta\boldsymbol{\varepsilon},\Delta\boldsymbol{\sigma},\Delta\kappa$;

(6) 计算载荷 $\boldsymbol{R}_{m+1}$ 下的各量

$$\boldsymbol{a}_{m+1}=\boldsymbol{a}_m+\Delta\boldsymbol{a},$$

$$\boldsymbol{\varepsilon}_{m+1}=\boldsymbol{\varepsilon}_m+\Delta\boldsymbol{\varepsilon},$$

$$\boldsymbol{\sigma}_{m+1}=\boldsymbol{\sigma}_m+\Delta\boldsymbol{\sigma},$$

$$\kappa_{m+1}=\kappa_m+\Delta\kappa;$$

(7) 继续计算下一个载荷增量步,$\Delta\boldsymbol{R}=\boldsymbol{R}_{m+2}-\boldsymbol{R}_{m+1}$,并重复(2)～(5)各步,直到 $m=M$ 为止.

我们现在回到方程组(4-2-1),并设载荷参数 λ 本身是某个变量 s 的一个已知的连续函数,即 $\lambda=\lambda(s)$. 将式(4-2-1)对 s 求导,可得

$$\frac{\partial\boldsymbol{P}}{\partial\boldsymbol{a}}\frac{\mathrm{d}\boldsymbol{a}}{\mathrm{d}s}-\frac{\mathrm{d}\lambda}{\mathrm{d}s}\boldsymbol{R}=\boldsymbol{0},$$

即有

$$\begin{gathered}\frac{\mathrm{d}\boldsymbol{a}}{\mathrm{d}s}=\boldsymbol{K}^{-1}(\boldsymbol{a},s)\boldsymbol{R}\frac{\mathrm{d}\lambda}{\mathrm{d}s},\\ \boldsymbol{K}(\boldsymbol{a},s)=\frac{\partial\boldsymbol{P}(\boldsymbol{a},s)}{\partial\boldsymbol{a}}=\frac{\partial\boldsymbol{\psi}(\boldsymbol{a},s)}{\partial\boldsymbol{a}}.\end{gathered}\tag{4-2-37}$$

对于微分方程组(4-2-37),最简单的数值积分方法是 Euler 方法. 将 s 的变化

范围$[0,\bar{s}]$按

$$0 = s_0 < s_1 < s_2 < \cdots < s_M = \bar{s}$$

分成 M 个小区间，利用向前差分近似

$$\left(\frac{\mathrm{d}\boldsymbol{a}}{\mathrm{d}s}\right)_{s=s_m} = \frac{\boldsymbol{a}_{m+1} - \boldsymbol{a}_m}{\Delta s_m}$$

便有如下的数值积分公式

$$\boldsymbol{a}_{m+1} = \boldsymbol{a}_m + \boldsymbol{K}^{-1}(\boldsymbol{a}_m, s_m)\boldsymbol{R}\frac{\mathrm{d}\lambda}{\mathrm{d}s}\Delta s_m, \tag{4-2-38}$$

显然，如果取

$$\lambda = s, \quad \frac{\mathrm{d}\lambda}{\mathrm{d}s} = 1,$$

式(4-2-38)变为

$$\begin{aligned} \Delta\boldsymbol{a}_m &= \boldsymbol{K}^{-1}(\boldsymbol{a}_m, \lambda_m)\Delta\lambda_m\boldsymbol{R}, \\ \boldsymbol{a}_{m+1} &= \boldsymbol{a}_m + \Delta\boldsymbol{a}_m. \end{aligned} \tag{4-2-39}$$

这就是载荷增量法的最简单算法，因为是在每一个增量步内对非线性方程进行线性求解，也称之为 **Euler 方法**. 如果 $\Delta\lambda_m$ 取得充分小，我们有理由认为由式(4-2-39)得到的解是方程组(4-2-1)的合理近似解. 但是，正如图 4-2-4(a)所表明的，在计算的每一步，都会引起某些偏差，造成对真解的漂移，而且随着求解的步数增多，这种偏差会不断积累，以致最后的解将偏离真解较远. 为此需要对式(4-2-39)的 Euler 算法做一些改进. 最简单的改进是在增量步内做计算时考虑到前一步长造成的偏差(失衡力)，新的算法为

$$\begin{aligned} \Delta\boldsymbol{a}_m &= \boldsymbol{K}^{-1}(\boldsymbol{a}_m, \lambda_m)(\Delta\lambda_m\boldsymbol{R} - \boldsymbol{\psi}_m), \\ \boldsymbol{a}_{m+1} &= \boldsymbol{a}_m + \Delta\boldsymbol{a}_m. \end{aligned} \tag{4-2-40}$$

上述算法称为**自修正的 Euler 法**. 一个自由度问题的 Euler 法和自修正 Euler 法的计算过程分别如图 4-2-4(a)和(b)所示.

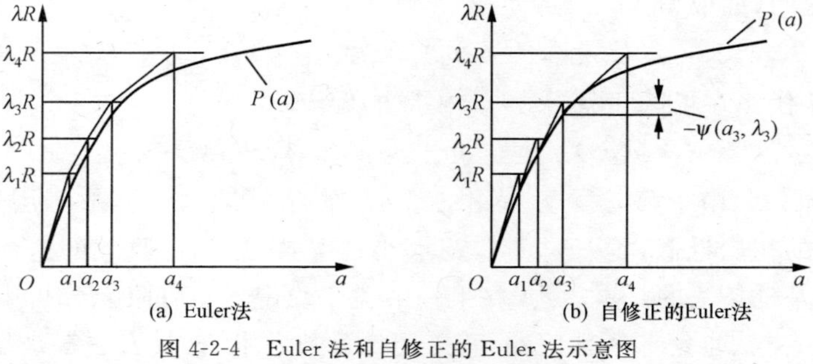

图 4-2-4 Euler 法和自修正的 Euler 法示意图

在前面使用简化 Newton 法计算有限元流程中，如果在各个增量步内平衡迭

代仅做一次，那么该流程就是自修正 Euler 算法的流程. 如果不计前一步的失衡力 $\boldsymbol{\psi}(\boldsymbol{a}^n)$，则是 Euler 算法的流程.

在岩石工程的开挖计算中，如果某步开挖解除的应力的等效载荷 $\boldsymbol{R}$ 很大，可能不满足 Newton 型迭代算法局部收敛性条件，则需在这个开挖步内引用载荷因子 λ，随 λ 的变化做增量计算，以描述该步开挖中应力逐渐解除的过程. 当各载荷参数增量 $\Delta\lambda$ 取得足够小时，可最后得到这一步开挖的结果.

§4-3　不稳定材料弹塑性问题的延拓算法

假设 $\boldsymbol{a}^*$ 是非线性方程组

$$\boldsymbol{\psi}(\boldsymbol{a}) = \boldsymbol{0} \tag{4-3-1}$$

的解，使用迭代法（例如 Newton 法）求解这个方程组要求初始近似 $\boldsymbol{a}^0$ 与解 $\boldsymbol{a}^*$ 充分靠近，以使迭代序列 $\{\boldsymbol{a}^n\}$ 收敛于 $\boldsymbol{a}^*$，这就是说，迭代法是具有**局部收敛**特性的. 实际计算中要找到满足要求的迭代初始值 $\boldsymbol{a}^0$ 往往很困难，为了解决这个问题，可采用**延拓算法**(continuation)，即从某个设定的初始值出发求解式(4-3-1)，这时，对初值 $\boldsymbol{a}^0$ 没有严格限制. 因此，延拓算法是扩大收敛范围的一种比较有效的算法（李庆杨，莫孜中，祁力群，1987）.

延拓算法思想就是在方程(4-3-1)中嵌入一个参数 λ，构造一个新的非线性方程组

$$\boldsymbol{\psi}(\boldsymbol{a},\lambda) = \boldsymbol{0}, \tag{4-3-2}$$

当 λ 为某一特定值（例如 $\lambda=1$）时，这个方程组就是原来的方程组(4-3-1)，而当 $\lambda=0$ 时，得出方程组 $\boldsymbol{\psi}_0(\boldsymbol{a})=\boldsymbol{0}$ 的解为初值 $\boldsymbol{a}^0$. 确切地说，就是构造一系列方程组（对应于 λ 在区间[0,1]不同取值），代替单个方程组 $\boldsymbol{\psi}(\boldsymbol{a})=\boldsymbol{0}$. 这些方程组的解记为 $\boldsymbol{a}(\lambda)$，而 $\boldsymbol{a}(1)$ 就是原方程组 $\boldsymbol{\psi}(\boldsymbol{a})=\boldsymbol{0}$ 的解，如果我们将 λ 的取值区间[0,1]分划为若干子区间，即取值

$$0 = \lambda_0 < \lambda_1 < \cdots < \lambda_m < \lambda_{m+1} < \cdots < \lambda_M = 1, \tag{4-3-3}$$

可用某种迭代法在子区间 $[\lambda_m,\lambda_{m+1}]$ 内求方程组

$$\boldsymbol{\psi}(\boldsymbol{a},\lambda_{m+1}) = \boldsymbol{0}, \quad m = 0,1,\cdots,M-1$$

的解 $\boldsymbol{a}_{m+1}$，那么，由于第 m 个方程组的解 $\boldsymbol{a}_m$ 在前一步已求得，故可用 $\boldsymbol{a}_m$ 作为方程组(4-3-4)的初始近似，在 $\lambda_{m+1}-\lambda_m$ 足够小情况，可用局部收敛的迭代法得到收敛的解，这就是延拓法的基本思想. 在上一节关于稳定材料有限元分析中引进载荷参数 λ，用增量方法求解非线性问题，若采用计算数学术语，其方法就是延拓算法.

对于稳定材料，可将 λ 视为单调增加和事先指定的参数，即认为式(4-3-3)是成立的，逐步地求解状态变量增量 $\Delta\boldsymbol{a}$. 但是对于不稳定材料，可能出现矩阵 $\partial\boldsymbol{\psi}/\partial\boldsymbol{a}$

奇异和病态的情况，即($\boldsymbol{a}$,λ)处于临界点附近，上节的早期的延拓算法(载荷增量法)无法进行下去[式(4-3-3)的假定不再适用]. 这个问题可以用一个自由度的简单例子来说明. 设求解的方程为一个自由度的非线性方程

$$\psi(a,\lambda)=0,$$

且已知 a_0,λ_0 满足 $\psi(a_0,\lambda_0)=0$，微分上式，得

$$\frac{\partial\psi}{\partial a}\mathrm{d}a+\frac{\partial\psi}{\partial\lambda}\mathrm{d}\lambda=0.$$

当 $\partial\psi/\partial a\neq 0$ 时(对严格稳定材料总是成立的)，对任何 $\mathrm{d}\lambda$，总是可求得 $\mathrm{d}\boldsymbol{a}$，于是

$$\begin{cases}a_1=a_0+\mathrm{d}a,\\ \lambda_1=\lambda_0+\mathrm{d}\lambda.\end{cases}$$

将(a_1,λ_1)看做新的初始点(a_0,λ_0)，重复以上过程，就可以达到追踪解曲线的目的. 但当$(\partial\psi/\partial a)_{(a_0,\lambda_0)}=0$ 时上述过程失败.

从第二章列举的岩石力学的不稳定实例来看，对于不稳定材料，随着位移 $\boldsymbol{a}$ 不断增加，$\boldsymbol{\psi}(\boldsymbol{a})$可能先增加而后又减少，在某个状态($\boldsymbol{a}$,$\lambda$)，出现力转向点(turning point)，即极值点或临界点，软化材料厚壁筒就属于这种情况[图 4-3-1(a)]. 另外，在边界位移做控制变量时，可能会产生位移转向点，而应力会发生突跳，地震不稳定模型就属于这种情况[图 4-3-1(b)]. 无论是广义力型转向点还是广义位移型转向点，在这些转向点(也称临界点或极值点)的前后，系统的稳定性发生变化. 通常将这一类问题称为强非线性问题，以区别稳定材料的非线性问题.

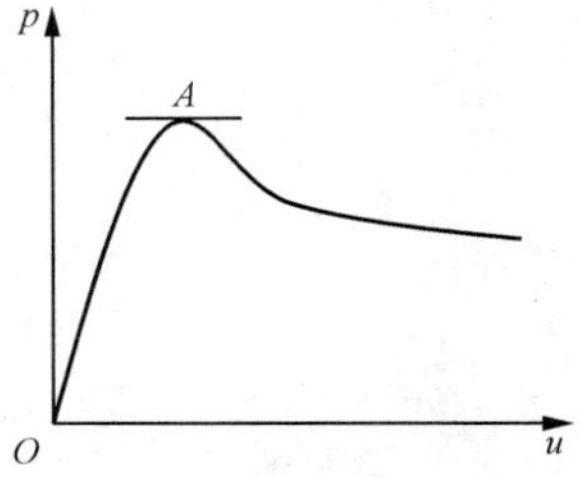

(a) 力转向点A

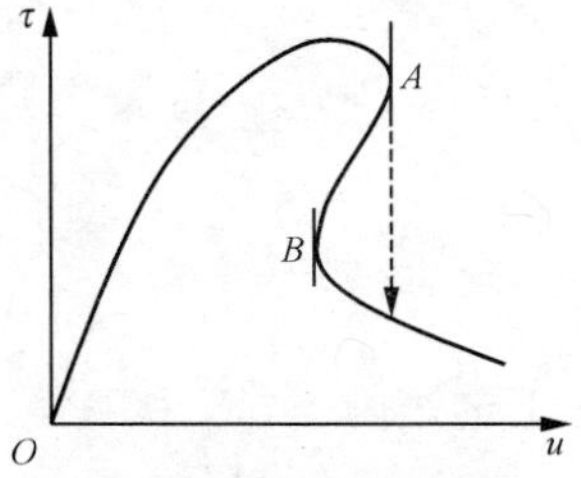

(b) 位移转向点A，B

图 4-3-1　力转向点和位移转向点

对于这些强非线性问题，如果遇到了转向点，用早期的延拓算法(载荷增量法，位移增量法)求解将会失效. 为求解这类问题，现在已发展了一种新的延拓算法，它的主要思想不再将载荷参数 λ 看做已知的和单调增加的，而是看做待定的，更确切地说，是把载荷参数 λ 视为与 $\boldsymbol{a}$ 同样的变量，这时方程组

$$\boldsymbol{\psi}(\boldsymbol{a},\lambda)=\boldsymbol{0}\tag{4-3-4}$$

是含 $3N+1$ 个变量($\boldsymbol{a}$ 和 λ)的 $3N$ 个方程，为此必须引进新的辅助参数 s 和增加一个约束方程 $B(\boldsymbol{a},\lambda,s)=0$ 才能求解. 于是将原来问题化为求解下述的 $3N+1$ 阶方程组

$$\begin{cases}\boldsymbol{\psi}(\boldsymbol{a},\lambda)=\boldsymbol{0},\\ B(\boldsymbol{a},\lambda,s)=0,\end{cases}\tag{4-3-5}$$

式中 s 是一个新的辅助参数，在跟踪平衡曲线时，辅助参数 s 可从零开始逐步增加，随参数 s 的增加逐步求解方程组(4-3-5). 设已知参数 $s=s_m$ 时[第$(m-1)$增量步末]的解为 $\boldsymbol{a}_m,\lambda_m$，现在求 $s=s_{m+1}$时(第 m 增量步末)的解 $\boldsymbol{a}_{m+1}$ 和 λ_{m+1}，由于

$$\begin{aligned}\boldsymbol{a}_{m+1}&=\boldsymbol{a}_m+\Delta\boldsymbol{a},\\ \lambda_{m+1}&=\lambda_m+\Delta\lambda,\end{aligned}\tag{4-3-6}$$

可将问题转化为求解位移增量 $\Delta\boldsymbol{a}$ 和载荷参数增量 $\Delta\lambda$. 为此将方程组(4-3-5)在 $\boldsymbol{a}_m,\lambda_m$ 附近展开有

$$\boldsymbol{0}=\boldsymbol{\psi}(\boldsymbol{a}_{m+1},\lambda_{m+1})=\boldsymbol{\psi}(\boldsymbol{a}_m,\lambda_m)+\left(\frac{\partial\boldsymbol{\psi}}{\partial\boldsymbol{a}}\right)_m\delta\boldsymbol{a}+\left(\frac{\partial\boldsymbol{\psi}}{\partial\lambda}\right)_m\delta\lambda+\text{高阶项},$$

$$0=B(\boldsymbol{a}_{m+1},\lambda_{m+1})=B(\boldsymbol{a}_m,\lambda_m)+\left(\frac{\partial B}{\partial\boldsymbol{a}}\right)_m\delta\boldsymbol{a}+\left(\frac{\partial B}{\partial\lambda}\right)_m\delta\lambda+\text{高阶项}.$$

略去高阶项，得 Newton 型迭代法的线性化方程组

$$\begin{bmatrix}\dfrac{\partial\boldsymbol{\psi}}{\partial\boldsymbol{a}} & \dfrac{\partial\boldsymbol{\psi}}{\partial\lambda}\\ \dfrac{\partial B}{\partial\boldsymbol{a}} & \dfrac{\partial B}{\partial\lambda}\end{bmatrix}_m\begin{Bmatrix}\delta\boldsymbol{a}\\ \delta\lambda\end{Bmatrix}=-\begin{Bmatrix}\boldsymbol{\psi}\\ B\end{Bmatrix}_m,\tag{4-3-7}$$

上式中下标 m 表示矩阵或矢量元素是对应于 $\boldsymbol{a}_m$ 和 λ_m 的取值. 虽然，在转向点处 $\partial\boldsymbol{\psi}/\partial\boldsymbol{a}$ 是奇异的，但适当地选择约束方程 $B(\boldsymbol{a},\lambda,s)=0$，可使方程组(4-3-5)的 Jacobi 矩阵

$$\boldsymbol{J}=\begin{bmatrix}\dfrac{\partial\boldsymbol{\psi}}{\partial\boldsymbol{a}} & \dfrac{\partial\psi}{\partial\lambda}\\ \dfrac{\partial B}{\partial\boldsymbol{a}} & \dfrac{\partial B}{\partial\lambda}\end{bmatrix}$$

在转向点处为正定矩阵. 从而采用式(4-3-5)求解可顺利越过转向点，追踪解的平衡曲线.

目前在杆系或板壳结构稳定性分析中通常将辅助参数 s 定义为 $3N+1$ 空间一维曲线的弧长(有时称为伪弧长)，一个微段弧长的表达式为

$$\mathrm{d}s^2=(\mathrm{d}\boldsymbol{a}^{\mathrm{T}})\mathrm{d}\boldsymbol{a}+c(\mathrm{d}\lambda)^2,\tag{4-3-8}$$

其中 c 是正的比例因子，引用 c 可使式(4-3-8)中各项的量纲相同. 为了讨论弧长的约束方程，我们重新回到式(4-3-4). 式中 $\boldsymbol{\psi}$ 是 $3N$ 维矢量，在几何上每一分量都是 $3N+1$ 维空间的一个超曲面，而式(4-3-4)是这些超曲面的交线. 现在记矩阵

$$\boldsymbol{A}=\left[\frac{\partial\boldsymbol{\psi}}{\partial\boldsymbol{a}}\quad\frac{\partial\boldsymbol{\psi}}{\partial\lambda}\right]=\left[\frac{\partial\boldsymbol{\psi}}{\partial a_1}\quad\frac{\partial\boldsymbol{\psi}}{\partial a_2}\quad\cdots\quad\frac{\partial\boldsymbol{\psi}}{\partial a_{3N}}\quad\frac{\partial\boldsymbol{\psi}}{\partial\lambda}\right],\tag{4-3-9}$$

上式是用$(3N+1)$列 $3N$ 维矢量表示的 $3N\times(3N+1)$矩阵. 如果令：

$$J_i = (-1)^i \det\left[\frac{\partial \boldsymbol{\psi}}{\partial a_1} \quad \frac{\partial \boldsymbol{\psi}}{\partial a_2} \quad \cdots \quad \frac{\partial \hat{\boldsymbol{\psi}}}{\partial a_i} \quad \cdots \quad \frac{\partial \boldsymbol{\psi}}{\partial a_{3N}} \quad \frac{\partial \boldsymbol{\psi}}{\partial \lambda}\right]$$

$$(i = 1,2,\cdots,3N+1) \qquad (4\text{-}3\text{-}10)$$

(式中符号“∧”表示划去该列)，我们构造一个新的$(3N+1)$维矢量

$$\boldsymbol{v}(\boldsymbol{a},\lambda) = [J_1 \quad J_2 \quad \cdots \quad J_{3N+1}]^{\mathrm{T}}, \qquad (4\text{-}3\text{-}11)$$

不难证明

$$\left[\frac{\partial \boldsymbol{\psi}_i}{\partial a_1} \quad \cdots \quad \frac{\partial \boldsymbol{\psi}_i}{\partial a_{3N}} \quad \frac{\partial \boldsymbol{\psi}_i}{\partial \lambda}\right][J_1 \quad J_2 \quad \cdots \quad J_{3N+1}]^{\mathrm{T}} = 0$$

$$(i = 1,2,\cdots,3N). \qquad (4\text{-}3\text{-}12)$$

实际上，式(4-3-12)可看做式(4-3-9)右端矩阵下方再加一行$\left[\frac{\partial \psi_i}{\partial a_1} \quad \cdots \quad \frac{\partial \psi_i}{\partial a_{3N}} \quad \frac{\partial \psi_i}{\partial \lambda}\right]$所组成的$(3N+1)\times(3N+1)$矩阵的行列式对最末一行展开后得到的表达式. 由于该行列式中第 i 和第$3N+1$两行相同，所以其值为零.

根据式(4-3-12)可知，矢量 $\boldsymbol{v}(\boldsymbol{a},\lambda)$是方程(4-3-4)解曲线$\begin{Bmatrix}\boldsymbol{a}(s)\\ \lambda(s)\end{Bmatrix}$的切矢量，而$\boldsymbol{\tau}=\boldsymbol{v}(\boldsymbol{a},\lambda)/\|\boldsymbol{v}(\boldsymbol{a},\lambda)\|$ 则是单位切矢量，其中 $\|\boldsymbol{v}\|$ 表示矢量 $\boldsymbol{v}$ 的 Euclid 模(范数). 于是我们可采用如下形式的弧长约束方程

$$B(\boldsymbol{a},\lambda,s) = \boldsymbol{\tau}^{\mathrm{T}}\begin{Bmatrix}\Delta\boldsymbol{a}(s)\\ \Delta\lambda(s)\end{Bmatrix} - \Delta s = 0, \qquad (4\text{-}3\text{-}13)$$

式中　$\Delta\boldsymbol{a} = \boldsymbol{a} - \boldsymbol{a}_m, \quad \Delta\lambda = \lambda - \lambda_m.$

在整个求解过程中，增量弧长 Δs 是事先规定的. 对于约束方程(4-3-13)而言，线性化方程(4-3-7)的 Jacobi 矩阵为

$$\boldsymbol{J} = \begin{bmatrix}\boldsymbol{A}\\ \boldsymbol{\tau}^{\mathrm{T}}\end{bmatrix} = \|\boldsymbol{v}\|^{-1}\begin{bmatrix}\dfrac{\partial \boldsymbol{\psi}}{\partial \boldsymbol{a}} & -\boldsymbol{R}\\ J_1\cdots J_{3N} & J_{3N+1}\end{bmatrix}, \qquad (4\text{-}3\text{-}14)$$

式中　$$\frac{\partial \boldsymbol{\psi}}{\partial \boldsymbol{a}} = \sum \boldsymbol{c}_{\mathrm{e}}\left(\int_e \boldsymbol{B}^{\mathrm{T}}\boldsymbol{D}_{\mathrm{ep}}\boldsymbol{B}\mathrm{d}V\right)\boldsymbol{c}_{\mathrm{e}}. \qquad (4\text{-}3\text{-}15)$$

请注意，上式中的 $\boldsymbol{B}$ 代表单元节点位移-应变的转换矩阵，不要与约束方程(4-3-5)中的 B 相混淆，$\boldsymbol{c}_{\mathrm{e}}$ 代表选择矩阵，不要与弧长定义(4-3-8)中的比例因子 c 相混淆. 在转向点附近，虽然矩阵 $\partial\boldsymbol{\psi}/\partial\boldsymbol{a}$ 可能是奇异和病态的，然而从理论上可以证明，矩阵 $\boldsymbol{J}$ 是正定的. 这时，

$$\det\boldsymbol{J} = \det\begin{bmatrix}\dfrac{\partial \boldsymbol{\psi}}{\partial \boldsymbol{a}} & \dfrac{\partial \boldsymbol{\psi}}{\partial \lambda}\\ & \boldsymbol{\tau}^{\mathrm{T}}\end{bmatrix} = \|\boldsymbol{v}\|^{-1}(J_1^2 + J_2^2 + \cdots + J_{3N+1}^2)$$

$$= \|\boldsymbol{v}\| > 0.$$

由式(4-3-6)，有公式 $\boldsymbol{a}_{m+1}^{n+1} - \boldsymbol{a}_{m+1}^{n} = \Delta\boldsymbol{a}^{n+1} - \Delta\boldsymbol{a}^{n}$，$\lambda_{m+1}^{n+1} - \lambda_{m+1}^{n} = \Delta\lambda^{n+1} - \Delta\lambda^{n}$，因而使

用迭代法时既可采用增量记号 $\Delta \boldsymbol{a}^{n+1}$，$\Delta\lambda^{n+1}$，也可采用全量记号 $\boldsymbol{a}_{m+1}^{n+1}$，$\lambda_{m+1}^{n+1}$. 于是，Newton 法的迭代公式为

$$\begin{bmatrix} \boldsymbol{a}_{m+1}^{0} \\ \lambda_{m+1}^{0} \end{bmatrix} = \begin{bmatrix} \boldsymbol{a}_{m} \\ \lambda_{m} \end{bmatrix}, \tag{4-3-16}$$

$$\begin{aligned} \begin{bmatrix} \boldsymbol{a}_{m+1}^{n+1} \\ \lambda_{m+1}^{n+1} \end{bmatrix} = & \begin{bmatrix} \boldsymbol{a}_{m+1}^{n} \\ \lambda_{m+1}^{n} \end{bmatrix} - \| \boldsymbol{v} \| \\ & \cdot \begin{bmatrix} \dfrac{\partial \boldsymbol{\psi}(\boldsymbol{a}_{m+1}^{n}, \lambda_{m+1}^{n})}{\partial \boldsymbol{a}} & -\boldsymbol{R} \\ J_1(\boldsymbol{a}_{m+1}^{n}, \lambda_{m+1}^{n}) \cdots J_{3N}(\boldsymbol{a}_{m+1}^{n}, \lambda_{m+1}^{n}) & J_{3N+1}(\boldsymbol{a}_{m+1}^{n}, \lambda_{m+1}^{n}) \end{bmatrix}^{-1} \\ & \cdot \begin{bmatrix} \boldsymbol{\psi}(\boldsymbol{a}_{m+1}^{n}, \lambda_{m+1}^{n}) \\ B(\boldsymbol{a}_{m+1}^{n}, \lambda_{m+1}^{n}) \end{bmatrix}, \end{aligned} \tag{4-3-17}$$

如果在迭代公式(4-3-17)右端矩阵和 $\|\boldsymbol{v}\|$ 均在($\boldsymbol{a}_{m+1}^{0}$，λ_{m+1}^{0})即在($\boldsymbol{a}_m$，λ_m)取值，那么就得到简化 Newton 法的迭代公式. 在初值(4-3-16)下，通过迭代，最后得到收敛解 $\boldsymbol{a}_{m+1}$ 和 λ_{m+1}. 上面讨论的采用弧长参数约束方程的延拓算法称之为**弧长法**或伪弧长法(武际可，苏先樾，1994).

在单自由度($3N=1$)情况下，弧长 $\Delta s_m = s_{m+1} - s_m$，取 $c=1$，简化 Newton 迭代过程如图 4-3-2 所示.

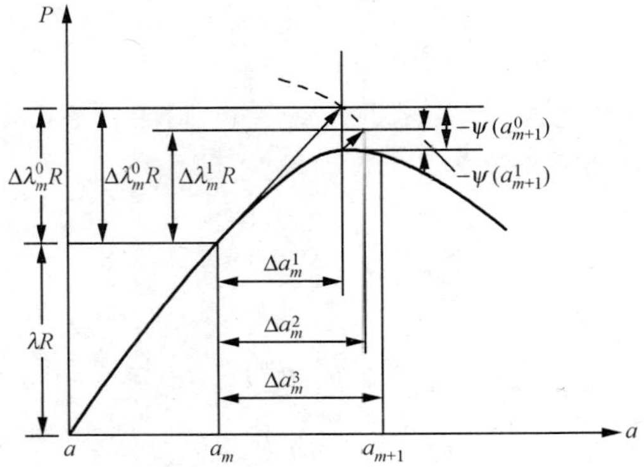

图 4-3-2　弧长法示意图

在转向点处，虽然 $\partial\psi/\partial a=0$，然而方程组(4-3-7)的 Jacobi 矩阵(4-3-14)的行列式为

$$\det \boldsymbol{J} = R > 0.$$

因而求解是没有问题的.

我们注意到，线性化的方程组(4-3-7)系数矩阵没有对称性. 因而在求解大型问题时，一般采取另外的一些方法(Zienkiewicz OC，Tayler RL，2000). 对于一个给定的迭代步 n 已知解 $\boldsymbol{a}_{m+1}^{n}$，待求的下一迭代步 $n+1$ 的解记为 $\boldsymbol{a}_{m+1}^{n+1}$，可有如下的通

用表达式

$$\boldsymbol{\psi}_{m+1}^{n} \equiv \boldsymbol{\psi}(\boldsymbol{a}_{m+1}^{n}, \lambda_{m+1}^{n}) = \boldsymbol{P}(\boldsymbol{a}_{m+1}^{n}) - \lambda_{m+1}^{n}\boldsymbol{R}, \tag{4-3-18}$$

$$\begin{aligned}\boldsymbol{\psi}_{m+1}^{n+1} &\equiv \boldsymbol{\psi}(\boldsymbol{a}_{m+1}^{n+1}, \lambda_{m+1}^{n+1}) \\ &= \boldsymbol{\psi}(\boldsymbol{a}_{m+1}^{n}, \lambda_{m+1}^{n}) + (\boldsymbol{K}_{\mathrm{T}})^{n}(\boldsymbol{a}_{m+1}^{n+1} - \boldsymbol{a}_{m+1}^{n}) - (\lambda_{m+1}^{n+1} - \lambda_{m+1}^{n})\boldsymbol{R} \\ &= \boldsymbol{\psi}_{m+1}^{n} + (\boldsymbol{K}_{\mathrm{T}})^{n}(\Delta\boldsymbol{a}^{n+1} - \Delta\boldsymbol{a}^{n}) - (\Delta\lambda^{n+1} - \Delta\lambda^{n})\boldsymbol{R}.\end{aligned} \tag{4-3-19}$$

于是，令 $\boldsymbol{\psi}_{m+1}^{n+1}=\boldsymbol{0}$ 可给出位移解的增量 $\Delta\boldsymbol{a}^{n+1}$ 和载荷参数的增量 $\Delta\lambda^{n+1}$ 之间的关系

$$\Delta\boldsymbol{a}^{n+1} = \Delta\hat{\boldsymbol{a}}^{n}\Delta\lambda^{n+1} + \Delta\check{\boldsymbol{a}}^{n}, \tag{4-3-20}$$

其中

$$\begin{aligned}\Delta\hat{\boldsymbol{a}}^{n} &= (\boldsymbol{K}_{\mathrm{T}}^{n})^{-1}\boldsymbol{R}, \\ \Delta\check{\boldsymbol{a}}^{n} &= -(\boldsymbol{K}_{\mathrm{T}}^{n})^{-1}\boldsymbol{\psi}_{m+1}^{n} + \Delta\boldsymbol{a}^{n} + \Delta\lambda^{n}(\boldsymbol{K}_{\mathrm{T}}^{n})^{-1}\boldsymbol{R}.\end{aligned} \tag{4-3-21}$$

对应于不同的迭代算法，$\boldsymbol{K}_{\mathrm{T}}^{n}$ 可以是切线刚度矩阵（Newton 法或带阻尼因子的 Newton 法），也可以是这个步长开始时的切向刚度矩阵（简单 Newton 法）或是拟 Newton 法使用的刚度矩阵，只要其逆矩阵存在就可. 将式(4-3-20)代入约束方程

$$(\Delta\boldsymbol{a}^{n+1})^{\mathrm{T}}(\Delta\boldsymbol{a}^{n+1}) + c(\Delta\lambda^{n+1})^{2} = (\Delta s)^{2}, \tag{4-3-22}$$

可得一个关于 $\Delta\lambda^{n+1}$ 的二次代数方程

$$b_1(\Delta\lambda^{n+1})^2 + b_2(\Delta\lambda^{n+1}) + b_3 = 0, \tag{4-3-23}$$

其中

$$\left.\begin{aligned} b_1 &= (\Delta\hat{\boldsymbol{a}}^{n})^{\mathrm{T}}(\Delta\hat{\boldsymbol{a}}^{n}) + c, \\ b_2 &= 2(\Delta\hat{\boldsymbol{a}}^{n})^{\mathrm{T}}(\Delta\check{\boldsymbol{a}}^{n}), \\ b_3 &= (\Delta\check{\boldsymbol{a}}^{n})^{\mathrm{T}}(\Delta\check{\boldsymbol{a}}^{n}) - (\Delta s)^2. \end{aligned}\right\} \tag{4-3-24}$$

从方程(4-3-23)可以得到 $\Delta\lambda^{n+1}$ 的两个根，分别记为 $(\Delta\lambda^{n+1})_1$ 和 $(\Delta\lambda^{n+1})_2$. 实际上，弧长法的约束方程在几何上是围绕平衡点的一个球面，它与平衡路径曲线有两个交点，这对应于方程组有两组解答：$(\Delta\boldsymbol{a}^{n+1})_1, (\Delta\lambda^{n+1})_1$ 和 $(\Delta\boldsymbol{a}^{n+1})_2, (\Delta\lambda^{n+1})_2$. 为了能够跟踪解的路径得到正确的结果，通常只选取一组解，它应使解沿平衡曲线往前走，而不是往后返回，即取 $(\Delta\boldsymbol{a}^{n+1})^{\mathrm{T}}(\boldsymbol{a}_m - \boldsymbol{a}_{m-1})$ 为一个最大值的解.

使用弧长法对岩石力学系统进行有限元分析的流程为(1)～(6).

(1) 确定只有弹性变形的最大载荷参数 λ_1，得到相应的解 $\boldsymbol{a}_1, \boldsymbol{\sigma}_1, \kappa_1=0$，弧长 s_1；

(2) 设置参数 c，精度参数 α, β，微弧长总数 M，各步微弧长取值 $\Delta\bar{s}_m, m=2,3,\cdots,M$；

(3) 从 $m=1$ 开始对 m 循环，$s_{m+1}-s_m=\Delta\bar{s}_m$；

$$\boldsymbol{a}_{m+1}^{0} = \boldsymbol{a}_m, \quad \lambda_{m+1}^{0} = \lambda_m,$$

$$\boldsymbol{\psi}_{m+1}^{0} = \boldsymbol{\psi}(\boldsymbol{a}_{m+1}^{0}, \lambda_{m+1}^{0}) = \boldsymbol{P}(\boldsymbol{a}_{m+1}^{0}) - \lambda_{m+1}^{0}\boldsymbol{R},$$

$$(\boldsymbol{K}_{\mathrm{T}}^{0})_{m+1} = (\boldsymbol{K}_{\mathrm{T}})_m \rightarrow \boldsymbol{K}_{\mathrm{T}};$$

(4) 从 $n=1$ 开始对 n 循环；

$$\boldsymbol{\psi}_{m+1}^{n} = \boldsymbol{P}(\boldsymbol{a}_{m+1}^{n}) - \lambda_{m+1}^{n}\boldsymbol{R},$$

$$\Delta\hat{\boldsymbol{a}}^{n} = (\boldsymbol{K}_{\mathrm{T}})^{-1}\boldsymbol{R}, \quad \Delta\check{\boldsymbol{a}}^{n} = -(\boldsymbol{K}_{\mathrm{T}})^{-1}\boldsymbol{\psi}_{m+1}^{n} + \Delta\boldsymbol{a}^{n} + \Delta\lambda^{n}(\boldsymbol{K}_{\mathrm{T}}^{n})^{-1}\boldsymbol{R},$$

计算

$$b_1^n, b_2^n, b_3^n, \quad (\Delta\lambda^{n+1})_1, (\Delta\lambda^{n+1})_2,$$

$$(\Delta\boldsymbol{a}^{n+1})_i = \Delta\hat{\boldsymbol{a}}^{n}(\Delta\lambda^{n+1})_i + \Delta\check{\boldsymbol{a}}^{n}, \quad i = 1,2,$$

比较$(\Delta\boldsymbol{a}^{n+1})_1^{\mathrm{T}}(\boldsymbol{a}_m - \boldsymbol{a}_{m-1})$和$(\Delta\boldsymbol{a}^{n+1})_2^{\mathrm{T}}(\boldsymbol{a}_m - \boldsymbol{a}_{m-1})$，取大者的$(\Delta\boldsymbol{a}^{n+1})_i \to \Delta\boldsymbol{a}^{n+1}$，$(\Delta\lambda^{n+1})_i \to \Delta\lambda^{n+1}$，

$$\Delta\boldsymbol{\varepsilon}^{n+1} = \boldsymbol{B}\boldsymbol{c}_{\mathrm{e}}\Delta\boldsymbol{a}^{n+1},$$

$$\Delta\boldsymbol{\sigma}^{n+1} = \boldsymbol{g}(\Delta\boldsymbol{\varepsilon}^{n+1}),$$

$$\Delta\kappa^{n+1} = h(\Delta\boldsymbol{\varepsilon}^{n+1}),$$

$$\boldsymbol{\psi}_{m+1}^{n+1} = \boldsymbol{\psi}(\Delta\boldsymbol{\sigma}^{n+1}, \Delta\lambda^{n+1});$$

(5) 若$\|\Delta\boldsymbol{a}^{n+1} - \Delta\boldsymbol{a}^{n}\| \leqslant \alpha\|\boldsymbol{a}\|$，或$\boldsymbol{\psi}_{m+1}^{n+1} \leqslant \beta\|\boldsymbol{R}\|$，则置

$$\Delta\boldsymbol{a}^{n+1} \to \Delta\boldsymbol{a}^{*}, \quad \Delta\boldsymbol{a}^{*} + \boldsymbol{a}_m \to \boldsymbol{a}_{m+1},$$

$$\Delta\boldsymbol{\sigma}^{n+1} \to \Delta\boldsymbol{\sigma}^{*}, \quad \Delta\boldsymbol{\sigma}^{*} + \boldsymbol{\sigma}_m \to \boldsymbol{\sigma}_{m+1},$$

$$\Delta\kappa^{n+1} \to \Delta\kappa^{*}, \quad \Delta\kappa^{*} + \kappa_m \to \kappa_{m+1}.$$

并存盘或打印，转至(6)，否则$n+1 \to n$转至(4)；

(6) $m+1 \to m$，若$m \leqslant M$，转至(3)，否则结束.

延拓算法的约束方程可以取多种形式，式(4-3-9)是弧长法，Δs是在$3N+1$维空间中给定长度. 另一种约束方程为$B = (\Delta\boldsymbol{a}^{\mathrm{T}})\Delta\boldsymbol{a} - \Delta s^2 = 0$，它对位移有更自然的控制，是$3N$维空间中球面约束的路径控制(相当于弧长法中取$c=0$). 还可采用更简单的位移路径平面控制的约束方程：$B = \Delta\boldsymbol{a}_{m-1}^{\mathrm{T}}\Delta\boldsymbol{a} - \Delta s^2 = 0$，式中$\Delta\boldsymbol{a}_{m-1}^{\mathrm{T}}$是前一增量步内位移增量. 此外，从第二章岩石力学不稳定分析的简例来看，在用延拓算法计算软化岩石结构时，直接使用塑性内变量ζ作为辅助参数是可行的，因为塑性内变量是一个不可逆的，单调增加的物理量. 结构的塑性内变量可以取塑性区的尺度，断层错距等，也可以取结构变形的塑性功总量，塑性体应变(扩容)总量等等. 它们可用如下公式定义

$$\zeta = \int_V \kappa \mathrm{d}V, \tag{4-3-25}$$

而在平衡路径的微小增量上，内变量增量为

$$\mathrm{d}\zeta = \int_V \mathrm{d}\kappa \mathrm{d}V, \tag{4-3-26}$$

其中：$\mathrm{d}\kappa$可看做是塑性功增量，也可看做是塑性扩容增量或等效塑性应变增量，由式(4-2-9)和(4-2-10)，有

$$\mathrm{d}\kappa = \frac{m}{H+A}\left(\frac{\partial f}{\partial \boldsymbol{\sigma}}\right)^{\mathrm{T}}\boldsymbol{D}_{\mathrm{e}}\mathrm{d}\boldsymbol{\varepsilon},$$

$$\Delta\kappa = h(\Delta\boldsymbol{\varepsilon}).$$

于是延拓算法的方程组(4-3-5)现在为

$$\begin{cases}\boldsymbol{\psi}(\boldsymbol{a},\lambda) = \boldsymbol{0},\\ B(\boldsymbol{a},\lambda,\zeta) = 0,\end{cases} \tag{4-3-27}$$

其中约束方程为

$$B(\boldsymbol{a},\lambda,\zeta) = \Delta\zeta - \Delta\bar{\zeta} = 0, \tag{4-3-28}$$

式中 $\Delta\bar{\zeta}$ 是事先指定的一个小数. 为得到 Newton 型的线性化方程组(4-3-7),需要知道 $\partial B/\partial\boldsymbol{a}$ 和 $\partial B/\partial\lambda$ 的表达式,不难得到

$$\frac{\partial B}{\partial\boldsymbol{a}} = \sum_{e}^{M}\left(\int_{e}\frac{m}{H+A}\left(\frac{\partial f}{\partial\boldsymbol{\sigma}}\right)^{\mathrm{T}}\boldsymbol{D}_{\mathrm{e}}\boldsymbol{B}\mathrm{d}V\right)\boldsymbol{c}_{\mathrm{e}},$$

上式求和符号表示对所有单元求和. $\partial B/\partial\boldsymbol{a}$ 显然是一个 $1\times 3N$ 的矩阵,而 $\partial B/\partial\lambda=0$.

所有对单元的体积分都可使用 Gauss 数值积分,先计算各 Gauss 点上的函数值,再加权求和. 例如,计算结构总内变量增量 $\Delta\zeta$ 的流程如(1)～(5)所示.

(1) 对单元循环,单元总数为 M.

$n=1,2,\cdots,M$,取 $\Delta\zeta=0$,从 $n=1$ 开始.

(2) 对 Gauss 点循环,单元 Gauss 点总数为 l.

设 $\Delta\kappa_{\mathrm{e}}=0, i=1,2,\cdots,l$,从 $i=1$ 开始.

(3) 如果 $f(\boldsymbol{\sigma}_m+\boldsymbol{D}_{\mathrm{e}}\Delta\boldsymbol{\varepsilon},\kappa_m)\leqslant 0$,则 $\Delta\kappa_i=0$.

如果 $f(\boldsymbol{\sigma}_m+\boldsymbol{D}_{\mathrm{e}}\Delta\boldsymbol{\varepsilon},\kappa_m)>0$, $f(\boldsymbol{\sigma}_m,\kappa_m)<0$,由方程 $f(\boldsymbol{\sigma}_m+r\boldsymbol{D}_{\mathrm{e}}\Delta\boldsymbol{\varepsilon},\kappa_m)=0$ 确定比例因子 r,并计算

$$\Delta\kappa_i = \left(\frac{m}{H+A}\left(\frac{\partial f}{\partial\boldsymbol{\sigma}}\right)\boldsymbol{D}_{\mathrm{e}}\boldsymbol{B}\right)_i w_i\,|\,J\,|\,(1-r)\Delta\boldsymbol{a},$$

$$\Delta\kappa_i + \Delta\kappa_{\mathrm{e}} \rightarrow \Delta\kappa_{\mathrm{e}}.$$

(4) $i+1\rightarrow i$,若 $i=l$ 转至(5),否则转至(2).

(5) $\Delta\zeta+\Delta\kappa_{\mathrm{e}}\rightarrow\Delta\zeta$.

$n+1\rightarrow n$,若 $n=M$,结束,否则转至(1).

无论是**弧长延拓算法**还是**内变量延拓算法**,实质上是沿解曲线以弧长形式或内变量形式重新表述问题. 在增量求解中不需要设定载荷参数 λ 增加,而实际上载荷参数 λ 可能是下降的,而仅要求不断增加弧长参数 s 或内变量参数 ζ,这自然是跟踪解曲线的一种有效方法.

§4-4 岩石力学问题平衡稳定性的特征值准则

检验工程结构一个平衡状态是否稳定,最广泛使用的方法是**线性稳定性分析**. 这种方法是通过对现有的平衡状态给以小的扰动从而得到动态解答. 由于是小扰

动，动态方程是线性的，即所谓线性化模型. 如果动态解答随时间是增长的，则原平衡状态称为线性失稳，否则它是线性稳定的. 实际上，在大多数情况下，没有必要真正地对时间进行积分得到动态解，以确定线性稳定性，而是考察线性化系统的特征值来确定其稳定性，如下面所述.

考虑与参数化载荷有关的一个率无关系统的平衡状态 $\boldsymbol{a}^*$. 将系统在扰动后的失衡力函数在 $\boldsymbol{a}^*$ 处 Taylor 展开，即

$$\boldsymbol{\psi}(\boldsymbol{a}^* + \tilde{\boldsymbol{a}}) = \boldsymbol{\psi}(\boldsymbol{a}^*) + \frac{\partial \boldsymbol{\psi}(\boldsymbol{a}^*)}{\partial \boldsymbol{a}}\tilde{\boldsymbol{a}} + \text{高阶项}, \tag{4-4-1}$$

式中：$\tilde{\boldsymbol{a}}$ 是对平衡状态解答 $\boldsymbol{a}^*$ 的扰动. 因为 $\boldsymbol{a}^*$ 是平衡解答，所以上式右端第一项为零. 而第二项 $\tilde{\boldsymbol{a}}$ 前面的矩阵是前面定义的失衡力矢量 $\boldsymbol{\psi}$ 的 Jacobi 矩阵，也称之为系统的切线刚度矩阵，并记为 $\boldsymbol{K}_{\mathrm{T}}$

$$\frac{\partial \boldsymbol{\psi}(\boldsymbol{a}^*)}{\partial \boldsymbol{a}} = \boldsymbol{K}_{\mathrm{T}}(\boldsymbol{a}^*). \tag{4-4-2}$$

我们注意到质量矩阵不包括在 Jacobi 矩阵中. 如果将惯性力增加到系统中，因质量矩阵 $\boldsymbol{M}$ 不随位移而变化，则对于平衡状态的小扰动，我们可以写出运动方程

$$\boldsymbol{M}\frac{\mathrm{d}^2\tilde{\boldsymbol{a}}}{\mathrm{d}t^2} + \boldsymbol{K}_{\mathrm{T}}\tilde{\boldsymbol{a}} = 0, \tag{4-4-3}$$

上式是关于 $\tilde{\boldsymbol{a}}$ 的一组线性常微分方程. 由于这类线性常微分方程的解为指数形式，因此我们假设扰动解的形式为

$$\tilde{\boldsymbol{a}} = \boldsymbol{y}\mathrm{e}^{\nu t}, \tag{4-4-4}$$

将上式代入式(4-4-3)中，得到

$$(\boldsymbol{K}_{\mathrm{T}} + \nu^2\boldsymbol{M})\boldsymbol{y}\mathrm{e}^{\nu t} = 0, \tag{4-4-5}$$

其中 $\boldsymbol{M}$ 是正定的. 令

$$\mu = -\nu^2, \quad \nu = \sqrt{-\mu}, \tag{4-4-6}$$

式(4-4-5)可以转化为矩阵 $\boldsymbol{K}_{\mathrm{T}}$ 的一个广义特征值问题，即

$$\boldsymbol{K}_{\mathrm{T}}\boldsymbol{y} = \mu\boldsymbol{M}\boldsymbol{y}. \tag{4-4-7}$$

并容易求得特征值 $\mu_i(i=1,2,\cdots,3N)$，和相应的特征矢量 $\boldsymbol{y}_i$.

如果岩石类材料(包括间断面)是关联塑性的或是损伤塑性的(它们分别有正交法则和广义正交法则)，材料的本构矩阵 $\boldsymbol{D}_{\mathrm{ep}}$ 是对称的，因而系统的切线刚度矩阵 $\boldsymbol{K}_{\mathrm{T}}$ 也是对称的. 这种实对称矩阵 $\boldsymbol{K}_{\mathrm{T}}$ 有 $3N$ 个实特征值. 如果 $\boldsymbol{K}_{\mathrm{T}}$ 是正定的，则所有特征值为正，即特征值 $\mu_i > 0$. 由式(4-4-6)，所有的 ν_i 为纯虚数. 因此，扰动解(4-4-4)是具有常数幅值的调和函数，它们不随时间增长，这时平衡状态 $\boldsymbol{a}^*$ 是稳定的. 如果矩阵 $\boldsymbol{K}_{\mathrm{T}}$ 是不正定的，则至少它有一个负的特征值. 如果将 $3N$ 个特征值按由小到大顺序排列

$$\mu_1 \leqslant \mu_2 \leqslant \mu_3 \cdots \leqslant \mu_{3N},$$

那么,最小特征值 μ_1 为负,这时,$\nu_1=\sqrt{-\mu_1}$ 是一正实数,对应的扰动解(4-4-4)将是随时间不断增长的,因而平衡状态 $\boldsymbol{a}^*$ 是不稳定的. 这样,完全可用系统的切线刚度矩阵 $\boldsymbol{K}_{\mathrm{T}}$ 的正定性或用该矩阵的最小特征值 μ_1 的正负来检查系统的平衡稳定性.

检查一个实对称矩阵 $\boldsymbol{K}_{\mathrm{T}}$ 的正定性,或最小特征值的正负,可用代数方法求出实对称矩阵 $\boldsymbol{K}_{\mathrm{T}}$ 的最小特征值 μ_1. 实际上,我们可采用**移位技术**将 $\boldsymbol{K}_{\mathrm{T}}$ 移位得到一个正定的对称矩阵

$$\bar{\boldsymbol{K}}_{\mathrm{T}}=\boldsymbol{K}_{\mathrm{T}}+\eta\boldsymbol{M}, \tag{4-4-8}$$

式中: $\boldsymbol{M}$ 是 $3N\times3N$ 的正定矩阵,η 为移位量. 现在考虑移位后正定对称矩阵 $\bar{\boldsymbol{K}}_{\mathrm{T}}$ 的特征值问题

$$\bar{\boldsymbol{K}}_{\mathrm{T}}\bar{\boldsymbol{y}}=\bar{\mu}\boldsymbol{M}\bar{\boldsymbol{y}}, \tag{4-4-9}$$

对正定矩阵 $\bar{\boldsymbol{K}}_{\mathrm{T}}$ 有很多方法和程序求其特征值,例如,用简单的矢量反迭代法程序可求得最小特征值 $\bar{\mu}_1$. 为了确定原矩阵 $\boldsymbol{K}_{\mathrm{T}}$ 的最小特征值 μ_1 可进一步研究问题(4-4-7)的特征值和特征矢量与问题(4-4-9)的特征值和特征矢量之间的关系,于是将式(4-4-9)改写为如下形式

$$\boldsymbol{K}_{\mathrm{T}}\bar{\boldsymbol{y}}=\gamma\boldsymbol{M}\bar{\boldsymbol{y}}, \tag{4-4-10}$$

其中: $\gamma=\bar{\mu}-\eta$. 事实上,特征值问题式(4-4-10)就是特征值问题(4-4-7),由于特征值问题的解是唯一的,故可得

$$\mu_i=\gamma_i=\bar{\mu}_i-\eta,\quad \boldsymbol{y}_i=\bar{\boldsymbol{y}}_i. \tag{4-4-11}$$

换句话说,问题(4-4-9)的特征矢量和问题(4-4-7)的特征矢量相同,但特征值增加了一个数值 η. 可以通过反移位,得到实对称矩阵 $\boldsymbol{K}_{\mathrm{T}}$ 的最小特征值

$$\mu_1=\bar{\mu}_1-\eta. \tag{4-4-12}$$

对不同的实际问题或载荷增量步,应该选择不同的移位量 η. 根据 Gershgorin 定理的推论: 若记 $H=\max\limits_i\sum\limits_{j=1}^{3N}|k_{ij}|$,则实对称矩阵 $K=[K_{ij}]$的所有特征值 $\mu_i(i=1,2,\cdots,3N)$落在区间$[-H,H]$之内. 这样,对实对称矩阵 K 使用移位技术时,可取满足下式的移位量

$$\eta\geqslant H.$$

如果岩石材料采用非关联模型,材料的本构矩阵 $\boldsymbol{D}_{\mathrm{ep}}$ 不是对称的,系统的切线刚度矩阵 $\boldsymbol{K}_{\mathrm{T}}$ 也不是对称的. 这时矩阵 $\boldsymbol{K}_{\mathrm{T}}$ 通常有 $3N$ 个复特征值 μ_i,因而 ν_i 也是复数. 如果对于所有的 i,实部$(\nu_i)\leqslant0$,扰动解 $\tilde{a}$ 将不随时间增加,则平衡状态$(\boldsymbol{a}^*,\boldsymbol{\sigma}^*)$是线性稳定的;如果至少对于某个 i,实部$(\nu_i)>0$,则扰动解随时间不断增加,平衡状态$(\boldsymbol{a}^*,\boldsymbol{\sigma}^*)$是线性不稳定的. 对于复特征值情况,检查稳定性需要求出

全部的 $3N$ 个特征值,通常 $3N$ 是个很大的数,求 $3N$ 个特征值实际上难以做到. 于是我们不得不采用一种迂回的方法,设 $\boldsymbol{K}_{\mathrm{T}}^{\mathrm{S}}$ 代表实矩阵的对称部分

$$\boldsymbol{K}_{\mathrm{T}}^{\mathrm{S}} = \frac{1}{2}[\boldsymbol{K}_{\mathrm{T}} + (\boldsymbol{K}_{\mathrm{T}})^{\mathrm{T}}]. \tag{4-4-13}$$

注意在上式中 $\boldsymbol{K}_{\mathrm{T}}$ 的下标 T 表示切线矩阵,而上标 T 表示矩阵的转置. 由于对任意一组矢量 $\delta\boldsymbol{a}$,总有

$$\delta\boldsymbol{a}^{\mathrm{T}}\boldsymbol{K}_{\mathrm{T}}\delta\boldsymbol{a} = \delta\boldsymbol{a}^{\mathrm{T}}\boldsymbol{K}_{\mathrm{T}}^{\mathrm{S}}\delta\boldsymbol{a}, \tag{4-4-14}$$

即矩阵 $\boldsymbol{K}_{\mathrm{T}}$ 和 $\boldsymbol{K}_{\mathrm{T}}^{\mathrm{S}}$ 的正定性是完全一致的,我们可通过讨论对称矩阵 $\boldsymbol{K}_{\mathrm{T}}^{\mathrm{S}}$ 的正定性来考察不对称矩阵 $\boldsymbol{K}_{\mathrm{T}}$ 的正定性. 由于矩阵 $\boldsymbol{K}_{\mathrm{T}}^{\mathrm{S}}$ 是实对称的,它的正定性可由其最小特征值的符号来判断. 如果最小特征值 $\mu_1>0$,则其他特征值 $\mu_i\geqslant\mu_1>0$,则矩阵 $\boldsymbol{K}_{\mathrm{T}}^{\mathrm{S}}$ 是正定的,从而切线矩阵 $\boldsymbol{K}_{\mathrm{T}}$ 是正定的. 如果 $\boldsymbol{K}_{\mathrm{T}}^{\mathrm{S}}$ 的最小特征值 $\mu_1<0$,其对应的特征矢量 δa_1 使其二次型为负,则矩阵 $\boldsymbol{K}_{\mathrm{T}}^{\mathrm{S}}$ 是不正定的,根据式(4-4-14)切线矩阵 $\boldsymbol{K}_{\mathrm{T}}$ 的二次型也为负,因而它也是不正定的. 矩阵 $\boldsymbol{K}_{\mathrm{T}}$ 的不正定性表明系统的平衡状态$(\boldsymbol{a}^*,\boldsymbol{\sigma}^*)$是不稳定的.

根据上面的讨论,可以给出有限元系统平衡稳定性的判别准则:系统切线刚度矩阵 $\boldsymbol{K}_{\mathrm{T}}$ 或它的对称部分 $\boldsymbol{K}_{\mathrm{T}}^{\mathrm{S}}$ 的最小特征值记为 μ_1,则有

$$\mu_1\begin{cases}\geqslant 0, & \text{系统平衡是稳定的,}\\ < 0, & \text{系统平衡是不稳定的.}\end{cases} \tag{4-4-15}$$

这个准则叫做稳定性的**特征值准则**. 这个准则使用起来非常方便. 在 $\mu_1<0$ 时,它所对应的特征矢量 y_1 就是失稳时的模态.

我们还可将上面线性稳定分析摄动方程的结果用能量概念给予说明.

考虑一个平衡状态,其位移、应变、应力分别记为 $\boldsymbol{u}^*(\boldsymbol{x}),\boldsymbol{\varepsilon}^*(\boldsymbol{x}),\boldsymbol{\sigma}^*(\boldsymbol{x})$. 为研究它的稳定性,在这个状态上施加任意一个很小的,不违背几何约束条件的虚位移 $\delta\boldsymbol{u}(\boldsymbol{x})$,从而在区域内部产生的虚应变为 $\delta\boldsymbol{\varepsilon}=\boldsymbol{L}\delta\boldsymbol{u}$,虚应力为 $\delta\boldsymbol{\sigma}=\boldsymbol{D}_{\mathrm{ep}}\delta\boldsymbol{\varepsilon}$,得到一个新的状态 $\boldsymbol{u}^*(\boldsymbol{x})+\delta\boldsymbol{u},\boldsymbol{\varepsilon}^*+\delta\boldsymbol{\varepsilon},\boldsymbol{\sigma}^*+\delta\boldsymbol{\sigma}$. 如果在这个过程中外力所作的虚功不超过内能(包括弹性应变能和塑性耗散能)的变分,则原来的平衡状态是稳定的平衡状态;如果对某一虚位移场,外力所作的虚功大于内能变分,超出的部分将转化为动能,则所考虑的平衡状态是不稳定的平衡状态. 内能变分与外力虚功之差可表示为

$$\Delta = \int_V \delta\boldsymbol{\varepsilon}^{\mathrm{T}}(\boldsymbol{\sigma}^* + \delta\boldsymbol{\sigma})\mathrm{d}V - \int_V \delta\boldsymbol{u}^{\mathrm{T}}\boldsymbol{p}\mathrm{d}V - \int_{S_{\mathrm{T}}}\delta\boldsymbol{u}^{\mathrm{T}}\boldsymbol{q}\mathrm{d}S, \tag{4-4-16}$$

式中:$\boldsymbol{p}$ 是体力载荷矢量,$\boldsymbol{q}$ 是边界 S_{T} 上的面力载荷矢量. 这时,$\Delta\geqslant 0$ 表示系统稳定,$\Delta<0$ 表示系统不稳定. 由于结构处于平衡状态,有虚功方程

$$\int_V \delta\boldsymbol{\varepsilon}^{\mathrm{T}}\boldsymbol{\sigma}^*\mathrm{d}V - \int_V \delta\boldsymbol{u}^{\mathrm{T}}\boldsymbol{p}\mathrm{d}V - \int_{S_{\mathrm{T}}}\delta\boldsymbol{u}^{\mathrm{T}}\boldsymbol{q}\mathrm{d}S = \boldsymbol{0},$$

式(4-4-16)可改写为

$$\Delta = \int_V \delta\boldsymbol{\varepsilon}^{\mathrm{T}} \delta\boldsymbol{\sigma} \mathrm{d}V. \tag{4-4-17}$$

经过有限元离散，单元应变 $\delta\boldsymbol{\varepsilon} = \boldsymbol{B}\,\delta\boldsymbol{a}_{\mathrm{e}} = \boldsymbol{B}\boldsymbol{c}_{\mathrm{e}}\delta\boldsymbol{a}$，单元应力 $\delta\boldsymbol{\sigma} = \boldsymbol{D}_{\mathrm{ep}}\delta\boldsymbol{\varepsilon}$. 则上式可表示为

$$\Delta = \delta\boldsymbol{a}^{\mathrm{T}}\boldsymbol{K}_{\mathrm{T}}\delta\boldsymbol{a}, \tag{4-4-18}$$

其中：$\boldsymbol{a}$ 是有限元系统的位移矢量，$\boldsymbol{K}_{\mathrm{T}}$ 是系统的切线刚度矩阵

$$\boldsymbol{K}_{\mathrm{T}} = \sum \boldsymbol{c}_{\mathrm{e}}^{\mathrm{T}}\left(\int_e \boldsymbol{B}^{\mathrm{T}}\boldsymbol{D}_{\mathrm{ep}}\boldsymbol{B}\mathrm{d}V\right)\boldsymbol{c}_{\mathrm{e}}. \tag{4-4-19}$$

上面已说明，结构的一个平衡状态的稳定性可由 Δ 的正负确定. 如果对任意虚位移矢量 $\delta\boldsymbol{a}$，都有 $\Delta \geqslant 0$，则结构是稳定的. 由于二次型(4-4-18)是正定的，$\boldsymbol{K}_{\mathrm{T}}$ 是正定的，则稳定性和正定性联系起来. 如果至少有一组虚位移矢量 $\delta\boldsymbol{a}$，使 $\Delta < 0$，则结构的平衡是不稳定的. 同样将不稳定性和矩阵 $\boldsymbol{K}_{\mathrm{T}}$ 正定性的丧失联系起来.

这样，岩石系统的稳定性定义也可表述为：对任何虚位移 $\delta\boldsymbol{a}$，若有 $\Delta \geqslant 0$，则系统的平衡是稳定的. 由于岩石系统不稳定性是稳定性的逆命题，它的定义应表述为：若至少有一组虚位移 $\delta\boldsymbol{a}$，使 $\Delta < 0$，则系统的平衡是不稳定的.

直接使用稳定性和不稳定性的上述定义来研究岩石工程的稳定性问题在实际应用中不很方便. 在早期的岩石力学与岩石工程稳定性问题研究中，用载荷增量步内的真实位移增量 $\mathrm{d}\boldsymbol{a}$ 按式(4-4-16)计算 Δ 值，以判断系统的稳定性(当时称为**能量准则**)，这样做在理论上是有缺陷的. 用 $\mathrm{d}\boldsymbol{a}$ 计算的 Δ 大于零时，系统未必是稳定的，因为 $\mathrm{d}\boldsymbol{a}$ 并不代表所有可能的虚位移. 同时，用 $\mathrm{d}\boldsymbol{a}$ 计算的 Δ 小于零时，系统虽然是不稳定的，但它可能不是初始的不稳定状态，也许在前面的载荷增量步系统已经失稳，只是没有鉴别出来而已(由于失稳模态不是 $\mathrm{d}\boldsymbol{a}$，而是其他)，这时得到的失稳临界载荷偏大.

最小特征值为正，是系统稳定的充要条件，最小特征值为负是系统不稳定的充要条件. 使用特征值准则判断系统的稳定性，直接从结构的内在性质出发，而不纠缠在扰动的特性上，使用起来十分方便和明确. 因而在以后的岩石力学与岩石工程稳定性分析中，都应采用这个准则.

在本书第二章研究岩石力学与岩石工程稳定性的简单问题时，采用了平衡路径的方法. 对于一般的较为复杂的问题，只要外载的变化可用单参数 λ 表示，用延拓算法得到的 $3N$ 维矢量的解曲线 $\boldsymbol{a}(\lambda)$ 在几何上就是平衡路径曲线. 设 $\boldsymbol{\psi}(\boldsymbol{a},\lambda)$ 在平衡点 $(\boldsymbol{a}^*(\lambda),\lambda)$ 上的 Jacobi 矩阵为

$$\boldsymbol{J}(\lambda) = \frac{\partial\boldsymbol{\psi}(\boldsymbol{a}^*(\lambda),\lambda)}{\partial\boldsymbol{a}} = \boldsymbol{K}_{\mathrm{T}}(\boldsymbol{a}^*,\lambda).$$

如果将 $\boldsymbol{J}$ 或它的对称部分的最小特征值记为 μ_1，那么当 $\mu_1 > 0$ 时平衡点处于稳定状态，而当 $\mu_1 < 0$ 时，平衡点处于不稳定状态. 由于 $\mu_1(\lambda)$ 随参数 λ 连续变化，当系

统从稳定状态过渡到不稳定状态过程中，必须存在临界参数 λ_{cr} 使得 $\mu_1(\lambda_{cr})=0$，系统在相应的平衡点($\boldsymbol{a}^*(\lambda_{cr}),\lambda_{cr}$)上处于临界状态，这种特殊的点($\boldsymbol{a}^*(\lambda_{cr}),\lambda_{cr}$)称为解曲线上的奇异点，非奇异点称为正则点. 在解曲线上奇异点的两侧，系统的性态往往发生质的变化，这种奇异点或是转向点或是分岔点. 目前在岩石力学与岩石工程问题中主要涉及转向点，也就是，它们主要是极值点型失稳.

由于复杂工程问题的解曲线 $\boldsymbol{a}(\lambda)$ 是 $3N$ 维矢量，这时平衡路径难以用几何作图方法直观表述. 现在可使用**广义力**和**广义位移**的概念. 作用在岩石结构上的载荷，不管是集中力，分布力，还是力矩都可看做是广义力，所有这些力的变化都用单一参数 λ 表示. 同时在能量共轭的意义下，可以用广义力来定义广义位移，也就是，在形式上将虚功表达式中广义力以外的部分定义为广义位移的变分. 例如，研究一个承受均布内压 q 的厚壁筒，如图 4-4-1 所示.

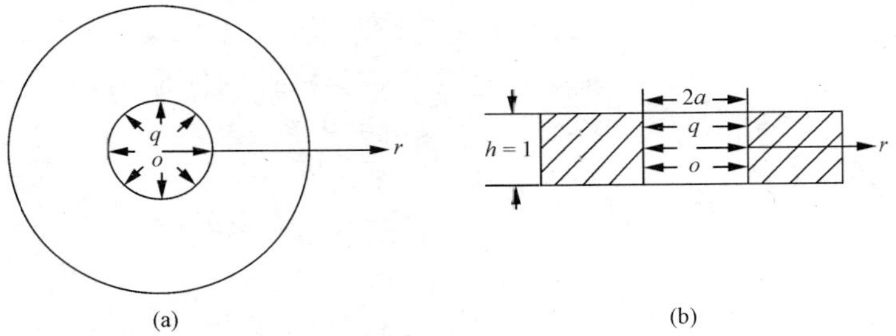

图 4-4-1　受均布内压的厚壁筒

在轴向取单位厚度 $h=1$，我们可将在内壁上分布内压 q 的总体定义为广义力，同时用 q 代表广义力的集度(单位面积上的力)，其量纲为 $L^{-1}MT^{-2}$ 或单位为 MPa. 广义力所做虚功为

$$\delta W = h\int_0^{2\pi} q\delta u \cdot a\mathrm{d}\theta,$$

其中：a 为内壁半径，u 为内壁位移. 由于 q 与变量 θ 无关，可提到积分号之前，则广义位移的变分 δU 为

$$\delta U = h\int_0^{2\pi} \delta u \cdot a\mathrm{d}\theta = \delta(2\pi au(a)).$$

这样，广义位移 $U=2\pi ahu(a)$，实际上它是在变形过程中内壁扫过的体积，其量纲为 L^3. 对厚壁筒问题，以广义力 $F=q$ 为纵坐标，以广义位移 U 为横坐标做出的平面曲线 $F=F(U)$，也可以看做是一种平衡路径曲线，在曲线上每一点对应于一个平衡状态，各点的切线斜率可以看做是厚壁筒切线刚度的一种度量. 这种用广义力和广义位移构成的平衡路径曲线，在讨论系统的平衡状态稳定性时，经常会用到.

§4-5 岩石工程的承载能力

结构的稳定性是指工程结构在载荷作用下保持某种构形(形态)的性质，当不稳定时刻到来时，相应的载荷是系统的临界载荷或极限载荷. 从工程角度看，达到临界载荷之后的计算就没有多大意义了. 临界载荷是可以保持结构整体性的最大载荷，也即反映了工程结构的承载能力，对应于临界载荷的载荷参数记为 λ_{cr}.

载荷参数 λ 从零开始不断增大最后达到临界值 λ_{cr}. 以前曾用有限元分析的载荷增量法研究过这类问题. 这种方法的主要困难是载荷参数临近 λ_{cr} 时，必须小心谨慎地选取载荷参数增量 $\Delta\lambda_m=\lambda_{m+1}-\lambda_m$. 如果 $\Delta\lambda_m$ 选得过大，可能使 $\lambda_{m+1}>\lambda_{cr}$ 而得不到计算结果；如果 $\Delta\lambda_m$ 选得过小，步长个数必须增多，从而增大了计算工作量. 而且在临近 λ_{cr} 时系统的切线刚度矩阵 $\boldsymbol{K}_{\rm T}$ 出现病态，势必影响计算精度. 因而用载荷增量法只能大致地确定出 λ_{cr} 值.

使用前面介绍的延拓算法(弧长算法或内变量算法)，并用结构的切线刚度矩阵的正定性方法(特征值准则)鉴别稳定性以确定 λ_{cr} 无疑是合理的. 然而在数值计算过程，微弧长 Δs_m 或内变量增量 $\Delta\zeta$ 取值总是有限大小的，计算出的最小特征值 μ_1 为负值是失稳的充要条件，但不一定对应于初始的失稳状态，更精确的初始失稳条件应是从稳定状态到不稳定状态的转向点所对应的 $\mu_1=0$. 如果取 Δs_m 或 $\Delta\zeta_m$ 充分小，虽然可满足精度要求，势必会增加整个问题求解的计算量.

人们自然希望通过检查 $\boldsymbol{K}_{\rm T}$ 或 $\boldsymbol{K}_{\rm T}^{\rm S}$ 的行列式是否为零，或者是否行列式改变符号，以准确地估计临界点. 然而，这种做法可能也是无效的. 因为在转向点，有时 $\det\boldsymbol{K}_{\rm T}^{\rm S}$ 并不改变符号，例如，$\boldsymbol{K}_{\rm T}$ 或 $\boldsymbol{K}_{\rm T}^{\rm S}$ 有两个特征值同时改变符号时，就属于这种情况.

我们下面通过求解一个特征值问题来改进临界点估算. 设系统的当前状态 M 对应的 $(\boldsymbol{K}_{\rm T})_M$(如果 $\boldsymbol{K}_{\rm T}$ 不对称的，则采用其对称部分 $\boldsymbol{K}_{\rm T}^{\rm S}$)是首次发现的不正定的矩阵(其 $\mu_1<0$)，而前一状态 $M-1$ 对应的矩阵 $(\boldsymbol{K}_{\rm T})_{M-1}$ 是正定的. 我们可以假设临界状态在这两个状态之间，并假设处于临界状态的矩阵 $\boldsymbol{K}_{\rm T}$ 是 $(\boldsymbol{K}_{\rm T})_{M-1}$ 和 $(\boldsymbol{K}_{\rm T})_M$ 的线性函数

$$\begin{aligned}\boldsymbol{K}_{\rm T}(\boldsymbol{a},\lambda)&=(1-\xi)\boldsymbol{K}_{\rm T}(\boldsymbol{a}_{M-1},\lambda_{M-1})+\xi\boldsymbol{K}_{\rm T}(\boldsymbol{a}_M,\lambda_M),\\&\equiv(1-\xi)(\boldsymbol{K}_{\rm T})_{M-1}+\xi(\boldsymbol{K}_{\rm T})_M.\end{aligned}\tag{4-5-1}$$

类似地，载荷因子也同样按线性插值为

$$\lambda=(1-\xi)\lambda_{M-1}+\xi\lambda_M.\tag{4-5-2}$$

设在临界点处有 $\det\boldsymbol{K}_{\rm T}(a_{cr},\lambda_{cr})=0$. 由于系统具有零行列式，对应于齐次方程 $\boldsymbol{K}_{\rm T}(\boldsymbol{a}_{cr},\lambda_{cr})\boldsymbol{y}=\boldsymbol{0}$ 有非平凡解答，因此存在一个 ξ 和 $\boldsymbol{y}$，使

$$\boldsymbol{K}_{\rm T}(\boldsymbol{a}_{cr},\lambda_{cr})\boldsymbol{y}=(1-\xi)(\boldsymbol{K}_{\rm T})_{M-1}\boldsymbol{y}+\xi(\boldsymbol{K}_{\rm T})_M\boldsymbol{y}=\boldsymbol{0}.$$

重新安排上式的各项，可得一个广义特征值问题，即

$$(\boldsymbol{K}_{\mathrm{T}})_{M-1}\boldsymbol{y}=\xi[(\boldsymbol{K}_{\mathrm{T}})_{M-1}-(\boldsymbol{K}_{\mathrm{T}})_{M}]\boldsymbol{y}. \tag{4-5-3}$$

在上式的所有特征值 ξ 中，我们感兴趣的是绝对值最小的特征值 ξ_1. 再按式(4-5-2)求得 λ_{cr}，按式(4-5-1)求出 $(K_{\mathrm{T}})_{cr}$. 平衡路径示意图如图 4-5-1 所示.

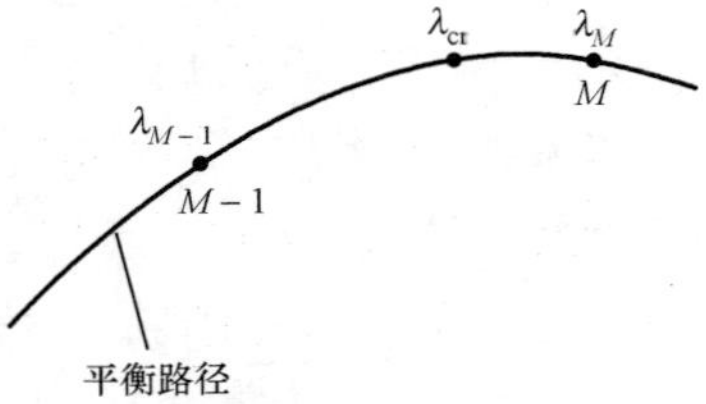

图 4-5-1　平衡路径示意图

为获得更精确的 λ_{cr} 还可使用迭代修正. 如果上面特征值 ξ 是正的小数，则用相应的 $\boldsymbol{K}_{\mathrm{T}}$ 代替 $(\boldsymbol{K}_{\mathrm{T}})_{M-1}$，重复上面的估算过程；如果这个特征值是负的小数，则用相应的 $\boldsymbol{K}_{\mathrm{T}}$ 代替 $(\boldsymbol{K}_{\mathrm{T}})_M$ 重复上面过程. 这样便得到改进的 λ_{cr} 值.

最后，确定岩石工程承载能力的流程如(1)～(4)所示.

(1) 按弹性最大载荷，确定 $\Delta\lambda_1$，而后使用小的辅助参数步

$$\Delta s_m=s_{m+1}-s_m \quad 或 \quad \Delta\zeta_m=\zeta_{m+1}-\zeta_m.$$

(2) 对每一个小的辅助参数步用简单 Newton 法求解 $\boldsymbol{a}_{m+1},\lambda_{m+1}$

$$\begin{bmatrix}\boldsymbol{a}_{m+1}^{0}\\ \lambda_{m+1}^{0}\end{bmatrix}=\begin{bmatrix}\boldsymbol{a}_{m}\\ \lambda_{m}\end{bmatrix},$$

$$\begin{bmatrix}\boldsymbol{a}_{m+1}^{n+1}\\ \lambda_{m+1}^{n+1}\end{bmatrix}=\begin{bmatrix}\boldsymbol{a}_{m+1}^{n}\\ \lambda_{m+1}^{n}\end{bmatrix}-\begin{bmatrix}\dfrac{\partial\boldsymbol{\psi}(\boldsymbol{a},\lambda)}{\partial\boldsymbol{a}} & -\boldsymbol{R}\\ \dfrac{\partial B}{\partial\boldsymbol{a}} & \dfrac{\partial B}{\partial\lambda}\end{bmatrix}_m^{-1}\begin{bmatrix}\boldsymbol{\psi}(\boldsymbol{a}_{m+1}^{n},\lambda_{m+1}^{n})\\ B(\boldsymbol{a}_{m+1}^{n},\lambda_{m+1}^{n})\end{bmatrix}.$$

(3) 形成

$$\boldsymbol{K}_{\mathrm{T}}(\boldsymbol{a}_{m+1},\lambda_{m+1})=\frac{\partial\boldsymbol{\psi}(\boldsymbol{a}_{m+1},\lambda_{m+1})}{\partial\boldsymbol{a}},$$

并计算 $\boldsymbol{K}_{\mathrm{T}}$ 的最小特征值 μ_1，如果 $\mu_1>0$，则 $m+1\to m$，转回(2)；如果 $\mu_1\leqslant 0$，则 $M\to m+1$，$\lambda_M\to\lambda_{cr}$，$\boldsymbol{K}_{\mathrm{T}}(\boldsymbol{a}_m,\lambda_m)\to(\boldsymbol{K}_{\mathrm{T}})_{cr}$，继续.

(4) 用线性插值和特征值方法对 λ_{cr} 修正以得到更精确的 λ_{cr}. 相对应的载荷 $\lambda_{cr}\boldsymbol{R}$ 是岩石工程的临界载荷，即承载能力.

请注意，在(2)中迭代公式可以是任何一类 Newton 型算法，但在(3)中的矩阵 $\boldsymbol{K}_{\mathrm{T}}$ 一定是系统的切线刚度矩阵.

§4-6 岩石力学稳定性分析的有限元程序

1. 有限元程序 NOLM 简介

岩石力学稳定性分析的程序应该具有下述特点.

(1) 在程序的总体设计上,对连续体单元和间断面单元统一处理. 其理论基础是使用含间断面物体的虚功原理,对间断面单元可以写出本构方程和形函数. 该程序可同时研究连续体介质不稳定性或间断面不稳定性引起的岩石结构的不稳定性问题. 这种统一处理方法,使程序简单明了,更易于编程.

(2) 程序应包含各种常用的连续体单元,间断面单元和一些特殊用途的单元. 特殊单元包含描述远场条件的无限区域单元,描述位移边界条件的边界位移单元,模拟金属锚杆和混凝土钢筋的杆单元和环单元,模拟在隧洞中抗剪的薄衬砌的衬砌单元等.

(3) 程序应含有金属材料和岩石类材料在工程分析中常用的弹塑性本构模型. 特别要有 D-P 模型,D-P-Y 模型和层状材料模型. 岩石类材料要有非关联的模型,除了应变软化外还应考虑水致软化.

(4) 程序应包含有各种常用的求解非线性方程组的方法,例如 Newton 法,简化 Newton 法,拟 Newton 法. 为了研究岩石力学稳定性问题,还应包含弧长法等延拓算法.

(5) 程序应能处理各种类型的载荷,可以处理初应力,开挖和支护的等效载荷. 如果假设各类载荷按相同比例增减,可引入单一的载荷参数 λ,也可根据使用者的要求嵌入定义广义力和广义位移的程序段.

(6) 程序应能根据数值结果给出平衡路径曲线.

(7) 程序应包含求矩阵最小特征值的内容,以判断岩石系统的稳定性.

(8) 程序在设计上应具有结构化、模块化和层次化的特点,应包含较多的说明性语句,以便于使用者阅读,修改和扩充功能.

北京大学从 20 世纪 80 年代开始,发展和逐步完善了二维**有限元程序 NOLM** (殷有泉,张宏,1985). 该程序基本上具有上述的几个特点,用它进行地震不稳定和岩土工程不稳定性研究,曾取得不少成果. 目前正在将这个程序进一步开发,以使该程序能够更好的推广和使用.

2. 有限元算例: 软化材料厚壁筒的稳定性

承受内压作用的软化材料厚壁筒,仅在 Tresca 屈服准则和关联流动情况有严格的解析解. 对于其他类型的屈服准则,至今没有严格的解析解,只能使用数值方法处理这类问题. 最近,姚再兴用有限元方法和弧长法求解技术开展了某些工作,取得了一定进展(姚再兴,2009).

假设厚壁筒材料是各向同性强化-软化的,采用 D-P-Y(球顶型)屈服准则(见第三章§3-3).这个准则含有 3 个参数 α,k 和 σ_T.其中参数 α 和 k 可根据工程上常用的 φ 值和 c 值由式(3-3-22)计算得到.这里假设 φ(或 α)是常数,c(或 k)和 σ_T 是内变量 κ 的 Gauss 型函数.由于缺少更多的实验资料,假设 c 和 σ_T 是同步强化-软化的,即取 $\sigma_T(\kappa)=nc(\kappa)$,其中 n 是一个无量纲常数.塑性内变量 κ 取塑性体应变 θ^p,这时有

$$c(\theta^p)=c_0\left(e^{-\left(\frac{\theta^p-\theta_0^p}{\xi}\right)^2}+m\right). \tag{4-6-1}$$

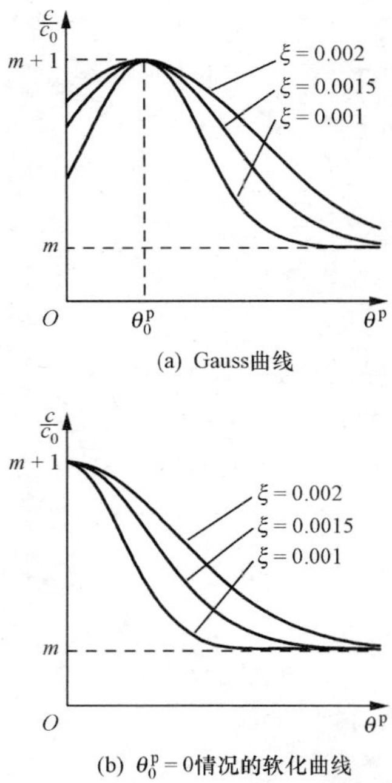

图 4-6-1　Gauss 型强化-软化曲线

如图 4-6-1(a)所示,m 是残余黏聚力系数;当内变量取 θ_0^p 值时,黏聚力取峰值 $c_0(1+m)$.ξ 是一个正的无量纲参数,称为形状参数.不同的 ξ 值,曲线有不同的形状,有不同的坡度.由 $c''=0$ 求出曲线拐点的横坐标,将其代入 c' 的表达式,得到曲线拐点的斜率,它是曲线的最大斜率(按绝对值),即软化速率的最大值.曲线上各关键点的资料列于表 4-6-1 之中.如果取 $\theta_0^p>0$,则材料是先强化后软化的;如果取 $\theta_0^p\leqslant 0$,则材料没有强化阶段,仅是软化的.在结构稳定性分析中,通常取 $\theta_0^p=0$;这时初始屈服应力就是峰值屈服应力,初始塑性切线模量 $c'=0$,拐点坐标为 $\left(\frac{\xi}{\sqrt{2}},\frac{c_0}{\sqrt{e}}\right)$,拐点处塑性切线模量为 $-\frac{\sqrt{2}c_0}{\sqrt{e}\xi}$,如图 4-6-1(b)所示.

由于厚壁筒的几何形状和边界条件具有对称性,有限元计算可取其 1/4 作为计算区域,如图 4-6-2(a)所示.计算时取厚壁筒内半径 $a=1\,\text{m}$,外半径 $b=2\,\text{m}$,共离散为 4 个单元,12 个位移自由度.或者采用图 4-6-2(b)所示的网格.

表 4-6-1　图 4-6-1(a)所示曲线上关键点的资料

	θ^p	$\frac{c}{c_0}$	$\frac{c'}{c_0}$
初始屈服点	0	$e^{-\left(\frac{\theta_0^p}{\xi}\right)^2}+m$	$\frac{2\theta_0^p}{\xi^2}e^{-\left(\frac{\theta_0^p}{\xi}\right)^2}$
峰值点	θ_0^p	$1+m$	0
拐点	$\theta_0^p+\frac{\xi}{\sqrt{2}}$	$\frac{1}{\sqrt{e}}+m$	$-\frac{\sqrt{2}}{\sqrt{e}\xi}$

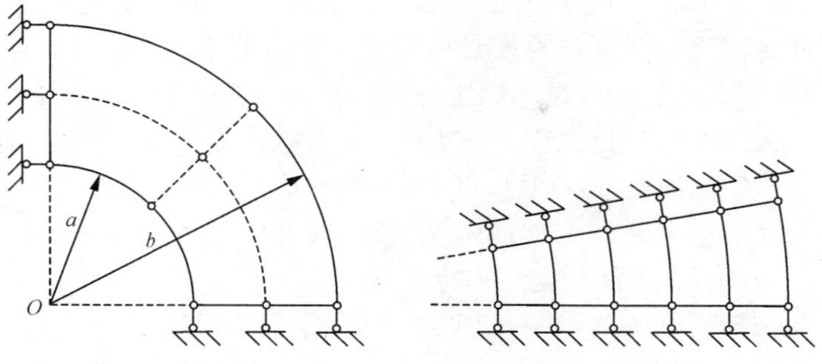

图 4-6-2　有限元网格

材料参数具体取值列于表 4-6-2.

表 4-6-2　材料参数

Young 模量 $E=0.3$ GPa
Poisson 比 $\nu=0.27$
内摩擦角 $\varphi=20^\circ$
峰值黏聚力对应的塑性体应变 $\theta_0^p=0$
指数项系数黏聚力 $c_0=30$ kPa
残余黏聚力系数 $m=0.1$
抗拉强度系数 $n=0.5$
形状参数 $\xi=1\times10^{-3},1.5\times10^{-3},2\times10^{-3}$

工程上最常见的厚壁筒是承受均布内压载荷,在这种简单载荷情况下,可直接取内压集度 p 作为载荷参数 λ. 第一个增量步取弹性变形阶段的最大载荷. 从第二个增量步开始,使用弧长算法,指定各步微弧长增量,而载荷参数增量 $\Delta\lambda$ 为待定的. 在求得各步的数值解后,可计算广义力增量 $\Delta F=\Delta\lambda$ 和广义位移增量 $\Delta U=2\pi a\Delta u(a)$. 广义力就是内压集度 p,广义位移就是容积增量. 从而作出平衡路径 $F-U$ 曲线,如图 4-6-3 所示.

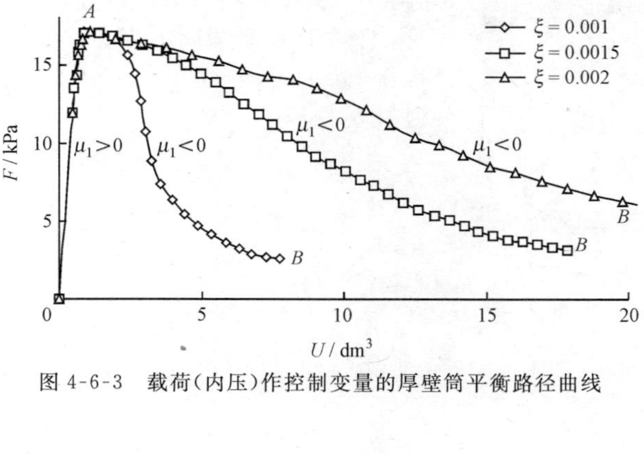

图 4-6-3　载荷(内压)作控制变量的厚壁筒平衡路径曲线

由于广义力 F 和广义位移 U 在能量上共轭，$F-U$ 曲线上的切线斜率 $\mathrm{d}F/\mathrm{d}U$ 可看做是厚壁筒切线刚度 K_T. 根据稳定性理论，切线刚度为正的状态是稳定的平衡状态，切线刚度为负的状态是不稳定的平衡状态，切线刚度为零的状态是临界状态. 曲线上处于临界状态的点，称为临界点，其坐标记为(U_{cr}, F_{cr}). 这样，由临界点 A 将整个平衡路径分为两支，OA 分支为稳定分支，AB 分支为不稳定分支. 以上结论还可用厚壁筒有限元系统的切线刚度矩阵 $\boldsymbol{K}_T$ 的正定性来验证，在 OA 分支 $\boldsymbol{K}_T$ 最小特征值 μ_1 为正，在 AB 分支最小特征值为负.

当广义力达到临界广义力 F_{cr}时发生失稳. 因为临界点的广义力是极值，这种失稳称为极值点型失稳. 本节的厚壁筒计算的临界值结果列于表 4-6-3 中.

表 4-6-3　厚壁筒的临界力和临界位移

ξ	F_{cr}/kPa	p_{cr}/kPa	U_{cr}/dm³	$u(a)_{cr}$/mm
1.0×10^{-3}	17.05	17.05	0.89	0.14
1.5×10^{-3}	17.05	17.05	0.98	0.16
2.0×10^{-3}	17.06	17.06	1.11	0.18

如果在厚壁筒内壁施加的不是均布压力而是均匀的径向位移 u_0，那么我们会看到完全不同的结果. 用边界位移单元，引入虚拟的"等效"力，处理位移边界条件，我们依然可使用弧长算法求解. 这时把边界位移看做载荷参数，即 $u_0=\lambda$，在计算出有限元系统的节点位移矢量 $\boldsymbol{a}$ 后，进一步计算出内壁各节点的约束反力 $\boldsymbol{R}$. 用约束反力定义广义力 F 和用 $2\pi a\lambda$ 定义广义位移 U，根据各增量步的计算资料，可作出 $F-U$ 曲线，如图 4-6-4 所示. 由于此时的广义力 F 和广义位移 U 仍是能量共轭的，$F-U$ 曲线也称为平衡路径曲线，但曲线上各点的切线斜率却失去了刚度的力学含义，因为这里的 ΔF 和 ΔU 已不再是简单地刚度联系了. 这就是说，即使曲线切线斜率为负，该点平衡状态也可能是稳定的. 曲线上各点平衡状态的稳定性需要用该步的系统切线刚度矩阵 $\boldsymbol{K}_T$ 的正定性(使用特征值准则)来判别. 图 4-6-4 中曲线各点代表的平衡状态都是稳定的.

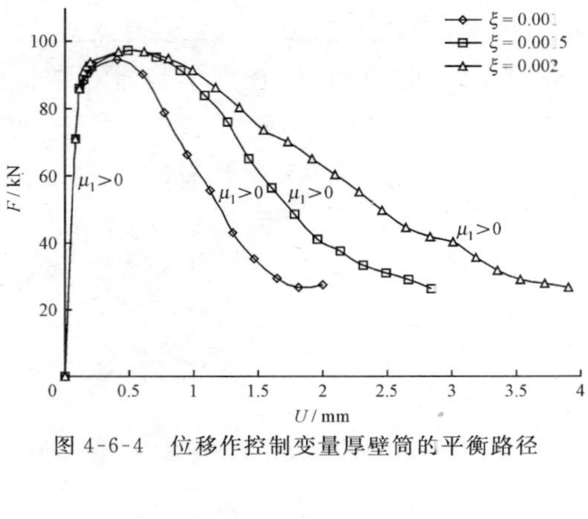

图 4-6-4　位移作控制变量厚壁筒的平衡路径

力控制和位移控制的厚壁筒是两个不同的力学系统，两者的切线刚度矩阵不同. 位移控制的力学系统，其切线刚度矩阵具有更强的对角优势，稳定性更好，更粗壮，更鲁棒(robust). 厚壁筒的几何尺寸、材料性质、边界条件三者的总体构成厚壁筒系统，不同系统有不同的 $\boldsymbol{K}_{\mathrm{T}}$ 和不同的稳定特性.

位移控制的系统也有不稳定问题，在第五章§5-4中将会遇到这类问题.

§4-7 讨论和小结

在小变形情况，弹塑性理论已经证明，由稳定材料组成的结构，在一个载荷增量步内，应力增量的分布具有唯一性. 但是，最终的应力分布依赖于加载历史. 如果载荷历史被指定了，由于应力增量解的唯一性，那么可以得到最终的唯一的应力解答.

本章主要讨论了岩石力学与岩石结构的稳定性问题，为了简单明了，将载荷参数化，引用一个载荷参数 λ 来描述载荷的变化历史. 这实际上是规定了一种最简单的外载施加历史，即外载的各分量按同一比例随时间增加，我们称之为比例加载. 对于由稳定材料组成的结构，由于增量解的唯一性和实行比例加载，最终的结果具有唯一性. 这时加载参数可从零开始，逐步增加，当达到 $\lambda=1$ 时，得到最终解答. 这里的 λ 分成许多足够小的增量步，主要是为了用局部收敛的迭代法，实现较大范围的求解.

对于由不稳定材料组成的结构，即使在增量步内也不能保持解答的唯一性. 特别是在临界点和不稳定分支上，由于系统丧失稳定性而没有唯一性. 这时，不能事先指定载荷参数增量 $\Delta\lambda$ 的大小. 需要将载荷参数 λ 看做是一个待求的变量，为此需要补充一个新的约束方程，以求解变量为 $\boldsymbol{a}$ 和 λ 的问题. 这就是弧长型延拓方法或内变量型延拓方法. 新的辅助参数为弧长 s 或塑性内变量 ζ，它们是为追踪平衡路径而引进的单调增大的参数，在每个增量步内指定它们的大小，以控制和确定弧长增量和内变量增量，从而求出平衡路径的 $\boldsymbol{a}$ 和 λ. 弧长法在几何非线性问题和弹性系统稳定性分析中得到了成功的应用. 岩石力学与岩石结构的稳定性分析是近年来才开始研究的，我们期望弧长延拓算法和内变量延拓算法都能使用成功.

材料稳定性和结构稳定性是两个不同的概念. 材料稳定性是工程材料的力学属性，它等价于材料本构矩阵的正定性，它是物质点的性质，而且在结构内各个物质点可有不同的稳定性属性. 结构稳定性是工程结构的整体性质，它是指工程结构的平衡是稳定的还是不稳定的. 结构稳定性等价于结构总体切线刚度矩阵的正定性，它与结构的几何尺寸和物质点的本构性质有关.

材料的稳定性和结构的稳定性之间有紧密关系. 如果材料是稳定的或处于稳定阶段，那么在小变形下的结构平衡也一定是稳定的. 如果结构某些部位的物质点进入不稳定阶段，而其他部位的物质点还处于稳定阶段，那么开始时结构可以是稳定的（切线总刚度矩阵依然正定），仅当处于不稳定阶段的材料所占区域达到一定的范围（致使切线总刚度矩阵丧失正定性），结构才丧失稳定性. 因此材料的不稳定性是结构不稳定性的必要条件，而不是充分条件，结构的切线总刚度矩阵不正定才是结构不稳定的充分和必要条件.

对于大多数工程设计问题，只需确定承载能力，这时主要关心临界载荷系数 λ_{cr} 和临界载荷 $\lambda_{cr}\boldsymbol{R}$. 它们是比较容易求得的. 然而在岩石力学和岩石工程中还有一些更复杂的问题，例如地震、岩爆等，它们涉及临界点之后的平衡路径的研究，这就是**后临界问题**（相当于弹性系统的后屈曲问题）. 这些问题往往是一些更复杂的专门研究课题，具有一定的探索性.

第五章　岩石力学与岩石工程不稳定性问题实例

§5-1　混凝土重力坝抗滑稳定性和承载能力

混凝土**重力坝**由于其安全度高，设计施工成熟，施工导流及泄洪布置方便等优点，长期以来一直被世界各国广泛采用，是水利水电工程重要坝型之一. 近20年来，随着改革开放的不断深入和国民经济的蓬勃发展，我国水利水电工程建设也取得了前所未有的长足发展，而当前为了缓解能源供应紧张形势，积极应对全球气候变化，优化调整能源结构，开发利用可再生清洁能源，水利水电事业也进入了快速发展时期，这一快速发展时期，至少要持续到2020年，甚至更远. 继20世纪80年代开工建设水口、隔河岩、漫湾、五强溪、岩滩等重力坝工程之后，世纪之交，又相继开工建设了三峡、龙滩、光照、向家坝、金安桥等一批高混凝土重力坝工程，不断刷新了工程规模、大坝高度和建设速度的记录. 广大工程技术人员、专家和学者依托拟建和在建水利水电建设工程，结合实际，深入研究，联合攻关，不断创新，在勘察、设计、施工和管理等诸多方面均取得重要的甚至突破性进展，提高了技术水平，积累了大量宝贵的经验. 随着国内水力水电工程建设继续积极有序地向前推进，目前规划中的若干混凝土重力坝工程，由于主要集中在水能资源富集的西南地区，存在着工程地质条件复杂，强震区抗震设防，大流量泄洪消能和高边坡变形稳定等多项关键技术难题，工程建设面临新的挑战. 因此，需要我们继续攀登新的技术高峰(周建平，钮新强，贾金生，2008).

1. 极限平衡分析和稳定性分析

研究混凝土重力坝承载能力的目的，是确定重力坝的安全裕度，即通常所指的安全系数.

对于混凝土坝**安全系数**或安全裕度的理解，按照结构物可能失稳或破坏的原因，存在着两种不同的概念. 第一种概念认为，作用于坝上的实际载荷由于某些原因通常超过设计载荷，而使混凝坝失稳或破坏. 把结构失稳或破坏时的外载荷与设计的正常载荷之比，称为结构的**超载系数**. 大坝的超载系数可作为坝体的安全系数. 第二种概念认为，由于施工中混凝土的不均匀或其他各方面的原因，坝体混凝土浇筑层面及坝基面或坝基软弱结构面的抗剪强度可能较低，达不到设计要求的标准强度. 定义坝体在正常载荷作用下遭到失稳或破坏时材料强度为临界强度或极限强度. 将坝体材料的标准强度与临界强度或极限强度之比，称为**强度储备系**

数. 这时把坝体渐进破坏过程中材料的强度储备系数,看做坝体的安全系数. 对于重力坝而言,坝体承受的载荷相对比较稳定,可能的超载数值一般很小,用增加坝前水载荷容重方法计算的应力状态与实际坝体应力状态不符,此外坝体混凝土及其浇筑层面或坝基面的抗剪强度参数,由于多种因素影响很难准确地确定,试验数据的分散范围较大,因此将强度储备系数看做混凝土重力坝的安全系数较为适宜.

坝体沿坝基面、混凝土或碾压混凝土及其浇筑层面的滑动破坏,实质上是接触面的剪切破坏. 过去由于对剪切破坏机理认识得不够深入,坝底剪应力分布也不易精确确定,所以重力坝抗滑稳定分析采用的方法是刚体**极限平衡方法**. 它是一个整体宏观的半经验方法,相应的计算公式也只是一个半经验的公式. 根据国内外设计重力坝的实践经验,把接触面上抗滑力与滑动力之比定义为抗滑稳定安全系数. 计算公式中载荷计算方法,抗剪断强度参数的选用以及所求的安全系数定义是互相配套的. 结合有限元方法确定的接触面上的应力分布 σ 和 τ,分别用坝基面和坝体材料的抗剪断强度参数 f',c'和残余抗剪强度参数 f_r,c_r 来表示. 由下式得到的两个坝基面及其临近的碾压混凝土和层面的抗滑稳定安全系数

$$
\begin{aligned}
K &= \sum(c' - f'\sigma)\Delta s \Big/ \sum\tau\Delta s, \\
K_r &= \sum(c_r - f_r)\Delta s \Big/ \sum\tau\Delta s.
\end{aligned}
\qquad (5\text{-}1\text{-}1)
$$

式中: K 称为峰值抗滑稳定安全系数,K_r 称为残余值抗滑稳定安全系数. 上述的安全系数仅是一个抗滑稳定的安全指标,是目前重力坝设计准则所要求的一个指标,并不是实质上的抗滑稳定安全系数.

为求得实际的抗滑稳定安全系数,需要将重力坝和坝基岩体看做一个结构系统,采用弹塑性有限元分析和筑坝材料强度折减的安全储备法,确定重力坝的承载能力. 从坝体的正常载荷和材料强度的标准计算值出发,在保持坝体正常载荷不改变的情况下,逐步提高介质材料强度的安全储备,也就是逐步降低介质材料强度的计算值,对重力坝坝体渐进破坏过程进行分析,直至最后坝体内的屈服破坏区贯通上、下游坝面,导致重力坝整体的强度破坏. 这时是弹塑性分析的极限状态,此时的安全储备系数称为极限状态的安全储备系数,它反映了重力坝的承载能力,是重力坝系统实际的抗滑稳定安全系数.

上面介绍的用刚体极限平衡法确定重力坝的抗滑稳定安全系数,以及用弹塑性极限状态确定重力坝系统承载能力都是强度分析的方法,没有涉及力学意义下的稳定性问题. 现在可以采用两种方法研究重力坝的稳定性问题. 第一种方法是在弹塑性渐进破坏分析的每一步使用失稳准则(系统切线刚度矩阵是否失去了正定性,即最小特征值是否为负),判别是否达到失稳的临界状态. 临界状态下的安全储备系数,对应于重力坝的承载能力. 这个储备系数称为临界状态安全储备系数. 第

二种方法是用塑性破坏区扩展速度加剧来确定失稳的临界状态. 在坝体的压剪屈服破坏过程中,随着材料强度降低,屈服破坏区的扩展速度,起始与终止阶段相差很大. 在起始阶段,由于材料强度计算值的下降,即安全储备数值的逐步增大,屈服破坏区范围的扩展速度很慢;第二阶段随着材料强度计算值的继续下降,屈服区扩展速度明显增大;最后阶段,屈服破坏区范围的扩展速度急剧增加,瞬间贯穿上下游坝面,导致重力坝出现整体强度破坏. 我们可以把在第二阶段之后屈服破坏区扩展速度明显增大但尚未急剧增加的状态看做失稳的临界状态. 相应的屈服破坏区约占坝体宽度的 40%～50%,与稳定性分析的承载能力相对应,可作为坝体失稳临界状态的标准. 这一判别方法的明显优点是,可以根据强度分析观察到坝体渐进破坏的发展过程,能够进行坝体承载状况的直观判断,了解坝体失稳破坏的机理;在预计坝体失稳到来的同时,研究重力坝最终出现贯穿上下游坝面的强度破坏状态. 这样,既得到了稳定性**临界状态**的安全储备系数,也得到了**极限状态**的安全储备系数.

2. 龙滩碾压混凝土重力坝的承载能力分析

龙滩碾压混凝土重力坝最大坝高 216.5 m. 挡水坝段的坝体、坝基材料分区见图 5-1-1. 分区力学参数值见材料分区力学参数表 5-1-1. 在弹塑性有限元计算中,内变量取为 θ^{p}(扩容),峰值强度对应的 $\theta_0^{p}=0.1\times10^{-2}$,而残余强度对应的 $\theta_r^{p}=5\times10^{-2}$(孙恭尧,殷有泉,钱之光,2001;孙恭尧,王三一,冯树荣,2004).

坝体和坝基的有限元网格剖分见图 5-1-2,共有 1339 个单元,1400 个节点,由 11 种材料组成. 其中坝体包含 1164 个节点,由 945 个等参数单元,201 个节理单元组成;坝基包含 235 个节点,由 193 个等参数单元组成. 在坝体高程 210 m,216.2 m,222 m,228 m, 234 m,250 m 处,设置 0.02 m 厚的夹层,用以模拟坝基面以及碾压混凝土的薄弱层面. 等参数单元采用等向强化-软化的 Drucker-Prager 模型,节理单元采用等向强化-软化的节理元模型. 坝基的计算范围为在挡水坝段上、下游方向各取 2 倍以上坝底宽度,坝基深度取 2 倍以上的坝高.

载荷包括挡水坝段建设后期剖面的正常水位的静水压力,泥沙压力、坝体自重和扬压力等.

首先,根据目前的重力坝设计准则分析研究坝体应力状态和抗滑稳定安全系数. 从应力分析结果可以看出,在正常载荷作用下,除坝踵和坝趾局部区出现应力集中和发生塑性屈服外,大部分坝体处于弹性状态. 根据线性弹性应力分析给出的坝体剖面应力分布图,坝体的垂直正应力都是压应力,而拉应力仅出现在坝踵区很小的局部范围内. 应力分布状态满足重力坝设计标准的要求. 根据坝基面和坝体材料的抗剪断强度参数 f',c'和残余抗剪强度参数 f_r,c_r,由式(5-1-1)求得峰值抗滑稳定安全系数和残余值抗滑稳定安全系数,如表 5-1-2 所示.

表 5-1-1　龙滩重力坝坝基面及碾压混凝土本体和层面抗剪强度参数计算值

强度参数值 / 保证率 p/(%)	坝基面				碾压混凝土 RCC1 本体				碾压混凝土 RCC1 层面				碾压混凝土 RCC2 层面			
	峰值强度		残余强度		峰值强度		残余强度		峰值强度		残余强度		峰值强度		残余强度	
	f'	$\frac{c'}{MPa}$	f_r	$\frac{c_r}{MPa}$	f'	$\frac{c'}{MPa}$	f_r	$\frac{c_r}{MPa}$	f'	$\frac{c'}{MPa}$	f_r	$\frac{c_r}{MPa}$	f'	$\frac{c'}{MPa}$	f_r	$\frac{c_r}{MPa}$
80.0,标准值	1.10	1.20	0.90	0.50	1.17	2.16	0.94	0.72	1.05	1.70	0.80	0.80	0.93	1.50	0.76	0.70
85.00	1.05	1.08	0.86	0.45	1.11	1.94	0.89	0.65	1.00	1.53	0.76	0.72	0.88	1.35	0.72	0.63
90.00	0.98	0.93	0.81	0.39	1.04	1.67	0.83	0.56	0.93	1.31	0.71	0.62	0.83	1.16	0.68	0.54
93.00	0.93	0.81	0.76	0.34	0.98	1.45	0.79	0.48	0.88	1.14	0.67	0.54	0.78	1.01	0.64	0.47
95.00	0.89	0.70	0.73	0.29	0.93	1.26	0.75	0.42	0.84	1.00	0.64	0.47	0.74	0.88	0.60	0.41
96.00	0.86	0.64	0.70	0.27	0.90	1.15	0.72	0.38	0.81	0.90	0.61	0.42	0.71	0.80	0.58	0.37
97.00	0.83	0.56	0.68	0.23	0.86	1.00	0.69	0.33	0.77	0.79	0.59	0.37	0.68	0.70	0.56	0.32
97.50	0.80	0.51	0.66	0.21	0.84	0.91	0.67	0.30	0.75	0.72	0.57	0.34	0.67	0.63	0.54	0.30
98.00	0.78	0.45	0.64	0.19	0.81	0.81	0.65	0.27	0.73	0.64	0.55	0.30	0.64	0.56	0.53	0.26
98.40	0.76	0.39	0.62	0.16	0.78	0.71	0.63	0.24	0.70	0.56	0.53	0.26	0.62	0.49	0.51	0.23
98.70	0.73	0.34	0.60	0.14	0.76	0.61	0.61	0.20	0.68	0.48	0.52	0.23	0.60	0.42	0.49	0.20
99.00	0.71	0.28	0.58	0.12	0.73	0.50	0.58	0.17	0.65	0.40	0.50	0.19	0.58	0.35	0.47	0.16
99.10	0.70	0.26	0.57	0.11	0.72	0.46	0.58	0.15	0.64	0.36	0.49	0.17	0.57	0.32	0.47	0.15
99.20	0.69	0.23	0.56	0.10	0.70	0.41	0.56	0.14	0.63	0.33	0.48	0.15	0.56	0.29	0.46	0.13

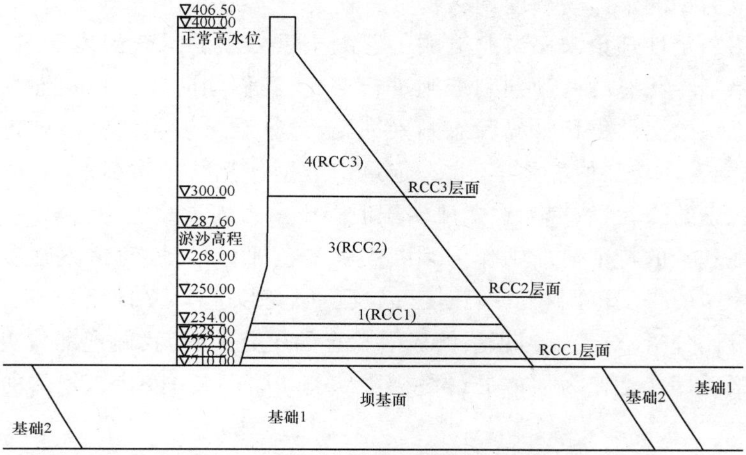

图 5-1-1 挡水坝段坝体和坝基材料分区

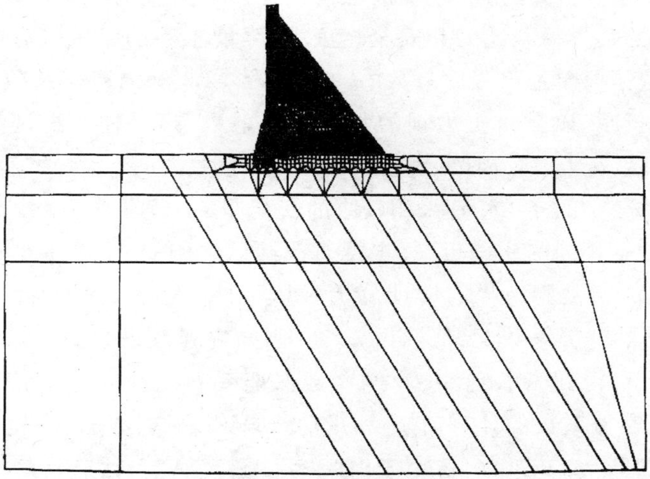

图 5-1-2 有限元网格

表 5-1-2 龙滩碾压混凝土重力坝峰值和残余值抗滑稳定安全系数

计算位置 / 强度取值	坝基面 K_{dp}和K_{dr}	RCC1 层面 K_{rsp}和K_{rsr}	RCC1 本体 K_{rbp}和K_{rbr}
峰值抗剪断强度 f'和c'标准值	3.048	3.301	3.897
残余抗剪强度参数 f_r 和 c_r 标准值	2.094	2.108	2.296

从表中数据可见，坝基面和碾压混凝土层面都有足够的抗滑稳定安全储备. 坝基面为坝体抗滑稳定的控制剖面，说明重力坝的剖面设计合理，安全系数符合现行规范规定的要求. 此外，在大坝施工时，适当提高坝踵和坝趾区域内的混凝土强度等级，

对于提高重力坝的整体安全度具有明显的意义.

下面用稳定性理论来探讨龙滩碾压混凝土重力坝的承载能力问题.为对重力坝坝体失稳临界状态的两种判别准则进行对比,我们同时采用稳定性分析方法和强度分析方法给出的失稳临界状态判别准则,计算结果表明两种准则得到的结果接近.考虑到采用特征值失稳准则,有定量的数据计算结果作标准,可以减少判别失稳临界状态的人为性,因而在龙滩碾压混凝土重力坝承载能力分析中,我们采用结构稳定性理论的特征值准则作为判断失稳的主要标准.同时考察强度分析中坝体屈服破坏区的扩展范围和扩展速度,以及坝顶变形过程(平衡路径)的变化情况,以便进行对比分析.对于重力坝最终极限状态的研究问题,我们把即将贯穿上下游坝面的屈服破坏状态作为坝体的最终极限状态,从而得到该状态坝体的安全储备系数.

在坝体承载能力分析中,通过对峰值抗剪强度参数 f',c'及残余抗剪强度参数 f_r,c_r 的标准值逐步折减的方法,模拟材料软化影响和重力坝的渐进破坏过程,并分析确定坝体的临界承载能力和安全裕度.对强度参数的折减又有两种不同的方法.第一种方法是简单地将强度参数中的黏聚力 c',c_r 和内摩擦系数 f',f_r 按照相同的比例逐步折减,以分析重力坝的强度储备系数.第二种方法是考虑到黏聚力 c',c_r 和内摩擦系数 f',f_r 的变异系数不同,变异系数大的 c',c_r 值应有较大的安全储备,变异系数较小的 f',f_r 宜采用较小的安全储备.于是从 f',c',f_r 和 c_r 的计算值开始,将其按不相同的比例折减.根据对我国已建的 40 个大中型混凝土坝层面和坝基大型抗剪断试验结果的统计分析,建议内摩擦系数的变异系数 V_{sf}值选用 0.21,黏聚力 c 的变异系数 V_{sc}值选用 0.36.已知内摩擦系数的平均值 f_m,按照标准正态分布表,可得到概率度系数 t 与参数保证率 p 之间的关系.因此,我们就得到某一 p 下内摩擦系数的计算值 $f_d=f_m(1-tV_{sf})$.根据我国有关规范规定,强度参数标准值的保证率 p 为 80%.由于内摩擦系数 f',f_r 和黏聚力 c',c_r 值的变异系数 V_{sf}和 V_{sc}不相同,逐步增加材料强度计算值的保证率 p 在材料强度概率分布曲线上材料强度计算中的采用值,就是将 f',f_r 和 c',c_r 对应于初始的计算值按照不相同比例降低.这种方法含义明确,与国家标准《水利水电工程结构可靠度设计统一标准》中的计算原则一致.在龙滩碾压混凝土重力坝承载能力分析中,同时采用了上述两种强度参数折减方法.在材料强度参数的概率分布曲线中,相应于各种不同的保证率 p 值,材料参数的计算值见表 5-1-1,以坝体材料强度参数的初始计算值或标准值为基础,根据坝体破坏时材料强度参数的临界值,就可以得到内摩擦系数 f 和黏聚力 c 不相同的安全储备系数.

根据第一种抗剪强度参数的折减方法,以坝体抗剪断参数 f',c'和残余抗剪参

数 f_r，c_r 的标准值为基准，采用同比例折减上述标准计算值的方法，确定计算取值. 再按照载荷增量的加载方法，用弹塑性有限元法进行坝体承载能力计算. 最后根据稳定性理论导出的失稳准则，求得坝体失稳临界状态安全储备系数 K_c 为 1.92. 出现失稳临界状态时，强度分析的屈服区扩展速度已明显增大，但尚未急剧增加，相应的屈服破坏区的范围约占坝体宽度的 40%，如图 5-1-3 所示. 坝体达到稳定性临界状态以后，屈服破坏区的范围扩展速度急剧增加，用强度分析给出的即将贯穿上下游坝面的屈服破坏状态作为坝体最终的极限状态，由此得到龙滩碾压混凝土重力坝极限安全储备系数 K_L 为 2.50. 从稳定性分析可知，极限状态已永久地改变了原有的平衡构形. 坝体从正常状态到达最终极限状态的渐进破坏过程如图 5-1-3 所示.

对于第二种抗剪强度参数取值方法，已知初始计算值(或标准值)按照 80% 保证率取值，根据内摩擦系数 f' 和 f_r 的变异系数较小，黏聚力 c' 和 c_r 变异系数较大的特点，提高计算值原先采用的保证率，这时内摩擦系数和黏聚力的标准值将按不同的比例折减，从而进行龙滩碾压混凝土重力坝的承载能力计算. 同样根据由稳定性理论导出的失稳准则和非线性有限元分析，分别得到失稳临界状态内摩擦系数安全储备系数 $K_{cf}=1.33$，失稳临界状态黏聚力安全储备系数 $K_{cc}=2.16$. 在失稳临界状态的强度分析中，通过对比可以看出坝基面处相应的坝体屈服破坏范围约为坝体宽度的 50%，如图 5-1-3 所示. 对黏聚力和内摩擦系数计算值采用不同比例的折减法时，在坝体稳定性达到临界状态以后，屈服区沿坝基面和碾压混凝土层面的扩展速度急剧增加. 这种现象说明，在 c' 和 c_r 值大幅度折减以后，坝基面和层面的抗剪强度有更为明显的降低，由于黏聚力与拉伸强度有关，层面抗拉强度也相应降低. 因此，极限状态屈服破坏区的分布形式，与第一种参数取值方法的结果相比，已经有许多不同之处，这些差异在图 5-1-3 中可以看到. 对于第二种参数取值方法的极限状态，沿着坝基面的碾压混凝土层面的屈服破坏区加大，坝体其他部位的屈服范围相应地有所减小，最终极限状态屈服破坏的危险性加大. 因此，最终的极限承载能力与第一种参数取值方法相比有所降低. 最后我们得到极限状态内摩擦系数的安全储备系数 $K_{Lf}=1.39$，极限状态黏聚力的安全系数储备系数 $K_{Lc}=2.52$.

龙滩碾压混凝土坝极限状态的渐进破坏过程如图 5-1-3 所示. 全部安全储备系数汇总列在表 5-1-3 中.

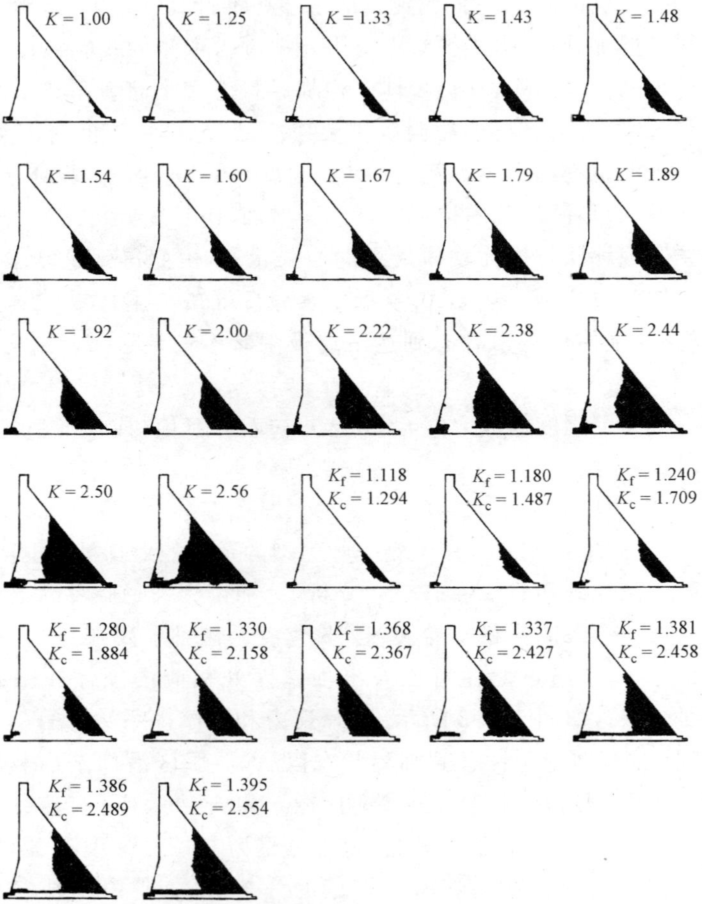

图 5-1-3 重力坝破坏过程与安全储备系数对应关系图

表 5-1-3 龙滩碾压混凝土重力坝承载能力安全储备系数

坝体状态 / 计算参数取值方法和保证率	临界状态		极限状态	
同比例折减抗剪强度参数标准计算值的方法	安全储备系数 K_c		安全储备系数 K_L	
	1.92		2.50	
提高抗剪强度参数计算值保证率的方法	内摩擦系数安全储备系数 K_{cf}	黏聚力安全储备系数 K_{cc}	内摩擦系数安全储备系数 K_{Lf}	黏聚力安全储备系数 K_{Lc}
	1.33	2.16	1.39	2.52
	抗剪强度参数计算值保证率 p		抗剪强度参数计算值保证率 p	
	97.0%		97.8%	

从稳定性分析来说，重力坝承载能力是指它在载荷作用下不致突然改变原有

构形的能力. 坝基面、碾压混凝土及其层面材料的应变软化特性(或强度丧失性质)是重力坝系统失稳的必要条件. 在龙滩重力坝承载能力的研究中,一方面采用稳定性理论导出的失稳准则,另一方面采用强度分析塑性区扩展速率判别失稳临界状态的方法,进行了对照分析论证,并与现行规范的方法做了对比研究. 对于第一种抗剪强度参数取值方法,坝体承载能力临界状态安全储备系数 K_c 为 1.92,这一数值接近于残余值抗滑稳定安全系数 $K_{dr}=2.09$. 坝体承载能力极限安全储备系数 K_L 为 2.50,它介于峰值和残余值抗滑稳定安全系数 $K_{dp}=3.05$ 和 $K_{dr}=2.09$ 之间. 对于第二种抗剪强度参数取值方法,由于坝基面和层面抗剪强度和抗拉强度显著降低,坝体承载能力临界状态和极限状态的安全储备系数都低于上述第一种抗剪强度参数取值的相应结果,重力坝的屈服破坏形式和范围也发生变化. 因此我们可以看出,对于重力坝承载能力而言,第一种强度参数取值方法得到的结果具有较强的可比性,但第二种参数取值方法及计算结果,由于临界状态和极限屈服破坏状态出现的危险性加大,也应予以关注. 从龙滩重力坝的研究结果来看,根据现行规范设计的重力坝,虽然失稳临界状态的安全储备系数接近传统强度分析方法的残余值抗滑稳定安全系数,但坝体仍有一定的安全储备;极限状态安全储备系数虽然高于上述残余值抗滑稳定安全系数,但这时坝体的平衡状态早已不是稳定的平衡状态了.

3. 用弧长法研究重力坝抗滑稳定性

前面介绍的是 2000 年以前的工作,属于早期的研究工作. 现在采用更有效的弧长算法研究重力坝稳定性的临界载荷问题.

对于复杂的工程问题,需要引进广义力和广义位移,用以建立平衡路径曲线. 先施加坝的自重载荷,而后研究随水载的增加坝体的稳定性问题. 设坝体高为 H,上游库底宽为 B,水比重为 γ,引入载荷参数 λ,上游坝面水载荷为 $\lambda\gamma y$,基岩面水载荷 $\lambda\gamma H$,见图 5-1-4.

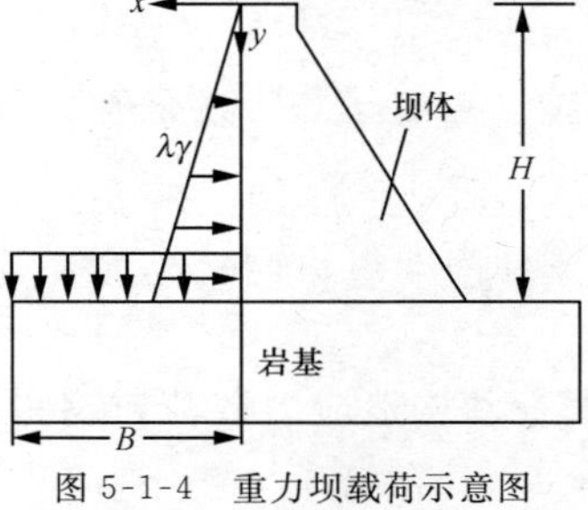

图 5-1-4 重力坝载荷示意图

在平面应变问题中,通常在 z 方向取单位厚度,因而外力功的变分

$$\delta W = \int_0^H \lambda\gamma y \delta u(y) \mathrm{d}y + \int_C^B \lambda\gamma H \delta v(x) \mathrm{d}x.$$

如果设广义力为

$$F = \lambda\gamma \tag{5-1-2}$$

(F 的量纲：$L^{-2}MT^{-2}$)，则广义位移为

$$U = \int_0^H yu\,\mathrm{d}y + \int_0^B Hv\,\mathrm{d}x = \sum_i y_i u(y_i)\Delta y_i + \sum_j Hv_j \Delta x_j \tag{5-1-3}$$

(U 的量纲：L^4)，这样定义的广义力 F 与广义位移 U 在能量上共轭：$\delta W = F\delta U$. 平衡路径曲线为 $F = F(U)$.

采用超载系数方法可确定结构的临界超载系数. 采用超载系数法的计算流程如(1)～(5)所示.

(1) 设置强度参数标准值：c'，c_r，κ_{rc}，f'，f_r，κ_{rf}. 先施加坝体全部自重，随后施加水载荷，水载荷第一增量

$$\Delta\lambda_1 = \lambda_1 - \lambda_0.$$

按弹性条件确定 $\Delta\lambda_1$，并计算弹性场：$\boldsymbol{u}$，λ，$\boldsymbol{\sigma}$，U，并存盘.

(2) 指定伪弧长增量 $\Delta\bar{s}$，用伪弧长延拓算法计算增量场 $\Delta\boldsymbol{u}$，$\Delta\lambda$，$\Delta\boldsymbol{\sigma}$，并计算 ΔU，$\Delta\boldsymbol{u}+\boldsymbol{u}\to\boldsymbol{u}$，$\Delta\lambda+\lambda\to\lambda$，$\Delta\boldsymbol{\sigma}+\boldsymbol{\sigma}\to\boldsymbol{\sigma}$，$\Delta U+U\to U$，$\boldsymbol{u}$，$\boldsymbol{\sigma}$，$\lambda$，$U$ 存盘.

(3) 形成该增量末的总体切线刚度矩阵

$$\boldsymbol{K}_T = \int_V \boldsymbol{B}^T \boldsymbol{D}_T(\boldsymbol{u}) \boldsymbol{B} \mathrm{d}V,$$

计算 $\boldsymbol{K}_T$(或其对称部分 $\boldsymbol{K}_T^S$)的最小特征值 μ_1，并存盘. 如果 $\mu_1 \leqslant 0$，则转至(4)；否则转至(2).

(4) $\lambda_i \to \lambda_N$，$\lambda_{i-1} \to \lambda_{N-1}$，$(\boldsymbol{K}_T)_i \to (\boldsymbol{K}_T)_N$，$(\boldsymbol{K}_T)_{i-1} \to (\boldsymbol{K}_T)_{N-1}$，$\mu_i \to \mu_N$，$\mu_{i-1} \to \mu_{N-1}$，用特征值方法或线性插值方法，求临界超载系数 λ_{cr}.

(5) 结束.

强度储备系数方法是研究重力坝承载能力的最常用的方法. 强度储备系数法的计算流程包括(1)～(8).

(1) 设定强度参数标准值：峰值 f'，c'；残余值 f_r，c_r；内变量 κ_{rf}，κ_{rc}. 设置折减因子序列$\{\zeta_i\}$，首项 $\zeta_1 = 1$，$\zeta_{i+1} < \zeta_i$.

(2) 从 $i=1$ 开始，做强度和内变量折减，$\zeta_i f' \to f'$，$\zeta_i c' \to c'$，$\zeta_i f_r \to f_r$，$\zeta_i c_r \to c_r$，$\zeta_i \kappa_{rf} \to \kappa_{rf}$，$\zeta_i \kappa_{rc} \to \kappa_{rc}$.

(3) 施加水载荷，自重载荷和构造应力载荷，按弹性条件确定载荷系数第一个增量 $\Delta\lambda_1$，计算弹性场 $\boldsymbol{u}$，λ，$\boldsymbol{\sigma}$，U，并存盘.

(4) 指定伪弧长增量 $\Delta\bar{s}$，用伪弧长法计算增量场 $\Delta\boldsymbol{u}$，$\Delta\lambda$，$\Delta\boldsymbol{\sigma}$，$\Delta U$，$\Delta\boldsymbol{u}+\boldsymbol{u}\to\boldsymbol{u}$，$\Delta\lambda+\lambda\to\lambda$，$\Delta\boldsymbol{\sigma}+\boldsymbol{\sigma}\to\boldsymbol{\sigma}$，$\Delta U+U\to U$，并存盘.

(5) 形成增量步末的切线总刚 $\boldsymbol{K}_{\mathrm{T}}$，并计算 $\boldsymbol{K}_{\mathrm{T}}$（或其对称部分 $\boldsymbol{K}_{\mathrm{T}}^{\mathrm{S}}$）的最小特征值 μ_1. 如果 $\mu_1 \leqslant 0$，转至(7)；否则继续.

(6) 如果 $\lambda < 1$，则转向(4)；否则，缩小折减因子 ζ，$i+1 \to i$，转至(2).

(7) $\zeta_i \to \zeta_N$，$\zeta_{i-1} \to \zeta_{N-1}$，$\mu_i \to \mu_N$，$\mu_{i-1} \to \mu_{N-1}$，用插值方法求临界折减因子 $\zeta_{\mathrm{cr}} = \zeta_{N-1} + \dfrac{\mu_{N-1}}{\mu_{N-1} - \mu_N}(\zeta_N - \zeta_{N-1})$，$\dfrac{1}{\zeta_{\mathrm{cr}}} \to K_{\mathrm{cr}}$（临界强度储备系数）.

(8) 结束.

在上述强度储备系数法的计算流程中，不仅对强度系数 c 和 f 进行折减，也对内变量 κ_{r} 作了折减. 在川本眺万模型中，κ_{r} 是开始进入残余强度阶段的内变量（图 5-1-5）.

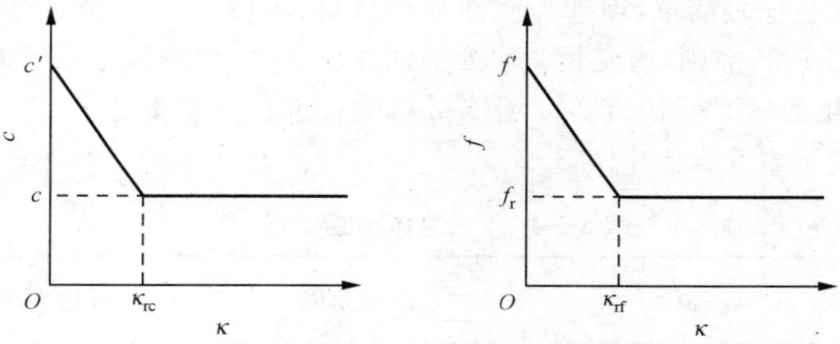

(a) c-κ 曲线　　(b) f-κ 曲线

图 5-1-5　c，f 值曲线

在强度参数已经确定的情况下，例如对 c-κ 曲线，κ_{rc}决定了软化曲线下降段的坡度，即

$$\text{软化曲线坡度} = \frac{c' - c_{\mathrm{r}}}{\kappa_{\mathrm{rc}}}. \tag{5-1-4}$$

这个坡度对结构的稳定性是至关重要的.

在流程中，对强度参数和内变量 κ_{r} 是按同一比例折减的. 这意味着，软化曲线坡度在折减过程保持不变[见式(5-1-4)]. 换言之，上述流程是在认定软化曲线坡度不变的条件下，仅对强度参数 c 和 f 进行折减. 在以往的重力坝承载能力分析中都是这样做的. 这种做法含义明确，也与现有国家标准中的计算原则相一致.

由于材料软化坡度的大小（表征材料的脆度）对结构的稳定性有一定的影响，今后需要从理论和试验两个方面深入研究岩石类材料软化坡度或 κ_{r}，以及在重力坝承载能力计算中如何折减的问题. 一般来说，κ_{r} 可用另外方式折减，例如，若在流程中用 $\zeta^2\kappa_{\mathrm{r}} \to \kappa_{\mathrm{r}}$ 代替 $\zeta\kappa_{\mathrm{r}} \to \kappa_{\mathrm{r}}$，那么曲线下降段坡度将以倍数 $1/\zeta$ 增大.

为说明如何用弧长延拓算法研究重力坝的抗滑稳定性问题，现在介绍一个简单例题. 它仅仅是一个说明性的例题（不是工程实例），有限元剖分比较简单，坝体有 20 个单元，岩基有 14 个单元，总共 34 个单元，如图 5-1-6 所示.

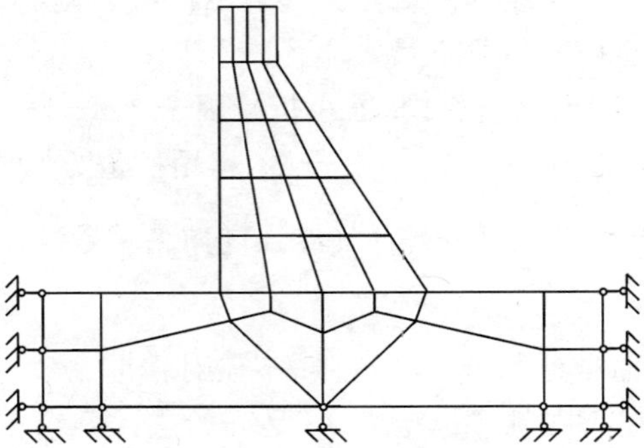

图 5-1-6 有限元网格

材料分区也比较简单，坝基为线性弹性材料，坝体为单一的弹塑性材料. 设坝体材料服从 D-P-Y 准则，内变量 κ 取为塑性体应变 θ^{p}. 内摩擦系数 f 和黏聚力 c 是随 θ^{p} 线性软化的(参见图5-1-5). 坝体材料的标准值和开始进入残余阶段的内变量 θ_{rf}^{p}, θ_{rc}^{p} 均列于表 5-1-4 中.

表 5-1-4 f, c 的标准值和 θ_{rf}^{p}, θ_{rc}^{p}

强度参数 / 保证率	峰值				残余值				开始进入残余区的值	
	f'	c'/MPa	α'	k'/MPa	f_r	c_r/MPa	α_r	k_r/MPa	θ_{rf}^{p}	θ_{rc}^{p}
80%，标准值	1.10	1.20	0.38	1.86	0.90	0.50	0.33	0.55	5×10^{-2}	5×10^{-2}

作为例子，这里只讨论强度储备方法，以表 5-1-4 中的标准值为基础，采用同比例折减方案，折减因子序列取为

$$\zeta_i = 1 - \frac{1}{10}(i-1) \quad (i = 1,2,\cdots,11). \tag{5-1-5}$$

岩基的约束条件如图 5-1-6 所示. 这里要特别指出，岩基左侧面采用约束条件可改为施加构造应力边界条件或者零应力的自由边界条件，以避免施加位移约束而出现不合理的拉应力. 在满库情况，水载荷的示意图如图 5-1-4 所示，相应的广义力 F 和广义位移 U 分别由式(5-1-2)和(5-1-3)定义.

第一步，在水载荷、重力和构造应力作用下，按弹性条件确定广义力载荷参数的第一个增量 $\Delta\lambda_1$，并将得到的应力场作为初始应力场. 从第二步开始，在指定的折减因子下，用弧长法做增量计算. 整个计算由程序自动进行.

采用强度储备系数方法的计算结果是：失稳时的折减因子 $\zeta_{cr}=0.45$；临界强度储备系数 $K_{cr}=2.22$. 用无量纲的广义力(即载荷系数 λ)和与其共轭的广义位移表出的平衡路径曲线如图 5-1-7 所示.

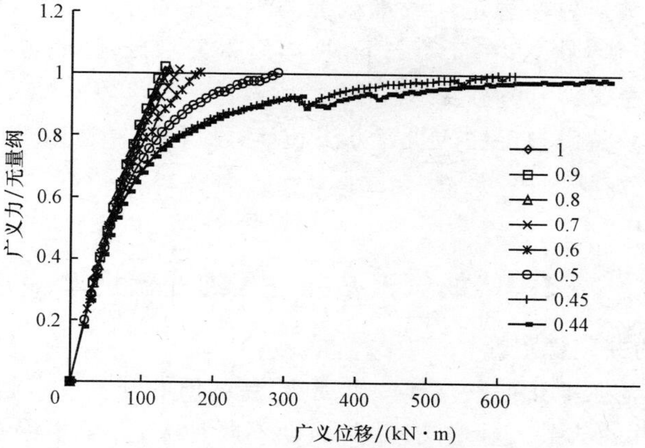

图 5-1-7 强度储备法的平衡路径曲线

无论是超载系数法还是强度储备法，在计算流程中一旦出现了最小特征值 $\mu_1 \leqslant 0$ 的情况，则认定在该步对应的载荷参数 λ_i 下结构失稳，而在前一步载荷参数 λ_{i-1} 情况下，$\mu_1 > 0$，结构处于稳定状态. 将 λ_i 作为临界的载荷参数，实际上可能偏小(因为 λ_i 可能在峰值之后). 不过，可以对 λ_i 做修正，以得到更准确的临界超载系数. 为此，设

$$\lambda_i \to \lambda_N, \quad \lambda_{i-1} \to \lambda_{N-1},$$

$$(\boldsymbol{K}_{\mathrm{T}})_i \to (\boldsymbol{K}_{\mathrm{T}})_N, \quad (\boldsymbol{K}_{\mathrm{T}})_{i-1} \to (\boldsymbol{K}_{\mathrm{T}})_{N-1},$$

$$\mu_i \to \mu_N, \quad \mu_{i-1} \to \mu_{N-1}.$$

修正方案可采用§4-5 介绍的特征值方法. 这就是首先求广义特征值问题

$$(\boldsymbol{K}_{\mathrm{T}})_{N-1}\boldsymbol{y} = \xi[(\boldsymbol{K}_{\mathrm{T}})_{N-1} - (\boldsymbol{K}_{\mathrm{T}})_N]\boldsymbol{y}, \tag{5-1-6}$$

求得绝对值最小的(最接近零的)特征值 ξ_1，然后将其代回式(4-5-5)，便得到一个更好的结果

$$\lambda_{\mathrm{cr}} = (1 - \xi_1)\lambda_{N-1} + \xi\lambda_N. \tag{5-1-7}$$

另一种修正方案是简单的直接插值方法. 设

$$\lambda = (1 - \xi)\lambda_{N-1} + \xi\lambda_N,$$

$$\mu = (1 - \xi)\mu_{N-1} + \xi\mu_N.$$

由于在临界状态，最小特征值为零，在上面第二式中令 $\mu = 0$，求出参数 ξ，并将其代入第一式，则得

$$\lambda_{\mathrm{cr}} = \lambda_{N-1} + \frac{\mu_{N-1}}{\mu_{N-1} - \mu_N}(\lambda_N - \lambda_{N-1}). \tag{5-1-8}$$

同样可给出强度储备系数临界值的修正公式

$$\zeta_{i\mathrm{cr}} = \zeta_{iN-1} + \frac{\mu_{N-1}}{\mu_{N-1} - \mu_N}(\zeta_{iN} - \zeta_{iN-1}). \tag{5-1-9}$$

在工程上评估重力坝稳定性或承载能力的是临界超载系数 λ_{cr} 和临界强度储备系数 K_{cr}. 达到临界状态，在扰动之下，坝体发生失稳破坏. 临界点之后的计算在工程上已无实际意义.

本节对重力坝抗滑稳定性的研究方法和计算流程同样适用于边坡稳定性分析(姚再兴，2009).

§5-2　油气田钻井过程的井壁坍塌

1. 钻井中的井壁稳定性

当今世界石油工业正面临这样一个现实，新油田的开发成本越来越高，大斜度井、大位移水平井的数量大量增加，钻井深度不断加大，井壁不稳定性问题越来越严重. 而原油的价格却不断攀升. 从经济角度考虑，在油田初期规划阶段就要对井壁稳定性问题给予重视. 目前，一个油田总投资的主要部分是钻井成本，稳定井眼在降低钻井成本中将起到至关重要的作用，特别是钻穿储层上方松软的泥页岩地层时稳定井眼尤为重要. 由于面临着隐蔽的地层参数、地下应力场及其随时间动态变化等问题，使得井眼的研究结果在某种程度上具有不确定性，这也是井壁不稳定难以根治的重要原因.

尽管技术人员对井壁稳定技术进行了大量的研究，并取得了较大的发展，但井壁不稳定仍是当前钻井工程普遍存在的问题. 据有关资料介绍，世界范围内平均每年用于处理井眼失稳的费用多达 5～10 亿美元，消耗的时间约占钻井总时间的 5%～6%. 在我国大庆盆地的嫩江组、青山口组、泉头组，渤海湾沙河街组，江苏的阜宁组，新疆吐哈、克拉玛依、塔里木等油田的侏罗系、三叠系、二叠系等泥岩与煤层均出现坍塌；中原、青海、新疆克拉玛依、塔里木等油田盐膏层出现缩径及山前构造带地层出现坍塌等. 由于这些地区地层所造成的井壁不稳定，既影响钻井速度与测井、固井质量，又使部分地区无法钻达目的层，影响勘探目的的实现. 如准格尔盆地南缘地区 1994 年开钻的呼 2 井，其井径扩大率平均达 50%，钻井成本高达每米 10000 元. 塔西南巴楚地区曲 3 井在 3600～4300 井段由于井壁坍塌及缩径造成多次卡钻、阻钻，其平均钻速仅为 $0.75\,\mathrm{m \cdot h^{-1}}$. 塔里木东秋 5 井塑性软泥岩的井眼严重缩径，造成多次卡钻，使用的最大泥浆密度高达 $2.32\,\mathrm{g \cdot cm^{-3}}$，极大地影响了机械钻速.

长期以来，受石油钻井工程发展历史的影响，研究的焦点多集中于化学防塌机理的研究. 往往对地层组构特性和压力剖面认识不清，防塌措施缺乏针对性. 总的来说，宏观研究和静态研究较多，微观定量及地层坍塌过程的动态研究较少. 本节仅对脆性泥页岩的坍塌及泥页岩吸水对井壁稳定的影响规律进行讨论和分析(邓金根，张洪生，1998；邓金根，2003；陈勉，金衍，2005).

在漫长的地质年代里，由于地质构造运动等原因在地壳岩石中产生了应力，这种应力称为地应力，它是地壳应力的总称. 这就是说，在任何一口井开钻前，地层岩石中就已存在原地应力. 地层岩石处于稳定应力平衡状态. 钻开井眼后，泥浆液柱压力取代了所钻岩层对井壁提供的支撑，改变了地层原有应力平衡，引起井眼周围岩石的应力重新分布. 如果重新分布的应力达到岩石的破坏准则（不管是压剪型强度准则还是拉张型强度准则），则将会导致井壁破坏而失稳. 此外，钻井液滤液进入地层，引起地层孔隙压力增高，岩石强度降低，也加剧了井壁不稳定.

有正式文献记录的井眼稳定性研究始于 1940 年. 研究的领域包括井眼稳定性机理，现场实例与现场处理及有关井壁稳定性的参数获取方法等. 井壁是否稳定，取决于井内流体和井壁之间的力学作用和化学作用. 影响泥页岩井壁失稳的因素包括力学因素和物理化学因素. 力学因素的研究，就是先了解地应力，然后采用符合实际的本构模型来计算井眼周围的应力分布，再根据某种强度准则确定出理论坍塌压力，即确定保持井眼稳定所需最小压力，以确定泥浆密度. 而物理化学因素的研究则是从物理化学的角度，针对影响泥页岩井眼稳定性的物理化学因素，研究出适合不同地层的各种配方的泥浆体系以及各种防塌处理剂等. 井眼稳定不单纯是一个力学问题，由于物理化学作用引起泥页岩力学性质变化是一个更为重要的影响因素. 因此，在进行泥页岩井壁稳定性研究时，必须将泥页岩的水化膨胀和强度降低（吸水软化）与其他力学因素结合起来全面考虑.

在上个世纪 70～90 年代之间，二者的结合主要体现在试验研究上，Chenevert ME 于 1970 年开始研究泥页岩吸水以后力学性质的变化，试验结果表明，泥页岩吸水使其强度降低. 进入 90 年代以后，二者的结合才开始进入定量化研究，虽然距离揭示泥页岩水化的真实物理化学过程尚有一定的距离，但是毕竟是在井眼稳定性力学分析中定量地计入物理化学因素的影响.

井内泥浆对泥页岩的化学作用，最终可以归结到井壁岩石力学性能参数、强度参数的改变.

在温度为 80～150℃，围压为 5～45 MPa 的条件下，对中国各油田泥页岩岩样在不同含水量下的弹性参数及强度参数进行了室内三轴试验，建立了泥页岩力学参数与含水量间的相关经验公式.

泥页岩水化后含水量的增大，对其弹性模量影响很大. 随含水量增大，其弹性模量迅速下降，且下降幅度很大，根据实验数据拟合的泥页岩 Young 模量 E 与含水量 w 的关系为

$$E = 4 \times 10^4 \exp\left[-11(w - 0.02)^{\frac{1}{2}}\right]. \qquad (5\text{-}2\text{-}1)$$

随含水量增大，Poisson 比 ν 也增大，ν 与含水量的实验曲线为

$$\nu = 0.2 + 1.3w. \qquad (5\text{-}2\text{-}2)$$

随含水量的增大会急剧降低泥页岩的黏聚强度 c，但影响程度与泥页岩的埋深有关，即与其密度有关. 泥页岩的黏聚力与含水量的关系为

$$c = c_B - \alpha_s(w - w_B), \tag{5-2-3}$$

式中：c_B 为该岩石已知含水量为 w_B 时的黏聚力；$w - w_B$ 为含水量的增量；α_s 为系数，其值与岩石的埋深 H 或岩石密度 ρ 有关

当 $H=1500\sim2500$ m，或 $\rho=2.18\sim2.30\ \mathrm{g\cdot cm^{-3}}$，有 $\alpha_s=250$；

当 $H=2500\sim4000$ m，或 $\rho=2.30\sim2.50\ \mathrm{g\cdot cm^{-3}}$，有 $\alpha_s=350$；

当 $H=4000\sim5500$ m，或 $\rho=2.50\sim2.60\ \mathrm{g\cdot cm^{-3}}$，有 $\alpha_s=450$.

含水量对内摩擦角 φ 的影响的试验结果可用下式给出

$$\varphi = \varphi_B - 187.5(w - w_B), \tag{5-2-4}$$

其中：φ_B 为该岩石已知含水量为 w_B 时的内摩擦角，$w - w_B$ 为含水增量. 上述 E，ν，c，φ 随含水量变化如图 5-2-1 所示，这些结果为计算水化后井壁邻域的应力及评价井眼的稳定性提供了依据.

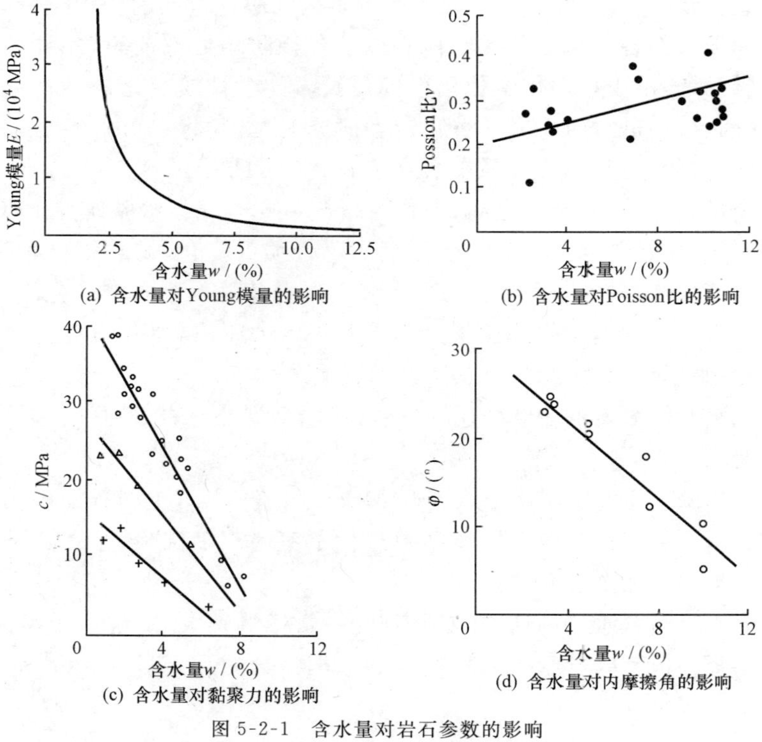

(a) 含水量对Young模量的影响

(b) 含水量对Poisson比的影响

(c) 含水量对黏聚力的影响

(d) 含水量对内摩擦角的影响

图 5-2-1 含水量对岩石参数的影响

2. 防止井壁坍塌破坏的力学分析和钻井液密度的确定

考虑在无限大平面薄层上，一半径为 a 的圆孔受有均匀的内压，同时在这个平

面的无限远处受到两个水平地应力 σ_H 和 σ_h 的作用[图 5-2-2(a)],其铅直方向上受到上覆岩层压力 σ_V[图 5-2-2(b)]. 假设岩石为小变形下的弹性体,叠加原理是适用的. 因此,井周的总的应力状态可通过先研究各简单载荷对井周的应力贡献,而后再进行叠加获得. 假设地层是均匀各向同性、线弹性孔隙材料,并认为井眼周围的岩石处于空间应力状态.

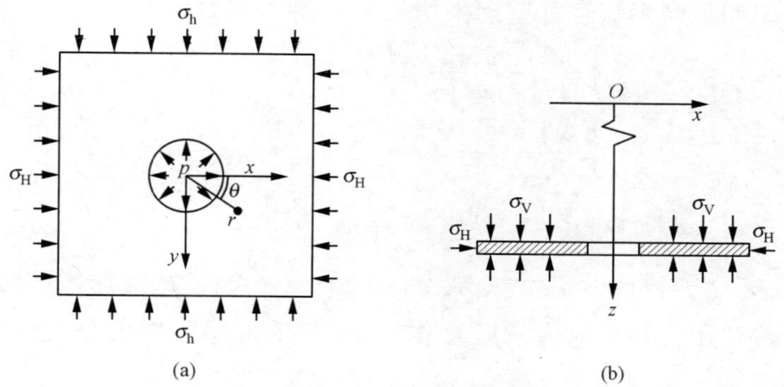

图 5-2-2 井壁受力的力学模型

下文给出地层受力分解后各应力模型在柱坐标系中的应力表达式(仅写出了非零分量).

(1) 由钻井液柱压力 p 引起的应力

$$\sigma_r = \frac{a^2}{r^2}p,\qquad \sigma_\theta = -\frac{a^2}{r^2}p. \tag{5-2-5}$$

(2) 由水平最大地应力 σ_H 所引起的井周应力分布

$$\begin{aligned}
\sigma_r &= \frac{\sigma_H}{2}\left(1-\frac{a^2}{r^2}\right)+\frac{\sigma_H}{2}\left(1-\frac{4a^2}{r^2}+\frac{3a^4}{r^4}\right)\cos 2\theta,\\
\sigma_\theta &= \frac{\sigma_H}{2}\left(1+\frac{a^2}{r^2}\right)-\frac{\sigma_H}{2}\left(1+\frac{3a^4}{r^4}\right)\cos 2\theta,\\
\tau_{r\theta} &= \frac{\sigma_H}{2}\left(1+\frac{2a^2}{r^2}-\frac{3a^4}{r^4}\right)\sin 2\theta.
\end{aligned} \tag{5-2-6}$$

(3) 由水平最小地应力 σ_h 所引起的井周应力分布

$$\begin{aligned}
\sigma_r &= \frac{\sigma_h}{2}\left(1-\frac{a^2}{r^2}\right)+\frac{\sigma_h}{2}\left(1-\frac{4a^2}{r^2}+\frac{3a^4}{r^4}\right)\cos 2\theta,\\
\sigma_\theta &= \frac{\sigma_h}{2}\left(1+\frac{a^2}{r^2}\right)+\frac{\sigma_h}{2}\left(1+\frac{3a^4}{r^4}\right)\cos 2\theta,\\
\tau_{r\theta} &= -\frac{\sigma_h}{2}\left(1+\frac{2a^2}{r^2}-\frac{3a^4}{r^4}\right)\sin 2\theta.
\end{aligned} \tag{5-2-7}$$

(4) 由上覆岩层压力 σ_V 产生的 z 向井周应力分布

$$\sigma_z = \sigma_V. \tag{5-2-8}$$

(5) 钻井液渗流效应

当井内流体压力增大或钻井液造壁性能不佳时,一部分钻井液滤液将渗入井周地层. 视井周地层为孔隙介质,介质中流体流动满足 Darcy 定律,则钻井液滤液在地层孔隙中的径向渗流在井壁周围所产生的附加应力场为

$$\begin{aligned}
\sigma_r &= \left[\frac{\beta(1-2\nu)}{2(1-\nu)}\frac{(r^2-a^2)}{r^2}-\phi\right](p-p_p),\\
\sigma_\theta &= \left[\frac{\beta(1-2\nu)}{2(1-\nu)}\frac{(r^2+a^2)}{r^2}-\phi\right](p-p_p),\\
\sigma_z &= \left[\frac{\beta(1-2\nu)}{2(1-\nu)}-\phi\right](p-p_p),
\end{aligned} \tag{5-2-9}$$

其中: β 为有效应力系数(Biot 系数), ϕ 为孔隙度, p_p 为原始地层孔隙压力.

在钻井液柱压力和地应力的联合作用下,井周地层的应力分布可由各解叠加而得,即

$$\begin{aligned}
\sigma_r =& \frac{a^2}{r^2}p+\frac{(\sigma_H+\sigma_h)}{2}\left(1-\frac{a^2}{r^2}\right)+\frac{(\sigma_H-\sigma_h)}{2}\left(1-\frac{4a^2}{r^2}+\frac{3a^4}{r^4}\right)\cos 2\theta\\
&+\delta\left[\frac{\beta(1-2\nu)}{2(1-\nu)}\left(1-\frac{a^2}{r^2}\right)-\phi\right](p-p_p),
\end{aligned} \tag{5-2-10}$$

$$\begin{aligned}
\sigma_\theta =& -\frac{a^2}{r^2}p+\frac{(\sigma_H+\sigma_h)}{2}\left(1+\frac{a^2}{r^2}\right)-\frac{(\sigma_H-\sigma_h)}{2}\left(1+\frac{3a^4}{r^4}\right)\cos 2\theta\\
&+\delta\left[\frac{\beta(1-2\nu)}{2(1-\nu)}\left(1+\frac{a^2}{r^2}\right)-\phi\right](p-p_p),
\end{aligned} \tag{5-2-11}$$

$$\sigma_z = \sigma_V+\delta\left[\frac{\beta(1-2\nu)}{2(1-\nu)}-\phi\right](p-p_p). \tag{5-2-12}$$

当井壁有渗透时, $\delta=1$; 当井壁不渗透时, $\delta=0$. 当 $r=a$ 时, 井壁表面上的径向、切向和垂向的应力分别为

$$\sigma_r = p-\delta\phi(p-p_p), \tag{5-2-13}$$

$$\begin{aligned}
\sigma_\theta =& -p+(1-2\cos 2\theta)\sigma_H+(1+2\cos 2\theta)\sigma_h\\
&+\delta\left[\frac{\beta(1-2\nu)}{1-\nu}-\phi\right](p-p_p),
\end{aligned} \tag{5-2-14}$$

$$\sigma_z = \sigma_V+\delta\left[\frac{\beta(1-2\nu)}{1-\nu}-\phi\right](p-p_p). \tag{5-2-15}$$

石油工程中普遍认为,井壁坍塌的原因主要是井内液柱压力较低,使得井壁周围岩石所受应力达到岩石强度而产生剪切破坏所造成的. 井壁是否坍塌和井壁围岩的应力状态及围岩的破坏准则相关. 井壁围岩的应力状态通常采用弹性力学理论由式(5-2-13)~(5-2-15)给出,而对脆性地层的破坏准则,通常采用 Coulomb

破坏准则：

$$\tau = \sigma_n \tan\varphi + c, \tag{5-2-16}$$

在考虑孔隙压力时，σ_n 应改用有效应力$(\sigma_n - \beta p_p)$. 将 Coulomb 破坏准则用主应力表示为

$$f(\sigma_1,\sigma_2,\sigma_3) = (\sigma_1 - \sigma_3) - (\sigma_1 + \sigma_3 - 2\beta p_p)\sin\varphi - 2c\cos\varphi = 0. \tag{5-2-17}$$

式中：σ_1 和 σ_3 分别是最大主应力和最小主应力.

利用井壁应力公式(5-2-13)～(5-2-15)，使用 Coulomb 破坏准则时，首先要判断 $\sigma_r,\sigma_\theta,\sigma_z$ 谁是最大主应力，谁是最小主应力. 这时，相应的井壁破坏形式可能有以下三类.

(1) σ_r 是最小主应力，即 $\sigma_r = \sigma_3$，这时井壁发生沿周向（在 $r\theta$ 平面内）的剪切破坏；

(2) σ_r 是中间主应力，即 $\sigma_r = \sigma_2$，这时井壁发生沿轴向（在 zr 平面内）的剪切破坏；

(3) σ_r 是最大主应力，即 $\sigma_r = \sigma_1$，这时地层将产生垂直于最小主应力方向的径向裂缝，泥浆将侵入地层造成循环漏失或井壁大量塌落.

为说明防止井壁坍塌和确定钻井液密度的思路，我们针对经常出现的第一类破坏形式讨论. 这时应力分量 σ_r 是最小主应力 σ_3，而应力分量 σ_θ 是最大主应力 σ_1. 为简单起见，暂不考虑孔隙压力，即令 $\delta = 0$ 及 $\beta = 0$. 现在用 p_m 代表钻井液压力，于是

$$\sigma_r = \sigma_3 = p_m,$$

$$\sigma_\theta = \sigma_1 = -p_m + (\sigma_H + \sigma_h) - 2(\sigma_H - \sigma_h)\cos 2\theta.$$

将 σ_1 和 σ_3 代入 Coulomb 破坏准则(5-2-17)，得

$$\begin{aligned} f(\theta) = &- 2p_m + (\sigma_H + \sigma_h)(1 - \sin\varphi) \\ &- (\sigma_H - \sigma_h)(1 - \sin\varphi)2\cos 2\theta - 2c\cos\varphi. \end{aligned} \tag{5-2-18}$$

上式为 θ 的函数，函数 $f(\theta)$ 在 $\theta = 0$ 取最小值，在 $\theta = 90°$ 取最大值，因在 $\theta = 90°$，即最小主压应力方向，$f(\theta)$ 首先达到零值，井壁发生破坏. 由 $f(90°) = 0$，得临界泥浆压力为

$$p_m = \frac{1}{2}(3\sigma_H - \sigma_h)(1 - \sin\varphi) - c\cos\varphi. \tag{5-2-19}$$

如果用 H 表示井深，用 g 代表重力加速度，那么泥浆密度为

$$\rho_m = p_m / Hg. \tag{5-2-20}$$

无论从理论分析，还是工程实践，都表明用上面的弹性设计方法去确定泥浆压力和密度都是很保守的. 有人认为，弹性模量随围压增大而增大，需要根据这种非线性效应对上述结果进行修正，如在式(5-2-19)中，在$(3\sigma_H - \sigma_h)$前乘以修正系数 η，并取 $\eta = 0.95$.

实际上,弹性设计的概念与井壁坍塌的物理现象相差甚远,研究井壁坍塌应该使用更精细的力学方法,从坍塌现象的本质出发,用力学上稳定性的概念来研究井壁坍塌的问题.

当前,对于斜井和水平井的井壁坍塌临界压力和泥浆密度的确定,采用与直井完全相同的思路,仅是将地层应力表达式转换到新的坐标系(设井轴为 z' 轴,且 x' 和 y' 与 z' 轴正交),计算出井周应力,再按 Coulomb 破坏准则确定泥浆压力和密度. 当然,斜井和水平井的计算公式要比直井复杂一些.

3. 用稳定性理论和方法研究井壁坍塌

当前在钻井工程的井壁坍塌分析至少存在以下三个问题.

(1) 用弹性力学公式得到井壁应力,并用 Coulomb 破坏准则判断井壁个别点破坏,来确定井孔坍塌的坍塌压力和设计泥浆密度的方法,实质上这是弹性设计方法(除个别点全地层为弹性状态). 这种方法虽然安全(井壁附近不出现破坏区,自然不会形成碎块坍塌),但也保守.

(2) 用弹塑性力学方法可算出塑性破坏区,然而不知道多大的塑性区或者具有什么性质塑性区才会坍塌. 这就是说,**井壁破坏**不等于**井壁坍塌**,破坏和坍塌是两码事. 弹塑性方法只能给出塑性破坏区的大小范围,不能预言坍塌的发生.

(3) **气体钻井**时没有泥浆支撑,井壁为何不坍塌? 甚至在负压(高速气流使井壁受负压)情况,井壁也不坍塌. 这种现象如何解释?

出现上述问题的原因是钻井工程师和大部分学者都简单地把坍塌看做是井周岩石的强度问题. 实际上,从严格的力学意义上,坍塌是一个稳定性问题,是力学意义上的平衡稳定性问题. 井壁附近地层破坏,形成一个塑性破坏区,这个塑性区内的位移和应力在周围区域和泥浆压力作用下仍处于平衡状态. 如果在扰动下,这个区域能够保持原来的构形,则塑性区的平衡是稳定的(塑性破坏但不坍塌);如果在扰动下塑性区不能保持原来的构形,则塑性区是不稳定的(塑性破坏导致坍塌). 因而,井壁坍塌和井壁破坏虽然有关,但它们属于不同的力学范畴,前者是稳定性问题,后者是强度问题. 工程师们从直观出发,一开始就把井壁坍塌称之为井壁稳定性,一语道破了井壁坍塌的力学实质,但后来可能是由于数学和力学上的困难,又完全把精力都放在强度分析方面,而漠视了它的稳定性的本质方面. 国外的情况也是如此,例如,在期刊 *Journal of Petroleum Science & Engineering* 38 卷(2003)井壁稳定性专辑中,十余篇论文讨论的都是强度方面的问题,没有一篇提及平衡稳定性的概念和方法,尽管每一篇的标题或关键词中都包含“稳定性”这个名词.

在本书 § 2-3 首次用力学意义上的稳定性概念和方法讨论了钻井过程的井壁稳定性(井壁坍塌)问题,指出了井壁丧失稳定性是一种极值点型失稳,给出了失稳时的临界井壁压力(或称坍塌压力)的计算公式.

为了能够得到解析的表达式,曾经作过两个假设:(1) 原场应力是各向同性均匀应力,即 $\sigma_H=\sigma_h$;(2) 全应力应变曲线采用川本眺万三线型模型,屈服(破坏)准则采用 Tresca 准则. 在此前提下讨论了直井的井壁坍塌问题. 在稳定性研究中通常将所有的平衡状态用平衡路径表示. 作为一个例子,取 Poisson 比 $\nu=0.25$,井壁脆度 $n=1.5$(相当于峰值后下降段曲线的切模量与弹性切变模量之比 $G_t/G=0.29$),$m_0=0$. 这时的平衡路径曲线如图 5-2-3 所示.

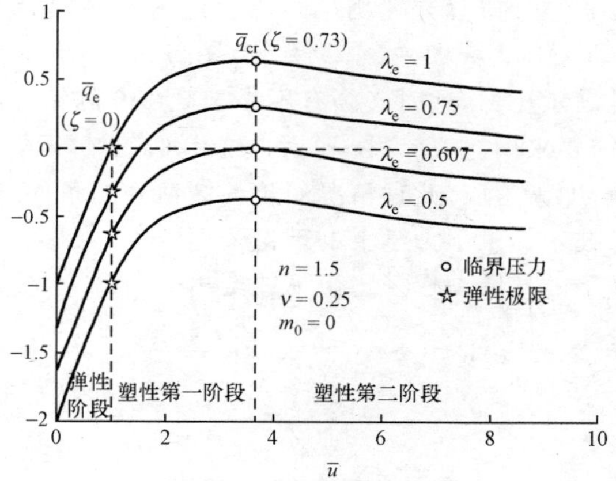

图 5-2-3 钻井过程的平衡路径曲线

在图中横坐标是无量纲的孔壁位移

$$\bar{u}=-\frac{2}{\gamma_s}\frac{u(a)}{a}. \tag{5-2-21}$$

纵坐标为无量纲的孔壁压力

$$\bar{q}=q/\sigma_H\lambda_e, \tag{5-2-22}$$

其中:a 是井孔半径,γ_s 是峰值剪切屈服应力 τ_s 对应的应变,q 是井壁上泥浆的压力,$\lambda_e=\tau_s/\sigma_H$. 图中画出了对应于 $\lambda_e=0.5$,$\lambda_e=0.607$,$\lambda_e=0.75$ 和 $\lambda_e=1$ 四种情况的平衡路径. 平衡路径上的每一个点$(\bar{u},\bar{q})$都代表一个平衡状态. 整个平衡路径代表随 $\bar{q}$ 变化的所有的平衡状态,其中 $\bar{q}$ 相当于载荷,而 $\bar{u}$ 相当于响应.

随着井壁作用力 $\bar{q}$ 的增加(这里 $\bar{q}$ 是代数值,拉力为正,$\bar{q}$ 的增加意味着井壁压力$|\bar{q}|$的减少),井壁位移 $\bar{u}$ 向孔心方向不断增长. 这种 $\bar{u}$ 和 $\bar{q}$ 的变化过程可分为 3 个区间:(1) 弹性阶段,在此期间 $\bar{u}$ 和 $\bar{q}$ 成线性关系,这个区间的末尾(图中小五角星表示的点)的 $\bar{q}$ 对应于当前钻井工程弹性设计的孔壁坍塌压力. (2) 随变形的增加进入第二区间,称为塑性变形的第一阶段,在此期间形成不断扩大的塑性破坏区(破坏区的尺度用 ζ 表示),但塑性区变形是稳定的,不发生坍塌. (3) 随着塑性区进一步扩展进入第三区间,称为塑性变形的第二阶段,在此期间由于 $d\bar{q}d\bar{u}<0$,塑性区变形是不稳定的,在扰动之下塑性区坍塌. 从稳定性理论来看,整个平衡路线

分为两个分支.弹性部分和塑性变形第一阶段是一个分支,为稳定的平衡分支,塑性变形第二阶段是另一个分支,为不稳定分支.连接两个分支的点称为临界点,它也是 $\bar{q}$ 的极值点,因而这里是极值点型的稳定性问题.临界点(用圆圈表示)的纵坐标记为 $\bar{q}_{cr}$,它就是稳定性理论得到的井壁的坍塌压力,显然它总是小于(就定义压力为正,拉力为负而言)弹性设计的井壁坍塌压力.在临界点的塑性区尺度记为 ζ_{cr},它对应于失稳时的坍塌塑性破坏区的尺度.由于外界扰动是时时存在的,在变形达到临界点附近,突然失稳(井壁坍塌),不会进入不稳定分支,除非钻井液在井壁上的压力能自动下降.从图中可以看出,在 $\lambda_e=0.5$ 情况,临界坍塌压力 $\bar{q}_{cr}=-0.456$,负号表示压力,这时必须有不小于 0.456 的钻井液压力,井壁才能保持稳定,因而这时需要采用泥浆钻井.而对应 $\lambda_e=0.75$ 情况,$\bar{q}_{cr}>0$,这就是说,坍塌的临界力是正值,即为负压,此种情况满足气体钻井的条件.这样,用稳定性理论和方法为气体钻井技术提供了力学上的理论依据.

在稳定性意义下的井壁坍塌压力由下式给出

$$q_{cr}=\bar{q}_{cr}\sigma_H\lambda_e=\bar{q}_{cr}\tau_s=\tau_s n\ln\frac{n-m_0}{n-1}+m_0-\sigma_H, \tag{5-2-23}$$

其中

$$n=\frac{1+G_t/G}{1-(1-2\nu)G_t/G}, \tag{5-2-24}$$

这里: G 是弹性切变模量,G_t 是应力应变曲线峰值后下降段的坡度.从式(5-2-23)和(5-2-24)可看出,稳定性理论得出的井壁坍塌临界压力 q_{cr} 至少与三类参数有关: 地应力 σ_H,地层岩石强度(或屈服应力)τ_s,以及峰值后下降段曲线的坡度与弹性切变模量之比 G_t/G.而前一节介绍的弹性设计方法孔壁的临界应力 p_m 仅取决于两类参数: 地应力和强度.已知地层的三类参数剖面,就可以计算出 q_{cr} 的剖面,在 $q_{cr}<0$ 的地层需要泥浆钻井,在 $q_{cr}\geqslant 0$ 的地层可采用气体钻井.

仅在原场地应力 $\sigma_H=\sigma_h$ 和采用 Tresca 准则时才能得到解析解.稍微复杂一些的问题,例如 $\sigma_H\neq\sigma_h$,或采用 Coulomb 准则,D-P 准则和 D-P-Y 准则时,则需要采用数值方法(主要是有限元方法)求解.

4. 井壁坍塌的有限元分析

有限元剖分可使用无限区域元和四节点等参元,由于对称性,可取区域的 1/4 进行计算,见图 5-2-4.

模拟钻井过程,在孔壁($r=a$)需要解除的总应力是

$$\begin{aligned}\sigma_r^0&=\frac{1}{2}(\sigma_H+\sigma_h)-\frac{1}{2}(\sigma_H-\sigma_h)\cos 2\theta,\\ \tau_\theta^0&=\frac{1}{2}(\sigma_H-\sigma_h)\sin 2\theta.\end{aligned} \tag{5-2-25}$$

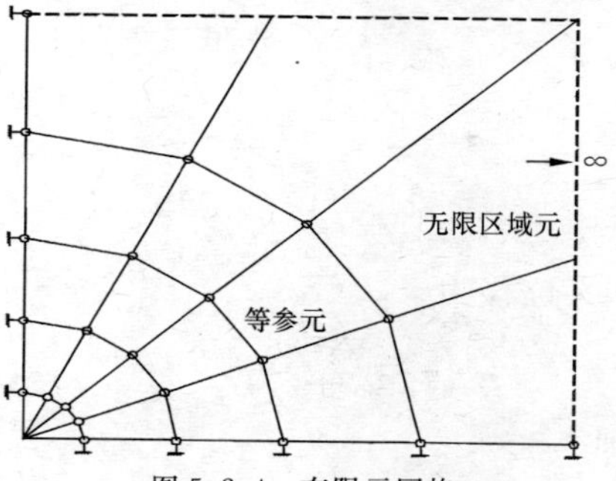

图 5-2-4　有限元网格

孔壁应力解除可分两步来做. 第一步仅解除部分应力分量

$$\begin{aligned}\sigma_r^{(1)} &= -\frac{1}{2}(\sigma_{\mathrm{H}} - \sigma_{\mathrm{h}})\cos 2\theta,\\ \tau_\theta^{(1)} &= \tau_\theta^0 = \frac{1}{2}(\sigma_{\mathrm{H}} - \sigma_{\mathrm{h}})\sin 2\theta,\end{aligned} \tag{5-2-26}$$

而保留的应力分量

$$\sigma_r^{(2)} = \frac{1}{2}(\sigma_{\mathrm{H}} + \sigma_{\mathrm{h}}). \tag{5-2-27}$$

这样的应力解除方案,等效于式(5-2-25)的应力完全解除而同时施加钻井液压力 $p=(\sigma_{\mathrm{H}}+\sigma_{\mathrm{h}})/2$. 第一步解除得到的应力场称为附加场 A. 第二步是逐渐解除压力(5-2-27),也就是使钻井液压力逐渐降低. 引入载荷参数 λ,孔边的作用载荷为

$$\begin{aligned}q_r' &= -\lambda\sigma_r^{(2)},\\ q_\theta' &= 0.\end{aligned} \tag{5-2-28}$$

这时对应的应力场称为附加场 B. 将原场,附加场 A 和 B 三者相加,得总应力场(简称总场),如图 5-2-5 所示.

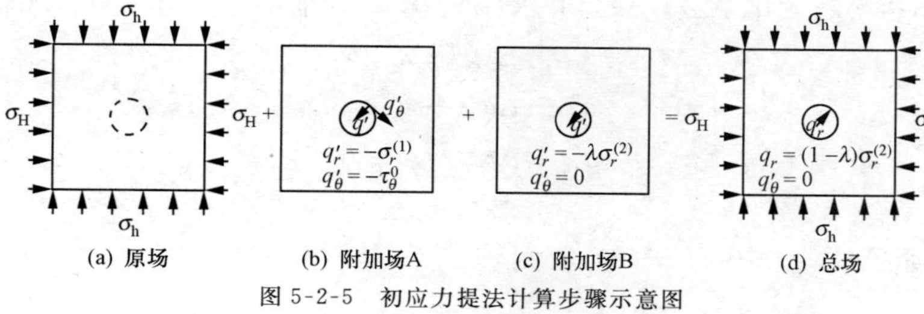

(a) 原场　　(b) 附加场A　　(c) 附加场B　　(d) 总场

图 5-2-5　初应力提法计算步骤示意图

在计算总场时,外力功的变分为

$$\delta W = F\delta U = \int_0^{\frac{\pi}{2}} [q_r \delta u_r] a\,\mathrm{d}\theta = \int_0^{\frac{\pi}{2}} (1-\lambda)\sigma_r^{(2)} \delta u_r a\,\mathrm{d}\theta,$$

如果广义力定义为

$$F = \frac{a}{2}(1-\lambda)(\sigma_{\mathrm{H}} + \sigma_{\mathrm{h}}),$$

那么广义位移的变分为

$$\delta U = \int_0^{\frac{\pi}{2}} \delta u_r \mathrm{d}\theta,$$

第 m 个载荷步的增量广义位移为

$$\Delta U_m = \sum_i \Delta u_r(\theta_i)\Delta\theta,$$

总广义位移可累加,得到

$$U_{m+1} = U_m + \Delta U_m.$$

用有限元方法研究井壁坍塌问题的计算流程包括下述(1)～(9).

(1) 输入初始参数.地层原场应力 $\sigma_{\mathrm{H}}, \sigma_{\mathrm{h}}$;地层材料弹性参数 E, ν;D-P 准则参数,峰值 $\alpha_{\mathrm{s}}, k_{\mathrm{s}}$,残余值 α_r, k_r;进入残余阶段的内变量 $\kappa_{r\alpha}, \kappa_{rk}$;井孔半径 a,弧长法微弧长增量总数 M.

(2) 根据网格节点坐标,计算初始场各单元 Gauss 点的应力 $\boldsymbol{\sigma}^0$,计算孔壁处需解除的应力分量 $\sigma_r^{(1)}, \tau_\theta^{(1)}, \sigma_r^{(2)}$.

(3) 第一次解除计算.求附加场 A,在 $r=a, \sigma_r' = -\sigma_r^{(1)}, \tau_\theta' = -\tau_\theta^{(1)}$,按弹性或弹性-理想塑性计算,得 $\boldsymbol{\sigma}', \boldsymbol{u}'$,求总场

$$\boldsymbol{\sigma}^0 + \boldsymbol{\sigma}' \rightarrow \boldsymbol{\sigma}^0; \quad \boldsymbol{a}' \rightarrow \boldsymbol{a}^0.$$

(4) 开始第二次解除,计算附加场 B,引入载荷参数 λ,在 $r=a, \sigma_r' = -\lambda\sigma_r^{(2)}$, $\tau_\theta' = 0$,第一步,用弹性方法确定弹性阶段的载荷参数增量 $\Delta\lambda_1$, $\Delta\lambda_1 \rightarrow \lambda_{\mathrm{e}}$,求出相应的 $\Delta\boldsymbol{a}', \Delta\boldsymbol{\sigma}'$,并求总场值

$$\boldsymbol{\sigma}^0 + \Delta\boldsymbol{\sigma}' \rightarrow \boldsymbol{\sigma}^0; \quad \boldsymbol{a}^0 + \Delta\boldsymbol{a}' \rightarrow \boldsymbol{a}^0.$$

(5) 从第二步开始($m=1$),指定微弧长增量 Δs_m,按弹性-软化塑性,用弧长法迭代求解,得 $\Delta\lambda_m, \Delta\boldsymbol{a}_m, \Delta\sigma_m, \Delta\kappa_m$,并求$(\partial\boldsymbol{\psi}/\partial\boldsymbol{a})_m$ 的最小特征值$(\mu_1)_m$,求总场

$$\begin{aligned} &\lambda_m + \Delta\lambda_m \rightarrow \lambda_{m+1}, \\ &\boldsymbol{a}_m^0 + \Delta\boldsymbol{a}_m \rightarrow \boldsymbol{a}_{m+1}^0, \\ &\boldsymbol{\sigma}_m^0 + \Delta\boldsymbol{\sigma}_m \rightarrow \boldsymbol{\sigma}_{m+1}^0, \\ &\kappa_m^0 + \Delta\kappa_m \rightarrow \kappa_{m+1}. \end{aligned}$$

(6) 如果$(\mu_1)_m > 0$,转至(8);否则,

$$\begin{aligned} &\lambda_m \rightarrow \lambda_N, \quad \lambda_{m-1} \rightarrow \lambda_{N-1}, \\ &(\mu_1)_m \rightarrow (\mu)_N, \quad (\mu_1)_{m-1} \rightarrow (\mu)_{N-1}, \\ &\sigma_m \rightarrow \sigma_N, \quad \sigma_{m-1} \rightarrow \sigma_{N-1}, \\ &\kappa_m \rightarrow \kappa_N, \quad \kappa_{m-1} \rightarrow \kappa_{N-1}. \end{aligned}$$

使用线性插值计算临界附加场

$$\Delta\lambda_{cr} = \Delta\lambda_{N-1} + \frac{\mu_{N-1}}{\mu_{N-1} - \mu_N}(\Delta\lambda_N - \Delta\lambda_{N-1}),$$

$$\Delta\boldsymbol{\sigma}_{cr} = \Delta\boldsymbol{\sigma}_{N-1} + \frac{\mu_{N-1}}{\mu_{N-1} - \mu_N}(\Delta\boldsymbol{\sigma}_N - \Delta\boldsymbol{\sigma}_{N-1}),$$

$$\Delta\kappa_{cr} = \Delta\kappa_{N-1} + \frac{\mu_{N-1}}{\mu_{N-1} - \mu_N}(\Delta\kappa_N - \Delta\kappa_{N-1}).$$

（7）计算总场

$$\Delta\lambda_{cr} + \lambda_m \to \lambda_{cr},$$
$$\Delta\boldsymbol{\sigma}_{cr} + \boldsymbol{\sigma}_m \to \boldsymbol{\sigma}_{cr},$$
$$\Delta\kappa_{cr} + \kappa_m \to \kappa_{cr},$$

计算坍塌压力

$$(1 - \lambda_e)\sigma_r^{(2)} \to q_e,$$
$$(1 - \lambda_{cr})\sigma_r^{(2)} \to q_{cr}.$$

输出坍塌压力 q_e，q_{cr} 以及 λ_{cr} 对应的塑性区分布图，转至(9).

（8）如果 $m<M$，则 $m+1\to m$，返回至(5)；否则，转至(9)

（9）结束.

使用有限元方法编程时，应尽量采用正则屈服准则. 例如，金属材料用 Mises 准则，岩石类材料用 D-P 准则和 D-P-Y 准则. 这三类准则的屈服函数，光滑性和参数均列于表 5-2-1 中. 在编程中可仅编入 D-P-Y 准则，其中令 $a=0$，得到 D-P 准则，令 $\alpha=a=0$ 得到 Mises 准则. 此外还要注意塑性内变量的选择. 例如考虑到后文讨论参数 α 的大小对井壁稳定性的影响，塑性内变量最好取为塑性功 w^p，因为它对表 5-2-1 中三类准则都适用.

表 5-2-1　某些正则屈服准则

屈服准则	正则性	参数
Mises 准则 $f=\sqrt{J_2}-k=0$	处处正则	单参数 k
D-P 准则 $f=\sqrt{J_2}+\alpha I_1-k=0$	在压剪区 处处正则	双参数 k,α
D-P-Y 准则 $f=\sqrt{J_2+a^2k^2}+\alpha I_1-k=0$	处处正则	三参数 k,α,σ_T

在讨论工程稳定性问题时，全过程曲线 τ-γ 通常采用川本的三线性形式[图 5-2-6(a)]，而相应的软化曲线则为二线性形式[图 5-2-6(b)]. 全过程曲线下降段斜率是一个负的常数 G_T，它称为切线剪切模量；软化曲线下降段斜率为

$$G_p = \frac{GG_T}{G - G_T}.$$

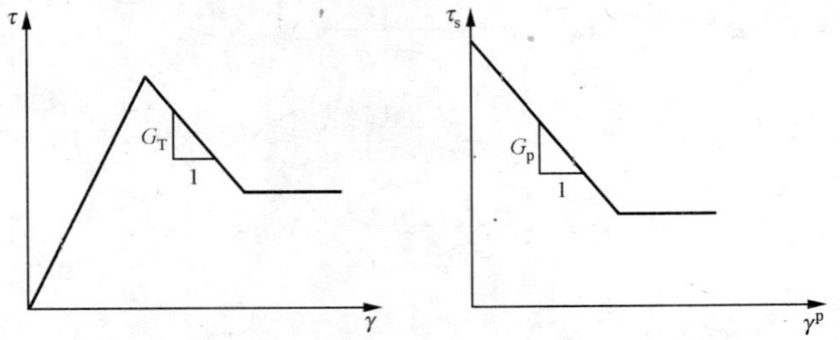

(a) 全过程曲线 (b) 软化曲线

图 5-2-6 全过程曲线和软化曲线

也是一个负的常数，它称为切线塑性剪切模量，这时称材料是线性软化的. 在 D-P 准则中 k 就是剪切强度(峰值的剪切屈服应力)τ_s，由于采用川本简化模型，它也是初始的屈服应力，这里记为 $\tau_s(0)$. 如果设刚刚进入残余阶段的塑性应变为 γ_r^p，那么二线性的软化曲线斜率为

$$\frac{\partial \tau_s}{\partial \gamma^p}=\begin{cases} G_p=\dfrac{GG_T}{G-G_T}, & 0\leqslant \gamma^p\leqslant \gamma_r^p, \\ 0, & \gamma_r^p<\gamma^p. \end{cases}$$

如果将 τ_s 看做塑性功 w^p 的函数，则在下降段 τ_s 和 w^p 不是线性关系，即

$$\frac{\partial \tau_s}{\partial w^p}=\frac{\partial \tau_s}{\tau_s \partial \gamma^p}=\frac{G_p}{\tau_s}\neq \text{const}.$$

τ_s 和 w^p 的关系可从上式解出

$$\tau_s(w^p)=\left[\tau_s^2(0)+2G_p w^p\right]^{\frac{1}{2}}.$$

需要特别指出，所谓材料为线性软化是对曲线 τ_s-γ^p 而言的，而不是对曲线 τ_s-w^p 而言的. 在本节假设材料参数 α 是常数并使用塑性功为内变量，在本构矩阵中参数 A 的表达式非常简单，就是

$$A=k\frac{\partial k}{\partial w^p}=\tau_s\frac{\partial \tau_s}{\partial w^p}=G_p.$$

这是取塑性功为内变量的一个优点.

在计算中材料参数取值如表 5-2-2 所示.

表 5-2-2 材料参数

Young 模量 $E=4\times10^4$ MPa
Poisson 比 $\nu=0.2$
压力相关系数 $\alpha=0.16$
峰值剪切强度 $k(0)=\tau_s(0)=4.16$ MPa
残余剪切强度 $k_r=k(\gamma_r^p)=3.2$ MPa
峰值黏聚力 $c=5.0$ MPa
残余黏聚力 $c_r=2.7$ MPa

（续表）

内摩擦角 $\phi=30.0°$
开始进入残余阶段内变量值 $\gamma_r^p=0.05, w_r^p=0.025$ MPa
切线塑性剪切模量 $G_p=-5400$ MPa
水平最大主压应力 $\sigma_H=-45.0$ MPa
水平最小主压应力 $\sigma_h=-30.0$ MPa

将计算区域剖分为121个节点100个单元（参照图5-2-7），按前述计算流程可计算出弹性设计的坍塌压力 q_e 和稳定设计的坍塌压力 q_{cr}，即

$$q_e=\frac{1}{2}(\sigma_H+\sigma_h)(1-\lambda_e)=-\frac{1}{2}\times 37.5\times 0.74\ \text{MPa}=-13.875\ \text{MPa},$$

$$q_{cr}=\frac{1}{2}(\sigma_H+\sigma_h)(1-\lambda_{cr})=-\frac{1}{2}\times 37.5\times 0.68\ \text{MPa}=-12.750\ \text{MPa}.$$

失稳临界状态的塑性区分布如图5-2-7所示.

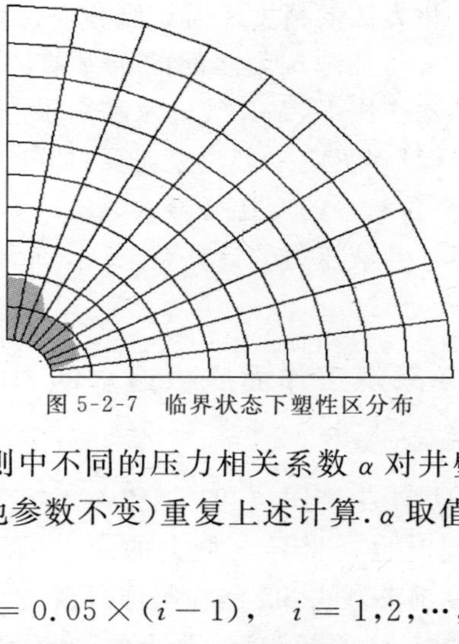

图5-2-7 临界状态下塑性区分布

为了研究在D-P准则中不同的压力相关系数 α 对井壁坍塌压力 q_e 和 q_{cr} 的影响，可对不同的 α 值（其他参数不变）重复上述计算. α 取值范围是[0,0.4]. 各次计算 α 取值为

$$\alpha_i=0.05\times(i-1),\quad i=1,2,\cdots,9.$$

计算得到的不同 α 的坍塌压力记为 $q_e(\alpha_i)$ 和 $q_{cr}(\alpha_i)$，根据 $q_e(\alpha_i)/q_e(0)$ 和 $q_{cr}(\alpha_i)/q_{cr}(0)$ 的数值可拟合出经验公式

$$\frac{q_e(\alpha)}{q_e(0)}=n_e(\alpha),$$

$$\frac{q_{cr}(\alpha)}{q_{cr}(0)}=n_{cr}(\alpha).$$

为了研究原场应力 σ_H 和 σ_h 的差异（不等向性）对井壁坍塌压力的影响，引入参数 $\zeta=\sigma_H/\sigma_h$（称为应力比），ζ 的取值范围为[0.3,1.0]. 对不同应力比

$$\zeta_i=0.3+0.1\times(i-1),\quad i=1,2,\cdots,8,$$

(其他参数不变)重复计算坍塌压力,可用同样方法拟合出经验公式

$$\frac{q_e(\zeta)}{q_e(1)} = m_e(\zeta),$$

$$\frac{q_{cr}(\zeta)}{q_{cr}(1)} = m_{cr}(\zeta).$$

有了上面的基础工作,我们可用下面思路给出所有工况的坍塌压力 $q_e(\alpha,\zeta)$ 和 $q_{cr}(\alpha,\zeta)$.

(1) 设 $\zeta=1(\sigma_H=\sigma_h)$,$\alpha=0$ 为基准工况,用有限元方法计算出或者用理论解给出坍塌压力 $\bar{q}_e$ 和 $\bar{q}_{cr}$,或者表示为 $q_e(0,1)$ 和 $q_{cr}(0,1)$.

(2) 压力相关性修正

$$\tilde{q}_e = q_e(\alpha,1) = n_e(\alpha)\bar{q}_e, \quad \tilde{q}_{cr} = q_{cr}(\alpha,1) = n_{cr}(\alpha)\bar{q}_{cr}.$$

(3) 应力比 ζ 修正

$$q_e = q_e(\alpha,\zeta) = m_e(\zeta)\tilde{q}_e, \quad q_{cr} = q_{cr}(\alpha,\zeta) = m_{cr}(\zeta)\tilde{q}_{cr}.$$

上面确定坍塌压力简化方法的精度还需比照有限元计算结果作进一步讨论.

如果在钻井液液柱压力与孔隙压力之间的压力差,钻井液与孔隙内流体之间的化学势差(活度差)的共同作用下,钻井液的水和离子进入泥页岩地层,那么还需要考虑水化学作用.根据质量守恒定律可建立泥页岩井壁的透水扩散方程,进而解得井周地层含水量的变化.含水量的变化会影响地层的弹性性质和强度性质,从而影响了井周应力场及临界钻井液压力的计算结果.

§5-3 采煤工作面底板透水的力学机制

1. 我国透水研究的历史

中国是世界上最大的煤炭生产国.1990 年和 1991 年,中国煤炭仅出口就超过了 10^9 t(10 亿吨).中国同时也是世界上最大的用煤国.煤炭占中国经济能源的 75%,而在印度占 53%,在前苏联占 30%,在美国只占 24%.目前,中国还缺乏能够用来代替煤炭的更干净、更经济的新能源.预计,中国这种大规模消耗和生产煤炭的情况将会持续增长到本世纪中叶.据国民经济发展规划,到 2020 年将会达到 2×10^9 t(20 亿吨).因此,中国煤炭工业的发展前景十分壮观.

然而,由于受到诸如水文地质、工程地质及其他自然条件的影响,中国煤炭工业的发展速度受到了很大制约.其中最主要的一个不利因素就是溶水灾害.统计资料表明,在中国约 32%的原煤储量,即约 10^{10} t(100 亿吨)原煤,目前正受到奥灰岩溶水的威胁.在过去的几十年里,有 220 多个矿井被淹,1300 多人被夺去了生命,经济损失超过了 300 多亿元人民币.奥灰水涌入地下采场,尤其是透水,是溶水灾害的一种典型形式,是减少产量、增加成本的重要原因之一.从矿井中抽取溶水是

煤炭开采过程中的一项重要花费,有时甚至超过了开采成本的 20%. 另外,由透水造成淹井的事故往往是灾难性的. 1984 年 6 月 2 日,华北煤田开滦范各庄矿发生了震惊中外的特大透水灾害,大水以最高 2053 $m^3 \cdot min^{-1}$ 的透水量,仅 20 个小时就将年产 3×10^6 t(300 万吨)的大型矿井淹没,9 人失去生命,经济损失超过 5 亿元人民币. 因此,研究透水发生机理,寻找预测和整治透水灾害,减少人们生命和财产的损失有着广泛的实际意义.

在我国,石灰岩分布面积广泛,煤矿矿床的水文地质条件极为复杂,矿井涌水量之大为世界采矿史所罕见. 因此,早在 20 世纪 50 年代就开始了对透水问题的研究. 而国外由于国情与经济技术发展水平与我国不同,目前还未涉及这个问题. 只有匈牙利在对底板隔水层的研究和对采动前后隔水层岩体的应力变化研究的基础上,对采煤工作面底板透水的可能性做过评价.

我国煤矿透水的研究已经历了 60 多个年头,那时广大水文地质工作者就已认识到透水对煤矿生产危害的严重性. 为此,有关部门组织专家开展了水文地质会战,但由于受当时技术水平和研究对象的限制,对煤矿透水研究仅限于对水文地质条件的调查与分析上,解决的只是顶板水的问题.

进入 60 年代,煤矿**底板透水(突水)**日渐突出,淹井灾害时有发生,除对具体治理技术更为偏重的研究外,也从底板隔水层的“保护”上开展了研究工作. 所以当时不仅在治理技术方面有明显提高,而且对透水发生的统计规律也开始有了新认识. 作为焦作矿区水文地质大会战的主要成果之一,当时提出了“透水系数”的概念. 定义**透水系数**为

$$T_s = \frac{P}{M}, \tag{5-3-1}$$

其中: P—水压(MPa); M—隔水层厚度(m); T_s—透水系数($MPa \cdot m^{-1}$).

当时统计了峰峰、焦作、淄博和井陉四矿区与透水系数密切相关的水压和底板隔水层厚度资料,并将其比值作为判别透水与否的标志. 各矿区的统计结果列于表 5-3-1 中.

表 5-3-1　四矿区透水系数统计值

矿区	峰峰	焦作	淄博	井陉
透水系数 / $MPa \cdot m^{-1}$	0.055～0.065	0.050～0.100	0.050～0.120	0.050～0.130

应当指出,该表是经过加工后的一组经验数据,所列透水系数值均大于或等于 0.050 $MPa \cdot m^{-1}$. 这说明在一般情况下,当透水系数值超过该值时,即有可能发生透水事故.

1971 年,为解决湖南斗笠山矿香花台井的透水问题,在实际中首次应用透水

系数的经验值,成功地进行了升压实验.当时采用 0.060 MPa · m^{-1}作为升压试验的极值,在允许范围内提高水头,减少涌水量,保证了安全开采,没有导致透水事故.结果使矿井涌水量由原来的 3260 m^3 · h^{-1}减少至 2155 m^3 · h^{-1},每天可节省排水电费 3052 元,保证了矿井的安全.

到了 20 世纪 70 年代,随着煤矿生产的发展,采深加大,水压增高,对距奥陶系石灰岩较近的煤层的开采也被提到日程上来,底板透水问题更加尖锐,底板透水的研究也随之加强.当时的防水专家们,借鉴国外煤矿防治水的经验,将在匈牙利考察的结果与我国实际情况相结合,通过统计、整理和分析大量的透水资料,结合邯郸矿务局王凤煤矿的底板隔水层压水试验,得出了新的透水系数经验公式

$$T_s = \frac{P}{M - C_p}, \tag{5-3-2}$$

其中:T_s—透水系数(MPa · m^{-1});M—有效隔水层厚度(m);P—水压(MPa);C_p—矿压对底板的破坏深度(m).

在此之前,匈牙利等东欧国家对底板透水的认识也处于"P-M 关系"阶段

$$U = \frac{M}{P}, \tag{5-3-3}$$

其中:U—透水系数(m · MPa^{-1});M—有效隔水层厚度(m);P—水压(MPa).

他们还根据各种岩石的阻水条件,对隔水层的有效厚度 M 提出比例系数,以区别各种岩性不同的"保护"作用.可以看出,U 实际上是 T_s 的倒数形式.

从经验公式可以看出透水系数是水压和有效隔水层厚度之比,其实质就是地下水动力学中的动力梯度.

新的透水系数经验公式为带压开采技术提供了比较可靠的依据.邯郸矿区王凤煤矿曾经利用这一公式来计算预留煤柱.实践证明,利用这一公式来计算预留煤柱可行而且经济.

另外,透水系数在分析透水量与透水次数上也起到很重要的作用.现有资料表明,透水系数大于相对临界值的透水次数占绝大多数,小于相对临界值的透水次数很少.而且,随透水系数的增加,透水量也相应增加.因此,在掌握了一个矿区的透水系数经验值后,就可依据透水系数经验公式及其相关参数,在满足安全开采的前提下,控制或减少矿井排水量,经济合理地留设防水煤柱,并可定性地判别透水量的大小、次数和相互关系,从而防治透水灾害的发生.

在这之后,"透水系数"便成为当时描述透水现象唯一的定量指标,并以安全水头 $P = T_s(M - C_p)$的形式被写入煤炭部 1986 年制定的《煤矿防治水工作条例(试行)》中.

但在实际应用中发现,在一个矿区,根据该矿区的水文地质条件(下伏承压水头,隔水层厚度及岩性组合等)计算出的透水系数经验值是一个定值.而统计资料

表明，当实际透水系数小于这一地区经验值时，有的工作面也会透水．反之，当实际透水系数大于这一经验值时，也不一定会发生透水．另外，透水的发生与否是与隔水层的阻水性能、岩性、地层结构、采煤方法、矿床含水层的富水性及水动力学特征等多种重要因素有密切关系的，而透水系数的经验公式(5-3-2)只反映了其中的部分因素，所包含的信息尚不够完全．但是要把各种因素考虑在一个判别式中，还要继续研究．

到了20世纪80年代，煤矿透水及淹井灾害达到了令人震惊的程度，仅1984～1985年一年内，全国淹井灾害就发生了22起，最大透水量竟达每分钟2053 m^3．面对如此严峻的现实，有关部门增加了科研力量的投入．随着研究工作的深入开展，相继出现了"下三带说"、"强渗流说"、"岩水应力关系说"等新理论．

"下三带说"是山东矿业学院与井陉矿务局等生产单位经过多年实际观测并结合室内模拟试验及有限元计算后提出的．这一学说认为，煤层开采时的底板也像顶板岩体一样存在着三带．从煤层以下分别是底板破坏带(h_1)、完整岩层带(h_2)和承压水导升带(h_3)，并提出了确定"三带"的关系式．

"下三带说"认为底板透水的实质是，当采矿引起"三带"发生时，其第二带即完整岩层带(h_2)厚度很薄甚至完全没有时，则必定造成开采不够安全直至引起透水．

"强渗流说"是中科院地质所与开滦矿务局共同实践的结果．"强渗流说"解释透水机理的基本观点有二：其一是底板水文地质构造存在与水源连通的固有的富水的强渗流通道．当其被采掘工程穿过时，即可能产生突发性的大量透水，造成透水灾害．其二是底板中不存在这种固有的强渗流通道，但在工程应力、地壳应力以及地下水共同作用下，底板岩体结构和水文地质结构中原有的薄弱带会发生变形、蜕变与破坏，形成新的贯穿性强渗通道而诱发透水．前者称为"原生通道透水"，后者称为"再生或次生通道透水"．因此透水发生的充分必要条件为

(1) 煤层围岩固有的应力状态发生改变；

(2) 抗透水岩体的阻水性能发生改变和破坏；

(3) 抗透水岩体的结构力学强度被破坏．

其定量判定指标，将根据底板岩体结构类型的不同来确定．

"岩水应力关系说"是煤炭科学研究总院西安分院提出的关于煤层底板透水的试验成果，该理论把复杂的底板透水问题简单地归结为岩(底板隔水层岩体)，水(底板承压水)和应力(采动应力与构造应力)关系，即把煤层底板的透水解释为如下过程：

底板透水是采动矿压和底板承压水的水压共同作用的结果．采动矿压使底板隔水层出现一定深度的导水破裂缝，降低了岩体强度，削弱了隔水性能，造成了底板渗流场的重新分布．当承压水沿导水破裂缝进一步渗入时，岩体则因受渗流软化

而导致导水破裂裂缝继续扩展，直至二者相互作用的结果使得底板隔水层岩体最小主应力小于承压水水压时，便产生压裂扩容而发生透水．其表达式为

$$I=\frac{P_{\omega}}{\sigma_2}, \quad (5\text{-}3\text{-}4)$$

其中：I—透水临界指数；P_{ω}—底板隔水层岩体承受的水压；σ_2—底板隔水层岩体的最小主应力．

众所周知，底板隔水层所受的水压是比较容易确定的，而底板隔水层岩体的最小主应力的获得却有一定的困难．如何通过一定的技术手段获得底板隔水岩体的最小主应力便成为"岩水应力关系说"解决透水预测的关键技术．煤炭科学研究总院西安分院，在兄弟单位的配合和协助下，通过5年试验研究，在总结借鉴国内外以往技术经验的基础上，根据两个试验点的工作成果，形成了采煤工作面底板透水预测预报监测系统配套技术及采煤工作面底板透水预测预报岩体原位测试系统配套技术，完善和补充了"岩水应力关系说"．

2．透水的基本特征和条件

煤矿工作面底板透水实质上是下伏承压水沿采场底板岩体内部通道向上涌入工作面采空区的过程．作为一种综合水文地质现象，它受到许多因素的影响，如煤层下伏承压水的水量、水压值大小、工作面底板岩层的岩性组合、底板构造及采动方式等等．但归纳起来，发生透水的先决条件不外乎有三个：透水空间、透水水源和导水通道．只有当这三个条件同时满足时，透水才有可能发生．

透水水源，在我国煤矿华北石炭二迭系煤田是普遍存在的客观事实．而透水空间是采煤过程的必然产物．因此，底板透水的关键就在于采场与奥灰水之间是否存在导水通道．一般来讲，采场与奥灰水之间的岩层按其导水程度可分为下列三种情况．

（1）煤层底板岩层内存在与奥灰水相沟通的导水通道，一旦工程揭露立刻发生透水．这种透水往往是断层或陷落柱导水的结果，多数为原生通道．一般断层带透水较为常见，约占透水总数的90％以上，而且水量大，水压高，水势迅猛．对于这种透水，如果采前对工作底板的地质条件进行探测，确定断层构造发育的部位，并采取相应的措施，如预留煤柱、底板加固，就可以预防．

（2）煤层底板存在闭合的软弱结构面，其渗透性虽小，但在采动影响下，这些软弱结构面就会张开、扩展，其渗透性增加，从而有可能导致透水．这时透水与否与地下承压水水头的大小密切相关．

（3）煤层底板岩层不存在与奥灰水相连通的导水通道，但在采动影响下，底板岩层的薄弱环节发生较大的变形破坏，直至形成新的通道而透水．这种情况下，在薄弱带易透水的地段，当巷道掘进揭露达到一定程度时就会出现底鼓，甚至会发生

地裂透水.

另外,通过对煤矿矿床底板所发生的上千次大小透水事故的分析,根据底板的地质构造特征,又可将透水现象归结为以下几种情况.

(1) 完整底板结构型透水

在这种类型的透水情况中,煤层底板无断裂构造存在.一般在透水前有底鼓现象发生,同时伴随着轰鸣声,直到底板破裂,发生透水.从出现透水征兆到发生透水一般有一定的时间间隔.这种类型透水尤其在掘进中的巷道中常见,而且与水压及矿压的大小关系密切.特别是在高水压区,水压越大,透水发生的概率就越高.若工作面属于这种类型结构,隔水层又具有一定厚度,基本上可实施安全开采.

(2) 断裂底板结构型透水

完整底板在构造运动的作用下发生错动后,会在岩层内部形成大的断裂带.如果这些断裂带穿过整个隔水层,就沟通了下伏承压水与煤层之间的联系.在地压、水压共同作用下地下水就会沿着这些通道涌入采场或巷道造成透水.因断裂引发的透水在峰峰矿务局占 80%左右,在焦作矿务局占 90%以上,比重相当高.

(3) 节理、裂隙网络型透水

这种透水类型的透水通道是由原生或后生节理与裂隙构成的.在采动效应作用下,地下水沿这种网状强渗透通道汇集入上伏地层而增强越流,突入巷道或采空区形成透水.

(4) 岩溶陷落柱型透水

从矿区勘探钻孔揭露的资料中分析得知,岩溶的发育随深度的增加而减弱,在部分矿区也有古岩溶陷落柱存在.如井陉矿区,透水点与陷落柱关系密切,陷落柱的排列方向在平面上与地下径流方向基本一致,透水点的水量与透水几率与地下水径流带有关.典型的事例是前面提到过的开滦范各庄矿透水,其陷落柱顶标高 300 m,透水量达 2053 $m^3 \cdot min^{-1}$,影响半径达 12 km,实属罕见.

试验和观测表明,采场工作面底板由于受上部采动影响,产生一个连续的破坏带.破坏带的深度受地层岩性、构造、采动方式及水压等因素的影响,各个地区都不一样.如华北煤田澄合矿区,完整地层的破坏深度约为 10 m,而非完整地层的破坏深度约为 20 m.受到破坏的岩层,失去了阻隔水压的能力,便产生了导水破坏深度,由原来的隔水层变为良好的导水层.为叙述方便,我们将这一区域称为"底板破坏带",将煤层以下至奥灰水层之间的岩层称为"隔水层".同时,在隔水层底部,由于岩层中原生裂隙的存在,地下水会沿着这些裂隙上升到一定高度,称为"原始导升高度".在采动压力和承压水压力共同作用下,这些裂隙会产生开裂扩张,同时会有新的裂隙产生.于是地下水会沿着新发展的裂隙进一步上升到新的高度,我们称为

"采后导升高度".隔水层内导升高度以下的岩层由于奥灰水的充填也成为含水层，我们统称为"导升区".为了区别，我们将原有的含水层称之为"承压含水层".这样，真正起隔水作用的岩层是上部破坏带和下部导升区之间的部分岩层，我们称之为"有效隔水层".当下部导升区受采动压力和水压作用向上发展，同时上部底板破坏带深度增加，二者沟通时，有效隔水层消失，底板隔水层全部转化为导水层，这时就会发生透水.这个破坏过程如图 5-3-1 所示.图中：M 表示隔水层厚度，H 表示底板破坏带深度，h 表示最大导升高度.因此，发生透水的条件是 $H+h\geqslant M$.

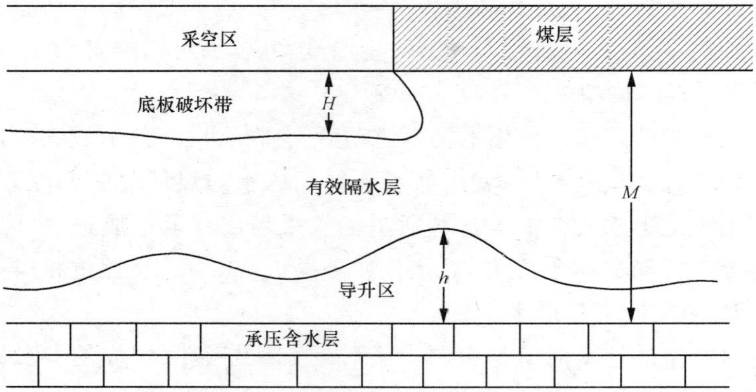

图 5-3-1　煤层底板破坏示意图

3. 完整底板煤层开挖过程底板透水的有限元模拟

邓中策，蔡永恩，王成绪(1990)依据焦作九里山煤矿实际开采过程，用弹塑性有限元方法，考察了完整底板上开挖和回填过程的底部变形和透水的可能性.

河南焦作九里山矿区的地质构造比较简单，地层基本为向南倾的单斜构造，倾角约为 10°，长壁式采掘的采空区相当于一个约 90∶15∶2 的斜置长方体，且长轴平行于倾斜方向.因而，选取平行于开采方向的直立剖面进行二维的平面应变计算模拟.

河南焦作九里山矿区的简化地层(略去煤夹层)柱状图如图 5-3-2 所示，该矿区对大煤煤层开采有直接影响的是石炭系中的较厚的石灰岩层(简称八灰)，它靠近煤层并与底部寒武奥陶纪巨厚的石灰岩含水层有密切的水力联系，故为该矿区底部透水的最主要承压含水层，可以认为它作用于开采煤层的底板而导致可能的透水.

石灰石和砂岩近似于各向同性材料，采用 D-P-Y 材料模型，屈服函数为

$$f=(J_2+a^2k^2)^{\frac{1}{2}}+\alpha I_1-k,$$

页岩和泥页岩层理发育，用修正的层状材料模型，其屈服函数为

$$f=\mu\sigma_n+(\tau_n^2+a^2c^2)^{\frac{1}{2}}-c,$$

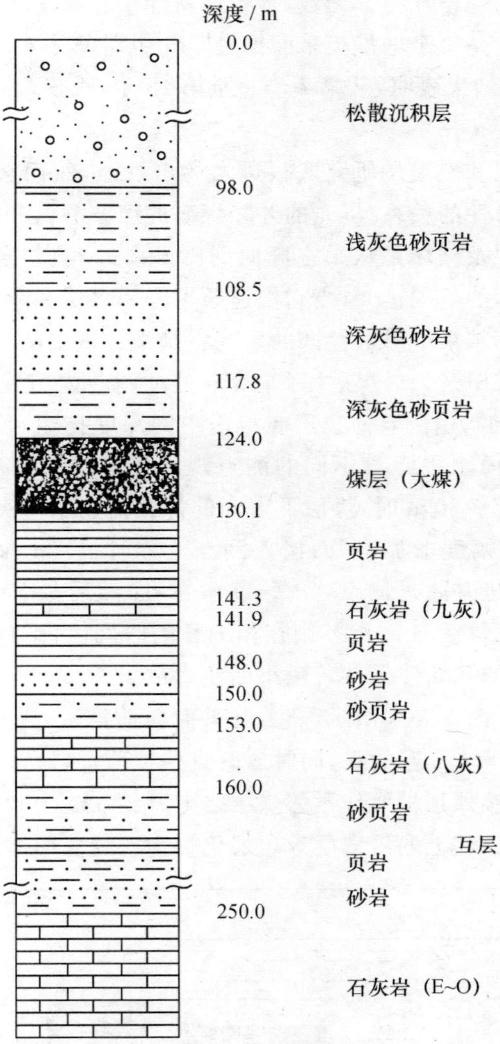

图 5-3-2　九里山矿区简化地层(略去煤夹层)柱状图

落顶区为碎块填充,这部分可视为无黏结的不抗拉材料,其屈服函数为

$$f = \frac{1}{3}I_1 + \frac{2}{\sqrt{3}}J_2^{\frac{1}{2}}\cos\theta,$$

$$\theta = \frac{1}{3}\tan^{-1}\left\{\frac{2}{J_3}\left[\left(\frac{J_2}{3}\right)^3 - \left(\frac{J_3}{2}\right)^2\right]^{\frac{1}{2}} + \pi H(-J_3)\right\},$$

其中：J_3 是偏应力张量第三不变量,$H(-J_3)$是阶梯函数.根据焦作煤田含煤地层中各种岩石测得的力学参数(某些参数不完全则采用已有的相同岩石的资料数据)

拟合出上面函数中的弹塑性力学参数，这里取塑性扩容 θ^{p} 为塑性内变量.

增量计算的设计是每个增量步采面推进 5 m，共计算了 16 个增量步，相当于采面推进了 80 m，计算结果表明，从第 7 步起至第 16 步，每步都有几乎相同的应力分布和位移变化.

岩石的应力变化和破损是研究底板透水的出发点，然而迄今无公认的指标可表述它们与岩石导水性的关系. 早先的井陉煤矿的声波测试和注水试验发现，开挖所产生的岩石微破裂及破坏是从采空区向周围发展的，随着岩石微破裂等不可恢复变形（即塑性变形）的范围扩大，当它们连通了开采煤层和承压含水层，即可能发生透水. 因此，在计算结果中对塑性区的研究将是十分重要的.

在焦作九里山煤田某采区煤层下约 12 m 处一副巷内布置了观测点（图 5-3-4 中 A，B）作注放水试验，由副巷向煤层底板内不同深度打注水孔，并在副巷给它一定的水压，在与开采面水平距离不同的测点观测各注水孔注水量的变化，结果如下：当采面距测点 25～30 m 时，煤层下 4 m 的深孔的注水量突然猛增；随后不久，8 m 深孔的注水量大幅度增加；采面接近测点上方时，11 m 深孔注水量也明显增大. 随着开采面的推进并超过测点，先是 11 m 深孔，然后是 8 m 深孔，注水量逐渐减小至没受影响时的量级；4 m 深孔则在相当长的时间内保持较大的注水量. 全过程中煤层下 15 m 深的孔始终保持着较小的注水量.

回采采动过程如图 5-3-3 所示，随着开采面向前推进，先开挖煤层上部约 2 m 厚的煤，然后开挖其下 4 m 厚的煤，同时放落直接顶顶板岩石，并保持采长为 15 m. 在计算模型中，将直接顶顶板取作紧邻煤层之上厚约 5 m 的砂岩岩层，放顶后其碎块充填于整个落顶区，其上的砂岩层等岩层仍视为连续变形体.

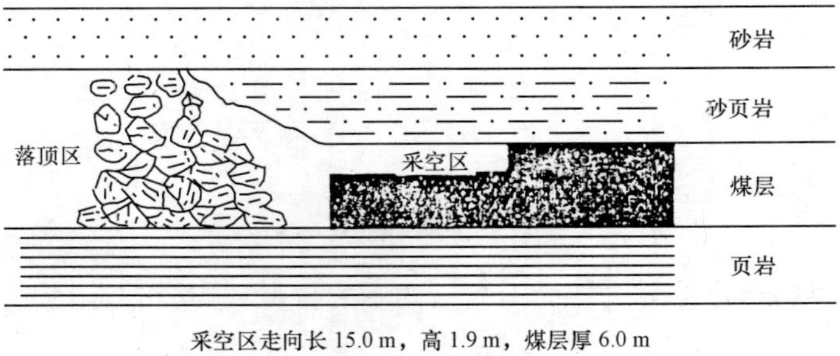

采空区走向长 15.0 m，高 1.9 m，煤层厚 6.0 m

图 5-3-3 九里山某采区回采过程示意图

图 5-3-4 为有限元计算的网格，它代表实际长 200 m，高 70 m 的直立走向剖面，共 944 个节点，937 个单元. 根据实际岩性分层剖分单元网格，在煤层附近（尤其是下部）加密网格，采空区长 15 m，高 1.9 m 的长方形空间，它随开采面的推进而整体前移，后面的空间和回采煤层采空后空间同时为落顶的砂页岩充填.

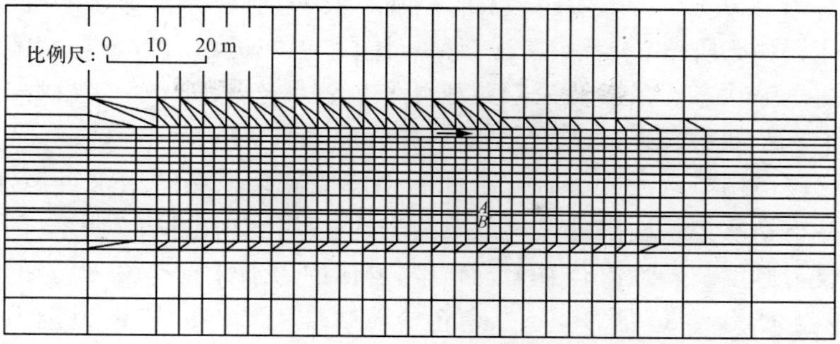

采空区，箭头所指为开采方向，A、B分别为测点所在位置的副巷的顶底板

图 5-3-4 有限元网格

在“八灰”含水层内孔隙压值为 1.8～2.0 MPa，尽管其水头在煤层之上，但底板完整时，承压水的影响高度仅在“九灰”岩层及其下的页岩层(参见图 5-3-2)

图 5-3-5 为有限元计算得到的采动过程中煤层底板的塑性区分布图.可以看出，煤层下 3.5～7.5 m，7.5～10.0 m 和 10.0～12.0 m 深的岩层塑性区分别较好地对应于上述注水试验 4 m，8 m 和 11 m 深孔的注水区的分布与变化(采空区前下方一段区域除外).因此，用有限元计算得到的塑性区代表可能透水的岩石范围是可行的.计算结果还表明，焦作九里山煤矿完整底板能够抵抗底部承压水而不至于透水的最小底板厚度为 13 m(该厚度会因岩性组合不同而变化)，这与该矿区实践经验一致.

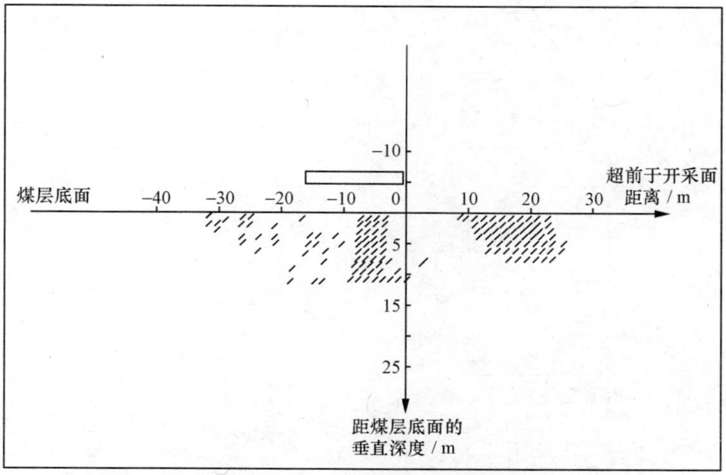

图例：采空区 塑性区（包括塑性强化区和软化区）

图 5-3-5 煤层底板塑性区分布

从综合底板内应力分布及各深度岩石变形可以看出，回采过程中底板下一定

深度的岩石都经历 4 个变形阶段：采前正常阶段，采前应力集中压缩阶段，采下及采后减压体积膨胀阶段，采后矿压逐渐稳定阶段. 可能透水的岩石塑性区基本上与煤层下采前压缩状态和采下及采后减压体积膨胀状态的两个区域相吻合，这两个区域多发生岩石的微破裂与破坏，因此是形成透水通道的最危险区域.

张炜(1997)用有限元方法研究了淮北朱庄煤矿某采场的透水可能性问题，根据该矿的井下钻孔记录画出的煤层以下的岩性柱状图如图 5-3-6 所示. 隔水层的阻水性能不仅与厚度及岩性组合有关，而且与岩体的渗水性质有关. 泥岩的阻水能力比砂岩的阻水能力高 30 倍. 一灰、灰白色中粒砂岩和二灰的 12 m 范围内均可认为是承压含水层. 同时，可认为从一灰以上黑色泥岩至煤层底板 55.12 m 的岩层为原始底板有效隔水层，不存在原始导升区. 井下钻井资料表明，在隔水层底部有 3.2 MPa 的水压作用. 在采压和承压水水压作用下，它在上部产生底板破坏深度，记为 H，在下部阻水层会产生导升高度，记为 h，如果用 M 表示隔水层厚度，那么发生透水的条件是 $H+h\geqslant M$.

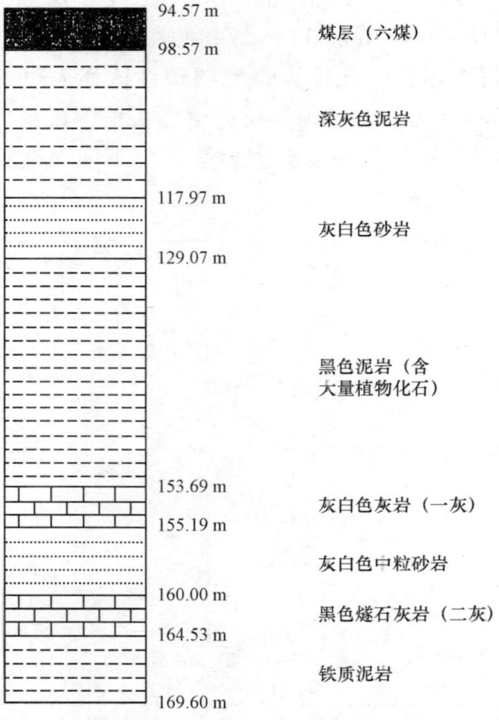

图 5-3-6　朱庄煤层底部岩层柱状图

有限元剖分的网格如图 5-3-7 所示，它代表宽 280 m、高 90 m 的直立走向剖面，共计 984 个节点，880 个平面四边形等参单元. 计算采用的材料参数如表 5-3-2 所示.

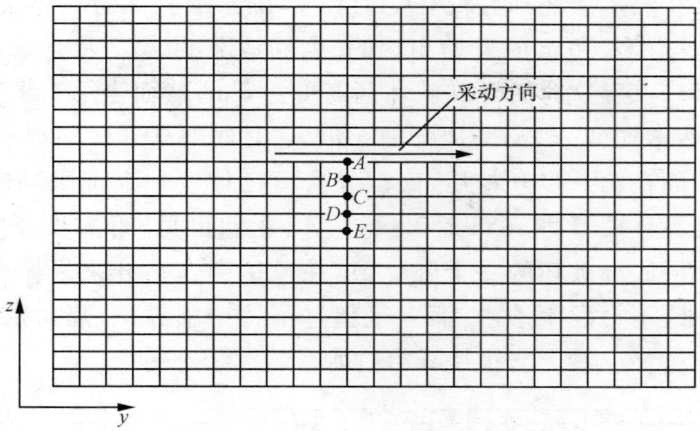

图 5-3-7　有限元网格

表 5-3-2　有限元计算参数

岩性 \ 参数	Young 模量 / 10^4 MPa	Poisson 比	黏聚力 / MPa	内摩擦角 / (°)	容重 / $9.8\,kN \cdot m^{-3}$
老顶	2.80	0.20	3.7	28.37	2.785
直接顶	2.00	0.20	2.8	28.37	2.506
六煤	2.05	0.28	2.0	35.00	2.500
深灰色泥岩	2.00	0.20	2.8	28.37	2.570
灰白色砂岩	2.80	0.18	3.7	45.00	2.608
黑色泥岩	1.80	0.25	2.2	19.80	2.583

在每个开挖增量步内开采面推进 7 m，分别用线性和弹塑性两种模型进行了计算．在弹塑性计算中，材料的屈服条件取理想塑性的 Drucker-Prager 条件，用 Newton 法迭代，第 4 步收敛．在线性分析中用 Drucker-Prager 屈服函数计算出 Drucker-Prager 等效应力，等效应力大于零区域勾画出可能的塑性区．从计算结果发现，两种方法得到的塑性区范围几乎完全一致，区别仅在于开切眼、开采面及在顶底板附近，在底板较深部位，两种方法的塑性区边界几乎完全重合．

由塑性区的发展可估算出每个开挖步煤层底板破坏区的最大深度，如表 5-3-3 所示，随着采煤过程的进行，煤层底板破坏区的最大深度逐渐增加，基本上与开挖成线性关系．在第 8 步开挖后底板破坏带区域便与隔水层底板的采后导升带相连通，如图 5-3-8 所示．

表 5-3-3　底板在不同开挖步的最大破坏深度

开挖步	2	3	4	5	6	7	8
最大破坏深度/m	−3.00	−6.04	−13.13	−16.68	−18.72	−21.74	−25.80

在开采初期，隔水层底部并没有受到破坏，隔水层底部的破坏是开采进行到第7步，即煤层开采了约50 m时开始出现的. 也就是说，当第7步开采完毕时，隔水层底部开始出现导升区. 这时的导升破坏区高度为5 m，然而当第8步开采完毕时，导升区的高度骤然增加到25 m，为原来的5倍，这时底部导升区基本上和上部的采动破坏带连通了. 而在第9步开挖后，底部导升区已彻底和上部采动破坏带贯通（见图5-3-8），即煤层开采了约56 m时，发生透水. 由此可见，第7步开挖，即煤层开挖约50 m是隔水层底部破坏的一个临界值，在没达到这一开采规模之前，隔水层底部处于安全地带，不会发生透水；而一旦超过了这个临界值，隔水层底部的破坏就会随着开挖的进行发生剧变，很快导致透水.

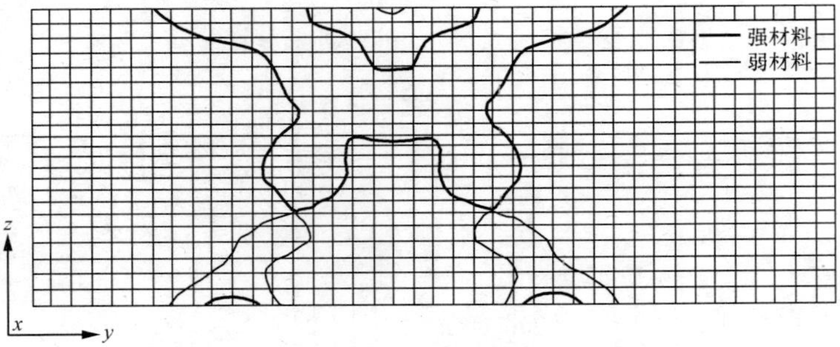

图5-3-8　第8步开挖结束时的塑性区分布图

从表5-3-2可看出，隔水层最底部岩层为黑色泥岩，其黏聚力偏小（为叙述方便，将它们称为弱材料），而较上层的深灰色泥岩黏聚力较大（简称为强材料）. 图5-3-8给出了按强弱两种材料参数计算得到的塑性区分布图. 可以看出，两种材料参数计算出的煤层顶底板的塑性区完全一致. 区别仅在于隔水层底部的采后导升区范围. 由强材料参数计算出的采后导升区的范围要远小于原来弱材料的结果，最大导升高度也由原来的28.7 m变为4 m，约是原来的1/7. 因此，隔水层底部岩层的材料性质对整个隔水层导水性能有很大影响.

煤层底板隔水层的隔水性能，尤其是与承压含水层相邻岩层的隔水性能与其物理及力学性质，特别是强度性质，往往是决定透水与否的关键. 以往，人们研究透水，往往把注意力集中在煤层底板破坏带的变化上，而相对忽略了采动引起的隔水层导升区的上升. 大量的调查发现，底板破坏带的深度一般仅在10～12 m左右. 如果仅考虑这一因素，那么当隔水层的厚度超过一定的界限时采动是不会引发透水的. 但是，我们知道，岩层中总是存在裂隙的. 这些裂隙，有的生成于岩层形成过程中，有的是在之后的若干地质年代中，受地壳构造运动的作用形成的. 这样下伏承压水就会渗入这些裂隙中去，对裂隙岩层形成扩张力. 在采动的影响下，岩层内部的应力发生变化. 于是承压水就有可能使原有的裂隙进一步开裂，或产生新的裂隙. 这样就弱化了材料的抗阻水能力，从而形成了导升区. 由于承压水的压力有时与岩层应力是同一数量级，因此采动引起的导升区的变化往往很大. 导升区的发生和发展是造成透水的主要原因. 如果与承压水层相邻岩层是应变软化和吸水软化材料，在透水前导升区的高度可能迅速跃升，形成突发性的透水.

4. 完整底板透水的稳定性分析

底板透水通常具有突发性(因而有时也称之为突水)，此时更具危害性.

以前研究注重导水通道的形成和联系，将 $H+h\geqslant M$(隔水层厚度)作为发生透水的条件，基本上采用强度和破坏分析的方法. 实际上，在通道形成之前，底板会产生突发失稳，因而底板透水的稳定性分析具有重要价值. 底板透水的源动力在于下层高水头岩溶水，这需研究渗流与固体底板的相互作用，失稳不仅与地层的应变软化有关，也与吸水软化(水化学作用)有关.

采煤是多次掘进的，合理的开采进尺和预留煤柱可以避免突水发生. 设开挖进尺为 λ，在每个开挖步内开挖进尺为增量 $\Delta\lambda$($\Delta\lambda$ 总是大于零的)，研究底板的稳定性和计算临界进尺 λ_{cr} 的流程包括下述(1)～(13).

(1) 计算或给定开采前的初始应力场 $\boldsymbol{\sigma}_0$.

(2) 设置开采方案，用 λ 代表掘进进尺，共设 M 个掘进步

$$\lambda_0, \lambda_1, \cdots, \lambda_m, \lambda_{m+1}, \cdots, \lambda_M,$$
$$\Delta\lambda_m = \lambda_{m+1} - \lambda_m,$$

(3) 从 $m=0$ 开始，计算进尺为 λ_{m+1} 的开挖释放载荷

$$\boldsymbol{q}_m = -\overline{\boldsymbol{L}}_2^{\mathrm{T}}\sigma_m,$$

(4) 计算第 m 步掘进的附加场. 载荷参数记为 ζ；释放载荷 $\Delta\boldsymbol{q}_i=\Delta\zeta_i\boldsymbol{q}_m$.

(5) 确定最大弹性增量步 $\Delta\zeta_0=\zeta_1$，如果 $\zeta_1\geqslant 1$，则令 $\zeta_1=1$，计算 $\Delta\boldsymbol{u}_i$，$\Delta\boldsymbol{\sigma}'_i$，$\Delta\boldsymbol{u}+\boldsymbol{u}_m\rightarrow\boldsymbol{u}_{m+1}$，$\Delta\boldsymbol{\sigma}'+\boldsymbol{\sigma}_m\rightarrow\boldsymbol{\sigma}_{m+1}$，$m+1\rightarrow m$ 转至(3)；否则继续.

(6) 指定微弧长增量 Δs_i，从 $i=1$ 开始，计算附加场 $\Delta\zeta_i$，$\Delta\boldsymbol{\sigma}'_i$，$\Delta\boldsymbol{u}_i$，$\Delta\kappa_i$. 并计算总载荷参数

$$\Delta\zeta_i + \zeta_i \rightarrow \zeta_{i+1}.$$

(7) 如果 $\zeta_{i+1}\leqslant 1$，计算总场

$$\Delta\boldsymbol{\sigma}'_i + \boldsymbol{\sigma}_i \rightarrow \boldsymbol{\sigma}_{i+1},$$
$$\Delta\boldsymbol{u}_i + \boldsymbol{u}_i \rightarrow \boldsymbol{u}_{i+1},$$
$$\Delta\kappa_i + \kappa_i \rightarrow \kappa_{i+1},$$

转至(8)；否则计算总场

$$\Delta\boldsymbol{\sigma}'_i/\zeta_{i+1} + \boldsymbol{\sigma}_i \rightarrow \boldsymbol{\sigma}_{i+1},$$
$$\Delta\boldsymbol{u}_i/\zeta_{i+1} + \boldsymbol{u}_i \rightarrow \boldsymbol{u}_{i+1},$$

$$\Delta\kappa_i/\zeta_{i+1}+\kappa_i\rightarrow\kappa_{i+1}.$$

令 $\zeta_{i+1}=1$，转至(10).

(8) 形成 ζ_{i+1} 时的矩阵 $(\boldsymbol{K}_{\mathrm{T}})_{i+1}=\int_V \boldsymbol{B}^{\mathrm{T}}\boldsymbol{D}_{\mathrm{T}}(\boldsymbol{u})\boldsymbol{B}\mathrm{d}V$，计算 $(\boldsymbol{K}_{\mathrm{T}})_{i+1}$ 或 $(\boldsymbol{K}_{\mathrm{T}})^{S}_{i+1}$ 的最小特征值 μ_{i+1}，将 μ_{i+1}，$\boldsymbol{u}_{i+1}$，$\boldsymbol{\sigma}_{i+1}$，$\kappa_{i+1}$ 存盘.

(9) 如果 $\mu_{i+1}\leqslant 0$，转至(11)；否则 $i+1\rightarrow i$，转至(6).

(10) 如果 $m<M$，$m+1\rightarrow m$，转至(3)；否则，不发生透水，转至(13).

(11) $\zeta_{i+1}\rightarrow\zeta_{N+1}$，$\zeta_i\rightarrow\zeta_N$，$\mu_{i+1}\rightarrow\mu_{N+1}$，$\mu_i\rightarrow\mu_N$，用线性插值方法，得到 $\zeta_{\mathrm{cr}}=\zeta_N+\dfrac{\mu_N}{\mu_N-\mu_{N+1}}(\zeta_{N+1}-\zeta_N)$.

(12) 计算临界总进尺：$\lambda_m+\Delta\lambda_m\cdot\zeta_{\mathrm{cr}}\rightarrow\lambda_{\mathrm{cr}}$，计算底鼓位移 $u_{i+1}-u_i\rightarrow\bar{u}$，绘 $\bar{u}$-λ 曲线.

(13) 结束.

现在以朱庄煤矿某采场为例研究底板透水的失稳机制. 所取的地层剖面是宽 280 m、高 90 m 的直立走向剖面，如图 5-3-9 所示.

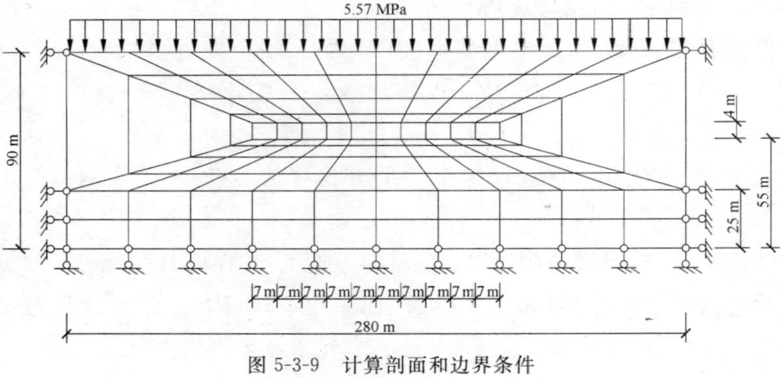

图 5-3-9　计算剖面和边界条件

剖面顶部受上覆岩层压力的均布载荷集度为 -5.57 MPa；剖面左右两端面受水平约束，而在竖直方向自由；剖面底部在竖直方向约束，而水平方向自由. 整个剖面都采用弹塑性模型，使用 D-P 屈服准则. 在底板下部(距剖面底边 25 m 范围内)黑色泥岩层含大量植物化石，并容易被岩溶水浸入，故可看做软化塑性材料，其材料参数如表 5-3-2 最下面一行所示，其中的黏聚力和内摩擦角为软化曲线的峰值. 我们假设在塑性变形下内摩擦角保持不变，而黏聚力是线性软化的. 岩层参数具体取值列于表 5-3-4.

表 5-3-4　岩层参数

Young 模量 $E=1.8\times10^4$ MPa
Poisson 比 $\nu=0.25$
峰值黏聚力 $c=2.2$ MPa
残余黏聚力 $c_r=0$
内摩擦角 $\varphi=20^\circ$
压力相关系数 $\alpha=0.15$
峰值剪切强度 $k=k(0)=2.67$ MPa
残余剪切强度 $k_r=k(w_r^p)=0$
开始进入残余阶段内变量 $\gamma_r^p=0.05$，$w_r^p=0.06675$ MPa
切线塑性剪切模量 $G_p=-53.4$ MPa
容重 $\gamma=2.6\times9.8\,\mathrm{kN\cdot m^{-3}}=25.48\,\mathrm{kPa\cdot m^{-1}}$

煤层距剖面底边 55 m. 底板上部的灰白色砂岩和在它上面的所有岩层(包括煤层)都看做是理想弹塑性材料，其材料参数取表 5-3-2 所列各岩层参数的平均值(见表 5-3-5).

表 5-3-5　岩层参数

Young 模量 $E=2.3\times10^4$ MPa
Poisson 比 $\nu=0.21$
黏聚力 $c=3.0$ MPa
内摩擦角 $\varphi=33^\circ$
压力相关系数 $\alpha=0.26$
剪切强度 $k=3.55$ MPa
容重 $\gamma=2.6\times9.8\,\mathrm{kN\cdot m^{-3}}=25.48\,\mathrm{kPa\cdot m^{-1}}$

设计的采掘总进尺为 70 m，采高 4 m. 取 10 个掘进步，即 $M=10$，$\Delta\lambda_m=7$ m. 在有限元剖分时，每个掘进步相当于挖去一个 4 节点单元，该单元高为 4 m、长为 7 m. 在计算过程中，从左到右，依次开挖. 研究采掘过程是否可能出现透水失稳.

通过计算，得到了两方面的结果，即

(1) 得到临界总进尺(失稳透水发生的进尺)

$$\lambda_{cr}=(6\times7+0.9\times7)\mathrm{m}=48.3\,\mathrm{m}.$$

(2) 计算出每一步掘进后采场底板底鼓(隆起)的平均位移 $\bar{u}$，可看出临近失稳时，底鼓位移有加速增长的特征，它可作为识别透水失稳的变形前兆.

§5-4 华北地震迁移规律的模拟和地震的不稳定模型

1. 华北地区地震迁移规律的有限元模拟

王仁，何国琦，殷有泉和蔡永恩(1980)使用有限元方法，通过重复华北地区在12年间发生的大地震的时间和空间的分布规律，并与实测数据进行对比，来模拟地应力场的变化.借此探讨它与**地震迁移规律**的关系，并希望由此对未来的地震危险区进行预测.

在工程力学问题中，计算一个物体内的应力场需要先给定物体的结构形状，材料的力学性质和作用在边界上的外力，而且需要知道物体内的初始应力分布(常取为零)，然后计算外力作用下引起的应力场，找出其危险点和所引起的变形.这是一个正演的问题.

然而在目前的问题中，所知道的是地震的后果，包括震中地点、释放的能量，地表断层的错距等，从这些结果我们要反演在边界上作用的外力和区域内的应力场.这本身是一个困难的反分析问题，其主要困难则是对深部的地质构造情况和地质体的力学性质并不能像工程问题那样有较确切的了解，特别是我们并不知道这次地震前的初始应力分布.因此我们采取的办法是通过对该地区地震活动的历史序列进行数学模拟，追溯应力场随时间的演变来恢复最后一次地震前的初始应力场.总的来说，这是一个时间加空间的四维反演问题.

首先根据构造地质学、地震地质学、地球物理学的考察和观测结果，选定一个构造骨架和边界形状；还根据岩石力学实验结果和地震波速分布，选定各部分的力学参数；参考地球动力学和震源机制的分析，选定边界上作用的外力.有了这些就可以计算应力场，它的要求是使第一次地震地点处于危险边缘，且这一历史序列的其他震中处于较容易发生剪破裂的状态.如果不是这样，就调整边界外力的大小和方向、各地点的力学参数，使得上述要求得到满足.然后在第一次地震地点释放应力，其办法是降低那里的断层内摩擦系数，使这个地区找到一个新的平衡状态.将释放应力前后之差与实际测量结果进行对比，也就是将释放的应变能和地震能量对比，危险区的分布与余震分布对比，断层错距与地形变测量对比，应力分布与现场应力测量对比等等.如果这些比较的结果不能通过，就需要调整参数和边界外力等，重新进行计算，直到能够通过为止.接下来再计算第二次地震地点释放应力后的应力场，这时前次地震中的断层错距要保留下来，不过内摩擦系数恢复其原有值(这样一个模型相当于是将内摩擦系数在地震时从静摩擦换到动摩擦，在后者情况下找到新的平衡，然后在下次地震时这里则恢复其静摩擦数值).将计算结果再次和第二次地震实测结果对比，若不能通过就再次调整参数，经过这样反复的计算，直到这个序列中所有的地震都能按次序重现出来，并和实测结果有较好的符合为止. 这样，我们就认为比较接近于恢复地壳中的地应力场了. 对以后地震危险区的预测也会觉得有把握一些了.

具体的计算是在平面应变条件下进行的，在力学模型中不考虑时间因素，仅考虑地震发生的前后次序. 取深度为 15 km(唐山地震震源深度)处单位厚度的一层地壳呈受水平面内作用力的情况进行研究.

(1) 选定骨架

图 5-4-1 表示所选定区域和边界，内部共取了 24 条断层. 首先选取一些大断层带或构造带作为边界，要离地震序列各个震中远一些，从计算结果看，图 5-4-1 的边界离海城太近了一些，这将在以后的计算中改进. 现在所选的范围是：北边以阴山带，东边以东海，南边以秦岭纬向带的北支为受力边界，西边取鄂尔多斯台块的东缘(被认为是稳定坚硬的)作为不能移动的固定边界. 在区域内部，根据卫星和航空相片的判断，地震地质的考察和地球物理的探测等资料，选取一些与地震密切有关的和一些构造上最重要的断层. 由于计算机容量的限制，只能放进一些最必要的断层. 本文假设地震发生在原有断层中，因此为了重现历史地震序列，要将历次大震的震中处的断层都放进来. 至于断层的宽度，可将相邻的同方向的断层合并在一起作为一个断层带来考虑. 例如图 5-4-1 中靠东边的郯卢断裂带取为宽 20 km，其他的一般取为宽 10 km.

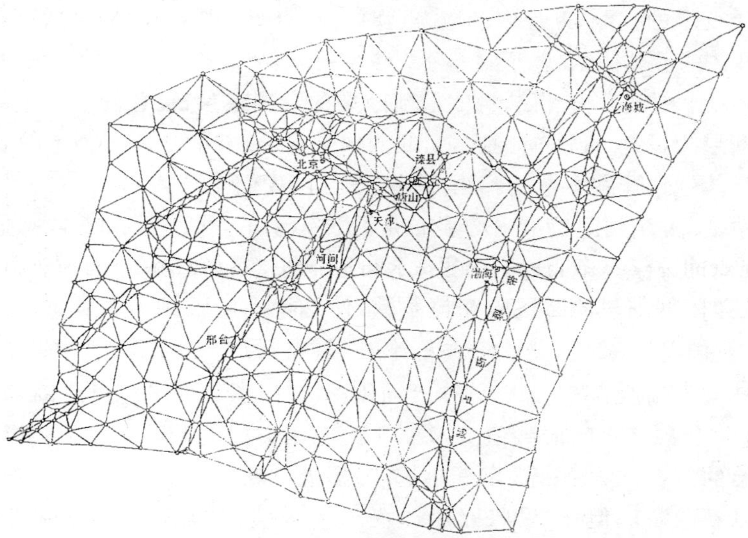

图 5-4-1　将区域划分成有限的单元，其中重线是断层区域的边界

在选定了骨架以后,按照有限单元法的计算要求,把区域划分成许多常应变三角形单元.

(2) 选取材料的力学性质

将断裂带以外的地区考虑成各向同性弹性体,先不考虑在这里发生破裂的可能.在这里我们给出的 Young 模量 E 和 Poisson 比 ν 是通过华北地区的纵波速度 C 平均为 $6\,\mathrm{km\cdot s^{-1}}$ 换算得来的.若取 $\nu=0.25$,密度 $\rho=2.7\,\mathrm{g\cdot cm^{-3}}$,用公式

$$E = C^2\rho(1+\nu)(1-2\nu)/(1-\nu), \tag{5-4-1}$$

算得 $E=83\,000$ MPa.这和实验中用围压 400 MPa(相当于 15 km 深度)时所测得的花岗岩弹性模量是一致的.

断裂带内的材料本来应该考虑成横观各向同性的,需要给出平行和垂直于断层方向的 E 和 ν 及剪切模量等 5 个弹性模量.但由于不清楚该地区各断层带的具体情况,仍把断层带中的材料看成是各向同性的,且在破裂之前是弹性的.考虑的破裂有两种,即:沿断层方向的剪破裂和垂直断层的拉破裂.这种材料称为层状材料,所采用的剪破裂准则为 Coulomb 准则

$$\tau = \mu\sigma_{\mathrm{n}}, \tag{5-4-2}$$

其中:τ 是平行断层方向的剪应力,μ 是断层内摩擦系数,σ_{n} 是垂直断层方向的压应力.上式实际忽略了岩石的黏聚力,完全靠内摩擦力来抵抗剪应力.拉破准则就是简单的不抗拉,也即不允许出现垂直于断层的拉应力,因此对于每个断层带还要给定内摩擦系数 μ.当断层带内的应力满足(5-4-2)式时,断层将发生错动,错动量受周围介质变形的控制,断层内的应力这时与对应的塑性(不可恢复的)应变之间服从理想塑性体的流动法则.属于同一断裂带的单元,将取相同的力学参数(E,ν,μ),在两个或两个以上断裂带交叉处,将取最新断裂的断裂带参数.在图 5-4-1 的情形,我们取东西断层为最老,北东向的次之,北西向的最新,新的断层切割老的断层.

如何具体选定这些参数呢?由于缺乏资料,我们主要考虑它们在不同断裂带之间的相对值.考虑到断层带内的岩石是经过错动的,可将 E 和 ν 取得低一点.又由于断层带取得较宽,降低量不会很大.八宝山断层(表 5-4-1 中编号 6)根据定点观测发现长期以来不断有错动,而且数量较其他断层大.它反映的本来是黏性性质,在这里我们将 E 放低,使它容易变形,经调整后取为 3×10^4 MPa.对于较古老较稳定的断裂带则取为 6×10^4 MPa,其他断裂带根据其新老程度和对其活动性的判断,取这两个数字之间的数值.Poisson 比也作类似的调整.至于 μ,根据岩石力学实验所给的值在 0.4～0.75 之间挑选.考虑老的断层可能重新胶结愈合得好些,或者虽然是新的断层但还是断断续续,尚未形成整体的断层带,μ 就可以取值偏高,否则就可以取得低些.另外还考虑到断层的活动性,若该断裂带的小震较多,μ 应该取得低些,若历史上小震频度低且发生过大震的断层,如三河-夏垫断裂,则 μ

应取高些.这些数字都将在计算中调整,经调整后的 μ 列在表 5-4-1 中.

表 5-4-1　调整后的断层参数

编号	$E(\times 10^5)$	ν	μ(释放时降为)	走向(即层状方向)
1	4	0.22	0.60	N57.5E
2	4	0.22	0.70	N45.5E
3	4	0.22	0.70	N55E
4	5	0.23	0.55→0.54	南段 N23.5E,北段 N30E
5	5	0.23	0.53→0.50	N30.5E
6	3	0.20	0.60	N38E
7	5	0.23	0.60	N28E
8	5	0.23	0.70	N32E
9	5	0.23	0.60	N22E
10	6	0.25	0.52→0.44	N30.5E
11	6	0.25	0.52→0.46	N22.5E
12	4	0.22	0.60	N10E
13	4	0.22	0.50→0.46	N20E
14	5	0.23	0.60	N28E
15	4	0.22	0.60	南段 N15.5E,北段 N25E
16	5	0.23	0.70	N75W
17	6	0.25	0.60	N57.5W
18	6	0.25	0.60	N56W
19	5	0.23	0.60	N86W
20	4	0.22	0.70	西段 N82W,东段 N82E
21	6	0.25	0.50	N43.5W
22	5	0.23	0.63→0.60	N76.5W
23	6	0.25	0.50	N46.5W
24	4.5	0.22	0.55→0.46	N57.5W

(3) 选定在边界上作用的外力

我们可以认为这个地区是更大的区域或全球应力场中的一部分,从那里得到作用在该地区边界上的外力.这些力的分布本来不应该是均匀的,不过由于这个地区只是大区域应力场中的一小部分,在没办法很好确定大区域应力场时,可以把作用在该地区边界上的力看成是均匀分布的,作为第一次近似,而且在 12 年内不变.正因为如此,为减少边界力具体分布对内部的影响,边界应选得离震中远一点.至于这些边界外力的大小,我们认为 15 km 深度处的一层,其覆盖压力可取为 400 MPa,参考深部地应力测量资料,我们取平均水平主应力就等于覆盖压力.为使震中处断层发生错动,水平主应力之间必须有一定差距,根据选定的内摩擦系数,经过试算,选为 −200 MPa 及 −600 MPa.至于它们的方向,我们确定最大主应力的方向，让它在 180°内变化. 经过计算调整，符合 12 年内历次大震资料的，以最大主压应力在 N70°E 的左右 10°范围内较好. 根据以上说明，实际上我们就是使整个地区处在这样一个应力场中，从这些应力就可以算出作用在边界上的外力.

在选定以上三方面的基本数据以后就可以进行有限元的计算. 我们采用北京大学数学力学系编制的 E 程序在 6912 型电子计算机上进行. 全区共有 447 个节点，837 个单元. 计算一次约需 10～15 min，视破裂单元的数量而异. 若只改变参数，重新计算所需的时间还要短些.

(4) 应力释放的方法

如前所述，先按初始(静)断层内摩擦系数计算一次，然后降低发震断层的内摩擦系数(以模拟动摩擦系数)，计算在新的平衡状态下的应力分布. 比较这两次计算的结果：在发震断裂带附近系统应变能的减少量被认为是地震过程释放的应变能(单位厚度内)，用它和真实的地震能量进行对比；震中处断裂带两边结点的相对错动量被用来和真实的断层错距进行对比. 在计算下次地震时，这个错距保留了下来，而内摩擦系数则恢复其初始值(静摩擦系数).

(5) 安全度的比较

为比较释放前后的应力场，我们规定一个参数 G

$$G=(\mu\sigma_n-\tau)/\mu\sigma_n, \tag{5-4-3}$$

称之为**安全度**. 从图 5-4-2 可见，它度量的是剪应力 τ 离开剪破裂线 $\mu\sigma_n$ 的程度. 当 $\tau=\mu\sigma_n$ 时，$G=0$，发生剪破裂，G 越接近于 1 则越安全. 比较应力释放前后的应力场，就可以得出各单元安全程度的变化，G 增大则安全程度增加，G 减小则危险程度增加，用它和余震的分布进行比较. 注意由于剪破裂条件(5-4-2)，应力下降并不一定意味剪破裂的危险也下降.

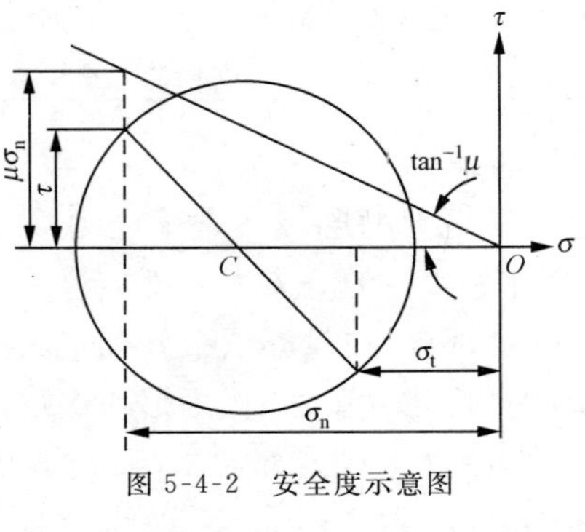

图 5-4-2 安全度示意图

图 5-4-3(a)～(e)分别表示邢台、河间、渤海、海城和唐山各处应力释放前后 G 的变化. 带点的地区 G 增大(更安全了)，带斜线的地区 G 减小(斜线密的地区危险度增大得多些，斜线稀的地区危险度增大得少些). 图中还标出了下次地震前各余

震或小震($M_L \geqslant 4$)的震中.虚线勾划出安全度增大的区域,一般均位于断裂带的北西、南东部位,安全区较窄小.从图中可以看到余震震中绝大多数均位于危险度增大的区域.

从图 5-4-3(a)可见下次地震的震中河间位于危险度增加较多的区域.图 5-4-3(b)中也表示下次地震的震中渤海位于危险区.图 5-4-3(c)中虽然海城位于危险度增大的方向,但变化不大,对应较差.图 5-4-3(d)同样表明海城释放应力使唐山虽然位于危险度增大的区域,但影响不大.图 5-4-3(e)表示的影响区较大,这是因为唐山的震级较大.危险区沿北西西方向传到北京西北部的延庆、怀来,沿北东传至朝阳,沿南西传至邢台,这些地方都能和余震、小震对应得上.图 5-4-4 进一步表明唐山附近的变化:滦县、宝坻、宁河均属于危险度增加较大的区域,有较大的余震;而丰润则属于安全度增大的地区,余震就很少,破坏也较轻.

表 5-4-2 列出了总的计算结果和实测结果及震源机制解的比较.表中第四列比较了地震波能量与计算出的释放的能量(按 1 km 厚的地层算),其中河间的差别大了一些.第五列比较计算出的震源深度(均按 15 km 算)和实测深度,可见河间与渤海的差别较大,在比较其他结果时应该考虑到这一点.第六列比较了断裂带方向与震源机制解的方向.第七列比较了断层错距,注意计算值是断裂带宽度 10～20 km 内的错距,而实测一般是直接跨断层面的,因而前者应该大些.最后一列表示地震的危险区,是按危险的程度逐渐减少的次序排列的,从图 5-4-3(a)～(e)可以看出,它们能够和余震及后继的小震对应.

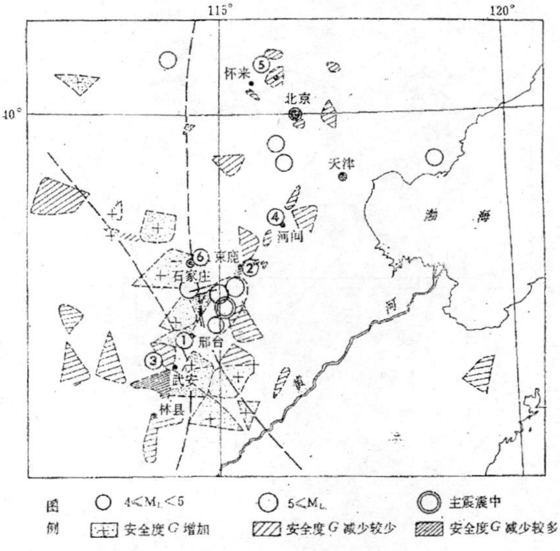

(a) 邢台(1966.3.22～1967.3.27)

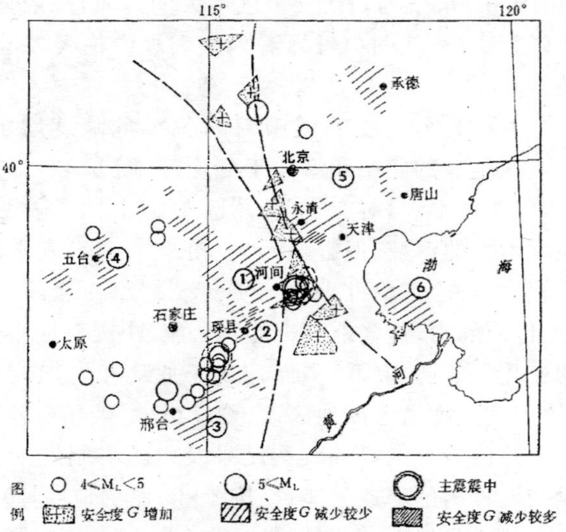

(b) 河间(1967.3.27～1969.7.18)

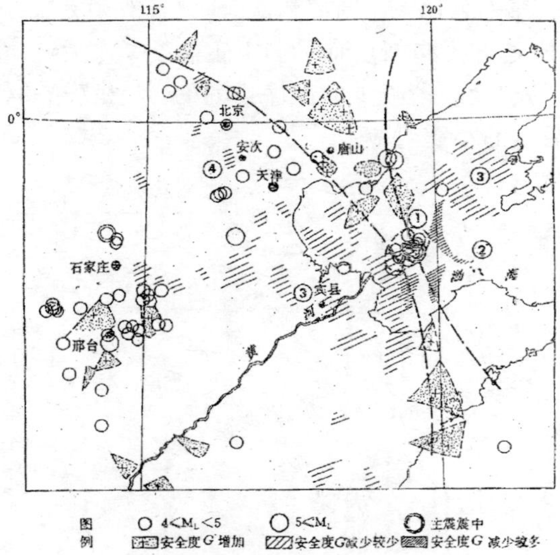

(c) 渤海(1967.7.18～1975.2.4)

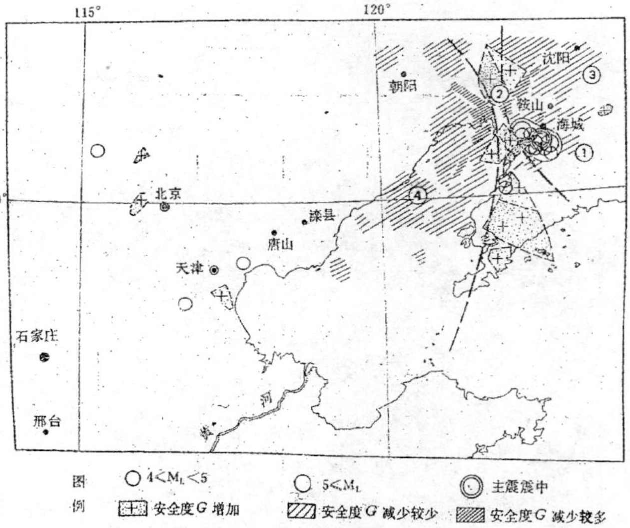

(d) 海城(1975.2.4～1976.7.28)

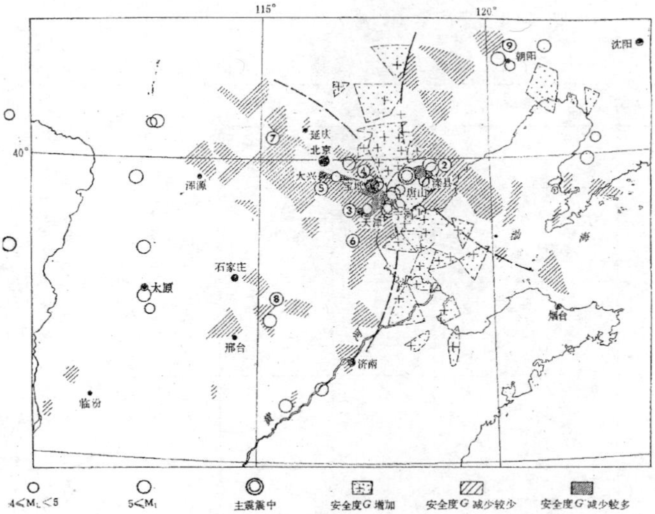

(e) 唐山(1976.7.28～1977.12.31)

图 5-4-3　应力释放后，安全度 G 的变化和余震及小震分布的关系

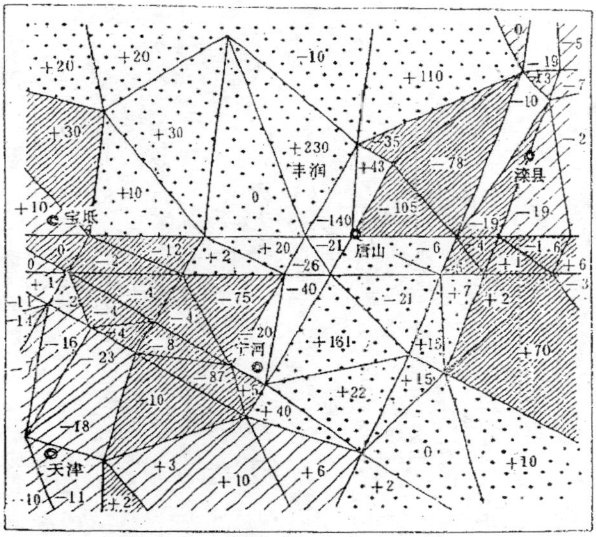

图例　[+] 安全度 G 增加　[////] 安全度 G 减少较少　[////] 安全度 G 减少较多

图 5-4-4　唐山应力释放后，其邻区安全度 G 和应变能的变化

三角形单元里的数字表示应变能的变化(单位：10^{21} erg)

表 5-4-2　计算结果和实测及震源机制解的比较*

一	二	三	四	五	六	七	八
时间	震中	震级 (M_s)	应变能 erg	震源深度 km	断层走向	水平错距 cm	危险区的转移 (按危险度从大到小)
1966 年 3 月 22 日	邢台 37°32′N 115°3′E	7.2	4×10^{22} (4×10^{22})	10.9 (15)	N11°E (N30°E)	70(右) (105 右)	1. 邢台，2. 束鹿，3. 邢台西南，4. 河间，5. 怀来北，6. 石家庄
1967 年 3 月 27 日	河间 38°30′N 116°30′E	6.3	1.8×10^{21} (29×10^{21})	30 (15)	N15°E (N30.5°E)	49.5(右) (54 右)	1. 河间，2. 琛县，3. 邢台，4. 石家庄西北，5. 北京南，6. 渤海
1969 年 7 月 18 日	渤海 38°12′N 119°24′E	7.4	8×10^{22} (6×10^{22})	35 (15)	N20°E (N20°E)	32(右) (316 右)	1. 渤海，2. 渤海东，南东，3. 渤海北东、南西，海域西南，4. 北京南
1975 年 2 月 4 日	海城 40°39′N 122°48′E	7.3	5.7×10^{22} (11×10^{22})	13 (15)	N68.5°W (N57.5°W)	70(右) (118 左)	1. 海城，2. 锦州东北，3. 沈阳，4. 滦县东
1976 年 7 月 28 日	唐山 39°24′N 118°12′E	7.8	3×10^{23} (2×10^{23})	15 (15)	N29°E (N30.5°E)	153(右) (607 右)	1. 唐山，2. 滦县，3. 宁河，4. 宝坻，5. 大兴，6. 天津南，7. 怀来，8. 邢台东北，9. 朝阳

* 表中括号内的数字是计算结果，第八列序号中 1，2，…代表危险区按危险度大小转移，在图 5-4-3(a)～(e)中用①，②，…标出.

应该指出，上面关于断层破裂机制的力学模型，采用的是静动摩擦的概念，是按照黏滑机制进行的.地震发生时，断层的内摩擦系数从震前的值下降到一个新的较小的值，从力学意义上来，这是变形引起强度弱化(应变软化)，是一种不稳定特性.因此前述断层破裂机制本质上是一种断层地震的不稳定模型.根据黏滑机制，在震后随时间的增长，断层会逐渐愈合，从而强度或内摩擦系数得以恢复.

殷有泉和张宏(1984)使用应变软化的双曲型修正的 Coulomb 准则和 NOLM 程序对 1976 年唐山地震变形做了有限元模拟.唐山发震断层接近于直立的走滑断层，走向为 N32.5°E.取震源 15 km 深处的一个单位厚度平面，按平面应变问题计算.选定了一个 100 km×100 km 的计算区域(图 5-4-5)，其周围是无限区域单元.除发震断层外，区域内还包括经过宁河走向 N51°W 的断层和经过滦县走向 N84°W 的断层，它们离散为 18 个节理单元.此外，围岩离散为 44 个弹性平面单元.用另外的 19 个无限区域单元和 5 个无限区域节理元模拟远场区域对所研究区域的作用.根据王仁，何国琦等人(1980)的资料，选取了两种区域应力场的方案，见表 5-4-3.模拟计算的主要思路是，首先确定唐山断层在临震前的平衡状态，然后计算在触发作用下的地震过程.唐山断层内摩擦系数选取的根据是震前的应力场应处于临震状态.两种方案中唐山断层的 $c,\mu,\theta^{\mathrm{p}}$ 与地震应力降 $\Delta\tau$ 列于表 5-4-3 中.弹性岩体的 $E=8.14\times10^4$ MPa，$\nu=0.25$，断层内介质的 $E=4.90\times10^4$ MPa，$\nu=0.25$.地震的触发是靠输入一个小的内变量 $\Delta\theta^{\mathrm{p}}$ 来实现的，$\Delta\theta^{\mathrm{p}}$ 的输入造成应力场的一个微小变化.

图 5-4-6 是国家地震局测量的唐山地震位移矢量图.图 5-4-7 是按方案 2 计算的地震位移矢量图，它和测量的结果在基本趋势上是相同的，只是数值偏高，垂直于断层的位移分离偏大.两种方案计算的系统能量损失分别是 6.5×10^{16} J 和 8.71×10^{16} J，对应于面波震级 $M_{\mathrm{L}}=8.01$ 和 $M_{\mathrm{L}}=8.07$.

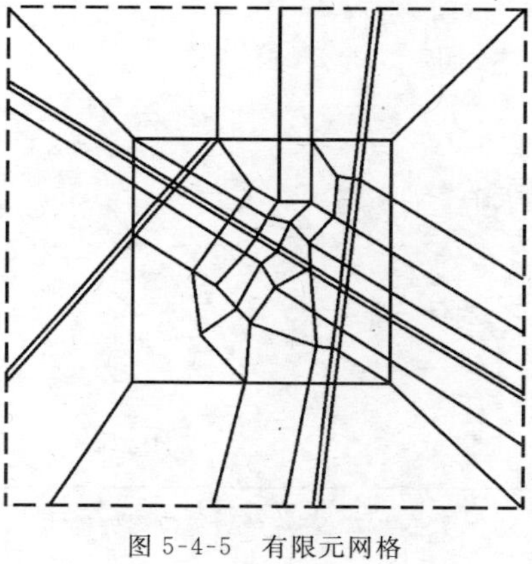

图 5-4-5 有限元网格

表 5-4-3　断层的力学参数

力学参数	方案 1	方案 2	力学参数	方案 1	方案 2
σ_1/MPa	-1.96×10^2	-3.05×10^2	c_0/MPa	0.98×10^{-1}	0.98×10^{-1}
σ_2/MPa	-5.8×10^2	-4.79×10^2	c_1/MPa	0.0	0.0
σ_2 方向	NE70°	NE81°	θ_1^p	0.05	0.05
μ_0	0.555	0.215	$\Delta\tau$/MPa	1.67	2.01
μ_1	0.550	0.210			

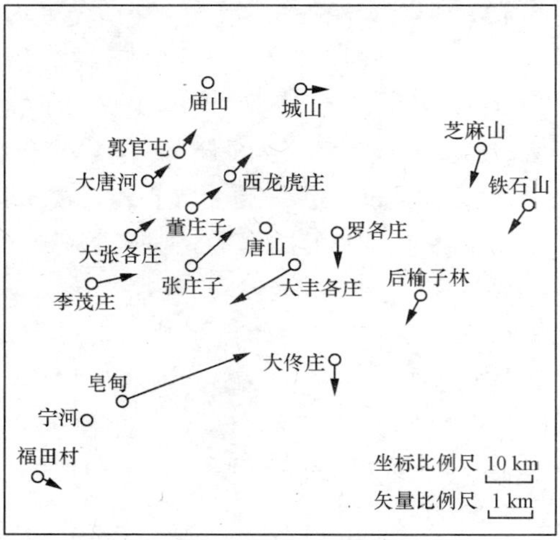

图 5-4-6　实测的地震位移矢量

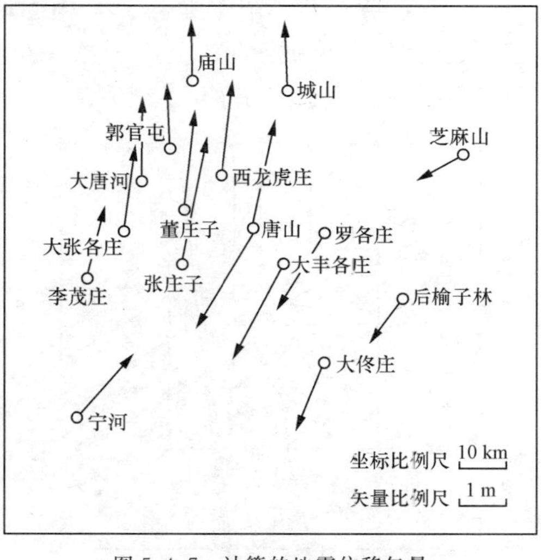

图 5-4-7　计算的地震位移矢量

2. 地震的应变软化不稳定模型

1971 年美国加州 San Fernando 逆冲断层发生了 6.4 级地震，而在震前和震后对 San Fernando 逆冲断层都有比较完全的地表变形测量资料. Stuart W D(1979) 提出了一个应变软化的不稳定性的理论模型，并将这个模型的计算结果与震前和震后观测到的地表抬升资料相比，它们具有很好的一致性. 这样，至少在理论上，使用不稳定模型，可以根据地表的前兆变形来预报地震.

在图 5-4-8 中标明了 San Fernando 地震震中的位置，地表同震破坏迹线，余震区的范围和重复进行观测的水平测线 AB，BC 及 BD. 根据用位错理论和有限元方法对同震的地表铅直和水平位移的分析，左侧逆冲滑动发生在平均倾角在 30°N 和 45°N，走向 N10°E 的断层面上. 推断的平均左侧逆冲滑动分量为 1～2 m，可能的震源深度为 8.4 km. 但也不排除震源有较大的深度，有人研究认为 13 km. 地震滑动发生在断层面的东部，向西逐步下降数米. 断层面的中心投影与余震区一致，近于垂直向下的走向 N10°E 与直线 NS 是一致的. 在地面破裂处（点 M 之南）观察到最大滑动，其左侧位移分量约为 1 m，走向分量为 1 m. 在点 M 处，最大同震抬升为 2 m.

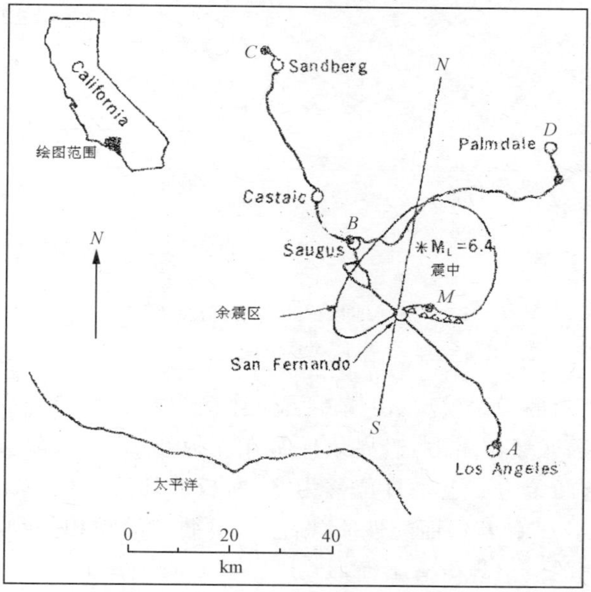

图 5-4-8 San Fernando 地震震中，地震破坏迹线

引自 Stuart，1979

水平测线 AB 和 CD 是在 1964 年，1965 年，1968 年和 1971 年测量的，测线的端点 A 到达 Los Angeles 北面的一个水平基准. 图 5-4-9 给出了相对于 1964 年水

准测量的 1965 年,1968 年和 1971 年的水准线. 此外,在 1968 年和 1969 年对水准线 CBD 也做了测量. 为将 1969 年水准线 BC 的数据和 1964 年的基准面的比较,该假设忽略了点 D 从 1965 年到 1968 年,直至 1969 年的抬升速率 $0.005\ \mathrm{m\cdot a^{-1}}$. 图 5-4-9 中 1964 年之后水准线抬升的标准偏差低于 ± 0.02 m. Stuart 全面地比较了震前和震后观测的抬升剖面(图 5-4-9)与二维不稳定模型(对 30°倾角的断层面情况)相应的理论结果. 在比较时,将线 ABC 的水准位置投影到垂直于断层迹线的 NS 线上. 由于水准线 ABC 既不在最大偏移处与断层迹线相交,也不在最大抬升处通过,因此,理论模型对断层滑动的计算可能过低,与实际的断层滑动相差约 5 倍之多.

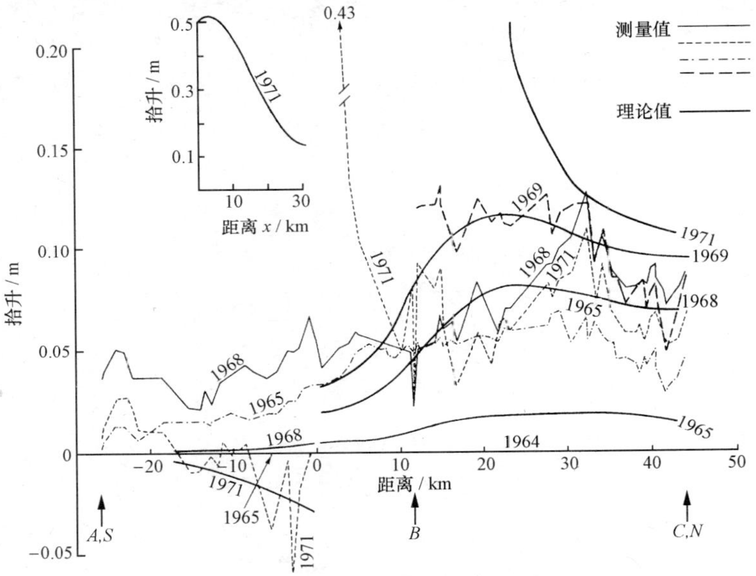

图 5-4-9 水准线抬升的测量值和理论值

引自 Stuart,1979

图 5-4-10 表示的理论模型,由用断层面连接的两个均匀弹性梯形板组成. 为模拟开始时增长的区域作用力,边界条件是在左板端部和底部施加单调增加的水平位移 U,而在这两个边界上垂直位移为零. 右板的端部和底部是固定不动的. 应力状态仅仅依赖于 U 和断层面的性质. 断层面遵循与滑动相关和深度相关的摩擦定律. 假设断层面的摩擦规律有下面形式

$$\tau(u,\eta) = S\exp\left[-\left(\frac{u-u_0}{a}\right)^2\right]\exp\left[-\left(\frac{\eta-\eta_0}{b}\right)^2\right]. \tag{5-4-4}$$

这就是说,断层面摩擦力 τ 按断层滑动 u 和下倾距离 η 以 Gauss 形式变化,S 是最大的峰值应力(在 $u=u_0$,$\eta=\eta_0$ 时达到),a 是断层面摩擦规律滑动宽度,而 b 是峰值应力宽度. 式(5-4-4)的第一个指数项可以看做是在给定深处的钟形的应力-应

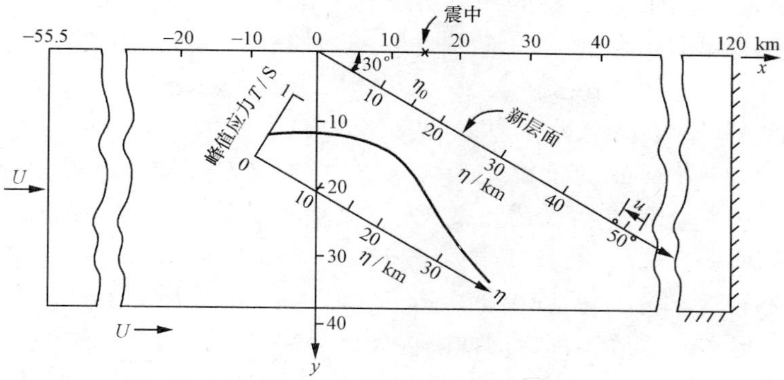

图 5-4-10 San Fernando 地震的理论模型

引自 Stuart,1979

变规律;第二个指数项描述了峰值应力随深度的变化.

在 San Fernando 地震的计算模型中,坐标原点取在断层迹线上,板的端面位置坐标分别取在 $x=120$ km 和 $x=-55.5$ km,板的底面坐标取在 $y=37.5$ km. 此外,$\eta_0=15$ km,$S\eta_0/K=1$ m,而 $\Delta U/\Delta t=0.045\ \mathrm{m\cdot a^{-1}}$,这里 K 是板的刚度,而 $\Delta U/\Delta t$ 是远场边界的位移率. 这些参数是通过将多次试算值不断地与观测到的抬升资料拟合而得到的.

断层加载的顺序和不稳定性是用不断增加边界位移 U(位移增量为 ΔU)来模拟的. 对每个 U,使用迭代的有限元方法求解,以使非线性摩擦规律得以满足. 断层面在 x-y 平面内是不抗弯的,断层摩擦与断层面上正应力的大小无关. 正应力变化是可以忽略的,因为剪应力和正应力变化是 S 量级的,与震源深度的围压相比,它是很小的. 当 $\partial\bar{u}/\partial U\to\infty$ 时不稳定性出现,这里 $\bar{u}$ 是断层的平均滑动. 在不稳定发生时刻,一个任意小的增量 ΔU 会引起 $\bar{u}$ 的一个突跳,以达到一个新的准静态解,这个解可看做是震后状态的一个近似.

在图 5-4-9 中比较了理论的和观测到的抬升剖面. 三个主要的结论是:(1) 在失稳之前,随时间增长(U 增加),最大抬升位置向左迁移,趋向于断层迹线;(2) 在最大抬升处的抬升速率增加;(3) 累积的抬升变化约为失稳时靠近断层迹线的抬升变化的五分之一.

对所有的水准线,理论和观测相当好地一致,但 1971 年震后资料除外. 1971 年的理论抬升远大于在震中区观测到的抬升. 在这种情况,失稳后的断层应力 τ/S 处处为 0.2. 当使用方程(5-4-4)得到失稳后状态时,断层摩擦基本上为零,在迹线处的最大地表抬升是 1.07 m,在较大 η 处的不稳定滑动也是不真实的,大得难以理解. 方程(5-4-4)至多适用于失稳之前的低应变率,然而,恰恰在失稳之前和失稳期间的高应变率应附加一个黏性应力. 由于均摊了黏性应力的值,靠近震中的震后计算值势必远大于观测值. 实际情况尚需进一步探索,或许在地壳或 San Fernando 以北 7 km 的 San Gabriel 同震正断层的非均匀性或非线性和非弹性变形,起了重要作用.

在这个模型中,由于忽略了可能的黏性效应,在稍低于 $\eta_0=15$ km 处,在失稳之前,断层滑动速率或加速度已是很大. 该处可能是对震源位置的一个很好的估算,因为惯性力在这里首次变为重要的. 有人借此估算出震中距断层迹线 15 km (图 5-4-10),震源 13 km 深. 该震中向下投影到 $\eta=17$ km 和 $y=9$ km. 在不稳定滑动开始时,断层大部分弱化,而摩擦应力只在靠近 η_0 处接近峰值.

图 5-4-11 给出了在不同时间间隔内发生的断层滑动的理论值. 最大的断层滑动速率的位置向上倾斜移动,并在失稳之前滑动速率增加. 当失稳之后,摩擦 $\tau/S=0.2$,与式(5-4-4)计算值相比,不稳定期间断层速率随深度很快地降低. 靠近 $\eta=10$ 时不稳定滑动达到最大值.

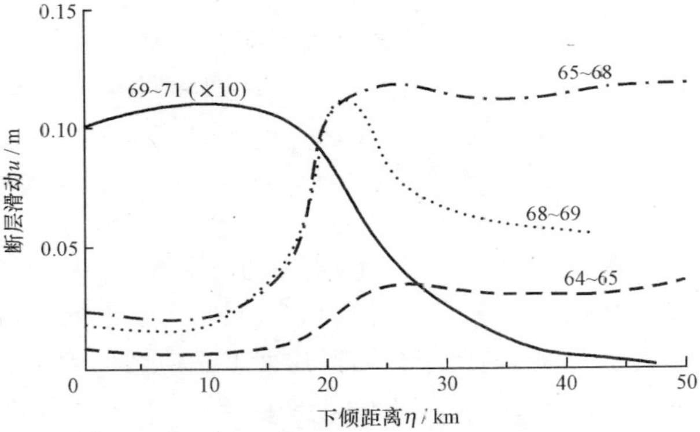

图 5-4-11　不同时间间隔的断层滑动

引自 Stuart,1979

如果对于地震震源分析采用不稳定模型是正确的,那么人们应该期望,在地震震源附近存在着加速的前兆断层滑动. 当断层滑动速率增大到足够大时在震中附近会产生可观测到的地表变形变化,在断层迹线处可看到地面破裂. 由于不稳定模型和稳定模型对应的地表变形在理论上是不同的,可用调查和研究观测资料来辅助估计地震不稳定性发生的概率. 然而,目前的观测资料太少了,还难以做到这点.

Stuart 提出的应变软化的本构方程(5-4-4),从力学上看,是有瑕疵和不够严谨的. 事实上,断层的峰值强度是随围压和温度而变化的,而围压和温度是由边值问题解出的,不能事先假设它与空间坐标的关系. 这就是说,本构性质是断层面(或断层带内介质)的固有性质,不应随介质的空间位置而变化(在理性力学中这称之为客观性原理). 殷有泉和张宏(1982)建立了严谨的应变软化的断层面本构关系,用间断面单元模拟断层,用有限元方法重新分析了 San Fernando 地震过程. 在纵剖面内，研究范围，断层倾角，左板端面位移边界条件与 Stuart 的相同. 不同的是在区域下边界的垂直方向上不用自由边界而采用弹性支撑边界，水平方向为自由. 这样做或许能更好地模拟下面物质的作用. 经过多次试算，选围岩的弹性模量 $E=4.9\times10^4$ MPa，$\nu=0.45$，而断层的材料参数 c 和 μ 为线性软化的，其含义参见图 5-4-12. 利用这些数据得到一组与 Stuart 相近的结果.

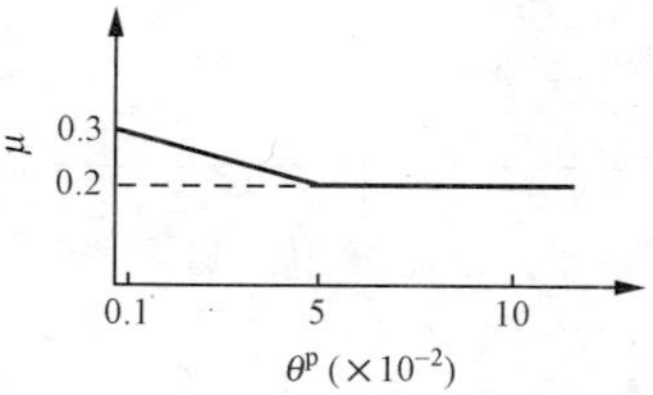

(a) μ-θ^p曲线

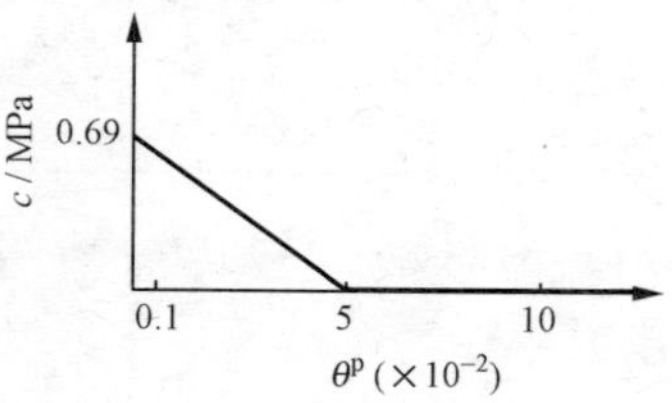

(b) c-θ^p曲线

图 5-4-12　线性软化曲线

计算得到的地表抬升值大体上与 Stuart 中给出的一致，只是数值稍许偏高. 失稳前的最大抬升的位置随时间的增加向断层迹线迁移. 破裂时产生的最大抬升约为 0.5 m. 此外还计算了系统弹性能随时间变化. 如果取垂直于计算剖面的断层的尺度为 10 km，发震时弹性应变能的损失减去克服断层阻力而消耗的功(塑性功)，即转化为地震波的能量约为 0.9×10^4 J，大体上与该次地震震级 $M_L=6.4$ 相当.

以端部位移 U 作为地层系统的广义位移，则端部各节点水平力之和为广义力 $F=\sum R_i$. 在有限元分析中，如果使用边界位移单元给定位移，那么可用弧长算法或内变量(取断层的平均位错)形式的延拓算法. 进而可通过有限元计算结果给出系统的平衡路径曲线 $F=F(U)$，如果断层软化曲线的坡度 $\partial c/\partial\kappa$ 足够大，则在平衡曲线上可出现广义位移 U 转向点，能确定临界状态的广义位移 U_{cr} 和广义力 F_{cr}，以及相应的地震参数. 同时可更全面的研究震前和震后的地表变形情况.

现以 San Fernando 地震为例，说明如何用弧长延拓算法研究地震不稳定性问题. 计算模型剖面的有限元网格如图 5-4-13 所示. 断层带被离散为 6 个四节点等参单元，围岩离散为 28 个四节点等参单元，总共有节点 44 个.

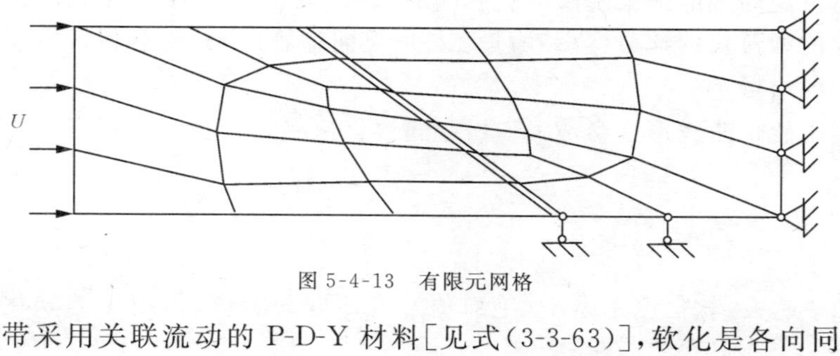

图 5-4-13　有限元网格

断层带采用关联流动的 P-D-Y 材料[见式(3-3-63)]，软化是各向同性，采用

Gauss 型模型[见式(4-6-2)],并取 $\theta_0^p=0$. 其他参数列于表 5-4-4.

表 5-4-4 材料参数

Young 模量 $E=49.0$ GPa
Poisson 比 $\nu=0.25$
内摩擦角 $\varphi=22°$
指数项的最大黏聚力 $c_0=0.30$ GPa
残余黏聚力系数 $m=0.1$
形状参数 $\xi=1.5\times10^{-3}, 3.0\times10^{-3}, 5.0\times10^{-3}$

此外,内摩擦系数 μ 或内摩擦角 φ 不随内变量变化. 材料软化曲线如图 5-4-14 所示.

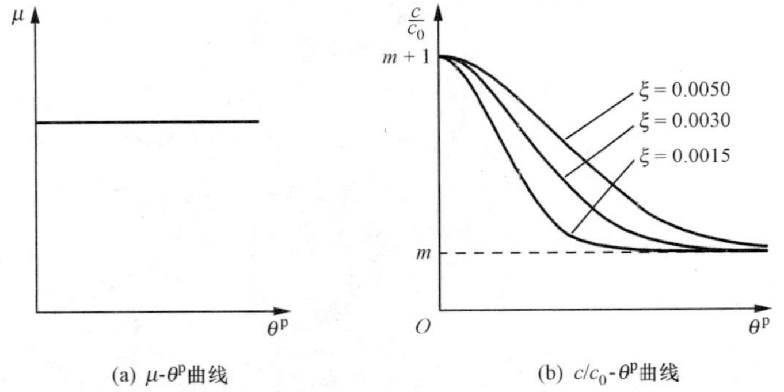

图 5-4-14 断层带 μ 和 c 随内变量变化曲线

断层带之外的岩石采用线弹性模型,其弹性参数为: Young 模量 $E=83.0$ GPa; Poisson 比 $\nu=0.25$.

现代卫星激光技术可以精确测量板块运动,因而在远场边界使用位移边界条件是有根据的. 此外,由于远场边界(板块边界)运动速率是确定的,从远场边界位移量可以判断所经历的时间. 在使用弧长型延拓算法时,可用远场位移 U 定义"载荷"参数 λ,此时参数 λ 的力学含义是位移. 而广义力 F 是约束反力之和. 参数 λ 的第一个增量步通常取弹性阶段的可能的最大步. 从第二个增量起,$\Delta\lambda$ 是待定的. 要根据指定的微弧长,与节点位移增量 $\Delta \boldsymbol{a}$ 一起被计算出来,而后再计算出约束反力(广义力)的增量.

断层带软化曲线形状参数 ξ 和拐点的软化速率 $\mathrm{d}c/\mathrm{d}\theta^p$(拐点切线斜率)呈反比关系,即

$$\left|\frac{\mathrm{d}c}{\mathrm{d}\theta^p}\right|_{\text{拐点}} = \frac{1}{\xi}\sqrt{\frac{2}{e}}. \tag{5-4-5}$$

参数 ξ 越大,软化速率越小(绝对值). 在 ξ 取一定值时,拐点的软化速率是软

化曲线上各点速率的最大值，我们就称它为材料的软化率. 我们取不同的形状参数 $\xi=0.0015$，$\xi=0.0030$，$\xi=0.0050$ 得到的 F-U 曲线（也称为平衡曲线）如图 5-4-15 所示.

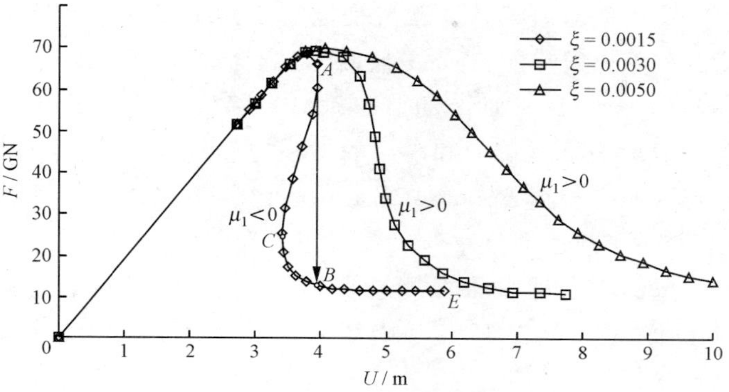

图 5-4-15　不同 ξ 的平衡路径曲线

从图中可以看出，对于不是很小的 ξ 或不是很陡的软化率 $\left.\frac{\mathrm{d}c}{\mathrm{d}\theta^{\mathrm{p}}}\right|_{\text{拐点}}$，曲线在峰值后虽然下降，但其上各点还是稳定的平衡状态（可由特征值法则判定）. 仅对于很小的 ξ 或很大的软化率，曲线上会呈现位移转向点 A 和 C.

计算曲线上各点对应的系统切线刚度矩阵的最小特征值 μ_1 发现，点 A 和点 C 的最小特征值 μ_1 为零，OA 和 CE 段 $\mu_1>0$，AC 段 $\mu_1<0$. 从稳定性的特征值准则可以认定，平衡路径曲线被点 A 和点 C 分成 3 个分支，其中 OA 和 CE 分支是稳定的分支，AC 是不稳定的分支. 广义位移 U 的转向点 A 和 C 是两个临界点.

远场位移 U 从零开始逐渐增加直到临界点 A，此后如果能控制位移 U 使其降低，那么平衡状态可进入不稳定分支 AC. 事实上这是做不到的，因为远场位移（板块边界运动）不会逆转. 实际上，平衡状态从点 A 突然地跳到点 B，点 B 是与点 A 有相同的边界位移，同时它又是稳定的平衡状态. 以后随着 U 的增加，平衡点始终在稳定分支 BE 上移动. 由临界点 A 跳到稳定的点 B，这就发生了地震失稳，失稳的临界点 A 是位移转向点，是在平衡路径上位移 U 的极值点，因而地震失稳是极值点型失稳，是位移型的极值点失稳. 点 A 对应的平衡状态（位移场和应力场）是失稳前的临界状态（或临震状态）；点 B 对应的平衡状态是震后的稳定的平衡状态（位移场和应力场）.

如果在断层带的局部坐标系中断层塑性剪应变记为 $\gamma_{\mathrm{tn}}^{\mathrm{p}}$，断层宽度为 b，那么断层带两盘的相对位移（错距）为 $\gamma_{\mathrm{tn}}^{\mathrm{p}}b$. 地震错距即是状态 B 错距与状态 A 错距之差. 地震错距沿断层不是均匀分布的，在震中附近应该较大. 通常可定义平均地震错距

$\bar{u}$ 来衡量一次地震断层带错动的特征. 在断层带沿断层滑动方向的剪应力记为 τ_{tn}，沿断层它不是均布的. 如果我们用 $\bar{\tau}$ 表示沿断层的平均剪应力，那么将状态 A 和状态 B 的平均剪应力之差 $\Delta\bar{\tau}=\bar{\tau}_A-\bar{\tau}_B$ 定义为地震应力降. 同样可将状态 B 系统的(主要是围岩的)应变能减去状态 A 的应变能定义为地震时系统释放的能量，它的大部分转化为断层摩擦的热能，小部分转化为地震波的能量，后者大小对应于地震震级的强弱. 有限元系统在 x 轴上的节点垂向位移代表着地表抬升，对于状态 A 和状态 B 的垂直位移分别是震前和震后的地表位移. 地震发生的时间是 1971 年，对应的远场位移为 U_{cr}. 根据 Stuart 给出的远场位移速率 $\Delta U/\Delta t=0.045\ \mathrm{m\cdot a^{-1}}$，可向前推出在 1964 年的远场位移 U_0，从而知道当年的垂直位移. 从 1964 年起到震后，San Fernando 断层都有水准测量资料. 可以将计算得到的垂直位移减去 1964 年的垂直位移，就得到以 1964 年为基准的地表抬升，这个计算地表抬升可与实际测量的资料相比较.

如果计算断层的地震错距，地震应力降，系统释放能量和地表抬升与实测的相应资料比较吻合，则我们使用的理论模型和材料参数是合理的. 如果计算结果与实测资料有较大差异，则需要修正各材料参数，重新计算. 这实际上是一个非线性反演问题.

总之，断层地震是一个位移型的极值点失稳问题，仅当断层的软化速率足够大时才可能发生地震失稳. 研究地震稳定性问题，需要在远场使用位移边界条件，并采用弧长型或内变量型的延拓算法. 这里介绍的仅是一些初步想法，更深入的工作有待进一步开展.

§5-5　讨论和小结

本章讨论了岩石力学与岩石工程不稳定性问题的 4 个实例. 前三个例子与能源工程和资源工程相关，主要是研究结构失稳时的临界载荷问题. 在第四个关于地震的例子中，对后临界问题进行了研究. 在岩石力学与岩石工程中存在着大量的与不稳定性相关的问题，例如土坝和山体的滑坡，地下巷道的冒顶，岩爆，瓦斯突出和泥石流等等. 通常在岩石力学与岩石工程中发生的那些具有突发性的破坏，大部分是由于稳定性丧失而导致的破坏. 因此研究岩石力学与岩石工程的不稳定性问题具有重大的实际意义.

最近的研究表明，巷道开挖中的岩爆也是一种突跳型的极值点失稳. 不过，临界点是广义力转向点(地震是位移转向点)，发生的是位移突跳(地震是应力突跳)，因此用稳定性理论可以很好地揭示岩爆发生的力学机理. 由此看来，岩石力学不稳定性(过临界问题)的研究有一定的潜力，有着广泛的理论和应用前景.

长期以来,在岩石工程与岩石力学中没有用力学意义上的稳定性概念和方法去研究那些突发性的失稳破坏,这些不足在本书中得到了某些弥补.现在从新的角度和观点重新研究这些问题,是符合科学发展观,有重要的理论意义和实用价值的,对我国的资源开发,减灾防灾工作的持续深入发展有重要的意义.

参考文献

Belytschko T,Liu WK, Morab B. 2000. Nonlinear Finite Element for Continua and Structures [M]. John & Sons Ltd. 中文版：庄茁等译. 连续体和结构的非线性有限元[M]. 北京：清华大学出版社,2002

Chen WF, Han DJ. Plasticity for Structural Engineers [M]. New York: Springer-Verlag, 1988

Desai CS, Fishman KI. Plasticity-based constitutive model with associated testing for joints [J]. Int. J. Rock Mech. Min. Sic and Geomech. Abstr, 1991

Goodman RE. Introduction to Rock Mechanics [M], 2nd Ed, John Wiley & Sons, New York, 1989

Martin JB. Plasticity: Fundamentals and General Results [M], The MIT Press, 1975. 中文版：塑性力学——基础及其一般结果[M]. 余同希,赵学仁,王礼立,薛大为,杨桂通,徐秉业,熊祝华译. 北京：北京理工大学出版社,1990

Stuart WD. Strain softening instability model for the SanFernando earthquake [J]. Science, 1979, 203: 907～910

Tang CA, Hudson JA, Xu XH. Rock failure instability and related aspects of earthquake mechanisms [M]. Beijing China: China Coal Industry Publishing House, 1993

Zienkiewicz OC, Taylor RL. Finite Element Method (Fifth Edition). Volume 2: Solid Mechanics [M]. Oxford, Boston: Butterworth-Heinemann, 2000. 中文版：庄茁,岑松译. 有限单元法(第 5 版),第 2 卷,固体力学[M]. 北京：清华大学出版社,2006

陈勉,金衍. 深井井壁稳定技术研究进展与发展趋势[J]. 石油钻探技术,2005,33(5)：28～34

川本眺万. しすみ軟化た考慮した岩盤掘削の解析[C]. 见：土木学会论文报告集,1981,107～117

邓金根,张洪生. 钻井工程中井壁失稳的力学机理[M]. 北京：石油工业出版社,1998

邓金根. 泥页岩井眼力学稳定理论及工程应用[D]. 石油大学(北京)博士学位论文,2003

邓中策,蔡永恩,王成绪. 煤层开挖过程中底板突水的弹塑性有限元模拟及初步分析[J],北京大学学报(自然科学版),1990,26(6)：711～718

李平恩,殷有泉. 地震不稳定性的一个简单模型[J]. 中国地震,2009,25(3)：265～273

李庆扬,莫孜中,祁力群. 非线性方程组的数值解法[M]. 北京：科学出版社,1987

曲圣年,殷有泉. 塑性力学的 Drucker 公设和 Ильюшин 公设[J]. 力学学报,1981,13(5)：465～493

孙恭尧,殷有泉,钱之光. 混凝土重力坝承载能力的分析研究[J]. 水利学报,2001(4)：15～20

孙恭尧,王三一,冯树荣. 高碾压混凝土重力坝[M]. 北京：中国电力出版社,2004

徐秉业,刘信声. 应用弹塑性力学[M]. 北京：清华大学出版社,1995

王仁,何国琦,殷有泉,蔡永恩. 华北地区地震迁移规律的数值模拟[J]. 地震学报,1980,2(1)：

32～42
王仁，黄文彬，黄筑平．塑性力学引论(修订版)[M]，北京：北京大学出版社，1992
武际可，苏先樾．弹性系统的稳定性[M]．北京：科学出版社，1994
姚再兴．土石混合体极限载荷及稳定性数值模拟方法[D]．中国科学院研究生院博士学位论文，2009
殷有泉，曲圣年．弹塑性耦合和广义正交法则[J]．力学学报，1982，14(1)：63～70
殷有泉，张宏．断裂带内介质的软化特征和地震的不稳定性模型[J]．地震学报，1984，6(2)：123～145
殷有泉，张宏．岩土系统应力应变分析和稳定性分析的有限元程序 NOLM[C]．见：地质研究论文集．北京：北京大学出版社，1985，48～56
殷有泉．奇异屈服面的弹塑性本构关系的应力空间表述和应变空间表述[J]．力学学报，1986，18(1)：31～38
殷有泉．固体力学非线性有限元引论[M]．北京：北京大学出版社，清华大学出版社，1987
殷有泉，郑顾团．断层地震的尖角突变模型[J]．地球物理学报，1988，31(6)：657～663
殷有泉，范建立．刚体元方法和块状岩体稳定性分析[J]．力学学报，1990，22(5)：630～636
殷有泉，邓成光．材料力学[M]．北京：北京大学出版社，1992
殷有泉．关于塑性力学的应变空间表述[C]．徐秉业主编．塑性力学教学研究和学习指导．北京：清华大学出版社，1993，15～21
殷有泉．考虑损伤的节理本构模型[J]．工程地质学报，1994，2(4)：1～6
殷有泉，杜静．对一个地震突变模型的讨论[J]，中国地震，1994，10(4)，363～370
殷有泉．岩石的塑性，损伤及其本构表述[J]．地质科学，1995，30(1)：63～70
殷有泉，励争，邓成光．材料力学(修订版)[M]．北京：北京大学出版社，2006
殷有泉．非线性有限元基础[M]．北京：北京大学出版社，2007
张炜．采煤工作面底板突水力学机制的研究[D]．北京大学力学与工程科学系硕士学位论文，1997
赵永红，黄杰藩，王仁．岩石微破裂发育的扫描电镜即时研究[J]．岩石力学与工程学报，1992，11(3)：284～294
周建平，钮新强，贾全生．重力坝设计二十年[M]．北京：中国水利水电出版社，2008
朱兆祥．材料和结构失稳现象研究的历史和现状[C]．见：中国力学学会办公室等编．材料和结构的不稳定性．北京：科学出版社，1993，1～6

名词索引

（出现在名词后的数字表示本书的章节编码）

T

W

X

Y

Z